战略情报分析
方法与实践

STRATEGIC INTELLIGENCE ANALYSIS
Methods and practices

牛新春・著

时事出版社
北京

目　　录

绪　　论

情报被人称为“地球上第二古老的职业”。从有人类社会开始，便有情报活动。古代的国王、将军偶而使用“间谍”、“奸细”或“探子”，工业革命前后欧洲国家出现了常设对外情报机构，第二次世界大战期间诞生了综合性现代情报机构。今天，每个国家都拥有规模不等的情报机构，情报成为国家政权不可或缺的组成部分。特别是一些拥有广泛国际利益的大国，尤为重视情报投资及情报应用。以美国为例，2013 财年美国情报预算增长到 526 亿美元，占全部国防开支的 10% 左右，当年美国直接雇佣情报人员近 10.7 万人。①

有了情报，就有对情报工作的研究。目前，学术界公认的世界上最早的情报工作研究著作是《孙子兵法》中的《用间篇》。《用间篇》指出“用间有五：有因间，有内间，有反间，有死间，有生间”，精准地概括了到目前为止一切人力情报的种类。现代情报学则起源于 1949 年美国人肯特（Sherman Kent）撰写的《为美国世界政策服务的战略情报》（Strategic Intelligence for American World Policy）一书。② 由此可见，作为一门现代新兴学科，情报学诞生的时间并不算太晚。早在 1955 年，肯特就说，今天的情

---

① Greg Miller, “ ‘Black budget’ summary details U. S. spy network’s successes, failures and objectives”, The Washington Post, August 29, 2013, http://www.washingtonpost.com/world/national-security/black-budget-summary-details-us-spy-networks-successes-failures-and-objectives/2013/08/29/7e57bb78-10ab-11e3-8cdd-bcdc09410972_story.html.

② Sherman Kent, *Strategic Intelligence for American World Policy*, *Princeton*, New York, New Jersey: Princeton University Press, Second Printing, 1971.

报不再仅仅是一种职业，而是像大多数职业一样呈现出学科的特征，它发展出公认的方法、专用的术语、自己的理论和精致的技术。① 然而，由于种种复杂原因，从肯特出版第一本情报学专著至今，60 多年过去了，情报学并未取得重大进展与突破，就一门学科而言仍然是一个未发育成熟的胚胎。2000 年，美国中情局助理局长艾伦（Charles E. Allen）在哈佛大学的讨论课上说："我们谈论情报学，但情报学尚未诞生。不是我没有看到，而是它确实不存在。"②

情报学与国际关系学几乎出现在同一时代，相差不过二三十年，现在情报学作为国际关系学中的一个分支学科，却是国际关系学中最不被理解、最缺乏理论的领域。对此，有学者认为这是情报自身的"封闭性"造成的，情报给人的神秘感、不道德印象让学术研究"敬鬼神而远之"。如，1984 年英国两位著名历史学家引用英国外交次长贾德干（Sir Alexander Cadogan）的话说："情报是国际事务中一个被遗忘的角落"。③ 同时，另外一些学者指出，情报学困顿的原因是其难度太大，不是被人遗忘，而是无人能攻克。1985 年美国历史学家拉克（Walter Laqueur）说："建立完整情报学的所有企图都以失败告终"。④ 学科被研究者所遗忘是外因，学科本身难度大是内因。20 世纪 80 年代初到现在又是 30 多年过去了，这两个因素仍是情报学发展的主要障碍。

像其他所有职业一样，情报人员日复一日、年复一年地通过实践积累知识，为情报学理论储存基本素材。但因为情报的秘密性质，他们只能以口头转述、内部交流或职业培训的方式代代相传。这种原始的知识积累方

---

① Harold P. Ford, *Sherman Kent and the Board of National Estimates*: *Collected Essays*, the Study of Intelligence Center, 1994, http: //www. cia. gov/csi/books/shermankent/toc. html.

② Seminar on Intelligence, Command and Control, *Intelligence*: *Cult*, *Craft*, *or Business*, Charles E. Allen (assistant director of central intelligence for collection), Guest Presentations, Spring 2000.

③ Christopher Andrew and David Dilks (eds), *The Missing Dimension*: *Governments and Intelligence Communities in the Twentieth Century*, Urbana, IL: University of Illinois Press, 1984, quoted by Len Scott and Peter Jackson, "The Study of Intelligence in Theory and Practice", *Intelligence and National Security*, Vol. 19, No. 2, Summer 2004, p. 140.

④ Walter Laqueur, *A World of Secrets*: *The Uses and Limits of Intelligence*, New York, NY: Basic Books, 1985, p. 8.

式在横向上不能同其他学科、外部学者交流，难以产生杂交优势；在纵向上不能有效、完整地总结实践经验，最终只形成一些零星的、散落的知识碎片。半个世纪前，中央情报局分析员肯特就深谋远虑地意识到了这一问题。在他的推动下，中情局1955年创办情报学专业刊物《情报研究》（Studies in Intelligence），后来还建立情报学专业研究机构“情报研究中心”（The Center for the Study of Intelligence）。此后，情报学研究逐渐从秘密向半公开、公开发展，从美国向以色列、英国、澳大利亚扩展。今天，美国依然站在情报学研究的最前沿，仍然是情报学研究的重镇。美国之外，只有以色列、澳大利亚、英国、日本有少量情报学研究成果。

即使在美国，情报学研究也举步维艰。情报专业人员有“素材”没“自由”，学者有“自由”没“素材”。最近几年来，曾经封闭的情报学迈开了缓慢的开放步伐，展露出一点点的冰山之角。美国解密了大量情报资料，越来越多的情报分析人员退休后撰书立传，各种各样的情报调查委员会公布了一个又一个调查报告。从学科发展的角度看，鉴于有大批量情报素材的涌现，目前是情报学研究的一个机遇期，特别是社会科学研究人员涉足情报学研究的机遇。这说明，阻碍情报研究的外因有所松动。令人遗憾的是，由于社会科学理论未能取得实质性突破，克服情报学研究内因限制的条件仍不具备。从理论发展和创新的角度观察，只能说目前是情报学研究的小机遇，而不是大发展时代。

情报学是一门应用科学，从应用的视角看，中国需要情报理论。中国曾是世界上最早提出情报学理论的国家，《孙子兵法》中的《用间篇》迄今仍是情报学教学中最基础的教材。然而，对于第二次世界大战结束后兴起的现代情报学理论，中国不仅未参与其中，而且对此知之甚少。到目前为止，中国没有自己公开的情报学理论，甚至连翻译、介绍国外情报学的工作都没有展开。没有情报理论的情报工作肯定会走弯路的。

战略情报分析是情报学里距离社会科学最近、难度最大的一个分支，是一门跨学科的应用科学。它既需要情报事业本身来积累知识，也要从其他社会科学中寻找方法和经验，因而是最适合社会科学工作人员从事的情报学研究领域。“情报分析是情报过程中最有魅力的，但最不被理解、最得不到承认的部分。”[①] 本书选择情报学中最接近社会科学的战略情报分析为研究对象，以最开放的美国情报工作为实践经验和资料来源，试图寻找战略情报分析中的一些普遍规律。战略情报研究的文献大致可分为三类：第一类是历史学的研究方式。历史学家把战略情报作为影响决策的一个因素，通过研究战略情报来获取解释决策或政策的新证据，研究重点是战略情报在决策中的作用。他们的资料来源主要是历史档案和解密情报，主要研究力量在英国。第二类是交叉性应用科学的研究方式。试图建立自己的理论框架，不仅解释战略情报成功与失败的原因，而且主要研究政治、分析方法、个人认知、组织管理对情报分析的影响，研究重点是战略情报分析，主要研究力量在美国。第三类是政治学的研究方式。把情报机构作为国家统治的一种工具，把战略情报作为政治斗争的一种手段。一般而言，这一类的研究者不把自己的工作看作情报研究。参照上述分类方法，本书应当属于第二类，即把战略情报分析作为一门交叉性应用科学来研究。应当说，这是战略情报研究中公开程度最高、学术介入较深的领域，著作、成果都颇具规模。

首先，一些学者、前情报官员投身于战略情报分析的理论建设，取得了一定成就。1949 年，美国前战略服务局（the Office of Strategic Service，OSS）分析员肯特出版《为美国世界政策服务的战略情报》（Strategic Intelligence for American World Policy）一书。[②] 因为该书具有的奠基性地位，肯特也因此成为西方公认的现代情报学之父。肯特的贡献不仅是将情报分析作为现代情报的核心来研究，而且提出了情报分析中的基本概念、变量、悖论等，奠定了战略情报分析的研究基础。1956 年美国前国务院情报与研究局局长希尔斯曼（Roger Hilsman）所著《战略情报与国家决策》（Strategic Intelligence and National Decision ）也是情报研究中的经典作品，[③] 主要

---

① Arthur S. Hulnick, *Fixing the Spy Machine: Preparing American Intelligence for the Twenty-first Century* Westport, CT: Praeger, 1999, p. 13.

② Sherman Kent, *Strategic Intelligence for American World Policy*, Princeton, New York, New Jersey: Princeton University Press, Second Printing, 1971.

③ Roger Hilsman, *Strategic Intelligence and National Decision*, Glenco, IL: The Free Press, 1956.

贡献在于作者利用自己的特殊身份采访了大量决策官员，深刻论述了情报与决策之间的复杂关系。1957 年军事情报分析员普拉特（Washington Platt）出版《战略情报产品：基本原则》（Strategic Intelligence Production：Basic Principles）一书，① 主要从实用角度把社会科学方法应用到情报分析中，读起来有点像分析员培训手册。2002 年兰德公司（the Rand Corporation）顾问舒尔斯凯（Abram N. Shulsky）发行第三版的《秘密战争：了解情报世界》（Silent Warfare：Understanding the World of Intelligence），其最突出的贡献在于说明了当代美国所理解的情报内涵、外延与特质。② 1999 年中情局情报研究中心（Center for the Study of Intelligence）出版情报分析方法论专家胡叶（Richard J. Heuer）的《情报分析心理学》（Psychology of Intelligence Analysis），此书出版后一直是美国情报共同体各培训机构的必备教材，也是迄今为止战略情报学中唯一关于认知偏见的学术专著。③

其次，重大情报失误往往会引起国会调查，因而会有大量资料公开，学者也会随之进行研究，对情报失误的研究是战略情报学成果最丰富的一个领域。这些著作的研究对象是已经发生的特定案例，对于构建情报学的普遍规律有一定的借鉴意义。美国情报研究人员研究较深入的情报失误案例包括：珍珠港事件、十月战争、越南战争、“9·11”事件等。历史学家沃尔斯泰特（Roberta Wohlstetter）1962 年所著的《珍珠港：预警与决策》（Pearl Harbor：Warning and Decision），直到今天仍是珍珠港事件研究最权威的作品，不仅对历史研究来说是这样，对情报研究也是如此。沃尔斯泰特对珍珠港事件的研究表明，情报的“不确定性”不可避免，这种对情报事业的悲观态度影响深远。④ 丘奇委员会发表的调查报告之一《对外情报和军事情报》（Foreign and Military Intelligence）是针对越战时期情报的调

---

① Washington Platt, *Strategic Intelligence Production*: *Basic Principles*, New York, NY: Frederick A. Praeger, 1957.

② Abram N. Shulsky, Gary J. Schmitt: *Silent Warfare*: *Understanding the World of Intelligence*, the third edition, Washington, D. C.: Brassey's Inc., 2002.

③ Richard J. Heuer, Jr., *Psychology of Intelligence Analysis*, Center for the Study of Intelligence, Central Intelligence Agency, 1999.

④ Roberta Wohlstetter, *Pearl Harbor*: *Warning and Decision*, Stanford University Press, 1962.

查，详细介绍了美国各个情报机构的运作过程，以及它们各自遇到的问题，现在仍有参考价值。[①] 美国陆军战争大学（the U. S. Army War College）教授亨德尔（Michael I. Handel）1975 年出版《观念、欺骗和突袭：以十月战争为例》（Perception，Deception and Surprise：The case of the Yom Kippur War），书中指出分析员自己的观念偏见比敌人的欺骗更可怕，是较早论述认知偏见的作品。[②] 2004 年“9·11”事件调查委员会发表最后报告，称为《“9·11”委员会报告》（The 9/11 Commission Report），从情报信息共享、情报管理角度提供了一些反恐情报的材料。[③]

第三，美国各主要情报机构都有自己的情报培训机构，这些机构或者自己编写，或者委托其他学者撰写，出版过一些情报分析培训教材。但是，大部分培训教材是保密的，中情局图书馆、国防情报学院图书馆都拒绝外借。本书作者找到四本已经公开的战略情报学培训教材，分别如下：1997 年中情局公开的内部教材《分析方法纲要》（A Compendium of Analytic Tradecraft Notes）、[④] 1995 年国防情报局编写的《战略情报：理论与应用》（Strategic Intelligence：Theory and Application）、[⑤] 1984 年陆军情报部门编写的《战略情报分析手册：供陆军训练的认知模式应用》（Application of a Cognitive Model for Army Training：Handbook for Strategic Intelligence Analysis）、[⑥] 1976 年国防情报学院委托学者编写的《情报研究方法：国防情报研究的技术和程序》（Intelligence Research Methodology：An Introduction to

① U. S.，Congress，Senate，94th Congress，2d Session，the Select Committee to Study Governmental Operations，Foreign and Military Intelligence，Final Report Book 1，U. S. Government Printing Office，1976.

② Michael I. Handel，*Perception，Deception and Surprise：The case of the Yom Kippur War*，Jerusalem：Hebrew University Press，1975.

③ The 9/11 Commission Report，Final Report of the National Commission on Terrorist Attacks Upon the United States.

④ Central Intelligence Agency，*A Compendium of Analytic Tradecraft Notes*，Volume I－10，http：//www. au. af. mil/au/awc/awcgate/cia/tradecraft_ notes/contents. htm.

⑤ Douglas H. Dearth and Royal Thomas Goodden，edited，*Strategic Intelligence：Theory and Application*，Defense Intelligence Agency，1995.

⑥ Ruth H. Phelps，Judith A. Englert，and Sharon A. Mutter，*Application of a Cognitive Model for Army Training：Handbook for Strategic Intelligence Analysis*，U. S. Army Research Institute for the Behavioral and Social Sciences，October 1984.

Techniques and Procedures for Conducting Research in Defense Intelligence）。① 这些教材的共同特点就是重细节、重应用，是供情报分析的新手使用的应用手册。这些手册提供的信息非常重要，从中可以看出美国战略情报分析的基本程序和方法。

除此之外，前情报官员和分析员出版过大量回忆录，有一些颇有价值。情报分析员福特（Harold P. Ford）1994 年把肯特的文章集成一个册子，为《谢尔曼·肯特与国家评估理事会：论文集》（Sherman Kent and the Board of National Estimates：Collected Essays）。② 肯特从战略服务局建立到 1968 年退休，几乎全部时间都在从事战略情报分析工作，因而他的作品集基本上反映前 30 年中情局情报分析的情境。盖茨（Robert Gates）也在中情局情报部工作 30 多年，时间跨度为 1970—1993 年，他的回忆录没有谈及情报分析的细节，但他发表的几篇论文价值颇高。例如，1987 年发表在《外交》上的"中情局与美国对外政策"（The CIA and American Foreign Policy），③ 引用亲身经历讨论情报与决策之间的关系。中情局主管情报的副局长雷·克莱恩（Ray S. Cline）1982 年出版自传性质的专著《中情局：现实与谜》（The CIA：Reality VS. Myth），1963 年中情局长艾伦·杜勒斯（Allen Dulles）出版《情报智慧》（The Craft of Intelligence）一书，这些书都提供了中情局情报分析的一些事实材料。④

在情报学刊物方面，1986 年 1 月开始在伦敦发行的季刊《情报与国家安全》（Intelligence and National Security）、1986 年春季开始在美国发行的季刊《国际情报与反情报杂志》（International Journal of Intelligence and Counterintelligence），都是学术刊物，经常刊发一些情报分析方面的文章。1955 年中情局发行的《情报研究》（Studies in Intelligence）季刊、1992 年

---

① Erome K. Clauser and Sandra M. Weir, *Intelligence Research Methodology: An Introduction to Techniques and Procedures for Conducting Research in Defense Intelligence*, HRB – Singer, Inc. , 1976.

② Harold P. Ford, *Sherman Kent and the Board of National Estimates: Collected Essays*, the Study of intelligence center, 1994, http: //www. cia. gov/csi/books/shermankent/toc. html.

③ Robert M. Gates, "The CIA and American Foreign Policy", *Foreign Affairs*, Winter 1987/1988.

④ Allen Dulles, *The Craft of Intelligence*, Harper & Row, Publishers, 1963; Ray S. Cline, *The CIA: Reality VS. Myth*, Acropolis Books Ltd. , 1982.

国防情报学院发行的半年刊《国防情报刊物》（the Defense Intelligence Journal），性质上类似于学术刊物，有公开版和秘密版。国家军事情报协会（the National Military Intelligence Association，NMIA）1977年开始出版《美国情报杂志》（American Intelligence Journal），现为半年刊。

综上所述，在战略情报分析的研究领域，有理论探索，有回忆录，有应用手册，也有案例研究。这些研究成果或者建立在个人经验之上，或者关注某一个理论问题。但是，从战略情报研究的宏观角度看，描述、总结某个特定国家的情报分析经验和情报分析方法还比较欠缺。在现有研究成果的基础上，本书试图以美国战略情报过去50多年的经验为宝贵财富，吸收社会科学研究成果，丰富情报分析理论。

本书研究的主要问题有两个：第一，什么是情报分析的本质特征，这些特征足以将情报分析与其他社会科学研究区别开来；第二，情报分析的组织原则、认知缺陷和方法是什么。

从整体结构来看，本书是一个大案例研究。通过研究美国战略情报分析的历史、现状，归纳情报分析经验，验证或否定现有情报学和其他社会科学理论，总结情报分析的普遍规律。具体而言，本书通过演绎，在情报学、认知学、国际关系学基础上建立假设，提出情报分析的基本特征及影响因素。然后，通过文献分析，主要是情报人员的回忆录、情报机构的培训教材、政府解密文件、情报调查报告复原美国情报分析的真面目，采用历史分析方法总结其成败得失。本书以历史分析方法和文献分析方法为主，案例研究为辅。

本书的基本假设有两个：其一，情报分析作为一门应用科学，因其研究对象、服务目标的特殊性，在分析方法、认知过程和组织程序中有其不同于其他社会科学的独特性，因而具有成为一门新兴交叉学科的潜质；其二，情报分析是可以科学、客观地研究的对象。分析的过程、影响分析的变量和分析方法都是可以客观记录和研究的。尽管科学家还不能准确理解人的思维，但影响思维的因素、环境和方法仍然有迹可循。

本书采用的资料几乎全部来源于二手资料。对于情报研究来说，最多的一手资料就是汗牛充栋的情报稿件。尽管近年来美国解密情报档案的力度不断加大，本书也引用了一小部分解密情报档案，但数量非常有限。原因在于，目前解密的档案绝大部分是20世纪90年代前的情报稿件，那时候的情报稿件不包括情报分析方法，因而对研究情报分析的价值微不足道。因为调查情报失误或政治斗争需要，如对2003年伊拉克战争的情报调查、“9·11”事件的情报调查，20世纪90年代以后的情报也有一些被解密，但是因为美国情报机构保密情报分析方法的意识极强，有关分析方法的部分解密时全部被涂黑。此外，在情报研究中还能通过访谈当事人、调查情报机构和亲身经历来获取一手资料，这些条件本书作者皆不具备。因此，本书对美国情报分析的描述主要是前情报分析员、情报管理者的著作和情报机构的培训材料，这些材料难免有空白、偏见、错误。

本书总体上可以分为三大部分：第一部分包括第一、二、三章，第二部分包括第四、五、六、七章，第三部分为第八章。

第一大部分为本书的前奏，分别定义“情报”、“战略情报”和“战略情报分析”三个主要概念，并为战略情报分析作为一门交叉性应用社会科学的学科性质定位。具体到每一章的结构，在关于“情报”的一章中，因为目前国际社会对“情报”没有公认的定义，此章先分析情报的本质特征，再依据特征归纳对“情报”的定义；在“战略情报”一章中，“战略情报”的定义在美国基本上没有异议，因此文章先确认了“战略情报”的定义，然后演绎出战略情报的职能、机构和哲学；在“战略情报分析”一章中，以学术界已经有共识的社会科学的特质为标准，对比分析战略情报分析相对于其他社会科学研究的特征。然后，依据战略情报分析的本质特征，演绎出影响战略情报分析的三大变量：组织管理、分析方法和认知过程。

第二大部分是本书的主体，分别总结美国战略情报分析机构在组织管理、分析方法和认知过程方面的历史和经验，并以战略情报分析特征和社会科学中的管理学、国际关系学和认知学为标准，论述美国经验的普遍意义。在“组织和管理”一章里，主要以中央情报局分析部过去50多年的历史为研究对象，结合管理学基础理论，归纳出战略情报分析所依赖的组织管理方面一些基本原则。在“分析方法”一章里，对于分析方法的部分，主要应用社会科学特别是国际关系学的基础理论，根据战略情报分析的需要，演绎出战略情报分析所需要的特殊方法，然后再用美国战略情报分析的经验证实演绎结论；对于分析过程的部分，主要以中央情报局和国防情报局的历史经验为素材，归纳出战略情报分析所遵循的基本程序。在“认知过程”一章中，采用文献分析法，梳理美国战略情报机构和战略情报分析人员所感觉到的认知问题，以及他们正在采取的应对措施。在上述三章中，本书力图通过基础理论和美国的实践寻找战略情报分析的普遍规律，并且总结出一些原则。但是，战略情报学作为一门非常不成熟的学科，相当多的问题目前是无解的，更多的问题目前尚未被提出来。因此，更多的时候本书总结出来的是一些困惑、悖论和问题。或许，对于一门新兴学科而言，能够提出问题也有助于学科的发展。

第三大部分相对短小，在上述两部分的基础上，前瞻战略情报分析作为一门学科发展的潜力和困境。前述各章将战略情报分析分解为多个领域，对各个领域采用不同理论单独论述。最后一章，再次将战略情报分析恢复为一个整体，无论是潜力还是困境，都超越了具体的管理、方法和认知领域，可以说上升到了战略情报分析的哲学观上。这些潜力和困境关系到战略情报分析的方方面面，本书作者虽没有能力在这些方向上取得突破，但未来战略情报分析的重大学科突破，很可能出现在这些地方。

本书所有资料都来自公开发表的文章、报告，不涉及任何秘密信息，纯属学术研究，与中美两国的的情报机构没有任何关联。

第一章

情报

有人类社会，就有人与人之间的利益冲突，情报就会应运而生。在日常生活中，情报是一个妇孺皆知的名词，情报机构的职业功能也是人所共知的“秘密”。然而，情报的性质、定义和范围在学术界却是仁者见仁、智者见智的议题。对情报的界定不仅直接关系到情报机构的职能定位，而且也是情报学中最基本的概念建设。

第一节　情报的性质

迄今为止，情报学中尚无普遍认可的“情报”定义，每一位情报研究者的首要工作就是定义自己的“情报”概念。概念是将特定事物与其他事物区别开来的途径，体现了特定事物的本质特征。半个世纪以来没有公认的情报定义，说明研究者对情报的本质特征有分歧，因此弄清情报的特征是定义“情报”的前提。由于近年来“情报”概念应用的广泛程度达到惊人地步，如个人情报、企业情报、商业情报、图书情报、信息情报、工业情报、农业情报、国家情报、国际情报、物质情报等，几乎一切信息、知识都可以称之为情报。为了便于研究，本书中所讨论的情报建立在以下三个假设之上。

首先，情报是一种知识。根据世界是物质和精神的两分法，情报不是物质，而是一种精神产品，这在情报研究界没有任何争议。因而既可称之为假设前提，也可以认为是情报学中的一个公理。众所周知，情报机构的产品是信息或知识，而不是工厂和农村生产的物质产品。那么，情报是何种类型的精神产品呢？有两种答案：一部分人认为情报是一种信息，其他人则称情报为一种特定的知识。有的学者偏爱“信息”，因为信息体现出情报短、频、快的实用特征；有的学者喜欢“知识”，因为知识的范围更广、层次更高，体现出情报是评估、分析和研究后的信息。根据韦伯斯特词典（Merriam-Webster Online Dictionary）的定义，信息是“通过调查、研究和被告知而获取的知识”，知识是“信息和理解”。从定义上看，两者几乎可以相互替代使用，事实上在众多情报学著作中，这两个词也是互换的。但是，两个词之间仍然有细微差别，知识（knowledge）是对信息（information）的积累和理解。知识的范围比信息广，既包括信息，也包括对信息的理解。情报作为一种精神产品，既包括通过各种渠道获取的信息，当然也有对信息的理解和分析。特别是作为战略情报，分析、研究的作用更是不能忽略，故本书采用“知识”的概念。

在实践中，中情局和国防情报局的分析程序，按数据、信息和情报（data, information and intelligence）的级别来区分不同层次的材料。① 在这里，情报是分析和理解后的信息，与知识的定义相吻合。情报作为一种知识，不仅包括知识的最终表现形式，还包括获取知识的过程和行为。然而，作为一种知识的情报不包括情报机构执行的秘密行动和反情报活动。

其次，情报的执行主体是国家。传统上只有国家权力机构有权实施情报行为，但近年来随着情报的外延扩大，出现了“商业情报”、“国家情报”、“个人情报”、“企业情报”等提法，从这些词的字面上可以看出，执行情报的主体不尽相同，有个人、企业、社会组织和国家等。最宽泛的界定认为，凡是决策者所需要的知识都是情报，无论是个人、企业或国家决策。肯特就曾指出，一个家庭主妇去超市采购之前，需要列出一个购物

---

① Mark G. Marshall, “Teaching Intelligence Research”, *Defense Intelligence Journal*, 14 - 1, 2005, p. 94.

清单，这个清单就是情报。①

本书采用较严格的界定，即只有国家才能是情报的主体，情报的执行者只能是获得国家授权的机构，情报的服务对象也只能是国家。只有国家作为情报的主体，才能全面而充分地体现情报的一切特征。例如，只有国家情报机构才有权合法使用“非法”手段，只有国家情报机构才有能力实施大规模集体研究。情报的执行主体是国家，服务对象是国家对外决策，目标是维护国家安全，被称为“第一道国防线”。情报的执行主体是国家，决定了只有情报机构才是从事情报活动的法定机构。每一个国家都有众多机构从事对外政策研究，如中国的大学里有“美国研究中心”、“世界贸易组织研究所”等，政府部门也设有自己的政策研究机构，如美国国务院的“政策规划司”（Bureau of Policy Planning）、中国的“国务院发展研究中心”。每个国家还有自己的外交决策或执行部门，如中国政府中的外交部、美国行政部门中的国务院。然而，只有情报部门得到国家授权，才可以合法使用“非法”手段获取情报，才可以动用庞大人力、物力进行情报分析。同其他研究所、研究中心相比，国家不仅给予情报机构法律授权，而且在人力和财力上的支持也是惊人的。美国情报机构的年预算达到500亿美元左右，这是任何非国家团体所不能承受的。

因此，在本书中国家是情报的唯一主体，“商业情报”、“个人情报”均排除在外。情报不为特定的企业、个人服务，是国之“公器”，为国家安全决策提供帮助。历史上，美国情报机构获取的情报，主要在政府内部流通，为政府的国家决策服务，不服务于任何企业或个人。例如，美国的经济情报关注世界经济大趋势和主要金融危险，诸如原材料或战略物资的短缺、经济制裁的效果或某特定国家的经济稳定程度。

冷战结束后，国家安全的定义越来越宽，国家之间的竞争很大程度上是经济竞争，情报将大量的资源转向经济领域已经不可避免。但是，美国情报机构至今仍拒绝向具体企业提供情报。尽管不断有国会议员和企业要

① Sherman Kent, *Strategic Intelligence for American World Policy*, Princeton, New York, New Jersey: Princeton University Press, Second Printing, 1971.

求美国情报机构也向企业提供这样的信息，但是因为法律和道义上的问题，一直没有成功。[①] 在1992年的一次国会听证会上，中情局长盖茨透露，全球近20个国家在美国从事商业间谍活动。当部分国会议会员要求中情局也窃取国外商业秘密时，被盖茨断然拒绝。[②]

第三，情报的针对目标是国外。历史上，根据针对目标的不同，情报可以分为“国内情报”和“国外情报”。特别是在特定国家的特定时期，情报机构的职能与警察职能模糊不清，情报机构成为对内专政机构之一。今天，大部分国家都明确将情报机构的职能限定为“对外情报”，少数国家的情报机构拥有对外“秘密行动”权。本书中的情报专指“对外情报”，排除“国内情报”。1981年的总统行政命令（Executive Order 12333）规定，情报主要针对美国之外的组织、个人、国家和它们的代理人。只有在非常严格的条件下才能收集、保存美国人的信息，即相信美国人卷入间谍或国际恐怖活动。[③] 从这个行政命令可以看出，美国政府所指的情报就是对外情报。

在上述三个假设的限定下，本书所用“情报”的范围急剧缩小，专指国家机构执行的、为国家决策服务的对外情报行为、对外情报机构和对外情报知识。此类特定情报拥有以下三个特征：

第一，情报具有明确的目的性。人类作为理性动物，做任何事情都是有目的的，但情报的目的性更强、更明确，就是服务于国家决策，晚于决策一秒钟就失去任何价值，与决策不相关也没有意义。情报的服务对象是国家对外决策，这个目的既指出了情报与其他社会科学知识的区别，也说明情报不同于决策部门的政策研究。情报服务于国家决策，不是为全民普及国际问题知识，也不是寻找普遍真理。这说明情报是一种应用知识，而非理论知识，情报关注的是决策部门的需要，研究的是决策涉及的具体事

---

① Karren E. Scott, *Paradigm Shift: U. S. Strategic Intelligence in the 1990's*, An Individual Study Project, U. S. Army War College, 1993, p. 25.

② Mark Burton, “Government Spying for Commercial Gain: Problems and Alternative”, *Studies in Intelligence*, 1994, p. 20.

③ Executive Order 12333, *United States Intelligence Activities*, December 4, 1981.

件，而不是社会科学所重视的规律、法则。美国前中情局长盖茨说，什么是有用的信息、可以作为情报利用的信息，标准就是是否与美国的政策和利益相关。① 对于自然科学家和社会科学家而言，重在发现和验证真理，知识是否“有用”不是他们考虑的重点，但“有用”是情报的基本要求。

情报为决策服务的主要方式是告诉决策者国外的真实情况，以便决策者在知情的前提下做出明智决策，这是情报最重要、最常见的功能。然而，少数情况下，决策者直接把情报作为一种工具，服务于国家政策或国家目标。1964 年 10 月中国试爆第一颗原子弹之前，中情局采用技术手段偷拍到了中国原子弹试验地点的图片，通过图片和其他证据分析，判断中国很快就会试爆原子弹。美国国务卿腊斯克（Dean Rusk）认为抢在试爆前公布这个消息，可以减轻对美国盟国的冲击，于是美国在中国试爆之前公开了这个情报。② 2003 年夏天，为了在国内外动员对伊拉克战争的支持，英国政府公开了联合情报委员（Joint Intelligence Committee，JIC）主席斯卡莱特（John Scarlett）撰写的关于伊拉克大规模杀伤性武器的报告，报告认为：“伊拉克军队可以在命令下达后的 45 分钟内部署生化武器。”③ 这两件事虽然不是情报应用的常态，但典型地说明了情报明确的目的性和实用性质。这一性质要求情报必须做到准确、及时、相关。

第二，冲突性是情报最本质的特征。情报是一种知识，是关于什么的知识？是关于国外的知识，那么情报的目标是所有的外部国家、组织和个人吗？答案是否定的。在战争时期，情报是关于敌人的知识；在和平时期，情报是涉及竞争对手的知识。这就是情报的冲突性，这里的冲突包括高烈度的军事战争，也包括低烈度的文化、商业竞争。据此定义，世界上所有国家之间都有程度不同的冲突。世界上有盟国，但是没有铁板一块的

---

① Robert M. Gates，“The CIA and American Foreign Policy”，*Foreign Affairs*，Winter 1987/1988，p. 217.

② Ray S. Cline，*The CIA*：*Reality VS. Myth*，Acropolis Books Ltd.，1982. in G. Matthew Bonham and Michael J. Shapiro，*Thought and Action in Foreign Policy*：*Proceeding of the London Conference on Cognitive Process Models of Foreign Policy*，March 1973，p. 227.

③ Len Scott and Peter Jackson，“The Study of Intelligence in Theory and Practice”，*Intelligence and National Security*，Vol. 19，No. 2，Summer 2004，pp. 150 - 151.

盟国，任何两个盟国间都不可能拥有完全一致的利益。一个国家的情报收集和分析重点随着国家间冲突烈度的变化而变化，利益冲突越大的国家，越是情报收集重点。从这个意义上讲，情报是国家间斗争的另一条战线。美国情报学者舒尔斯凯称："情报是国家之间通过信息进行的竞争"。①

美苏两极对立时代，苏联是美国最大的竞争对手。从冷战开始到苏联解体，冷战占用了美国情报资源的一半。② 20 世纪 70 年代后期，美苏矛盾加剧，美国情报共同体 1980 年时投到苏联问题的经费达到顶点，占情报总预算的 58%。20 世纪 80 年代后美苏关系缓和，1990 年美国对苏情报投资占情报总预算的 50%。苏联解体后，美国与俄罗斯的对立程度下降，1993 年中情局投到前苏联地区的经费只占 15%。③ 同美苏敌对相反，美国与盟国之间不仅针对对方的情报投资少，而且还有良好的情报合作。二战期间，为加强盟国间的情报合作，美国"战略服务局"（the Office of Strategic Service）在伦敦、莫斯科、重庆等 8 个地方有常设办事机构。美英之间因其"特殊关系"，在情报上有持久而深入的合作。据美国情报人员麦科马克（Alfred McCormack）于 1946 年 1 月在众议院军事委员会作证时回忆，1943 年 4 月他前往英国情报机构参观，同英方达成协议，由美国情报部门派人进驻英国情报机构，他们可以独立选择英国情报送往美国。④ 这说明，在英美关系最紧密的时期，双方几乎可以长驱直入地接触对方的核心情报。1962 年 10 月 14 日清晨，美国 U—2 飞机拍摄到苏联在古巴部署的地对地导弹图片后，白宫根据各盟国与美国的亲疏远近确定情报分享的时间。在美国总统公开发表讲话前，提前 12 个小时通报英国，4 个小时后通

---

① Abram N. Shulsky, Gary J. Schmitt, *Silent Warfare: Understanding the World of Intelligence*, the third edition, Washington, D. C.: Brassey's Inc, 2002, p. 175.

② Mark M. Lowenthal, *Intelligence: From Secret to Policy*, Washington, D. C.: CQ Press, 2003, p. 12.

③ George Lardner, Jr., and Walter Pincus, "Congress May Seek Review of All Intelligence Spending," *The Washington Post*, January 10, 1993.

④ Hearing before the special committee on military affairs, 21st January, 1046, House Representative, 79th Congress, Second Session, p. 999 (unpublished), quoted by Roger Hilsman, *Strategic Intelligence and National Decision*, Glencoe, Illinois: The Free Press, pp. 92 – 93.

报法国、德国。[①]

现在，中情局情报部的“政策支持司”（the Office of Policy Support，OPS）专门负责对外情报交流，把中情局情报源源不断地送往世界各地的情报联络站。

在国际社会中，只要有冲突和竞争存在，就有追求胜利的愿望，就需要“知己知彼”，情报则是“知彼”的最佳渠道。可以说，冲突性是情报最根本的特质，也是情报存在的根源。人类是高智能动物，在竞争中善用谋略和计划，通过“不对称信息”掌握主动权。在国际竞争中，情报就是权力。国家总是尽可能多地掌握对手的信息，保密自己的信息。相反，如果两个国家之间利益完全一致，没有任何冲突与竞争，就没有必要使用情报手段。情报的冲突性决定了情报的秘密性，也让“侦察”与“反侦察”、“欺骗”与“反欺骗”成为情报活动中的常态。

第三，秘密性是情报最为人所知的特征。在西方社会一提到情报，人们首先想到的就是“斗笠和匕首”形象。然而，对于“秘密性”是否是情报的本质特质，美国情报学者从20世纪50年代以来就一直争论不休。以肯特、波克维兹（Bruce D. Berkowitz）、古德曼（Allan E. Goodman）为代表的一方认为，秘密性对情报而言无关紧要，情报应该像普通社会科学一样描述、分析和预测国际事件。他们认为，影响一个国家战略趋势的政治、经济、社会和文化等因素都是公开的，情报机构主要靠这些公开信息工作。[②] 20世纪90年代初，随着冷战的结束，美国国内掀起一波情报改革的讨论热浪，时任参议院情报特别委员会主席的博伦（David L. Boren）更指出，90年代情报改革的目标就是要建成世界顶级的思想库，完全把情报机构等同于公开研究部门。然而，以舒尔斯凯为代表的另一派情报学者则

---

① Harold P. Ford, *Sherman Kent and the Board of National Estimates: Collected Essays*, the Study of Intelligence Center, 1994, http://www.cia.gov/csi/books/shermankent/toc.html.

② See Sherman Kent, *Strategic Intelligence for American World Policy*, Princeton, New York, New Jersey: Princeton University Press, Second Printing, 1971; Bruce D. Berkowitz and Allan E. Goodman, *Strategic Intelligence for American National Security*, Princeton University Press, 1989.

坚持，秘密性是一切情报的必备条件，也是情报之所以成为情报的特质。①

双方争论的议题表面上是公开来源信息与秘密来源信息在情报中的分量和比例问题，实质却是情报的冲突性问题。如果承认情报的冲突性，承认情报是通过信息获取竞争优势的一种手段，就必须认可情报的秘密性。因为只有获取对方想保密的信息，或者不让对方获得自己想保密的信息，才能取得竞争优势。假设双方获取的信息是对等的，任何一方都不可能取得竞争优势。可见，从理论上来说，“秘密”是情报的重要特性。现实生活中，秘密获取信息和保密是情报机构不可或缺的关键职能。在美国，情报的保密等级分为秘密（confidential）、机密（secret）和绝密（top secret），此外还有10多个特殊操作告诫（the Special Handling Caveats），如NOFORN，OR CON，EYES ONLY。到目前为止，没有一个国家的情报划为“公开级”。

秘密性在情报中有两层含义：一是主动通过秘密渠道获取信息；二是被动保密。情报的秘密性指情报生产过程中某个环节涉及秘密行动或保密，并不一定表示情报生产的全部过程都是秘密的。有的时候获取情报的手段是公开的，从公开的书报中得到信息，但经过秘密分析，最后形成的分析报告是保密的，这也是情报。在有些国家的情报部门里，甚至设有专门的公开来源情报分析机构。第二次世界大战期间，盟军在北非登陆前，“战略服务局”的分析人员从公开资料中获取了大量关于敌方港口、机场、地形的情报，有力地配合了军事行动。有的时候，获取方式是秘密的，分析过程也是秘密的，但最后结论却故意向对手公布。1963年底，中情局情报部的“研究与报告司”（the Office of Research and Report）的分析报告认为，苏联农业丰收的可能性极小，苏联经济增长接近于零。肯尼迪总统知道后，高兴地指示中情局立即公布分析结果，让全世界都知道赫鲁晓夫所

---

① See Abram N. Shulsky, Gary J. Schmitt, *Silent Warfare: Understanding the World of Intelligence*, the third edition, Brasseys, Inc., Washington, D. C. 2002, pp. 1 – 2; Winn L. Taplin, “Six General Principles of Intelligence”, *International Journal of Intelligence and Counterintelligence*, no. 4, Winter 1989, pp. 475 – 491; Mark M. Lowenthal, *Intelligence: From Secret to Policy*, Washington, D. C.: CQ Press, 2003, p. 1.

谓“苏联要超过美国”的神话被击碎了。当时负责情报部的中情局副局长雷·克莱恩在兰利举行中情局历史上的首次记者会，公布了这一情报分析报告。[①] 情报一经其所有者公布，其作为情报的历史就结束了。但是，如果情报是通过其他管道泄露的，在当局承认之前，情报的身份仍然有效。

在情报实践中，情报学者将情报的特征归纳为六个：目的性、准确性、秘密性、时效性、前瞻性、对策性。其实，情报的准确性、时效性和对策性都附属于目的性。因为情报是服务务于国家决策的，事关重大，因而对准确性的要求更高；因为情报是服务于国家决策的，所以要求及时，错过决策时机的情报没有任何价值；因为情报是服务于国家决策的，因而必须与决策事件相关；因为情报是服务于决策的，所以必须随着决策关注未来。基于以上看法，本书不再单独论述情报的时效性、前瞻性和对策性。

第二节　情报的定义

目前已有的“情报”定义，尽管侧重点不尽相同，但都能抓住上述“情报”的三个假设和三个特征中的一个或多个方面，因而是进一步定义“情报”的良好基础。

美国政府情报机构和政府授权的情报调查委员会半个世纪以来给出多个情报定义，它们虽然年代不同，但内容却大同小异，因而可以归为一类来分析。当然，也有一部分学者认同政府机构的定义，将他们的定义也归入此类。

1947 年建立中央情报局的《国家安全法》对情报的定义：情报是指与外国政府、外国组织或外国人的能力、意图和行为有关的信息。[②]

---

① David M. Kennedy, *Sunshine and Shadow: The CIA and the Soviet Economy*, Kennedy School of Government Case Program, Harvard University, p. 10.

② Michael Warner, "Wanted: A Definition of intelligence", *Studies in Intelligence*, no. 3, 2002, pp. 15 – 22.

1955年胡佛委员会（Hoover Commission）[①] 对情报的定义：情报是采取一项行动前需要知道的知识。[②]

1976年美国国防情报学院（the Defense Intelligence School）在培训教材中对情报的定义：情报是评估后的信息，这些信息帮助决策者做出有效决策。[③]

1996年公布的布朗—阿斯平报告（the Brown-Aspin Report）[④] 对情报的定义：情报是关于外国的人、地方和事件的信息，这些信息是政府执行其职能所需要的。[⑤]

中情局在其官方网站中对情报的定义：情报是关于外部世界的知识和先见之明，必须在总统决策和行动前提供。[⑥]

美国军事情报学者卡恩（David Kahn）对情报的定义：情报就是信息。[⑦]

肯特对情报的定义：情报是一种知识，是高层行政、军事人员维护国家利益必须拥有的知识。[⑧]

此外，持有此类定义的学者还有退休的军事情报官员科森（William

---

① 以美国前总统胡佛为首的顾问团，于1947—1955年考察美国行政部门的组织情况，其中包括对情报机构的调查。

② U. S. Commission on Organizaton of the Executive Branch of the Government（1953—1955）, Intelligence Activities, *A Report to the Congress*, Washington: Government Printing Office, 84th Cong., 1st sess., House Doc. No. 201, June 1955, p. 27.

③ Erome K. Clauser and Sandra M. Weir, *Intelligence Research Methodology: An Introduction to Techniques and Procedures for Conducting Research in Defense Intelligence*, HRB-Singer, Inc., 1976, p. 19.

④ 1994年秋天，国会授权一个小组研究情报界，克林顿任命国会议员和社会知名人士作为该小组成员，前国防部长阿斯平（Les Aspin）和布朗（Harold Brown）相继作为主席。阿斯平—布朗委员会是有史以来级别最高的情报调查委员会，1996年3月1日报告公开发表。

⑤ Commission on the Role and Capabilities of the United States Intelligence Community, *Preparing for the 21st Century: An Appraisal of US Intelligence*（the "Brown-Aspin Report"）, Washington, D. C.: Government Printing Office, 1996, p. 5.

⑥ http://www.cia.gov/cia/publications/facttell/intelligence_ cycle.html.

⑦ David Kahn, "An History Theory of Intelligence", *Intelligence and National Security*, Vol. 16, No. 3, Autumn 2001, p. 79.

⑧ Sherman Kent, *Strategic Intelligence for American World Policy*, Princeton, New York, New Jersey: Princeton University Press, Second Printing, 1971, Preface, vii.

R. Corson）、哈佛大学的鲍伊（Robert R. Bowie）等。①

这些定义的共同特征是指出了情报是一种知识或信息，是为国家决策服务的。但是均有意无意地回避了情报的冲突性和秘密性，掩盖了情报作为一种斗争工具的实质。因而，此类官方定义遗漏了情报重要的本质特征之一。

另一部分情报学者和前情报官员对情报的定义，则重点强调情报的冲突性和秘密性。

前中情局副局长沃尔特斯（Vernon Walters）对情报的定义：情报是不能公开得到的信息，是关于影响我们生命和安全的国家之实力、资源、能力和意图的信息。②

中情局的另一位高官柯克帕特里克（Lyman Kirkpatrick）的定义：情报是一种知识，在理想状态下是一种预知，是国家为了应对外来威胁、保护核心利益特别是自己人民的福祉而寻求的知识。③

1996年对外关系委员会（Council on Foreign Relations）在一份研究报告中对情报的定义：情报是不公开的信息或至少部分基于不公开信息的分析，是为政府内的决策者和其他人员准备的。④

曾任职于参议院情报委员会、“现代战略与政治研究所”（the Institute for Advanced Strategic and Politics Studies）的科德维拉（Angelo Codevilla）对情报的定义：情报是冲突的一种工具。⑤

情报学者菲茨吉本（Constantine Fitzgibbon）对情报的定义：情报就是

---

① See Willian R. Corson, *The Armies of Ignorance*: *The Rise of the American Intelligence Empire* New York: Dial Press; 1977, p. 78; Lyman B. Kirkpatrick, Jr. , *The U. S. Intelligence Community*: *Foreign Policy and Domestic Activities*, New York: Hill and Wang, 1973, p. 3.

② Vernon Walters, *Silent Missions*, Garden City, NY: Doubleday, 1987, p. 621.

③ Lyman B. Kirkpatrick, Jr. , “Intelligence,” in Bruce W. Jentelson and Thomas G. Paterson, eds, *Encyclopedia of US Foreign Relations*, Volume 2, New York: Oxford University Press, 1997, p. 365.

④ Council on Foreign Relations [Richard N. Hass, project director], *Making Intelligence Smarter*: *Report of an Independent Task Force*, New York, NY: Council on Foreign Relations, 1996, p. 8.

⑤ Angelo Codevilla, *Informing Statecraft*: *Intelligence for a New Century*, New York: The Free Press, 1992, p. 3.

关于敌人的知识。[①]

中情局分析员沃纳（Michael Warner）对情报的定义：情报是国家的秘密行为，以理解和影响国外。[②]

同前一类定义相比，这些定义简洁而深刻，特别是菲茨吉本（Constantine Fitzgibbon）和科德维拉（Angelo Codevilla）一针见血地指出了情报的冲突性。然而，美中不足的是大部分定义未能兼顾情报的国家性和目的性。

还有一些定义重在描述情报过程，主要描述情报作为收集、分析、发送的过程，或指出情报由情报机构、情报活动和情报产品三部分组成，用情报生产过程的独特性作为情报与其他事物的区别。

前中情局助理局长罗文索（Mark M. Lowenthal）对情报的定义：情报是根据要求，收集、分析和为决策者提供影响国家安全的信息的过程，既是这个过程的产品，也通过反情报行动来保护这个过程和信息的安全，这些行动得到了合法授权。[③]

《美国情报百科全书》（United States Intelligence：An Encyclopedia）中对情报的定义：情报是收集、整理、评估、分析、综合、解读信息的产物。[④]

前国家安全局局长斯塔德曼（W. O. Studeman）对情报的定义：情报是收集、分析、加工和报告信息。情报分为两类，积极情报（Positive Intelligence）和反情报（Counterintelligence）。[⑤]

---

① Constantine Fitzgibbon，*Secret Intelligence in the Twentieth Century*，New York：Stein and Day，1977，p. 56，quoted by Thomas F. Troy，The "correct" Definition of Intelligence，International Journal of Intelligence and Counterintelligence，no. 4，Winter 1991 –1992，p. 433.

② Michael Warner，"Wanted：A Definition of intelligence"，*Studies in intelligence* 46，no. 3，2002，pp. 15 –22.

③ Mark M. Lowenthal，*Intelligence*：*From Secret to Policy*，Washington，D. C.：CQ Press，2003，p. 8.

④ Bruce W. Watson，Susan M. Watson，and Gerald W. Wopple，eds.，*United States Intelligence*：*An Encyclopedia*，New York：Garland Publishing，Inc.，1990.

⑤ W. O. Studeman，"The Philosophy of Intelligence"，Seminar On Command，Control，Communications，and Intelligence，Guest Presentations，Spring 1990.

美国军事情报机构分析员普拉特对情报的定义：情报是一种有价值的报告，来源于对信息的选择、评估、解读，最终成果对国家政策有重要意义。①

普林斯顿大学教授诺尔（Klaus Knorr）对情报的定义：情报是获取和加工有关外部环境信息的一种活动，政府在那里想最大限度地达到各种目标。②

这些定义准确地描述了情报的生产过程和组成部分，但是这些特征并不是情报的本质特征，收集、分析、发送是一切学术研究都要经过的程序，组织、行动、产品也是生产一切产品所需要的机制。

对于情报的定义，见诸于公开文章、报告的就成百上千，上述三个类型不可能尽其所有，但基本概括了主要形态。这些定义可以说各有千秋，从各自独特的视角观察情报，抓住了情报的某些本质特征，适合情报定义者在某个特定领域的研究。然而，没有一类定义能同时满足本书提出的三个假设和三个特征，故不能成为本书适用的定义。

2002 年兰德公司学者舒尔斯凯给出的情报定义，基本满足了本书中提到的三个假设和三个特征，只是略显冗长。

> 情报应包括三个主体：信息、活动和组织。首先，情报是政府为了维护国家安全利益，对付对手和潜在对手，而制定政策或执行政策时所需要的信息。其次，情报作为活动，是获取和保护信息，即对手之间有关信息斗争的一部分。第三，情报亦指执行这些活动的组织，其最显著的特点就是秘密性。③

在这个定义中，情报是一种“制定或执行政策所需要的信息”，即“情报”为一种知识；情报是“政府为维护国家安全利益”的，“制定政策或执行政策所需要的信息”，既指出情报的主体是国家，也说明了情报

① Washington Platt, *Strategic Intelligence Production: Basic Principles*, New York, NY: Frederick A. Praeger, 1957, p. 8.

② Klaus Knorr, *Foreign Intelligence and the Social Science*, Center of International Studies, Woodrow Wilson Hall, Princeton University, Research Monograph, No. 17, June 1, 1964.

③ Abram N. Shulsky, Gary J. Schmitt, *Silent Warfare: Understanding the World of Intelligence*, the third edition, Washington, D. C.: Brassey's Inc, 2002, pp. 1 – 2.

的国家性和目的性；情报的对象是“对手和潜在对手”，是“对手之间有关信息斗争的一部分”，指出了情报的冲突性和对外特征；情报“最显著的特征是秘密性”，这是情报的秘密性。

对舒尔斯凯的定义简化后，本书认为，情报的定义应当为：情报是特定国家机关为国家决策而秘密获取的、关于国外竞争者的知识。在这里，情报的主体是“特定国家机关”，也就是得到国家授权的机构；情报的对象是“国外竞争者”，包括国家、组织和个人；情报的目标是与“外国竞争者”竞争；情报的途径是“秘密获得”，包括秘密获取信息、秘密分析信息和最终成果的保密三个方面，只要满足其中一个方面就符合情报的“秘密性”。

第三节　情报过程

情报的定义决定情报的内涵与外延。根据上述定义，情报的工作范畴就是获取信息和分析信息。但是，实际上各国情报机构的业务范围不止这些。以美国为例，美国情报机构，特别是中情局的业务包括四部分：收集（collection）、分析（analysis）、秘密行动（covert action）和反情报（counterintelligence）。

“反情报”是防止外国敌对政府、组织针对本国的情报活动的活动。“反情报”分为积极和消极两种形式，消极形式指安全和保密措施，积极形式就是主动出击，寻找间谍。在美国，反情报工作分散在不同情报部门，联邦调查（FBI）负责美国本土，中央情报局负责海外，军方各部门都有自己的反情报职能，主要负责在国内外涉及军队的工作。传统的反情报目标就是寻找、发现和转化（neutralize）对方情报人员。反情报工作可以是非常积极的，反情报人员打入对方情报机关，在对方的间谍计划出台前、间谍培训阶段就侦察到“反情报”情报。

秘密行动指支持国家外交目标的相关活动及职能，在这些活动中政府不能公开自己计划者和执行者的身份。在美国，秘密行动主要由中央情报局执行，近年来在反恐行动中军方也开始获得秘密行动权。最早的秘密行动机构是1941年成立的信息协调局（the Office of Coordinator of Information，中情局前身）下设的特别行动部（Special Activities）。1991财年美国“情报授权法”（the Intelligence Authorization for Fiscal Year 1991）对秘密行动作如下定义：“美国政府影响国外政治、经济和军事状况而采取的一项或多项行动，但刻意隐藏或不公开承认美国政府在其中的作用。”①在战略服务局时期，秘密行动主要是特工在后方从事宣传、破坏、策划起义。冷战时期，中情局特工从事的秘密行动包括：策动政变、支持反政府武装、扶植亲美政权等。从1952年到20世纪70年代早期，秘密行动是中情局的第一大业务，在人员和经费上，秘密行动都要超过情报特工。② 20世纪70年代后，由于中情局大规模从事秘密行动而引起美国公民的极度反感，声誉降到了谷低，经过国会立法限制后，秘密行动的数量急剧下降。冷战结束后，中情局秘密行动的数量和规模仍在持续下降，经费仅占情报经费的1%。然而，“9·11”事件后，出于反恐需求，针对恐怖主义的秘密行动开始增加。2013财年，中情局的预算为147亿美元，其中秘密行动预算26亿美元，包括武装无人机的行动费用。③

毫无疑问，反情报和秘密行动在现实生活中是情报机构的重要业务，而且与情报收集、情报分析相互关联，不可分割。因此，情报是否应当包括这两部分仅是一个学术争论，不具有现实意义。在现实生活中，几乎所有国家的情报机构均执行这四种职能。在美国，绝大部分情报学者认为，情报应当由四部分组成。④ 1987年12月由“情报研究协会”（the Consorti-

---

① Roy Godson, Ernest R. May and Gary Schmitt, *U. S. Intelligence at the Crossroads*: *Agendas for Reform* , Washington: Brassey's, 1995, p. 155.

② U. S. , Congress, Senate, 94th Congress, 2d Session, the Select Committee to Study Governmental Operations, *Foreign and Military Intelligence*, Final Report Book 1 , U. S. Government Printing Office, 1976, p. 23.

③ Greg Miller, " 'Black budget'summary details U. S. spy network's successes, failures and objectives", The Washington Post "August 29, 2013, http://www.washingtonpost.com/world/national-security/black-budget-summary-details-us-spy-networks-successes-failures-and-objectives/2013/08/29/7e57bb78-10ab-11e3-8cdd-bcdc09410972_story.html.

④ See Mark M. Lowenthal, *Intelligence*: *From Secret to Policy*, Washington, D. C. : CQ Press, 2003; Angelo Codevilla, *Informing Statecraft*: *Intelligence for a New Century*, New York: The Free Press, 1992, p. 4.

um for the Study of Intelligence，CSI）主持的“1990 年代情报需求”会议在华盛顿召开。据“情报研究协会”主席戈德森（Roy Godson）记载，60 位参加会议的人在这次会议上基本认同，情报由四部分组成：收集、分析、反情报和秘密行动。[①]

但是，也有少数学者坚持，反间和秘密行动不属于情报范畴。如麦卡特尼（John Macartney）说：“我认为，反情报和秘密行动是与情报相关的行为，它们非常重要，但本质上不是情报。”[②] 根据本书对情报的定义，情报不包括反情报和秘密行动，这两部分都与情报相关，应当说是情报的相关或附属业务。

情报作为收集和分析信息的过程，美国情报学界称为“情报循环”（intelligence cycle）。一个完整的情报循环包括哪些步骤呢？根据中情局官方介绍，一个情报循环包括五个环节：计划、收集、加工、分析和发送。[③] 这个分工模式基本反映了情报部门的实际工作程序，也为大多数学者所接受。也有的学者认为应当包括七个步骤，即把情报消费和反馈加进去。[④]

“计划”是确定情报需求。情报需求既可能来自消费者的要求，如总统、副总统、国防部长等指定收集或分析的题目，也可能是情报机构的自选项目。不论是消费者交办的，还是情报机构的自选动作，必须由情报机构将消费需求转换为收集需求，并指示收集部门执行。

情报收集从获取方式上看，可分为人力情报、技术情报和公开来源情报（humint，techint，open-source collection），从情报性质上看，可分为物质情报（physical intelligence）和语言情报（verbal intelligence）。物质情报是包含有价值信息的物体，如核爆炸后空气中的尘埃，语言情报是获取的

---

① Roy Godson：，“Intelligence for the 1990s”，in Roy Godson，ed，*Intelligence Requirements for the 1990s*，Lexington，MA：Lexington Books，1989，p. 4.

② John Macartney，“How Do you Define Intelligence?”，*Intelligencer*，no. 1，Jan. 1995，pp. 3 – 4.

③ www. cia. gov/publications/facttell/intelligence_ cycle. html.

④ Mark M. Lowenthal，*Intelligence*：*From Secret to Policy*，Washington，D. C.：CQ Press，2003，p. 40.

口头、文字信息，如作战计划、谈判内容等。[①] 美国情报界习惯上采取第一种分类方法。

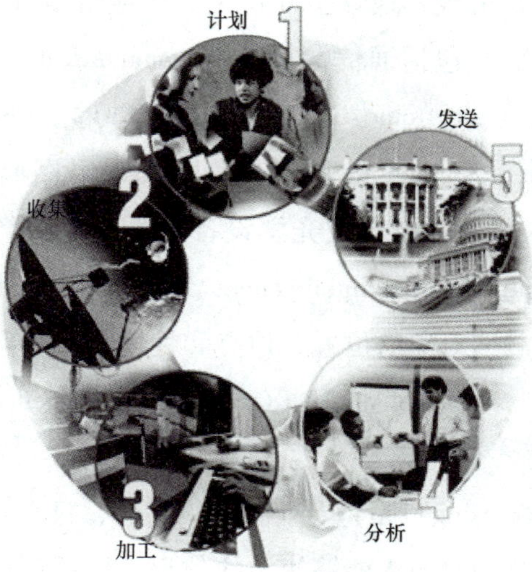

图 1—1　情报循环示意图

资料来源：http：//www. cia. gov/publications/facttell/intelligence_ cycle. html.

人力情报有特工（agent）、线人（source）、内线（informant）三种收集方式。一般印象中，人力情报专指间谍、特工，实际上秘密情报收集人员只占人力情报来源的很少一部分，绝大部分人力情报人员都是公开的，如外交官等。公开来源情报指那些以印刷或电子形式出现的、公开提供的信息。公开来源情报一般不能直接作为成品情报上报，而是作为原始材料提供给分析、研究人员。但是，在极少数情形下公开来源情报也曾单独发挥作用。如，1961 年秋天，苏联莫斯科电台（Radio Moscow）转播了一条地方杂志上的含糊消息，美国中情局一个监听站的女工作人员敏锐地捕捉到了这条信息，并上报高层，使美国在苏联恢复核试验之前得到了预警

① David Kahn, "An History Theory of Intelligence", *Intelligence and National Security*, Vol. 16, No. 3, Autumn 2001, p. 81.

情报。[1]

技术情报是用机器收集，采用对方不可阻止的方式进行，如高空侦察、卫星拍照、信号拦截等。技术情报还可分为以下几种：信号情报、图形情报、测量和标识情报、地球空间情报。信号情报（signal intelligence，SIGINT）指信号截收，包括通信情报（all communication intelligence，COMINT）、电子情报（Electronic intelligence，ELINT）、外国设施信号情报（foreign instrumentation signals intelligence，FISINT）。图形情报（imagery intelligence，IMINT）是通过电子或光学设备拍摄到的图像。测量和标识情报（measurement and signature intelligence，MASINT）使用除图像和信号外的所有技术手段，测定对象的位置、地点和性质等，如利用空中飞行器采集空中的化学成分。地球空间情报（Geospatial Intelligence）是对地球上事物的分析和图像化。

情报加工（processing）是将专业程度极高的、只有专家才能理解的数据、图片、密码转化为普通人能够使用的信息，包括翻译、破译密码、图片解读，以及从胶片及磁场媒介中提取信息。几乎所有收集部门都有情报加工功能。

情报分析（analysis）是分析员利用收集到的信息、专业知识和科学方法做出判断和结论。情报分析可分为单一来源分析（single-source analysis）和多来源分析（all-source analysis）。单一来源分析只处理一个来源的信息，虽然可直接向消费者提供，但主要服务于多来源分析；多来源分析是综合各个来源信息，最终形成成品情报，直接向消费者提供。

情报发送（dissemination）是将成品情报送到消费者手中，除决策者交办的任务外，通常由情报机构自己决定发送范围和对象，自己执行送达任务。

情报收集途径的选择取决于一个国家的实力、科技水平和海外利益等多种因素。首先，一个国家的实力是其情报水平的决定性因素。现代科技越发达，获取技术情报的代价越高，所需要的财力支持就越重要。目前美

---

① Allen Dulles, *The Craft of Intelligence*, Harper & Row, 1963, p. 56.

国使用的间谍卫星动辄数亿美元，而且还需要拥有海外基地，这些金钱开支和国际影响都不是一般小国所能承受得起的。其次，技术水平也是情报力量的关键。当今国际社会，即使是财力充足的富裕国家，如果本国没有尖端技术，也很难用金钱买到尖端间谍设备。第三，海外利益大小决定着一个国家投资情报的决心。有的国家很富裕，技术也不错，但是缺乏大规模投资情报的动力，因为它们在国际竞争中的利益关系不是非常大，或者可以搭其他国家的便车。

一般来说，穷国或者情报事业刚刚起步的国家，总是将公开来源情报作为情报的主要来源。公开来源情报投资少、数量大、见效快，是情报事业的基础。美国国家情报起步于国会图书馆的一个研究部门，即使到了20世纪50年代，公开来源情报仍是主要情报来源。“翻译和分析外国出版物被当作第一信息来源，由中情局负责执行。中情局保持着数百万美元的预算，购买国外的期刊、图片，编辑出版数目惊人的翻译、评论，集中成中央档案，供分析员和政策部门使用。中情局还接管国外广播信息处（the Foreign Broadcast Information Service），负责收听国外的广播内容。”① 20世纪60年代以后，秘密收集的地位日益突出。1995年“国家对外情报委员”的消息表明，在每年280亿—350亿美元的情报预算中，99%的预算用于秘密情报收集和加工，只有1%用于公开来源情报，而公开来源情报为多来源情报分析提供了40%的素材。②

尽管公开来源情报是情报分析的基础和重要来源，但各主要大国投巨资将最先进的技术应用到秘密情报收集和分析中，往往能在关键时刻发挥重要作用。美国情报史表明，只要有新技术出现，秘密情报收集部门总是最先采用的单位之一。二战刚结束时，美国技术收集处于起步阶段，军方派出装载接收设备的先进战斗机在东欧国家边境附近巡逻，接收社会主义

① John Prados, *The Soviet Estimate*: *U. S. Intelligence Analysis & Russian Military Strength*, New York: The Dial Press, 1982, p. 24.

② Robert. D. Steele, “the Important of Open Source Intelligence to the Military”, in Lock K. Johnson and James J. Wirtz, ed, *Strategic Intelligence*: *Windows Into A Secret World an anthology*, Roxbury Publishing Company, 2003, p. 116.

国家的信息。1954年，在艾森豪威尔的亲自批准下，由中央情报局从秘密经费中拨款3500万美元，委托洛克希德公司（Lockheed）建造35架高空侦察飞机，即U—2飞机。1955—1960年飞行期间，U—2飞机收集大量关键信息，1960年侦察到苏联正在古巴部署导弹的图片。时任中情局副局长的雷·克莱恩问肯尼迪总统“这张照片值多少钱”，肯尼迪回答“它的价值超过美国投在中情局身上的所有钱”。[①] 此外，中情局还主持过SR17侦察飞机和日冕侦察卫星的研制，国防部国防现代化研究项目局（the Defense Advanced Research Projects Agency，DARPA）曾率先研发出互联网。近年来，私营部门成为信息技术的领头羊。1998年中情局意识到无法在该领域与私营部门竞争，决定让中情局成为最新信息技术的消费者，而不是生产者。1999年2月应中情局要求，前洛克希德—马丁公司总裁组建了In－Q－Tel公司，该公司的任务就是确保中情局获得最先进的信息管理技术，公司注册为一家非赢利机构，第一年的预算是2800万美元。[②]

在计划、收集、加工、分析和发送五个环节中，收集是投资重点，也是最吸引消费者眼球的事业。根据1975年施莱辛格报告，在1975财年，美国情报界72%的预算用于收集，19%的预算用来加工信息，而只有9%的预算用在情报分析上。[③] 同一时期的丘奇委员会报告指出，其中87%的收集开支用于技术收集，13%用在人力收集上。[④] 2013财年，中情局情报收集预算115亿美元，情报分析11亿美元，后勤保障18亿美元。[⑤]

在情报实践中，情报循环中的五个步骤是相对的，很多时候是各个环

---

① Ray S. Cline, *The CIA: Reality VS. Myth*, Acropolis Books Ltd., 1982.

② Rich E. Yannuzzi, “In－Q－Tel: A New Partnership Between the CIA and the Private Sector”, *Defense Intelligence Journal*, Winter 2000.

③ Richard K. Betts, “Analysis, War, and Decision: Why Intelligence Failures Are Inevitable”, *World Politics*, 00043－88/78, p. 78.

④ U. S., Congress, Senate, 94th Congress, 2d Session, the Select Committee to Study Governmental Operations, *Foreign and Military Intelligence*, Final Report Book 1, U. S. Government Printing Office, 1976, p. 334.

⑤ Greg Miller, “‘Black budget’ summary details U. S. spy network’s successes, failures and objectives”, The Washington Post, August 29, 2013, http://www.washingtonpost.com/world/national－security/black－budget－summary－details－us－spy－networks－successes－failures－and－objectives/2013/08/29/7e57bb78－10ab－11e3－8cdd－bcdc09410972_story.html.

节互相交叉、渗透的，难以做出明确区分。情报收集人员实际上都在承担一些情报分析任务，是第一阶段的分析员。情报分析员自己也读书看报，是公开来源情报的收集者。就情报的计划阶段而言，情报消费者、情报收集机构和情报分析机构都不同程度地参与其中。

第二章

战略情报

战略情报是情报的一种，可以称之为情报的“高端产品”或“精华”。战略情报是一个国家情报体系的塔尖，是各类情报的“综合”、“提炼”和“升华”。在美国，战略情报的主要责任单位是具有半独立地位的中央情报局，服务对象是联邦政府高层决策人员，关注的目标是国家安全。

第一节 定义

战略情报是植根于美国情报实践的一个情报术语，它的出现、发展、成型与中央情报局的建立和发展密不可分。战略情报机构、战略情报活动脱胎于第二次世界大战的战火之中，当时虽有战略情报之实，却没有“战略情报”之名来描述那些特定的知识和组织。战后，人们才借用战争时代的词汇“战略”，使之与其他情报区别开来。

1947 年，美国创建中情局的初衷就是汲取珍珠港事件教训，保证高层决策者收到集中、综合的情报。杜鲁门（Harry S. Truman）总统及其顾问相信，如果政府各部门之间能分享情报和协调行动，珍珠港事件应当能够避免。[①] 因此，美国应当建立全国统一的情报部门、集中的军事领导体系。1947 年，根据《国家安全法》（The National Security Act 1947，NSA 1947）

---

① Michael Warner, *Central Intelligence: Origin and Evolution*, Center for the Study of Intelligence, Central Intelligence Agency, Washington, D. C. , 2001, p. 1.

建立了国家安全委员会（the National Security Council，NSC）、国防部（the Defense Department，DOD）、中央情报局（the Central Intelligence Agency，CIA）和参谋长联席会议（the Joint Chiefs of Staff，JCS）四个部门。国防部长获得管理军事的全权，国家安全委员会负责协调国防、外交和情报等国家安全事务。依照法律规定，“中情局长在国家安全委员会的监督下，协调政府各部门涉及国家安全利益的情报活动”。同时，中情局长还负责“国家安全委员会认为应该高效、集中进行的行为”，这里主要指特工和秘密行动。此法还规定，“中情局综合、评估与国家安全相关的情报（Intelligence relating to the national security）”，“政府其他部门继续收集、评估、综合、发送部门情报（departmental intelligence）”。[①] 从后一条规定来看，中情局与其他情报机构之间有明确的职责区分，中情局的负责范围是“与国家安全相关的情报”，其他情报机构的业务范围是“部门情报”。从前一条规定看，“与国家安全相关的情报”和“部门情报”之间显然有重叠，因为中情局有责任协调“其他部门涉及国家安全利益的情报活动”，可见其他部门也必然从事“与国家安全相关的情报”。在这里，“与国家安全相关的情报”不是中情局的专利，中情局的权利是协调权，其他部门有执行权。

在1947年《国家安全法》中没有提到战略情报一词，仅提及“与国家安全相关的情报”。《国家安全法》通过后，国家安全委员会情报1号令（NSCID 1）把“涉及国家安全的情报”简称为“国家情报”（national intelligence），并指出提供国家情报是中情局的职责。在国家安全委员会情报3号令（NSCID 3）中，对国家情报的定义为：对部门情报的整合，涉及国家政策和国家安全的多个方面，超越一个行政部门或军方的的能力；对部门情报的定义为：一个部门在执行任务和法定职责时所需要的情报。在1976年福特（Gerald R. Ford）总统签署的《美国对外情报活动》（United States Foreign Intelligence Activities）行政命令（Executive Order 11905）中，国家情报的对立面改为战术情报（tactical intelligence），并指出中情局没有

① The National Security Act of 1947, Section 102, 26 July, 1947.

战术情报责任。[①] 通过这几个后续文件的界定，中情局与其他情报部门之间职责分明，只有中情局从事的是国家情报，其他情报机构只能从事“部门情报”或“战术情报”。国家情报的特征至少包括两点：一是涉及“国家安全的情报”；二是“超越一个部门的能力”。这里的“一个部门”特指其他行政部门下属的情报机构，中情局作为一个独立的行政机构不在“一个部门”的范围内。国家情报“包括国家安全的多个方面”，当时的军事情报部门主要负责军事情报，国务院负责经济情报和社会情报，中情局要综合“部门情报”。由此可见，国家情报的首要特征是涉及综合性国家安全议题。

在国家安全委员会的文件或总统行政命令中没有提及战略情报的定义，但是在国家安全委员会和中情局成立前“战略情报”一词已经出现。1946 年成立中央情报组的总统令（Presidential Directive 22 January 1946）规定，中央情报组的任务是“综合、评估与国家安全相关的情报，并在政府内分发已经完成的“战略和国家政策情报”（strategic and national policy intelligence），这里的战略情报显然等同于国家情报。后来，当“国家情报”在美国政府的公文中出现的时候，战略情报一词也开始在学术界与政府部门流行。

1949 年肯特在《为美国世界政策服务的战略情报》中首次明确提出“战略情报”概念，战略情报是高级的（high-level）、外国的（foreign）、主动情报（positive intelligence）。这个定义中，“外国的”和“主动的”要将“对内情报”和“反情报”排除在外，本书关于情报的定义已经将这两项排除。因此，这个定义中战略情报的唯一特征是“高级的”。何为“高级的”情报，肯特认为是操作性情报（operational intelligence）、战术情报（tactical intelligence）、战地情报（combat intelligence）之外的情报。[②]

至此，对于什么是肯特心目中的战略情报，仍然不清晰。肯特进一步解释，战略情报有四个特点：

---

① Michael Warner, *Central Intelligence: Origin and Evolution*, Center for the Study of Intelligence, Central Intelligence Agency, Washington, D. C., 2001, p. 7.

② Sherman Kent, *Strategic Intelligence for American World Policy*, *Princeton*, New York, New Jersey: Princeton University Press, Second Printing, 1971, Preface.

> 一是对国家生存至关重要的知识；二是需要专业人员处理的知识，即专业人员分析后的情报；三是需要秘密方式获取的知识；四是这种知识的数量很大，需要专门的机构来处理。战略情报就是国家的对外政策在战时或和平时期所依赖的知识。①

现在，战略情报的轮廓基本形成。战略情报是关乎重大国家利益的情报，但不包括具体的可操作性情报。如，情报机构获悉，日本将于某年某月某日某时进攻美国珍珠港，这个情报事关重大国家安全利益，但不是战略情报。战略情报是长远的政治、经济趋势，只有这样的情报需要专业分析员、专门的分析机构来处理大量知识。总之，肯特所指的战略情报就是关于重大趋势的情报。

比较肯特定义的“战略情报”和美国官方文件中界定的“国家情报”，会发现两者几乎是同义词。“重大趋势”和“综合性国家安全”都是部门情报和战术情报所不能承担的，如果使用排除法，国家情报和战略情报就是同一个概念。事实上，20世纪50年代以来，美国政府文件和学者都将这两个词当作同义词。

参谋长联席会议对战略情报的定义为：“在国家或国际层次上形成政策或军事计划时所需要的”。②

国防情报学院对战略情报的定义：战略情报是在国家和国际层次上需要的情报，用来制定战略计划用的。③

陆军情报部门培训教材中对战略情报的定义：战略情报是在国家或国际层次上制定政策或军事计划所需要的知识。对于国家目标，它协助确定切实可行的国家目标，帮助制定完成国家目标的计划、方法。影响国家的

---

① Sherman Kent, *Strategic Intelligence for American World Policy*, *Princeton*, New York, New Jersey: Princeton University Press, Second Printing, 1971, Preface.

② Gerald W. Hopple and Bruce W. Watson, eds., *The Military Intelligence Community*, Boulder: Westview Press, 1986, p. 11.

③ Erome K. Clauser and Sandra M. Weir, *Intelligence Research Methodology: An Introduction to Techniques and Procedures for Conducting Research in Defense Intelligence*, HRB-Singer, Inc., 1976, p. 19.

军事能力、脆弱性和行动的因素是战略情报的组成部分。[①]

范德堡大学（Vanderbilt University）政治学教授兰塞姆（Harry Howe Ransom）对战略情报的定义：战略情报的公认的含义是评估和加工后的信息，有关外国的实力和意图及对决策有重要影响的其他外部现象。概括地讲，就是国家级政府官员，特别是国防和外交政策制定者所需要的信息。[②]

1994 年国防部的军事术语词典中对战略情报的定义为：在国家或国际层次上制定政策或军事计划时所需要的情报。战略情报和战术情报的主要区别是它们的使用层次，但也在关注范围和细节上有所区别。[③]

综上所述，美国政府和学者对战略情报的定义有明确共识。战略情报就是国家层次上需要的情报，主要特征是全局性、长期性、综合性和趋势性。在国际政治中，战略与政策的关键区别也体现在这几个方面。但是，尽管在理论上两者之间有明显界线，在现实中战略情报、部门情报和战术情报不可能界线分明。国务院、国防部突破部门情报限制，涉足战略情报，中情局屈就部门情报业务，三方形成竞争关系。近 10 年来，战略情报部门又被要求服务于战术情报需求。

其实，早在 1949 年肯特刚刚提出战略情报这一概念时，深谋远虑的肯戴尔（Willmoor Kendall）就对该词不满意。他批评说，战略情报是战时思维的产物，使用“战略”而不是“外交政策”来表述情报工作，是相信美国国际利益的整体性。事实上，美国的利益是由对各个民族国家的政策组成的。肯戴尔认为，只有在战争时期，美国的利益和命运才取决于一两件重大事件，在和平时期美国的利益是分散的。[④] 美国是否有一个整体国家利益，一直是学者之间争论的问题，两种观点都有合理之处。现实中，用战略一词区别国家政策与部门政策不是很高明，外交政策是国务院的部门

---

① Ruth H. Phelps, Judith A. Englert, and Sharon A. Mutter, *Application of a Cognitive Model for Army Training: Handbook for Strategic Intelligence Analysis*, U. S. Army Research Institute for the Behavioral and Social Sciences, October 1984, pp. 4 – 1.

② Harry Howe Ransom, *Strategic Intelligence*, General Learning Press, 1973, p. 1.

③ JCS, Department of Defense Dictionary of Military and Associated Terms, 1994.

④ Willmoore Kendall, “The Function of Intelligence”, *World Politics*, Vol. 1, No. 4, July, 1949, p. 548.

政策，但重大外交关系也是国家政策关注的焦点；同时，外交政策往往也涉及政治、军事、经济、文化等因素，也是一个综合性国家安全问题。特别是随着科技和全球化的发展，战略情报、部门情报和战术情报的界线正在消逝。

1990 年沙漠风暴（Desert Storm）行动后，因军方抱怨情报支持不足，克林顿总统（Bill Clinton）于 1995 年发布总统令（PDD—35），强调国家情报机构的首要任务是支持军事行动，国家、战略情报资源应向战术情报转移。① 随后，国家图像地图局（the National Imagery Mapping Agency）和国家侦察局（the National Reconnaissance Office）都将重点转向战术支持，而不是国家的或战略的应用。这体现出，特别是在战争时期，由于现代战争的战场大大扩大，战略情报与战术情报是一体的。今天，所有的战略情报部门都有战术情报支持功能。

2000 年负责收集的中情局助理局长艾伦说，“90 年代以来，我们变化很大。今天，军事严重依赖国家情报收集系统。”国防部长科恩（William Cohen）提出形成“国家、战场、战术侦察系统、决策者和执行者连网，我们已经开始处理这个问题，但这是一个大问题”。② 可见，随着全球化、现代技术的发展，战术、战略之间的界线日益模糊。

尽管如此，战略情报不仅在学术研究上是一个有价值的名词，而且在美国仍具有一定的现实意义。在美国情报界，情报预算是按战略情报和战术情报来划分的。在机构上，战略情报机构指全国性的、中央部门设立的情报部门，战术情报机构指国防部九个司令部下设的情报部门。在预算方面，情报预算分为国家情报项目（the National Intelligence Program，NIP）和战术情报与相关活动（the Tactical Intelligence and Related Activities），前者是战略情报预算，后者是战术情报预算。其中，战略情报的预算要比战

---

① National Defense University and National War College, *Reforming Intelligence*: *Selling Change*, *The Interagency Process*, Seminar C, www. ndu. edu/library/n2/n02LandryReforming. docp.

② Seminar on Intelligence, Command, and Control, *Intelligence*: *Cult*, *Craft*, *or Business*, Charles E. Allen (assistant director of central intelligence for collection), Guest Presentations, Spring 2000.

术情报多。据报道，1994 年美国的情报预算为 280 亿美元，战略情报方面为 160 亿美元，而战术情报方面为 120 亿。①

第二节　机构

一、战略情报机构的诞生

情报和情报活动同人类一样古老，但政府部门专业情报机构的普遍出现则在 19 世纪中期，战略情报部门则晚至 20 世纪中叶才产生。

在 18 世纪，英国在邮政部门内设立两个情报单位：一个负责邮件检查，另一个负责密码破译，两个机构规模均很小，人员最多时只有 9 个人。② 19 世纪后半期，伴随着资本主义市场的开拓、交通工具的改进，国家对外活动的范围大大扩展。在军事上，武器越来越先进，军队的机动性增强，战场的范围扩大，一个国家实施战略突袭的能力增大，具体而详细地了解敌方全面情报的需要上升。因此，这一时期专业情报部门开始在军队中出现。1815 年，普鲁士总参谋部率先设立常设情报机构，收集、分析敌方信息。在 1866 年普奥战争和 1870 年普法战争中，普鲁士的情报组织发挥重大作用，以最小的成本增强了军队战斗力。随后，其他国家也纷纷效仿。1873 年英国成立战争办公室情报处（War Office Intelligence Branch），1878 年又成立印度情报处（Indian Intelligence Branch）。美国也分别在 1882 年和 1885 年成立了海军和陆军情报部门。

这是世界上第一批政府建立的专业情报部门。据一位英国军官记载，当时英国的情报机构除研究英国军事和地形外，还收集、筛选、组织军事

① Walter Pincus, "Military Espionage Cuts Eyed: Duplication Cited Among Pentagon Agencies", *The Washington Post*, March 17, 1995, A6.

② Michael Herman, *Intelligence Power in Peace and War*, Cambridge University Press, 1996, p. 15.

部门需要的一切信息。[1] 这些情报机构已经具备现代情报的一些基本特征，即收集和分析决策所需要的信息。然而，情报机构的专业特征还比较模糊。它们不但附属于行政或军事部门，而且情报人员既分析对外情报，也分析对内情报；既提供情报，也提供决策建议。对外情报与对内情报不分，决策与情报不分，情报收集与情报分析不分。

第一次世界大战前，情报机构虽然有秘密收集人员，但情报的主要来源是公开渠道，如报纸和使馆报告及旅行者提供的信息。在第一次世界大战中，科技推动了秘密情报收集的迅速发展，除传统的人力情报外，各国开始拦截电台信号，进行空中摄像，这样人力情报、信号情报、图像情报都产生了。不仅情报的收集能力提高，军事情报机构也越来越专业化，开始专攻对外情报。情报收集单位逐渐与情报分析部门分离，英国 1921 年成立了秘密情报处（the Secret Intelligence Service），专门负责情报收集。

美国常设情报部门略晚于欧洲国家。尽管早在独立战争期间，美国政府就有“巨额”情报拨款，但没有正式情报机构。华盛顿总统（George Washington）1789 年 4 月 30 日宣誓就职，1790 年 1 月向国会要求给情报拨款 4 万元，三年后情报经费增加到 100 万元，占当时财政支出的 12%。而根据 1999 年中情局局长公布的数据，该财政年度情报经费只占联邦预算的 1.6%。[2] 当时，情报工作由总统亲自负责，没有正式机构和机制，总统自己寻找间谍、支付间谍费用。情报在当时的含义就是间谍活动、窃密行为，并且是偶然性的行为。

1863 年，出于内战需要，美国建立了第一个专业情报机构“军事情报局”（the Bureau of Military Intelligence）。1864 年内战结束，情报机构随即解散。第一次世界大战前，英、美、日之间的海上竞争渐趋激烈。1882 年，美国创建第一个常设情报机构“海军情报局”（the Office of Naval In-

---

① Michael Herman, *Intelligence Power in Peace and War*, Cambridge University Press, 1996, p. 17.

② Aspin-Brown Commission, “The Evolution of the U. S. Intelligence Community—An Historical Overview”, in Lock K. Johnson and James J. Wirtz, ed, *Strategic Intelligence: Windows Into A Secret World an anthology*, Roxbury Publishing Company, 2003, p. 5; Mark M. Lowenthal, *Intelligence: From Secret to Policy*, Washington, D. C.: CQ Press, 2003, p. 11.

telligence)，设在海军部下面。三年后，陆军建立“军事情报局”（the Military Intelligence Division)，由陆军部主管。这两个情报机构尽管名称曾多次变化，但机构一直延续到今天，成为美国第一批常设情报机构。1917年，美国陆军第一次建立了信号情报单位，以 MI—8 著称，主要任务是破译军事通信内容。1919 年第一次世界大战结束后，这个部门被转到国务院下面，就是所谓的暗室（Black Chamber)。后来在国务卿史汀生（Henry L. Stimson)“君子不看对方信件”思想的指导下，很快就解散了。到 1939年，美国大约有 50 个政府机构从事情报工作，收集少量的情报，除了外交和国防单位外，财政部、内务部、商务部、农业部、联邦调查局、邮政总局都有数量不等的情报机构。各机构之间没有联系，各自独立，只对本部门负责，实行单线领导，通过本部门的首长通达总统。①

根据西方现代化研究，现代化开始于 17 世纪晚期，那么现代情报的出现则相当晚，基本上是伴随着二战和冷战开始的。在第一次世界大战之前，情报几乎与间谍、密探划等号，情报就是关于敌人的信息，而与生产知识无关。现代情报至少应满足三个特征：第一，政府的常设行政机构负责；第二，服务对象不仅是军方机构，而且开始服务于行政决策；第三，建立了职业情报分析机构。② 如果说二战前欧美国家已经有常设情报机构的话，后两个转变都是在第二次世界大战期间发生的，美英都不约而同地组建了综合性情报部门。

第二次世界大战前，欧美国家的情报部门都属于部门情报，隶属于军事部门，从事军事情报分析。第二次世界大战是人类历史上第一次综合战争，军事战争是对经济、政治、社会的总动员，部门情报难以适应战争需要。英国 1939 年创立了联合情报委员会（the British Joint Intelligence Committee，JIC)。美国最早的战略情报机构则是 1941 年 7 月 11 日成立的信息

---

① Thomas F. Troy，“The Quaintness of the U. S. Intelligence Community：Its Origin，Theory，and Problems”，in Lock K. Johnson and James J. Wirtz，ed，*Strategic Intelligence：Windows Into A Secret World an anthology*，Roxbury Publishing Company，2003，p. 22.

② Andrew Rathmell，“Toward Postmodern Intelligence”，*Intelligence and National Security*，Vol. 17，No. 3，Autumn 2002，p. 91.

协调处（the Coordinator of Information，COI），1942 年 6 月 13 日改名为战略服务局（the Office of Strategic Service，OSS），研究与分析部（R & A）是其专业分析机构。

第二次世界大战结束后，1945 年 9 月 20 日杜鲁门解散战略服务局，其分析力量转入国务院，特工人员并入陆军部。战略服务局的分析员与国务院的分析员共同组成临时性的“研究与情报处”（Interim Research and Intelligence Service，IRIS）。不久，因为国会紧缩预算，这个处的人员大多转向国务院的其他部门。到了 1947 年，研究与分析部从 1350 人缩减为 500 人，而战略情报局的特工则从 1945 年的 9000 人减到 800 人。1946 年 1 月 22 日，杜鲁门成立中央情报组（CIG），近 600 位情报分析员从国务院转入中央情报组。1946 年 1 月，各机构经过斗争，前战略服务局、国务院和陆军向总统提出了三个改革方案，总统最终采纳了陆军的折衷方案，于 1 月 22 日正式建立中央级情报机构。这个机构分三部分：国家情报权力机构（the National Intelligence Authority，NIA）、中央情报局长（Director of Central Intelligence，DCI）、中央情报组（the Central Intelligence Group，CIG），中央情报组的人、财、物由中央情报局长所协调的几家情报单位供给。

中央情报组是一个协调机构，不是独立的政府机构，其经费都是由国务院、陆军和海军拨给的。中央情报组不直接向总统负责，而是向各主要部门领导人负责，即向国家情报权力机构负责。国家情报权力机构（the National Intelligence Authority，NIA）由国务院、战争部、海军部和总统的私人代表组成，是中央情报组的上级机构。据丘奇委员会调查，建立中央情报组的设想是，组织一个小团体，综合、评估各机构收集的原始情报，为美国高层生产客观的国家情报。①1946 年，在总统的指示下，中央情报组做出第一个“国家情报评估”报告，题目是“关于苏联的意图和实力”。

① U. S., Congress, Senate, 94th Congress, 2d Session, the Select Committee to Study Governmental Operations, *Foreign and Military Intelligence*, Final Report Book 1, U. S. Government Printing Office, 1976, p. 101.

1947年7月26日，《国家安全法》生效，中央情报局取代中央情报组，直到今天中央情报局仍是美国常设战略情报机构。

二、战略情报机构

中央情报局曾是美国战略情报的唯一法定责任单位，2005年设立国家情报局长后，中情局和国家情报局长共同负责战略情报。除了这两家法定单位外，参与或支持战略情报的单位还很多，习惯上人们称这些机构为情报共同体（Intelligence Community，IC）。其他部门情报机构有协助战略情报的职能，这些情报部门内都专门设有一个下属机构，负责与中情局协调战略情报，但大部分精力都放在部门情报上。IC在中国常常译为“情报界”，既未准确反映词意，也不符合这个词在美国情报具体语境下的含义。Community的原意是利益上一致、密切合作的团体，相互之间是一种和谐的互动关系，如同欧洲共同体是European Community一样，IC应当译为情报共同体。

“情报共同体”一词最早出现于20世纪50年代。1955年，第二个“胡佛报告”写道：“执行情报任务的机构，以下称为情报共同体，意指作为一个整体，包括中情局、国家安全委员会、国家安全局、联邦调查局、国防部的情报机构，及陆军、海军、空军、原子能委员会的情报部门。”① 此后，1976年、1978年、1981年，福特（Gerald R. Ford）、卡特（James Earl Carter）、里根（Ronald Reagan）总统分别以行政命令的方式指出，情报共同体包括哪些机构，但未对该词做出解释，显然他们已经同意并继承了胡佛报告中的定义。情报共同体的人员和预算都不为人所知，但据美国学者估计，20世纪70年代人数应当有10万人，预算大约100亿，其中80%—85%掌握在国防部手中。②

---

① U. S. [Hoover] Commission on Organization of the Executive Branch of the U. S. Government (1953—1955), 84th Cong, let sess., H. Doc. No. 201, p. 13.

② Thomas F. Troy, “The Quaintness of the U. S. Intelligence Community: Its Origin, Theory, and Problems”, in Lock K. Johnson and James J. Wirtz, ed, *Strategic Intelligence: Windows Into a Secret World an Anthology*, Roxbury Publishing Company, 2003, p. 27.

1947 年以来，美国情报共同体内的管理模式曾经多次微调，但是整体结构上的联邦体制没有根本改变，无论是中情局长还是国家情报局长对部门情报机构只有协调权没有领导权，这决定了情报机构之间磨擦、重叠、竞争、合作并存。情报共同体的历史就是一部强化中央协调权力的历史，部门情报机构的权力受削弱，中央情报局、国防情报局的权力得以加强。尽管如此，国家情报局长到底在情报共同体内有多大的权威，仍令人质疑。

1958 年 9 月，为了加强情报共同体的协调与管理，艾森豪威尔总统发布国家安全情报 1 号令（NSCID 1），成立美国情报理事会，由中情局局长任主席，副局长代表中情局出席，其他情报机构首脑为成员。从此，美国情报理事会成为中情局局长协调情报共同体的主要舞台，直到今天仍然如此。然而，中情局局长在资金、人员等重大问题上对情报共同体其他机构没有影响力，缺乏制约它们的工具。前中情局局长赫尔姆斯（Richard Helms）1969 年曾指出，中情局局长在理论上拥有对美国情报活动 100% 的权力，实际上只控制情报预算的 15%，而 85% 由国防部长和参谋长联席会议控制。2002 年，国防部控制情报预算的 90%，中情局仅控制 10%。[①] 1972 年尼克松发布国家安全情报 1 号令，中情局长有权规划和审查所有情报活动和情报开支，并每年上交白宫一次。1976 年 2 月 18 日，福特在行政命令（Executive Order，11905）《美国对外情报活动》（the United States Foreign Intelligence Activities）中要求，把美国情报理事会改名为国家对外情报理事会（the National Foreign Intelligence Board，NFIB），首次授权中情局局长审查情报共同体预算。1978 年 1 月 24 日，卡特（Jimmy Carter）总统在行政命令（Executive Order，12036）《美国对外情报活动》（the United States Foreign Intelligence Activities）中规定，中情局局长拥有决定“对外情报项目”（the National Foreign Intelligence Program）预算的全权。1981 年 12 月 4 日里根总统在行政命令（Executive Order，12333）《美国对外情报

---

① National Defense University and National War College, *Reforming Intelligence*: *Selling Change*, *The Interagency Process*, Seminar C, http://www.ndu.edu/library/n2/n02LandryReforming.doc.

活动》（the United States Foreign Intelligence Activities）中又缩小了中情局的预算权，规定中情局局长在国家对外情报项目预算上负有主要责任。1992 年，情报组织法（the Intelligence Organization Act of 1992）中规定，中情局局长制定情报共同体预算。现在，总统明确授权国家情报局长拥有预算全权，但因为国防部长和国务卿在美国政治中举足轻重的地位，国家情报局长恐怕很难与他们抗衡。

从事战略情报任务的关键部门有四家：国家情报局长办公室、中央情报局、国防情报局和国务院情报与研究局。

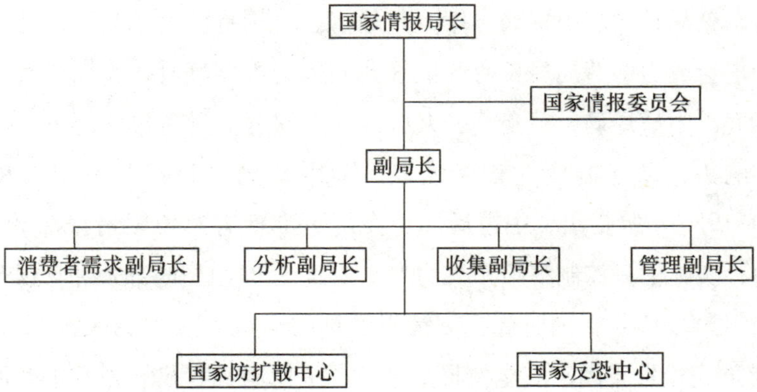

图 2—1　国家情报局长办公室结构图

资料来源：http：//www. odni. gov/odni_ org_ chart. pdf，本书作者有改动。

国家情报局长（the Director of National Intelligence）是根据《2004 年情报改革和反恐怖法》（Intelligence Reform and Terrorism Prevention Act of 2004）于 2005 年 4 月 21 日设立的，首任局长为内格罗蓬特（John Negroponte），他取代中央情报局局长对情报共同体的管理协调职能。国家情报局长是情报共同体的总负责人，也是总统、国家安全委员会的主要情报顾问。在战略情报方面，国家情报局长是情报共同体内的最高负责人。国家情报局长下设四个副局长，分别协调情报共同体的消费者需求、分析、收集和行政管理事务。国家情报局长对情报共同体的权威虽比以前的中情局长高，但仍然没有直接领导权，还是通过委员会体制协调。最重要的委员会是国家对外情报委员会（the National Foreign Intelligence Board，NFIB），由情报共同体各部门的高官组成，决定情报共同体的一切大事。

国家情报局长的主要职能是协调和管理情报共同体，并直接领导情报共同体内最高级别的分析机构国家情报委员会（the National Intelligence Council）。国家情报委员会类似于国家情报局长的思想库或智囊团，特别是对于政治任命的局长，在专业方面非常需要这样的辅助机构。国家情报委员会的职能主要有五：第一，在专业领域协助局长工作；第二，负责管理国家情报评估；第三，担当情报共同体与决策者之间的桥梁，了解决策者需求，向情报共同体分配任务；第四，充当全国最高智慧的综合者，吸纳情报共同体外的专家意见，拓宽情报共同体的视野；第五，分配情报资源。总之，他们负责情报共同体内重要的、专业领域的事情。可见，对于国家情报局长而言，依赖的是专家委员会。

国家情报委员会（the National Intelligence Council，NIC）由12名国家情报官（the National Intelligence Officers，NIO）组成，国家情报官均为情报共同体内外各领域的顶级专家，由国家情报局长任命，对国家情报局长负责。每一位国家情报官负责一个领域，这些领域随着美国国家安全利益的变化而不断调整。目前12位国家情报官负责的领域分别是：非洲、东亚、欧洲、近东与南亚、俄罗斯与欧亚、西半球、军事问题、经济与全球问题、科技、跨国威胁、预警、大规模杀伤性武器及其扩散。国家情报委员会是美国战略情报评估在专业上的最高决策机构，虽然国家情报评估的最终签字者是国家情报局长，但是在专业上最终决定者就是这个机构。

为吸收全国最优秀人才的智慧，国家情报委员会除任命共同体外部的专家为国家情报官外，还建立“全球专业知识储备项目”（the Global Expertise Reserve Program，GERP），寻找在特定领域有一技之长的专家作“合作人”。国家情报委员会的合作人（Associate）一般从学术机构、公司和思想库中挑选，他们要在地区问题或跨国问题上工作10年以上，并且必须是美国公民，经常去海外旅行，熟悉海外情况。“合作人”向国家情报委员会提供专业知识，并定期提交专业方面的报告。情报共同体内的分析员可以随时咨询“合作人”。这些人只是国家咨询资源，他们没有收集情报的任务和职责。

中央情报局于 1947 年 7 月 26 日根据《国家安全法》成立。中央情报局长负有双重责任，既领导中央情报局，又协调情报共同体，通过国家安全委员会向总统负责。2005 年设立国家情报局长后，中情局长协调情报共同体的部分职责移交给国家情报局长，中情局长通过国家情报局长对总统负责。中央情报局的职能主要有四个：第一，通过人力方式或其他适当方式收集情报；第二，综合、分析国家情报；第三，协调战略情报领域的人力情报收集；第四，从事秘密活动。中央情报局的主要服务对象是国家安全决策机构，特别是联邦政府各部门。从克林顿政府开始，中情局也向军事行动单位提供战术情报服务。中情局是一个独立行政机构，负责战略情报的收集和分析，不隶属于任何行政部门，由总统领导，受国会监督。

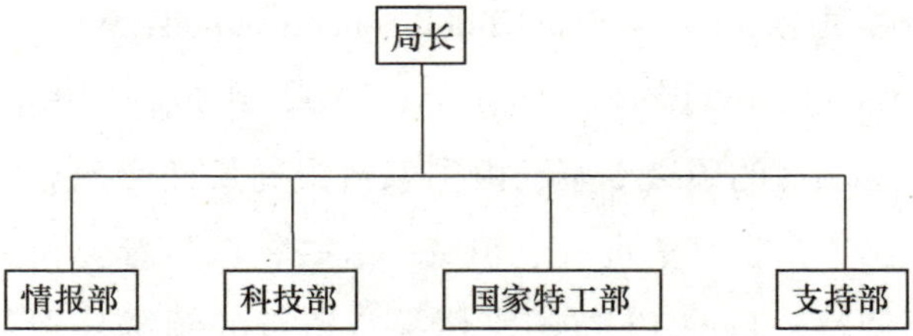

图 2—2　中央情报局结构图

资料来源：http：//www. cia. gov/cia/publications/facttell/cia_ organization_ chart. pdf，略有删减。

中情局目前下设四个部，分别由一名副局长主管，为情报部、科技部、国家特工部、支持部。中情局情报部（Directorate of Intelligence）是中情局的多来源情报分析单位，美国战略情报分析的责任部门，分析人员在 2000—3000 人之间。

国家特工部的前身是中情局特工部。2005 年 10 月 13 日，中情局长高斯（Porter J. Goss）和国家情报局长内格罗蓬特联合宣布，在中情局下设国家特工部（the National Clandestine Service），局长由原中情局特工部主任担任，负责管理中情局、国防部、联邦调查局的秘密情报收集人员和秘密行动。中情局的特工是美国情报共同体内最主要的人力间谍，承担着大部分人力情报收集职能，因而在情报共同体集中管理人力情报的形势下，中情局特工部直接升格为国家特工部。

科技部（Directorate of Science & Technology）为情报收集和情报分析提供技术支持。

支持部（Directorate of Support）提供人员、金融、财产、安全方面的后勤支持。

在分析方面，中情局分析部门的战略情报分析独占鳌头。在收集方面，中情局的人力情报和公开来源情报一家独大。中情局科技部下设对外广播信息中心（the Foreign Broadcast Information Service，FBIS）负责为情报共同体收集和翻译公开来源信息。1992 年，中情局长盖茨为提高公开来源情报的利用率，任命一位情报共同体的公开来源协调员（Open Source Coordinator），负责建立整个情报界的公开来源储备。[①] 1994 年 3 月 1 日，情报共同体成立“共同体公开来源项目司”（Community Open Source Program Office，COSPO），以确保分析员和决策者都能够通过一个渠道进入所有的公开信息。2005 年 11 月 8 日，中情局长高斯和国家情报局长内阁罗蓬特联合宣布，在对外广播信息中心基础上建立国家情报局公开来源中心（DNI Open Source Center），由中情局长代表国家情报局长管理。[②] 在“9·11”后的情报改革浪潮中，中情局维持了在人力情报、公开来源情报和战略情报分析三个领域的领先地位。

中情局的人数历来是保密的，而且过去十年人员增减幅度大。1993—1997 年是缩编时期，1997—2001 年又进入增编时期。有经验的分析家估计，里根时期中情局的工作人员是 21000—22000 人，到 1998 年下降到不足 16000 人，裁员达 25%。1998 年这种下跌趋势停止，重要原因是情报共

---

① Robert D. Steele，“The National Security Act of 1992”，*American Intelligence Journal*，Winter/Spring 1992，p. 35，quoted by Karren E. Scott，*Paradigm Shift*：*U. S. Strategic Intelligence in the* 1990*'s*，*An Individual Study Project*，U. S. Army War College，1993，p. 41.

② Office of the Director of National Intelligence，ODNI Announces Establishment of Open Source Center，November 8，2005，News Release.

同体未能预测到印度核试验。为此，国会和白宫制定了一个增强情报能力的七年计划，招收数千名新人员。“9·11”事件后，人数进一步快速增长。①

国防情报局（the Defense Intelligence Agency，DIA）建立于1961年10月1日，隶属于国防部，是军事情报的主要责任单位，重点服务于国防部长和参谋长联席会议主席。1961年，国防部长麦克纳马拉（Robert McNamara）建立国防情报局时，陆、海、空三大军种都有自己的情报部门，国防情报局在军方情报部门内的职能类似于中央情报局在情报共同体内的职能，一方面综合、分析军事情报，另一方面协调军事情报部门。国防情报局成立之前，三家军方情报机构各自为政，相互重叠，分别通过自己的管道向国防部长报告。国防情报局成立后，建立了相应的军事情报理事会（the Military Intelligence Board），由国防情报局长任主席，军方其他情报单位主管为成员，国防情报局长通过这个平台协调军事情报的收集和分析。国防情报局对国防部其他情报机构并没有直接管辖权，而是通过委员会来协调。

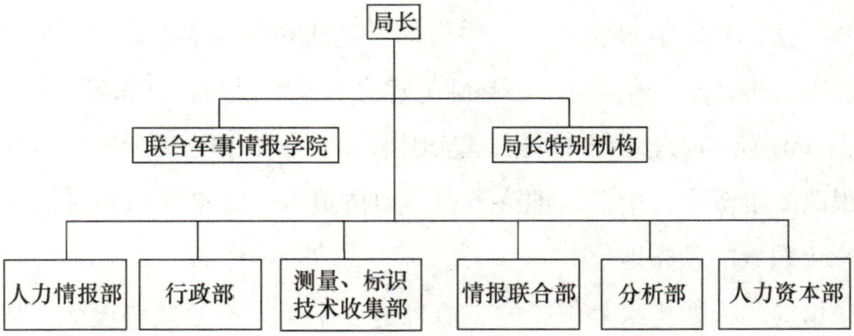

图2—3　国防情报局结构图

资料来源：http：//www. dia. mil/.

国防情报局现有职员7000人，既有军人，也有文职人员，主要人员是分析员和特工。国防情报局的主要机构包括：人力情报部（Directorate for

① Christopher M. Jones，“The CIA Under Clinton：Continuity and Change”，*International Journal of Intelligence and Counterintelligence* 14，2004，p. 512.

Human Intelligence)、技术收集部(Directorate for MASINT & Technical Collection)、分析部(Directorate of Analysis)、信息管理部(Directorate for Information Management & Chief Information Officer)、人力资本部(Directorate for Human Capital)、情报联合部(Directorate for Intelligence Joint Staff)。分析部擅长的分析领域是:外国军队和准军队、军事能力和意图、大规模杀伤性武器扩散、国际恐怖主义、毒品走私,以及与国防相关的政治、经济、工业、地理、医学等。

1995年国防情报局成立人力情报中心(Defense HUMINT Service, DHS),突破了中情局一家独霸人力情报资源的局面,DHS对军方几家单位的人力情报资源进行了统合,利用商业身份秘密收集国外情报,与国防部的武官体系一起组成国防部的人力情报机构。国防情报局负责武官外派,武官司(Defense Attache Offices, DAOS)在世界135个使馆驻有武官。为了应对国防情报局的挑战,中情局加大使用秘密特工的力度,保住了利用记者和传教士作特工的特权。[①] 此外,国防情报局的特工无权从事秘密行动,只能进行秘密情报收集,国防情报局分析员哈尔平(Bill Halpin)曾在2003年《国防情报杂志》提出让国防情报局特工从事秘密行动,但"没有在领导层引起共鸣"。[②]

技术收集部的职责是管理国防情报收集需求,集中管理全国的测量、标识情报(measurement and signature intelligence, MASINT)收集。情报联合部是国防部的预测中心。

国务院情报与研究局(the State Department's Bureau of Intelligence and Research, INR),国务院直属机构,一个纯粹的分析机构,既无收集职能,也不发收集指示。情报与研究局的主要服务对象是国务卿和其他国务院官员。情报与研究局由一名助理国务卿领导,国务院驻外人员的报告是其主要情报来源,同时也利用其他情报机构收集的原始情报,因而也是多来源

---

① Christopher M. Jones, "The CIA Under Clinton: Continuity and Change", *International Journal of Intelligence and Counterintelligence* 14, 2004, p. 507.

② Bill Halpin, "Defense HUMINT: Yesterday, Today, and Tomorrow", *Defense Intelligence Journal*: 14－I, 2005, p. 64.

情报分析机构。1947 年战略服务局的研究与分析部（R&A）从国务院转入中情局后，国务院的情报分析单位重新命名为情报与研究局。

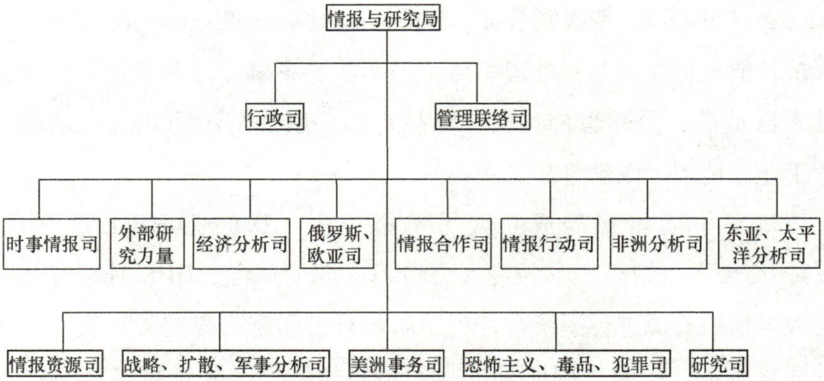

图 2—4　国务院情报与研究局结构图

资料来源：http：//www. foia. state. gov/mms/orgdirectory/orgdir. asp？ID＝37，略经删减。

情报与研究局有常设的研究分析人员，也有轮岗外交人员（Foreign Service Offices，FSO）。按地理区分和职能区分设有 19 个司，约 300 名工作人员，其中 3/4 为公务员，1/4 为外交官。分析人员掌握 36 种语言，71% 的人拥有高级学位，其中 25% 拥有博士学位。国务院在世界各地拥有数量惊人的使领馆，情报与研究局的分析员同其他情报机构分析员相比较，享有更多的驻外机会，分析员平均在局内每隔 6 年，就有 13 年驻外。局内的外交官工作两年后，就会轮换到国外去，公务员则是每工作 8 年，就有 16 年在国外。其产品出现在情报共同体的网络上，其他单位的人都可以看。每年分析、评估、翻译、发送近 200 万份报告，撰写 3500 份评估。

除上述 4 家外，还有 11 家情报单位或从事收集工作，或从事单一来源分析，或专注于一个特定领域的分析，是战略情报的辅助部门。

国家安全局（the National Security Agency，NSA）创立于 1952 年，隶属于国防部，是国家信号情报收集、分析中心，也是外国语言分析、研究中心。主要任务有两个：一是获取外国信号情报（Signal Intelligence，SIGINT）；二是负责保卫美国的信号安全（information assurance，IA）。局内设有国家信号情报委员会（the National SIGINT Committee），负责向国家安全局长和国家情报局长提出建议，并确定收集要求。国家安全局工作人员多为密码专家和破码专家，包括军人和文职人员，是全美雇用数学家最多的机构。国家密码学校（the National Cryptologic School）是其培训学校。国家安全局是单一情报分析单位，理论上不应该成为战略情报的直接参与者，但鉴于信号情报的重要性，从 20 世纪 80 年代开始国家安全局就开始在国家情报评估中写下自己的注脚。

国家侦察局（the National Reconnaissance Office，NRO）成立于 1960 年，合并了中情局和空军的图像侦察机构，是隶属于国防部的独立机构，受国防部和国家情报局共同管理，负责研发、操作侦察卫星。1992 年才正式对外公开，因其费用庞大，共有 6 个国会委员会监督其运作，分别为参众两院的情报委员会、参众两院的拨款委员会、参院的军事委员会和众院的国家安全委员会。

国家地理空间情报局（the National Geospatial-Intelligence Agency，NGA）1996 年 10 月 1 日建立，隶属于国防部，当时名称为国家图像和地图局（the National Imagery and Mapping Agency），2003 年改为现名。该局是在中情局国家图片解读中心（National Photographic Interpretation Center，NPIC）和其他 7 家相关单位的基础上建立的。国家地球空间情报局应用改造后的雷达系统收集数据，即开展航天雷达地形任务（the Shuttle Radar Topography Mission，SRTM），并分析图片和地图、信息以确定目标的地理位置，为现代的精确制导武器服务。工作人员主要从事绘图、图片分析、物理学、测地学、计算机和电讯、照相测量。

空军情报、跟踪和侦察局（Air Force Intelligence，Surveillance，and Reconnaissance，ISR），提供空中和空间力量的情报，负责操作全球性的陆基、海基、空基和太空高技术传感系统，收集信息，并进行分析。该机构下设的空军情报局（the Air Intelligence Agency，AIA）是情报共同体成员，空军情报局又下设国家空军情报中心（the National Air Intelligence Center，NAIC），是最主要的外国空军、空间和远程导弹的情报分析机构。

陆军情报局（the Army Military Intelligence，MI），隶属于陆军部，向

陆军部提供战术、行动和战略情报。现拥有文职人员 3800 人，军人 28000 人。

海军情报局（the Office of Naval Intelligence，ONI），负责分析国外海军武器、力量，还负责监视海上非法运输。海军情报局建于 1882 年，是美国最早的常设情报机构。

美国海岸警卫队情报局（the Coast Guard Intelligence），负责在美国海岸线、领海、专属经济区和国际公海收集情报、分析情报。2001 年成为情报共同体的一个成员。

海军陆战队情报局（the Marine Corps' Director of Intelligence，DIRIN），负责海军陆战队的战术情报支持。

联邦调查局（the Federal Bureau of Investigation，FBI），下设情报部（the Directorate of Intelligence），主要利用国内收集的情报，支持国家情报。

能源部情报局（the Department of Energy's Office of Intelligence，IN），是情报共同体在四个领域的主要技术情报负责单位：核武器及其扩散、能源安全、科技、核能及其废料、安全。

国土安全部信息分析和设施保护（the Information Analysis and Infrastructure Protection，IAIP），下设信息分析局（the Office of Information Analysis，IA），主要负责针对美国本土袭击的情报分析，特别是反恐情报分析。

财政部情报支持局（the Office of Intelligence Support，OIS），1977 年建立，主要负责与美国财政、金融和货币政策有关的情报。

表 2—1　美国各战略情报机构主要职能

名称	职能
国家情报局	协调、管理战略情报
中央情报局	战略情报分析、人力情报和公开来源情报收集
国防情报局	军事情报分析、人力情报收集
国务院情报与研究局	政治、社会情报分析
国家安全局	信号情报收集、加工

续表

名称	职能
国家侦察局	图像情报收集
国家地理空间情报局	图片加工、分析
空军情报局	军事情报收集、分析
陆军情报局	军事情报收集、分析
海军情报局	军事情报收集、分析
海岸警卫队情报局	军事情报收集、分析
海军陆战队情报局	战术情报
联邦调查局情报部	反情报
能源部情报局	科技情报
国土安全部信息分析局	反恐情报分析
财政部情报支持局	经济情报收集、分析

情报共同体单位除接受上级单位的领导和监督外，还接受其他行政机构和国会的监管。这些机构包括：

总统对外情报顾问委员会（the President's Foreign Intelligence Advisory Board，PFIAB）。它是总统行政办公室（the Executive Office of the President）内设机构之一，负责评估情报收集、分析、反情报及其他活动的数量和质量，直接向总统报告，成员不超过16个人，由总统直接任命。

总统情报监督委员会（the President's Intelligence Oversight Board，IOB），曾经为独立机构，1993年成为总统对外情报顾问委员会常设机构，由总统对外情报顾问委员会的四位成员组成，人选由总统对外情报顾问委员会主席任命，负责调查情报失误。

管理和预算办公室（the Office of Management and Budget，OMB），总统行政办公室机构之一，负责审查情报预算，并将同意后的情报预算提交国会。

参院情报特别委员会（the Senate Committee on Intelligence，SSCI），由13—17个参议员组成，多数党成员比少数党多一人，负责情报拨款、监督、调查情报机关，审查总统对国家情报局、中情局长的任命。

众院情报常设特别委员会（the House Permanent Select Committee on Intelligence，HPSCI），现有成员 19 人，按众院两党议员的比例组成，职能与参院情报委员会相似。其他国会委员会，如军事委员会对国防部的情报机构有监督权，司法委员会对联邦调查局的情报机构有监督权。

第三节 服务对象

战略情报是“国家层次”上的情报，服务对象是国家决策机构。美国战略情报机构服务于联邦政府各部门和联邦国会，但战略情报主要消费者还是白宫、国防部和国务院三家。

总统和副总统是超越部门之上的国家决策者，国家安全委员会是超越各部门的国家安全决策机制，它们是战略情报的最大消费者。1947 年《国家安全法》规定，国家安全委员会下设中情局，局长经参议院同意由总统任命，对总统负责，因而总统是战略情报的“第一消费者”。国家安全委员会的法定成员是总统、副总统、国防部长和国务卿，中情局长是国家安全委员会的情报顾问。

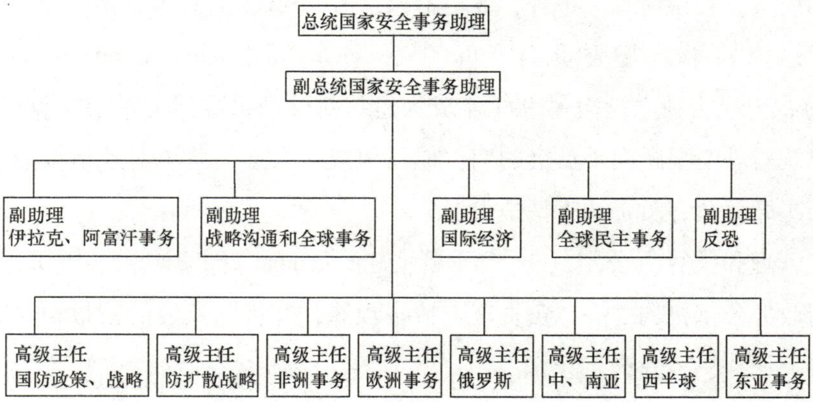

图 2—5 国家安全委员会办公室的主要情报消费者

资料来源：National Security Council Staff Organizational Structure，March 21，2005.

在白宫内，总统、副总统和国家安全委员会为主要情报消费者，总统、副总统因关注的事情太多、太杂，很难集中精力关注情报，实际上国家安全委员会办公室（the National Security Council Staff）是最大的战略情报消费者。布林克利（David A. Brinkley）和赫尔（Andrew W. Hull）两人通过访谈决策部门人员后得出结论，关键情报消费者没有时间集中关注一个问题，更没有时间阅读情报。他们总是从一个问题转向另外一个问题，一天之内转换多个频道，他们没有时间对情报提出指导，也没有时间评估情报的价值，这些工作都是由他们的助理或下属部门做的。① 国家安全委员会办公室就是总统在国家安全事务方面的顾问和助手，帮助总统阅读情报、指导情报。

国家安全委员会包括各种跨部门委员会和办公室，跨部门委员会有国家安全委员会会议、国家安全委员会副部长会议等，这些委员会定期开会，相关会议都有情报机构人员参加，并提供情报简报。国家安全委员会办公室是国家安全委员会的常设机构，研究、协调国家安全事务，对战略情报的需求量很大，办公室除行政管理部门外每个单位都是战略情报消费者。国家安全委员会办公室人数在150—200人之间，人员流动性较大。

在国家安全委员会其他成员中，因国防部长对国家情报资源的巨大权力，以及军事行动所需要的情报数量大，国防部长是情报的最大消费者。因此，有学者指出，事实上中情局长有两个主人：总统和国防部长。② 国防部对情报的消费仅次于白宫。

在国防部内，主要的情报消费者首先是国防部长，然后是国际安全事务局（International Security Affairs，ISA）、对比评估局（the Office of Net Assessment）、国防研究与工程局（Defense Research and Engineering）、分析与评估项目（Program Analysis and Estimate）、参谋长联席会议（Joint

---

① David A. Brinkley and Andrew W. Hull, *Estimate Intelligence: A Textbook on the History, Products, Uses and Writing of Intelligence Estimates*, Prepared for the Defense Intelligence School, August 1979, p. 149.

② National Defense University and National War College, *Reforming Intelligence: Selling Change, The Interagency Process*, Seminar C, http://www.ndu.edu/library/n2/n02LandryReforming.doc.

Chiefs Staff）。

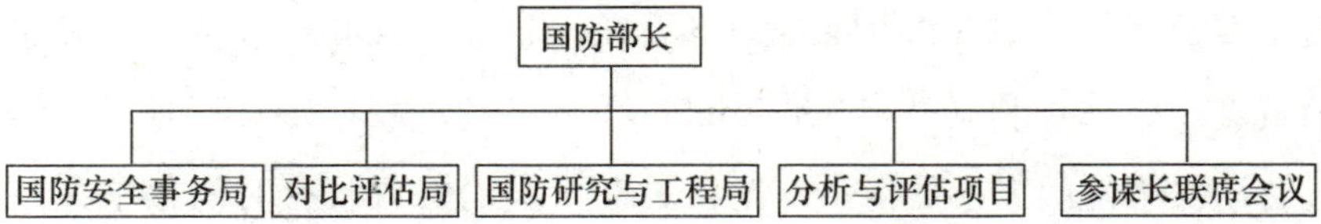

图 2—6　国防部的主要情报消费者

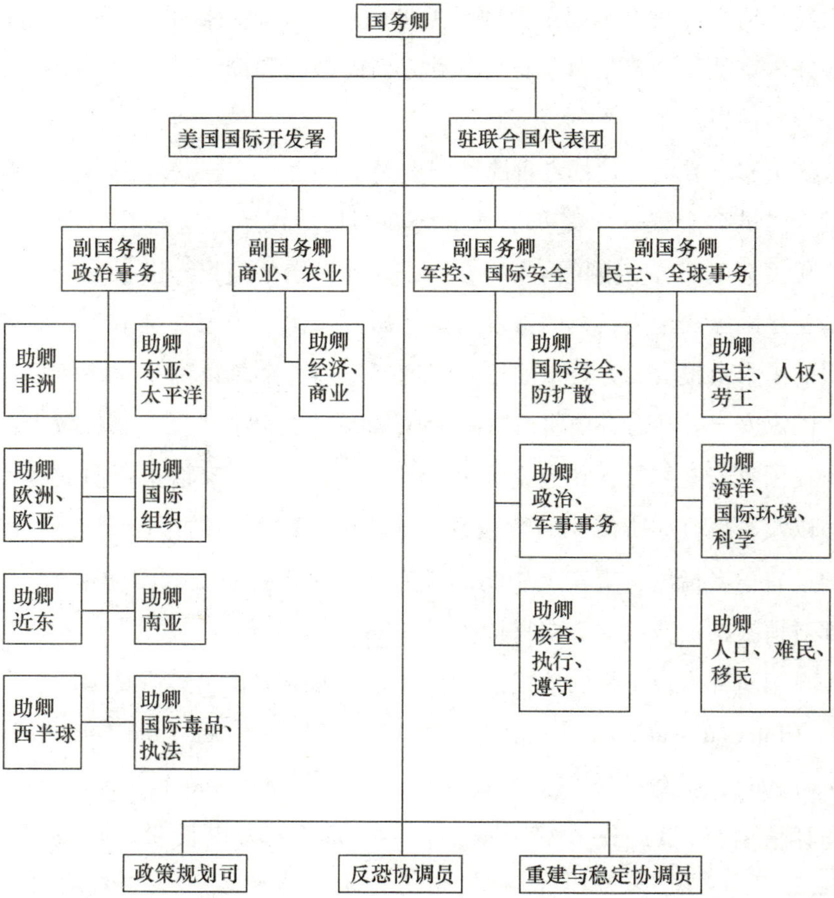

图 2—7　国务院的主要情报消费者

国防研究与工程局负责国防部的技术工作，是国防部长和副部长的主要技术顾问，保证军队能够以先进的军事技术作战。下设五个部门，分别为国防技术信息中心（Defense Technical Informational Center）、实验和基础科学（Laboratories and Basic Science）、科学与技术（Science & Technology）、国防高级研究项目（Defense Advanced Research Projects Agency）、现代系统和概念（Advanced Systems & Concepts），[①] 是国防科技情报的主要消费者，负责制定武器采购、研究和发展政策，评估一切重大的武器项目。

分析与评估项目是国防部的一个思想库，负责国防计划的方方面面，包括武器系统、军队结构，国防计划的制定与评估，国防体系的成本与效益等。该机构只有分析建议权，没有决策权，现有研究人员155人。该机构在四年防务评估（Quadrennial Defense Review）中发挥重要作要。

国防部对比评估局成立于1973年，20世纪70年代曾进行美苏战略力量对比评估，马歇尔（Andrew W. Marshall）曾长期担任负责人，目前成员虽然只有五个人，但影响极大。

国际安全事务局（the Bureau of International Security Affairs），是国防部里的小国务院，负责国防部的对外军事援助和总体海外军事行为。这个局分为东亚（East Asia）、太平洋和美洲（Pacific and Inter-American）、近东（Near Eastern）、非洲和南亚（Africa and South Asia）、欧洲和北约（European and NATO）、安全支持（Security Assistance）、政策计划及国家安全事务（Policy Plans/NSC affairs）、国际经济（International Economic）等分支。制定军事政策和对海外事件做出军事反映是它们的基本责任，其情报消费需要与国务院的对应职能部门相似。

参谋长联席会议，由主席、副主席、陆军、海军、空军和海军陆战队主管组成，负责制定军事政策。

国务院也是情报消费大户，每个业务单位都是对外事务处理机构，均与国家安全有关，因而几乎所有国务院单位都是情报消费者。

情报消费量比较大的行政机构还有财政部、商务部、缉毒署（The

---

① http：//www. dod. gov/ddre/text/t_ orgchart. html.

Drug Enforcement Administration），以及对国家决策有影响的机构、人物，特别是国会参众两院。20世纪70年代中期以后，战略情报分析员经常去国会简报。在国会内部，1974年设立的参众两院情报特别委员会是主要情报消费者。前中情局长盖茨说，任何一份中情局的报告都会送往国会参众两院情报委员会，大部分报告同时送往拨款、外交、军事委员会。1986年，中情局送给国会的报告达5000多份，面对面简报达数百次。[①]

第四节　情报哲学

美国战略情报机构历经50多个春秋，在情报收集、分析和管理方面形成一些众所周知、没有争议的基本原则，这些原则是实践奉献给理论最珍贵的礼物，既是战略情报活动的指南，也是战略情报理论植根的基础。与此同时，在情报实践中也出现诸多难以形成一致意见的悖论、争论和分歧，这些分歧既是情报活动的困境，也是情报理论突破的机遇所在。

一、基本原则

其一，情报与决策分离是战略情报的首要原则。1975—1983年期间任中情局国家情报官（the National Intelligence Officer）的海曼（Hans Heymann）说，情报与决策分离是情报学的神圣原则，如同美国宪法中的政教分离一样。[②] 这一原则之所以成为公认的第一原则，至少有以下两个原因：一是避免情报政治化（politicization）或者取悦性情报（intelligence to please）出现。情报的职能是服务于决策，有的时候在组织上隶属于决策部门，很自然地容易成为决策的一部分。现代情报出现之前，情报机构、

① Robert M. Gates，“The CIA and American Foreign Policy”，*Foreign Affairs*，Winter 1987/1988，p. 224.

② Hans Heymann，“Intelligence/Policy Relationships”，in Alfred C. Maurer，Marion D. Tunstall and James M. keagle，*Intelligence*：*Policy and Process*，Boulder and London：Westview Press，1985，p. 57.

政策研究机构和决策机构之间界线模糊，常常是合署办公。那一时期，情报主要应用于战争状态中，决策对情报的使用是偶然的，情报与决策合一的危险不明显。第二次世界大战后，情报成为和平时期的常设机构，如果情报仍是决策的附属部分，难免受决策人或决策机构所左右。时任海军情报局副局长的索尔斯（Deputy Chief of Naval Intelligence Sidney Souers）向杜鲁门总统建议，信息评估不是一门精确科学，应采取一切保护措施防止任何部门借解读信息的机会，支持已经被接受的政策或先入为主的观点。[①] 1946 年 1 月，杜鲁门依据索尔斯的建议，建立了跨部门的、不隶属于任何行政部门的中央情报组（Central Intelligence Group，CIG）。中央情报局取代中央情报组后，独立性进一步增强，通过国家安全委员受总统直接领导，不隶属于任何特定行政部门，以免受它们影响。这样，美国战略情报部门通过行政建制上的独立，保证情报不受政治影响，防止情报政治化。情报和决策是两个完全独立的职能，每项职能应被授予一个独立的机构，两者在人员上、组织上、时间顺序上、职能上和技术上都应当是独立的。李普曼（Walter Lipprmann）说，公正、客观的制度保证是把负责调查和负责执行的人绝对分开，这两种人应当是平行的。[②] 只有在行政上互不隶属，情报才有可能在权力面前挺直腰杆说出实情，正如中情局门口大理石上的座右铭把中情局使命定位为“对权力说真话”（Delivering Truth to Power）。二是情报与决策是两种完全不同的职业，是两种文化，应当各行其是。情报是寻找真理的职业，是一种专业行为，决策则寻找利益最大化，是一种政治行为，两者遵循的原则根本不同。战略情报提供“对外国、外国组织及其代理人的能力、意图和行为的信息”，这些信息必须是“及时、客观、不受政治影响的”，国家决策者做出最符合国家利益的、能够切实落实的决策。[③] 这是两种职业，需要不同的人员素质、不同的道德品质、不同的

---

① Michael Warner and J. Kenneth McDonald, *US Intelligence Community Reform Studies Since* 1947, Center for the Study of Intelligence, Washington, D. C., April 2005, p. 4.

② Sherman Kent, *Strategic Intelligence for American World Policy*, Princeton, New York, New Jersey: Princeton University Press, Second Printing, 1971, p. 200.

③ Michael Warner, *Central Intelligence: Origin and Evolution*, Center for the Study of Intelligence, Central Intelligence Agency, Washington, D. C., 2001, p. 12.

专业知识，相互之间有明确界线。前中情局主管情报部的副局长麦克伊金（Douglas MacEachin）指出，情报与决策的关系像橄榄球运动中的球探与教练员的关系，球探评估出对方球队的优点和弱点，供教练员设计比赛方案。① 当然，情报与决策分离的代价也非常可观，情报可能因没有决策指导而成为不相关的、没用的情报。

其二，情报分析是战略情报的重中之重。耶鲁大学历史学家、前国家情报官温克斯（Robin W. Winks）说："研究和分析是情报的核心，事实本身没有意义，对于任何数据，必须有人分析它。"② 战略情报的根基是情报分析，这也是现代情报区别于传统情报的特点。前中情局长科尔比（Willian Colby）给传统情报的定义是："传统情报就是秘密工作，找到敌人的秘密计划，告诉国王，帮助他赢得战争。"③ 战略情报则是一种特定知识产品，而不仅仅是一个秘密信息。从一开始，战略情报就把情报分析作为最重要的支柱。1941 年秋天，在战略服务局（OSS）还没建立之前，多诺万（William Donovan）就先建立了"研究与分析部"（Research and Analysis，R&A），使分析部门成为战略服务局的第一个机构。在战略服务局（OSS）的特工人员到位前很久，研究与分析部已经源源不断地向华盛顿提供情报了。整个战争期间，研究与分析部主要依靠公开来源信息，利用专业分析方法生产情报。1945 年"研究与分析部"解散前，职员达 2000 多人，是政府中博士最多的部门。④ 中情局建立之时，《国家安全法》并未明确授权其从事特工活动，仅授权其有"协调、分析、评估"职能，后来为了弥补其他机构收集能力不足，才决定增加收集人员。这说明，对于战略情报而言，专业分析的重要性甚至一点也不亚于秘密信息收集，中情局最初就是

---

① Jack Davis, "Improving CIA Analytic Performance: Analysis and the Policymaking Process", The Sherman Kent Center for Intelligence Analysis, *Occasional Papers*, Vol. 1, No. 2, p. 6.

② Robin W. Winks, *Cloak & Grown: Scholars in the Secret War*, 1939—1961, 2d ed., New haven, CT.: Yale Univ. Press, 1996, p. 62.

③ Willian Colby, "Intelligence in the 1980s", *The Infromation Society* 1, no. 1 (1981): 65, quoted by Abram N. Shulsky, Gary J. Schmitt: *Silent Warfare: Understanding the World of Intelligence*, the third edition, Washington, D. C.: Brassey's, 2002, p. 160.

④ Angelo Codvilla, *Informing Statecraft: Intelligence for a New Century*, New York: The Free Press, 1992, p. 188.

作为一个分析部门建立的。肯特指出："在我们的自由传统中，唯一能够给予我们真理或比我们所知道的更接近于真理的方法就是研究。我们坚持，我们世代坚持，通过系统的研究方法可以接近真理，如果不是得到真理的话。"① 第二次世界大战后产生的现代情报机构都重视情报分析，特别是美国。哈尔尼克（Arthur S. Hulnick）说："世界上任何国家的情报机构都有分析职能，但是没有一个国家像美国那样在分析上投入如此多的时间、精力和金钱。"②

在二战后的主要情报大国中，只有苏联持相反观点。苏联情报强调窃取最高机密文件，并以此为第一要务。苏联取笑美国的情报哲学，批评美国情报机构"假设、验证"的分析方法。斯大林曾说："假设可能变成你自己的旋转木马，你骑着它掉进自己设置的陷阱里。"正是基于这种认知，与美国的做法相反，斯大林要求苏联情报机构全力以赴去拿保险柜中的数据和文件。在苏联，情报分析只是辨别这些保险柜里的文件是真是假。这种分析类似于反情报（counterintelligence），与西方所理解的情报分析无关。③ 虽然，美国是世界上最重视情报分析的国家之一，但是因为秘密情报更直观、清晰、刺激，所以即使在美国，也是秘密情报更受重视，情报分析的地位依然堪忧。军事情报学者亨德尔表示，在美国，特别是在美国军方，情报工作是二等公民，在情报部门内，分析员又是二等公民。④

其三，跨部门合作是战略情报的必由之路。美国创立战略情报机构的初衷就是促进部门合作。杜鲁门相信，情报部门之间缺乏合作是导致珍珠港事件的一个主要原因，因而需要一个能综合各个情报机构情报的中央情

---

① Sherman Kent, *Strategic Intelligence for American World Policy*, Princeton, New York, New Jersey: Princeton University Press, Second Printing, 1965, p. 155.

② Arthur S. Hulnick, *Fixing the Spy Machine: Preparing American Intelligence for the Twenty-first Century*, Westport, CT: Praeger, 1999, p. 56.

③ Angelo Codevilla, "Comparative Historical Experience of Doctrine and Organization", in Roy Godson, *Intelligence Requirements for the* 1980: *Analysis and Estimates*, published by National Strategy Information Center, Inc, Distributed by Transaction books, New Brunswick (USA) and London (UK), p. 17.

④ Michael Handel, "The Politics of Intelligence", *Intelligence and National Security*, Vol. 2, 1987, pp. 24 – 25.

报部门。中央情报部门如何有效加强情报部门合作，在组建中情局时各派观点发生激烈争论。一种观点认为，最彻底的部门合作就是将所有情报部门合并为一个中央的、集中的、统一的情报部门，由其独自负责国家安全方面的情报，集收集、研究、分发为一体。这样可以减少部门情报机构之间的重叠、低效、竞争，更合理地利用资源、更集中地服务于国家决策。这种做法的缺点则是“破坏了情报中唯一重要的原则（the single most important principle）：情报生产者与使用者之间的密切关系”。情报部门可能会脱离国务院、军方，对他们的担忧、目标、政策的变化不甚了解。[①] 另一种观点主张，仍保留各个部门情报机构，让它们发挥自己的特长，服务于自己的部门领导人，中央情报部门只发挥协调功能，不作为一个情报实体存在。最终结果是一个妥协方案，中央情报局是一个协调性的机构，同时也是一个情报实体，与部门情报机构之间的关系是“联邦体制”。

跨部门合作不仅是将部门情报综合成一份报告，而且随着情报来源日益多样化，不同来源之间相互验证也越来越重要。尽管在技术情报与人力情报，公开情报与秘密情报的重要性上有争议，几乎所有的人都承认多来源的关键作用。肯特曾经非常强调公开来源情报的重要性，但是20世纪60年代美国技术情报收集能力提高后，他在1965年的再版书《为美国世界政策服务的战略情报》的前言中承认，技术情报收集的发展改变了他主要依靠公开来源情报的思想。[②] 除公开来源情报外，在美国突出的三大情报来源是图像情报、人力情报和信号情报，特别是信号情报是一大块，这是由美国的技术实力决定的。由此产生的一个信念就是多来源情报的共生关系，各来源情报可以互相提供线索和印证。[③] 多来源情报要求分析部门与收集部门之间、分析部门之间都有良好协作。

在如何实施部门合作上，各国因文化背景、政治制度不同，八仙过

---

① Sherman Kent, *Strategic Intelligence for American World Policy*, Princeton, New York, New Jersey, Princeton University Press: Second Printing, 1971, p. 81.

② Kent, Sherman Kent, *Strategic Intelligence for American World Policy*, *Princeton*, New York, New Jersey: Princeton University Press, Second Printing, 1965, pp. xiv – xv.

③ W. O. Studeman, "The Philosophy of Intelligence", Seminar On Command, Control, Communications, and Intelligence, Guest Presentations, Spring 1990.

海，各显其能。在美国适用的联邦体制，在别的国家不一定合适。1973 年十月战争后，以色列决定要让情报界的各种观点都能到达内阁。根据特别调查委员会的建议，内阁决定在不改变军事情报局职能的情况下，将情报分析分权化，让外交部和摩萨德也承担情报分析的任务，学习美国的经验。但是，实际上由于这两个单位缺乏军事专业人员，没有取得什么进展。①

二、两种情报哲学

上述三个基本原则是政府各部门、情报共同体、学术界公认的战略情报原则，但是在这些基本原则之下，对战略情报的根本问题从来不缺少辩论。从 20 世纪 50 年代开始，大体上可以分成两大阵营。

表 2—2 战略情报的两种哲学观

	肯特派	盖茨派
情报重点	重大战略趋势	决策者关注的具体事务
情报内容	只评估外国，不涉及政策建议	情报与决策间有大块灰色地带，提倡机遇分析
分析方法	强调规范的学术方法	重视规范方法的同时，也强调经验、直觉的作用
认知偏见	自觉抵制认知偏见	通过正式程序减少认知偏见
情报与决策的关系	情报与决策保持一定的距离才能保证情报的客观性	情报的客观性与距离无关
分析员素质	重视学术背景	重视个人经验、外语等技巧
情报服务方式	促进政府内部全面、深刻的辩论	主要决策者、政策执行者接受情报内容

① Angelo Codevilla, "Comparative Historical Experience of Doctrine and Organization", in Roy Godson: *Intelligence Requirements for the* 1980: *Analysis and Estimates*, published by National Strategy Information Center, Inc, Distributed by Transaction books, New Brunswick (USA) and London (UK), p. 15.

肯特派以中情局第一代分析员肯特为代表。肯特 1935 年任耶鲁大学教授，1941 年开始情报分析生涯，担任信息协调局研究与分析部非洲科（Africa Section，Research and Analysis Branch，Office of the Coordinator of Information）负责人，除战后短暂离开一段时间外，一直在情报分析部门工作，1951—1967 年长期担任中情局国家评估司（Office of National Estimates）司长，主持国家情报评估。1949 年，因《为美国世界政策服务的战略情报》一书而被称为现代情报学之父。

盖茨曾在中情局和国家安全委员会任职 26 年，1982 年任中情局情报部副部长，1986 年任主管情报的中情局副局长，1989 年任总统国家安全事务副助理，1991—1993 年任中情局长，2006—2011 年为美国国防部长。

在情报目标上，肯特派认为战略情报的核心任务是解释和预测重大战略趋势，盖茨派则坚持情报应满足决策者的具体要求。肯特在战略情报的定义中就明确指出，战略情报不是可操作性情报，战略情报不关注具体的日常事务，只研究重大的、长远的战略问题。盖茨派却认为情报是为决策服务的，因此情报应关注决策者每天的情报需求，帮助决策者解决具体困难。肯特派指责，盖茨派淹没于具体事件中，无视对国家利益具有重要影响的战略趋势。盖茨则批评，肯特派过于学术化，与决策者脱钩太严重。

在情报与政策的界线问题上，肯特要求在情报和政策之间划出明确界线，不能越雷池一步，盖茨则推动情报向“灰色地带”进军。前者认为，情报的职责是描述、解释和预测国外的现象，不能涉及美国的政策，政策是决策部门的事情。后者辩解，在情报和政策之间有一个灰色地带，在这块灰色地带上情报大有可为。具体而言，中情局要求分析员进行“机遇分析”，不但要描述、解释和预测国外的事件，而且要再往前迈一步，指出美国的政策机遇是什么，哪些方面是美国可以影响的，哪些地方便于美国实现自己的目标。支持者认为，在没有涉入决策的情况下，机遇分析增加了情报的实用性，有利于美国维护国家利益。反对者指出，这是变相的政策建议，本来应当是决策者做的事。

在情报分析员与决策人员的距离问题上，肯特认为保持一定的距离才能避免决策干预情报分析，盖茨不相信距离是关键因素。两人都反对情报政治化，但防止政治化的途径不同。盖茨否认情报分析员与决策人员密切接触是政治化的诱因，曾说："情报官员应该走进决策者的战壕里，理解他们关注的议题，知道美国的目标是什么，了解事情的过程，认识这些人是谁。"① 陆军在战略情报培训手册中就建议，分析人员要设法理解决策者的思维模式，看他以什么样的模式接收信息，根据其特点来撰写报告。② 肯特说："情报与政策、计划和行动的距离必须足够近，以便最大限度地获取指导，但一定不能近到丧失了自己判断的客观性和诚实。"③

在情报的功能上，肯特派认为情报是通过促进政策部门之间全面、深入、有智慧的辩论来发挥其功能，盖茨则要求情报直接服务于特定的决策者。肯特不相信情报能够有效地为特定的决策者服务，认为情报只能让决策圈在了解国外真相的前提下辩论。因为情报不是为哪一个部门、哪一个执政党服务的，因而不需要在决策者是否接受上下功夫，只要了解决策者当前关注的议题是什么即可。当一位年轻情报分析员问肯特，分析者的使命是什么时，他回答："你的工作就是提高华盛顿辩论的质量。"④ 盖茨派则认为，情报为决策者所接受才是其最终目的，因而要尽最大可能了解对决策者的心理、决策过程。

在情报分析方法上，肯特坚信科学方法的功能，盖茨则强调科学方法在社会科学、情报分析中的弱点。肯特认为当时美国情报共同体使用的观察、假设、验证的科学方法是人类智慧的最高结晶，是通向真理的唯一途径。情报分析员所能做的是如何尽可能好地使用这种方法。盖茨也强调科学方法，但指出认知偏见、每个国家的特性、历史文化更重要。

在情报分析员素质问题上，肯特看重人才的学术背景和学术素质，诸

---

① Eliot Cohen, "The 'No Fault' Views of Intelligence", in Roy Godson, ed, *Intelligence Requirements for the 1990s*, Lexington, Massachusetts: Lexington Books, 1989, p. 111.

② Ruth H. Phelps, Judith A. Englert, and Sharon A. Mutter, *Application of a Cognitive Model for Army Training: Handbook for Strategic Intelligence Analysis*, U. S. Army Research Institute for the Behavioral and Social Sciences, October 1984, p. 2.

③ Sherman Kent, *Strategic Intelligence for American World Policy*, Princeton, New York, New Jersey: Princeton University Press, Second Printing, 1971, p. 180.

④ Vernon Loeb, "CIA Goes Deep Into Analysis: Agency Opens School Elevates Analysis", *The Washington Post*, Thursday, May 4, 2000, Page A23.

如分析员的专业方法、专业知识；盖茨在人才选择上，轻视学术背景，而重视生活背景和经历，要求分析员有流利的外语能力，熟悉对象国的历史、文化。戈德森（Roy Godson）说，现在中情局招人时，是到大街上去（go out on the street），而不是到大学里去。[①]

这两派的观点并不是截然对立的，在许多方面只是程度区别。肯特派长期以来在中情局占统治地位，从20世纪80年代开始，决策者和情报管理者开始向盖茨派接近，一些评估报告已经出现了变化。在时任中情局长凯西（William Casey）和副局长盖茨的大力支持下，第二派观点开始形成一定的势力。最近，中情局和国防情报局已经开始就新分析方法进行培训了。但是，现在的分析方法还是以经验实证方法为主，只是更重视历史、文化等因素的影响。

肯特和盖茨两人都长期担任中情局情报分析员，他们所代表观点之间的冲突和竞争实际上是实践对理论提出的问题。例如，在情报分析中，规范的科学方法与分析对象特性之间的关系，必须找到二者之间的内在联系和决定性因素，这应当是情报学的主要职责。因此，对于他们两人之间的争执，不能简单地说支持谁、反对谁，也不能辩证地说二者都有可取之处，也都有缺陷。而应当看到，这是情报工作实践者向情报学理论提出的问题和命题，战略情报学应当致力于研究决定这些议题的真正变量。可以说，对其中任何一个问题的科学回答都是情报学上的一大突破性贡献。

---

① Roy Godson, *Intelligence for the* 1990*s*, in Roy Godson, ed, *Intelligence Requirements for the* 1990*s*, Lexington, Massachusetts: Lexington Books, 1989, p. 5.

第三章

战略情报分析

情报分析是现代情报与传统情报的主要区别之一。战略情报分析是建立在各门社会科学基础之上的一门交叉性应用科学，既吸收社会科学的成果，又根据自身的特征调整、改革分析方法，形成独具特色的管理模式、分析方法和认知过程。战略情报分析的基本准则是生产“准确、及时和切题的情报”，这三个词几乎是美国情报分析的祈祷词。①

第一节 情报分析与社会科学

情报具有明确的目的性，是服务于国家决策的知识，是用于行动的知识。战略情报是对部门情报的“综合”，服务于“涉及多方面的国家安全决策”。战略情报是“综合的”、“多方面的”、“用于行动的”知识，这些特征使其成为一门跨学科的应用科学。同所有应用科学一样，它的成功既依赖基础科学的研究成果，也取决于自己独特的应用研究方法。作为一门应用科学，社会科学是它的基础和母乳，社会科学的高度决定着它的成长极限。美国第一代情报学家佩蒂（George S. Pettee）说，“战略情报的未来取决于对社会科学的应用和发展”。②

---

① Michael A. Turner, “A Distinctive U. S. Intelligence Identity”, *International Journal of Intelligence and Counterintelligence*, 17, 2004, p. 57.

② Washington Platt, *Strategic Intelligence Production*: *Basic Principles*, New York, NY: Frederick A. Praeger, 1957, p. 142.

社会科学几千来积累的知识是情报分析这棵小树苗壮成长的土地。没有这些知识，情报分析甚至不可能迈出第一步。首先，几乎所有情报分析的术语都来源于社会科学，例如，“战略情报”中的“战略”、“情报分析”中的“分析”都是从社会科学中借用的。没有这些对应学科的词汇，情报分析就没有表述的工具。这些词汇从社会科学中引用过来后，绝大部分词的含义都与原来完全相同，只有极少数专业词汇含义有所变化，这也是由情报的“目的性”决定的。情报分析的服务对象是决策者，决策者不是专业情报人员，他们对专业情报术语知之甚少，因而情报产品必须使用普通社会科学词汇。在美国的情报分析报告中，“意识形态”、“民主”、“自由”、“独裁”等词汇经常出现，决策者不会认为这些词汇出现在情报中就有特殊含义。情报学中只有少数供情报人员内部使用的术语，而且这些术语大多存在于特工、秘密行动部门，而不是情报分析部门。

然而，专业术语只是情报分析汲取社会科学营养的沧海一粟，更重要的是社会科学积累的知识是情报分析取之不尽的汪洋大海。在情报学界，一个经久不衰的话题是公开来源情报到底有多重要。尽管对公开来源情报的重要性认识不一，但公开来源情报在数量上至少占情报总量的80%，这是公认的观点。其实，这只是情报分析直接从社会科学取得的知识。如果把社会科学作为情报分析的背景来看，社会科学知识的重要性无论怎么说都不会太大。可以设想，中情局分析员知道中国的地理位置、人口、社会结构、历史、宗教、文化等知识，是其分析中国情报的必备条件，这些知识几乎百分之百是社会科学积累起来的，只有微不足道的一部分是分析员亲身体验得到的。例如，分析员想知道北京的具体位置，只要找一张地图就可以了，不需要派特工去测量。

情报分析不仅应用社会科学已经积累的知识，而且借助社会科学的研究力量为情报分析服务。为了研究国际上正在发生的事件，情报分析员需要社会科学研究人员的支持。每个国家都有各类研究所、媒体、思想库观察、描述、分析世界上正在发生的现象，情报机构只是这些机构之一。一般而言，情报机构只承担最机密、最核心的部分，只有国家权力介入后这部分研究才能得以实施。可以说，情报机构摸到的也是大象的一个部位，只不过是其他部门无法摸到的位置，例如大象的心脏。这样，情报机构要知道大象的整体结构，必须求助于其他研究机构。除非情报机构把自己建成一个包罗万象的科学院，否则便无法独立生存。只有在社会科学知识的广阔背景之下，才能理解那些不完整的、冲突的和含糊的情报。知识是社会科学对情报分析最丰厚的馈赠。

美国第一个战略情报分析机构建在国会图书馆内，由此可以看出社会科学知识对情报分析的重要性。1941 年 7 月 30 日，信息协调局在国会图书馆的大楼里成立“特别情报处”，作为其情报分析部门。国会图书馆的“特别情报处”是研究分析部的前身，也是美国最早的战略情报分析机构。这个机构以国会图书馆大量馆藏为基础，利用历史学家、经济学家、社会学家、人类学家、地理学家和心理学家的专业知识，从而开辟了一个全新的工作领域。

情报分析试图在社会科学的研究方法之上创立适合自己的独特方法，但是迄今为止，情报分析对社会科学方法借鉴多于改造。战略情报的分析研究对象非常广，凡是涉及国家利益的现象都在其研究范围内，却没有自己独立的理论、方法，基本上完全借助现有社会科学方法，只是在应用时做一点适当调整。战略情报分析几乎涉及人类拥有的所有学科，如科技情报分析牵连到所有的自然学科，而政治、军事、社会情报分析涉及所有社会学科。美国军事情报学者亨德尔（Michael Handel）在谈及研究“战略意外”（strategic surprise）时，指出下列学科曾给过他帮助：心理学（psychology）（研究认知问题）；通信和信息理论（communication and information theory）（关于信号与噪音的比例、信息瓶颈问题，改善信息加工程序）；组织和政府行为学（theory of organization and bureaucratic behavior）（例如情报工作被几个情报单位重复进行的问题，提高机构之间的合作问题）；统计学（statistics）；灾难理论（disaster theory）；数学理论（mathematical theory）（密码分析和最佳意外袭击的时机）；人类学（anthropology）（不同文化的影响及其对相互认知或误解的影响，对风险接受的程度）；历史学（history）（对具体案件的基础背景知识）。[1]“战略意外”仅是战略情报分析中的一个分支，它的研究竟然需要如此多的学科支援。可以想象，战略情报分析作为一个整体，它涉及的知识面有多广。从这个意义上说，对情报学做出贡献的不止是社会科学，还包括自然科学。

作为一门全新的跨学科应用科学，战略情报分析的重要特征就是具有综合、交叉的特点。它的产生和发展需要以大量的知识和分析方法为基础，几乎迄今为止人类所创造的科学知识和方法都可以运用于中。情报分析的发展过程就是一部吸收一切社会科学方法，甚至某些自然科学方法的历史，只有社会科学取得突破性进展，情报分析才可能相应成长。例如，20 世纪之初弗洛伊德精神分析理论为中央情报局人物分析提供了理论基础，20 世纪二三十年代，政治心理学大师拉斯威尔（Harold Lasswell）把精神分析应用于政治学理论，认为领导人能通过外在方式解决内在的无意识冲突或欲望。第二次世界大战期间，战略服务局（Office of Strategic Service）成立一个小组研究希特勒的心理，就使用了精神分析方法。小组的负责人是精神分析专家兰格（Walter Langer），他综合分析有关希特勒的一切信息，并访谈见过希特勒的人士。1972 年解密的这个报告叫《鲁道夫·希特勒的心理》（the Mind of Adolf Hitler），结论认为希特勒是一个患有神经功能症的精神病人，并准确地预测到希特勒在战争后期因不安全感而采取的暴行及最终自杀。[2] 这是社会科学理论直接在人物情报分析中应用的例子，不仅仅在人物分析中是这样，情报分析各个领域的情况都是这样，特别是在经济情报分析中，许多分析方法是直接从最前沿的经济学中引进的。

任何社会科学研究都可以简单看成三个步骤，先提出假设，然后是信息收集、分类和组织，最后是信息解读、归纳、结论。前面所讲情报分析采纳社会科学理论或方法，主要在假设阶段应用社会科学理论。在信息收

---

① Michael Handel, “ Intelligecne and Crisis Forecasting”, *Orbis*, Winter 1983, p. 819.

② Thomas Omestad, “Psychology and the CIA: Leaders on the Couch”, *Foreign Policy*, Summer 1994, p. 110.

集上，社会科学中收集信息、选择信息和判断信息的方法广为情报分析所吸收。在信息分类、组织方法领域，情报也接近于全盘接受社会科学中应用的方法，例如中情局图书馆的资料分类就是采取美国国会图书馆的分类方法。但是在信息分析和归纳上，情报分析对社会科学抱着非常怀疑的态度。社会科学理论的两个特点限制了情报分析对其应用：一是当社会科学家将某一问题概念化时，他是从观察现实生活开始，选择大量的历史或现实事例，然后归纳总结，但是他并不研究这些案例的全部细节，也不在当时的具体环境中考虑案例的形成；二是社会科学家并不在复杂的细节中预测具体的社会行为。[①] 社会科学从复杂的现实生活中概括出一些简单的规律，关注某一类事件；而情报却离不开现实，必须就具体事件做出具体的预测，他们关注一件具体事情。这两点拉开了社会科学研究与情报分析的距离，让情报分析在应用社会科学理论时显得十分谨慎。

1963 年美国史密森学会（the Smithsonian Institution）心理和社会科学研究组建立一个课题组，研究社会科学对情报分析的作用。通过对美国情报分析的调查，该课题组认为有两个渠道将社会科学的研究能力和研究成果注入情报分析中。一是情报人员的招收，绝大多数情报人员在大学里学的是社会科学，其中相当一部分在社会科学领域获得了研究生文凭；二是情报分析人员与社会科学的接触，如通过聘请社会科学顾问和阅读社会科学杂志。[②] 例如，在战略服务局组建时，从大学中招收 40 位历史学家去“研究与分析部”工作，这 40 人中后来有 7 人任美国历史协会主席（The American Historical Association），可见情报分析机构吸收了众多社会科学家，他们把自己的研究方法和知识带到了情报分析中。[③] 这些专业人士的加入，使情报分析、预测的科学性得到了保障。诺贝尔经济学奖得主萨缪尔森曾说，现代技术允许经过训练的经济学家比非经济学家更精确地观测

---

① Max F. Millikan, “Inquiry and Policy: the Relation of Knowledge to Action”, in *The Human Meaning of the Social Science*, ed, Daniel Lerner, New York: Meridian Books, Inc., 1959, p. 164.

② Klaus Knorr, *Foreign Intelligence and The Social Science*, Center of International Studies, Woodrow Wilson Hall, Princeton University, Research Monograph, No. 17, June 1, 1964.

③ Barry M. Katz, *Foreign Intelligence: Research and Analysis in the Office of Strategic Service, 1942 – 1945*, Harvard University Press, 1989.

未来。[①]

战略情报分析以社会科学积累起来的知识为基础，借用社会科学使用的科学方法，分析多来源的信息。虽然不能说能够得出真理，但应当是人类目前所能做到的最高境界了。肯特曾经说，如果决策者用自己的判断取代情报分析，是在拒绝两个东西：一是亚里士多德以来不断积累的知识；另外一个是推理和科学方法。

社会科学知识宝库为战略情报分析提供了根基和沃土，没有前者奠基，后者甚至无法起步前行，但战略情报分析对社会科学的借鉴并非是单向的。战略情报分析的发展主要以社会科学知识为依托，但又不是简单的照搬，而是通过长期而艰难的实践和积累，在一个特殊的领域以种种相对特殊的方式、方法探索情报学的规律，包括战略情报分析的规律，并取得了长足进展。因此，情报学作为人类社会知识殿堂里一个相对年轻的成员，对社会科学知识宝库的丰富和发展做出了不可磨灭的贡献。

第二节　情报分析的特征

情报分析是在社会科学的基础上诞生的应用学科，那么它与其他社会科学研究的区别是什么，是什么使它能够成为一门独立的应用科学呢？从情报的定义来推导，很快可以找到情报与社会科学研究的差异。美国情报机构于20世纪70年代出版的情报培训教材中指出了这些差别，主要有五个方面：一是情报对时效的要求高；二是情报分析不能控制变量；三是情报分析必须在材料不足的情况下得出结论；四是情报分析使用的信息可能被误导；五是情报更重预测。[②] 这个单子还可以列得更长，情报的服务对

① Paul A. Samuelson, "What Economist Know," in *The Human Meaning of the Social Science*, ed. Daniel Lerner, New York: Meridian Books, Inc., 1959, p. 196.

② Erome K. Clauser and Sandra M. Weir, *Intelligence Research Methodology: An Introduction to Techniques and Procedures for Conducting Research in Defense Intelligence*, HRB-Singer, Inc., 1976, pp. 37 – 47.

象是特定的群体，情报的来源可能是秘密的，等等。这些区别是显而易见的，但大多不是实质性的，也不足以使情报分析成为一门独立的学科。

寻找情报分析的特征之前，先审视一下当代社会科学研究的基本特征。根据一位中国政治学者的研究，19 世纪以来的社会科学具有如下几个基本的特征：第一，它们的目标是获得制约人类行为或某一社会生活领域的一般法则或规律性；第二，力图把握各种必须当作个案来加以研究的现象；第三，强调必须将人类社会的现实分割成若干不同的部分来分别加以研究；第四，主张采取科学方法及程序，为科学的客观性和严格性而努力；第五，偏爱通过系统的研究方法获得证据，以控制条件下的观察，而不以普通的文献资料为主。①

参照情报定义中界定的情报分析对象和情报服务目标，与上述社会科学研究的五个特征对比，唯一完全吻合的是第四点，即“主张采取科学方法及程序，为科学的客观性和严格性而努力”。确实，情报分析也在努力采取科学方法及程序。在其他四点上，情报分析都与社会科学研究有明显区别。社会科学的研究目标是掌握“一般法则或规律性”，以及把握“各种现象”，情报分析的研究目标则是描述、解释和预测特定的、具体的问题；社会科学的方法是把“现实分割成若干不同的部分来分别加以研究”，情报分析则要“综合”分析现实问题；社会科学研究进行“控制条件下的观察”，情报分析则不能控制变量。这三类区别是情报分析成为一门独立应用科学的基础。

第一，情报是为决策服务的，决策者面对的是具体的环境和事件，要解决的是具体而实在的问题。情报分析的目标是描述、解释和预测具体事件，而不是获得一般法则和规律性，也就是说情报是实用的知识。在社会科学中只有历史学研究具体现象，但历史学是分析历史事件，不具有预测功能，情报分析的重要功能是预测未来。情报分析的对象是具体事件，社会科学的研究目标是一类事件的规律，决定了社会科学中的一些研究方法

① 陈振明：“当代西方社会科学发展的整体化趋势：成就、问题与启示”，《学术月刊》，1999 年第 11 期。

在情报分析中不可用。国际政治学研究中有一批学者主张，国际政治不仅是解释性的，而且还可以预测。但是，国际政治学家霍尔斯蒂（K. J. Holsti）指出，理论能够预测一类事件，而不能预测一类事件中的具体一件事。这些主张预测的学者也承认，即使掌握足够多的关于决策者行为、国家和国际体系的假设，并通过有说服力的方法得以证实，那么也只能预测某类事件或趋势，而不能预测具体的事件。①

第二，情报分析的对象是具体事件，而不是抽象的规律或一类事件，情报分析必须是一种综合分析。整体主义（holism）认为，情报是研究一个社会或人的整体状况，应该采取整体研究的方法，这是对的。但是，至少现在这种研究方法和科学还没有出现，是不可能实现的。② 如，在经济学研究中，在研究失业与银行利息的关系时，假设政治因素是一个恒量。也就是说，社会科学研究都是“分解研究”，只研究某个国家的一个方面，这才有经济学、政治学、军事学等范畴。情报分析先经过对问题的分解，最后必须综合起来，得出一个结论。在情报分析部门，也分为政治情报分析员、经济情报分析员和军事情报分析员等，但是在分析结论中不能各自为政。如，情报分析不能得出这样的结论：从经济学角度分析，某国政权是稳定的；从政治学角度分析，某国政权不够稳定；从军事学角度看，某国政权会很快垮台。决策者不需要这样的情报分析，决策者只需要一个结论。过去半个世纪，社会科学中虽然有交叉学科的出现，但是交叉的程度远未达到使社会科学成为一门综合性学科。因此，目前人类知识中尚没有一个综合性的社会学科，可以解决综合性问题。如，古罗马帝国为什么快速灭亡至今仍是一个见仁见智的谜。不同的学科可以从各自的视角来研究，如从军事角度、经济角度、文化角度、人物角度来分别研究，但是没有一门综合的科学能将这些因素都综合起来。

第三，情报是一种实用知识，这决定情报分析过程不能使用假设，不

---

① K. J. Holsti, *International Politics*: *A Framework for Analysis*, Prentice-Hall, Inc, 1983, p. 10.

② Isaac Ben-Israel, “Philosophy and Methodology of Intelligence: The Logic of Estimate Process”, *Intelligence and National Security*, p. 698.

能简化或限制变量。情报分析要投入庞大的人力、物力去观察这些变量。例如，在政治学研究中，研究者经常做这样的假设：如果某国领导人是理性的，他就应该采取什么政策。在情报分析中，情报分析人员要指示收集单位，查清该国领导人到底是不是一个理性的人。情报要动用一切可以动用的资源，收集、分析所有相关信息，验证每一个变量。这显示出情报分析是一个庞大工程，很多时候只有国家才有这个能力，只有国家才有这样的权利，如采取秘密手段。诺贝尔经济学奖获得者哈耶克指出，“可以把全部理论知识集中在几个专家的头脑中，因此可以被某个中央权力机构所利用，这也许并非不可想象之事。但是这种具体的知识，有关一时一地之情况的知识，除非分散在众多的个人中间，是不可能存在的。”[①] 情报分析正是需要知道一时一地的具体情报，必须拥有庞大的人力、物力。

世界上只有情报机关才有足够的资源去研究众多实际问题，情报机构可以利用一切手段获取自己所需的信息，对一个特定的对象进行细致入微的观察。学术研究可以提出各种各样的理论架构，但是这些机构既没实力，也没能力将此转化为实际应用。如综合国力问题，综合国力的计算模式和变量都是学术研究机构提出来的。当然，也有一些思想库应用这些公式计算过某国的综合国力，但引用的都是公开资料。情报机构可以利用公开、图像情报、人力情报等多种手段获取信息，因为有了这些手段可以将影响综合国力的因素不断细化，做到尽可能的准确。兰德公司曾专门设计了一个非常细致的综合国力计算方式，并明确说明专门为情报机关设计的，因为只有他们有能力填补其中的信息。情报分析就是凭细节取胜，一位中情局长曾说，中情局的官员知道世界上任何一个国家制定外交政策时的令人枯燥的细节，包括美国。[②]

哈佛大学教授肯尼迪（David M. Kennedy）曾在一个案例分析中描述过中情局的苏联经济研究，如此大规模的人力、物力投资在社会科学研究中实属罕见：

---

① ［英］弗里德里希·A. 哈耶克：《科学的反革命》，冯克利译，译林出版社，2003 年版，第 104 页。

② Robert M. Gates, “The CIA and American Foreign Policy”, *Foreign Affairs*, Winter 1987/1988, p. 219.

> 20世纪50年代因为苏联不公开基本经济数据，中情局分析员的优势就是，政府愿意提供任何代价，寻找任何可能的信息来源。其他一两个地方，特别是兰德公司几乎做着同样的事，但只有政府能雇用大量的人。美国政府对苏联经济的研究是有史以来最大的社会科学研究项目。
>
> 20世纪70年代，中情局挑选334种美苏两国的产品进行对比，110种食物，105种日用消费品，58种耐用消费品，59种家庭用品和教育、健康保险。其中1/5的食物，全部耐用消费品都是从苏联进口的，有些物品还要拆开与同类美国产品相比较。初步的结果在1979年的“绿皮书”上发表，苏联的消费水平是美国的33.4%，类似于贫困的葡萄牙。①

前中情局国家评估司主任肯特回忆，每一个国家情报评估都要动用成千上万的人，包括外交人员、武官、特工、资料购买人员、观察人员、图片获取人员、图片解读人员、报告人、研究人员、索引人员、推理和技术人员等，这些人负责收集、分类、筛选、报告事实，最终对蓝皮书的内容和形式负责的人员就少多了。② 参议院联合经济委员会一位助理说：“只有情报机构有这样的资源和人力来收集必要的数据，大学或其他地方的私人机构只能提供零碎的图片，也只有情报机构能补足其他机构所不能填补的空白（指秘密情报）。”③

一个情报评估要动用成千上万的人，这些人要集中在一个目标下工作，集中体现了情报分析是一个集体工程。即使不包括情报加工人员、单一情报分析员，仅仅把多来源情报分析员算作战略情报分析员，虽然各个

---

① David M. Kennedy, “Sunshine and Shadow: The CIA and the Soviet Economy”, *Kennedy School of Government Case Program*, Harvard University, p. 4, p. 13.

② Sherman Kent, A Crucial Estimate Relived, http://www.cia.gov/csi/books/shermankent/9crucial.html.

③ David M. Kennedy, “Sunshine and Shadow: The CIA and the Soviet Economy”, *Kennedy School of Government Case Program*, Harvard University, p. 9.

渠道透露的数字不尽相同，但可以确定中情局情报部的战略情报分析员人数在1500—3000人之间。[①] 根据乔治城大学1995年的一项研究报告，国防情报局及军方其他情报机构的分析员更多达13000人，其中包括战术情报分析员。[②] 如何组织这样庞杂的人员服务于一个研究报告，这也是情报分析的特殊任务。组织管理是影响情报分析的重要因素。

第四，情报分析中面临诸多学术研究中不存在或不突出的不确定性。首先，情报分析要求有严格的时间观念，分析员常常要在资料不全、证据不足的情况下做出判断。中情局负责情报的副局长米希克（Jami Miscik）说，我们使用的多是二手信息，并且是不完整的信息。如我们只能看卫星图像，而不能去实地考察；再如我们要评估一个世界领导人的身体或心理健康，尽管我们从来没见过或接触过这个人。分析员的工作就像手里只有200张图片，但是要拼出需要1000张图片的拼图游戏。[③] 在学术研究中，这样的结论会被称作没有根据的判断。然而，情报是为决策服务的，必须在决策者采取行动之前送达。决策者不能等一切情况都明了后才行动，往往是通过提前获取情报，决策才能占据主动。从这点而言，情报分析不能选择研究题目，不能设定研究日程，必须根据决策者需要相应行事。在学术研究中，研究者选择适当的题目、恰当的时机来做一个题目。对于条件不成熟的题目，往往少人问津。情报分析没有选择的权利，只要是决策者提出的题目、时间表，必须遵照执行。在证据不足、时间压力大的情况下，分析结果的不确定性必然相应上升。其次，情报分析是解决具体问题的，对此社会科学没有现成的方法可以借鉴，只能依靠分析员的经验和直觉。社会科学不对一个具体问题下结论，只提供人们思考具体问题的方法

---

① See J. H. Hedley, *Checklist for the Future of Intelligence* (Georgetown: Institute for the Study of Diplomacy, 1995), p. 1, quoted from Michael Herman, *Intelligence Power in Peace and War*, Cambridge University Press, 1996. p. 18; R. James Woolsey, "National Security and the Future of the Central Intelligence Agency," speech delivered at the Center for Strategic and International Studies, Washington, D. C., July 18, 1994, p. 19.

② John A. Gentry, *A Framework for Reform of the U. S. Intelligence Community*, 6 June 1995, http://www.fas.org/irp/gentry/index.html.

③ Jami Miscik, DDI's State of Analysis Speech, All-Hands Meeting, CIA Auditorium, 11 February 2004.

和路径。在社会科学的帮助下，分析员最终须凭自己的经验、直觉做出判断。再次，情报分析的重要责任是预测未来，预测本身存在不确定性。另外，情报的冲突性、竞争性决定情报分析是一个双方或多方博弈过程。情报分析员试图了解、预测对象国，对象国则试图让情报分析员误解、误判自己，这是一个双方互动的过程。从理论上讲，因双方都在变化之中，没有一方有把握确认对方的意图。同时，因为这是一个相互斗智的游戏，双方都采用“欺骗”手法，向对方投送错误信息。这些都是学术研究中不存在的问题。

上述四个原因让情报分析深受不确定因素困扰。于是，情报分析结论中总是有“可能”、“或许”、“很可能”、“一方面，另一方面”等词语。批评者认为情报分析总是含糊不清，让自己常立不败之地，支持者认为情报分析只能这样，任何超越材料所支持的确定性都是不可靠的。国防部长拉姆斯菲尔德（Donald Rumsfeld）曾直言不讳地指出情报分析的局限性，“情报分析结果是不确定的、不可靠的结论，它是一种猜想、分析、可能性、评估，是一种最佳猜测（best guess）”。[①] 借用一个圣经中的词“显现”（revelation），情报分析是通过启示、显现、迹象来看到结论的。在圣经中，上帝是人所不能看到的，但是人能通过上帝的“显现”推测到上帝的存在（罗马第一章16节）。情报分析要预测看不见的秘密和不可能知道的事件，但是又没有自然科学那样封闭而严格的理论，不能“证明”一个结论，而只能是“显现”出某个结论可能存在。情报分析既使用证实也使用证伪，但是在绝大多数情况下，情报分析的结果是不能被证明的，而是一种建立在证据基础上的猜想和判断。拉姆斯菲尔德称此为“最佳猜测”。情报学的本质与气象学与临床医学相似，因而经常被人拿来做比较。三者都是在证据不足、时间紧的压力下对具体事件做出判断。[②]

① Jack Davis，“Tensions in Analyst-Policymaker Relations：Opinion，Facts，and Evidence”，*Occasional Papers*：volume 2，Number 2，Jan 2003，p. 4.

② See：Stephen Marrin and Jonathan D. Clemente，“Improving Intelligence Analysis by Looking to the Medical Profession”，*International Journal of Intelligence and Counterintelligence* 2005，pp. 707 –729；Walter Laqueur，“The Question of Judgment：Intelligence and Medicine，” *The Journal of Contemporary History*，Vol. 18，1983，pp. 533 –548.

第五，情报分析对客观性的要求比社会科学研究更高。客观性是任何科学研究都追求的目标，但情报分析更甚。20 世纪五六十年代在美国甚嚣尘上的行为主义运动的一个目标就是寻求“价值中立”，这么多年的经验证明，完全的“价值中立”做不到。研究者在研究中是难以完全排除本人的价值偏好的，只有多一点和少一点的区别。即使在自然科学中，不少研究都会涉及政治价值和感情问题，作为一名科学家难免有自己的政治立场和情感倾向。如气候变暖问题，在美国就是一个高度政治化的议题，自由主义坚持气候变暖是真实的，保守主义则认为气候变暖被夸大了。社会科学因为研究对象是人和社会，研究者、研究对象之间更是难以保持中立。在学术研究中，是通过各种观点的竞争、辩论来保证客观性的，互相制衡来避免某种极端观点，以维持学术研究整体的客观性。在学术界，研究者人个、思想库甚至大学可以公开宣布自己是保守主义者或自由主义者，鼓励的是百家争鸣。但是战略情报研究必须追求最大限度的“价值中立”，没有一家情报机构可以宣布自己是保守主义的情报机关或自由主义的情报机关，或许在情报分析过程中可以有保守主义的观点、自由主义的观点，但是必须寻求最大限度的价值中立。一方面，情报具有国家性，责任重大。其执行主体是国家，而不是某一个党派或财团，它的结论代表着国家的最佳判断。某个社会科学成果发表后，学者之间可以互相争论，结果可以不断修改。但是情报一旦送达决策者，就有可能对国家利益产生重大影响。因为情报本身所担负的责任太重大，不允许其有价值偏见。另一方面，情报分析对时效性要求高、专业圈子比较小，不适合采用学术界“互相批评、共同进步”的制衡方法。情报采用协作为主、竞争为辅的组织方式，并用集体研究和严格的程序、方法来限制价值观念的介入。

在水门事件中，中情局副局长沃尔特斯说过这样一段话：“中央情报局对国家的价值在于这样一个事实：它是个非党派组织。它不支持两个政党中的任何一个。它是为美国政府的利益服务的，而不管政府官员的意见如何。如果中情局卷入任何党派性政治活动，那它就将失去对总统以至对国家的价值。”①

上述特征显示，战略情报分析是一个具有高度挑战性的职业。肯特说，战略情报分析员要有最好的专业训练、最高的学术道德、足够的人类智慧。②

第三节　概念

情报分析建立在社会科学研究的基础之上，在研究目标、方法、道德规范上与社会科学研究又有所区别。情报分析作为一个概念，必须充分体现它的两重性。

“分析”的英文是 analysis 来自希腊语 ana 和 lyein，意指解开、分开。在学术研究中，分析是把一个问题分解成若干个组成部分，分别研究的过程。③ 在情报分析中，“分析”的含义略有不同，但分解、研究、综合得出结论的基本含义未变。下面是一些重量级情报学者对情报分析的定义，参照上述情报分析的特征，可以检验这些定义的优缺点。

肯特的定义：情报分析是检验信息的准确度，比较不同的解释，通过扩大关注对象来获取观点，从各种可能的解释中找到最可靠的。④ 这个定义同肯特的情报哲学一脉相承，重视情报分析的社会科学特征，基本上将情报分析等同于一般应用社会科学，强调情报分析采用的科学方法。同时，肯特指出情报分析要“检查信息”的准确度，确认了情报分析的不确定性。

波士顿大学（Boston University）国际关系学教授寇德维拉 Angelo Co-

---

① ［美］约翰·兰尼拉格：《中央情报局》，潘世强、范道丰、李中、黄景让译，范道丰校，中国社会科学出版社，1990 年版，第 638 页。

② Sherman Kent, *Strategic Intelligence for American World Policy*, Princeton, New York, New Jersey: Princeton University Press, Second Printing, 1971, pp. 64 – 65.

③ Smith and Smith, *An Introduction to Research in Education*, p. 185.

④ Sherman Kent, *Strategic Intelligence for American World Policy*, Princeton, New York, New Jersey: Princeton University Press, Second Printing, 1971, p. 155.

devilla 的定义为：分析员用自己的判断弥补材料中不可避免的差距（the inevitable gaps in data）。① 这个定义强调情报分析中信息赤字的难题，指出了情报分析的不确定性。

兰德公司学者舒尔斯凯的定义：情报分析是将各种渠道收集来的零碎信息转化为对政策决定者和军事官员有用的东西。② 这个定义体现出情报分析遵循收集信息、分析信息、得出结论的社会科学过程，也指出情报分析的目标是服务决策者。

情报研究协会（consortium for the study of intelligence）主席戈德森（Roy Godson）的定义：分析机构充分利用一切可得到的材料，向消费者提供一个成品情报，过滤掉虚假的、杂音的部分，使原材料固有的东西更清晰。③ 这个定义重点指出情报分析中的不确定性，特别是信息的不确定，没有提及综合研究的部分。

综合四位情报学界权威学者的定义，对照情报分析的特征，本书给战略情报分析定义为：情报分析是鉴别多来源情报的“可靠性”，描述、解释和预测特定对象的情报活动。

这个概念一方面体现出情报分析遵循社会科学研究的基本规律，是一个收集信息、分析信息、得出结论的过程；另一方面指出情报分析面临的“不确定性”，情报分析的对象是具体的、实在的。

情报分析是情报循环中的一个步骤，广义的分析包括情报加工、单一来源分析、多来源分析三部分，狭义的分析只包括多来源分析。情报加工负责将收集到的情报转换为消费者能理解的语言，如密码破译、外文翻译、图片解读、信号解释等，一般由情报技术专家负责。单一来源分析是收集部门下设的初级分析部门，对加工后的情报做出初步分析、判断，

---

① Angelo Codevilla, *Informing Statecraft: Intelligence for a New Century*, New York: The Free Press, 1992, p. 198.

② Abram N. Shulsky, Gary J. Schmitt: *Silent Warfare: Understanding the World of Intelligence*, the third edition, Washington, D. C.: Brassey's, 2002, p. 41.

③ Roy Godson, "Analysis and Estimates: An Introduction", in Roy Godson: *Intelligence Requirements for the* 1980: *Analysis and Estimates*, published by National Strategy Information Center, Inc, Distributed by Transaction books, New Brunswick (USA) and London (UK), p. 1.

如线人的可靠性，文件真假的程度、内容的价值。多来源分析综合各种单一来源分析结果，相互对比验证其可靠性，结合专业知识，应用科学分析方法生产出成品情报。由此可见，从情报加工、单一来源分析到多来源分析，是一个逐层递进过程。当然，决策者也收到收集部门直接送达的情报，也就是情报加工后的产品或单一来源分析产品，但是要对一件事有全面、权威的了解，必须听取多来源情报分析部门的意见。

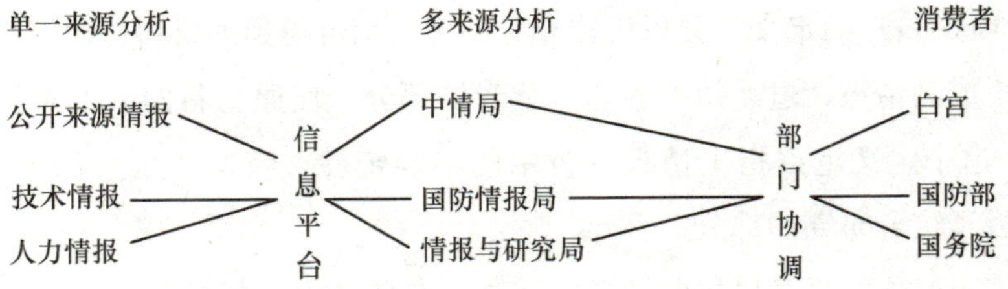

图 3—1 战略情报分析的层次

无论是接受广义的界定还是狭义的定义，对于战略情报而言，多来源分析是最关键部分。在这个阶段，分析员要广泛调动关于分析对象的背景知识，综合各种来源的信息，设计和选择分析方法，将原始情报加工为成品情报。毫无疑问，分析员是情报分析的主体。但是，对于分析员在分析过程中的地位和功能则存在争议。有的学者重视分析员在分析中的作用，还有的学者强调科学方法的客观性。对于那些重视技术和工具的人来说，科学方法像一台机器，分析员的责任是给机器喂送原料，由机器生产产品。其他学者则认为，分析员的主观能动性占主导地位，情报分析是一个科学过程，更是一个认知过程。汤普森（J. R. Thomptson）说，“情报分析是一个内在的、概念驱动的活动，而不是外在的、数据驱动的活动”；卡姆（Ephraim Kam）说，“分析过程是一个非常个性化的东西，每个人都必须首先使用自己的信仰体系设定假设，理解信息，他的假设通常是隐性的，有时连他自己都没意识到”。①

情报分析是战略情报学的研究对象之一，提高情报分析质量是战略情报学的重要目标。对此，最基础的工作是找到影响情报分析的关键因素。在情报分析特征、定义中，已经看到对情报分析非常重要的一些变量，如因为情报分析是一个集体工程，组织因素重要，社会科学方法对情报分析也十分关键。中情局资深分析员约翰斯顿（Rob Johnston）经过研究，总结出影响情报分析的关键变量。他从公开发表的文章、演说稿、报告中选择2432个案例，确定374个相关因素，通过试验最终将影响情报分析质量的因素划为四类：

系统性的变量（Systemic Variables），这是情报组织和分析环境层面上的变量。组织变量包括组织结构、管理和上报程序、工作流程、领导、管理、管理行为、工作文化、历史和传统、组织内的社会实践、工作禁忌、组织的人员构成，包括内部政治、材料上报的行政程序、物质和人力资源。环境变量是对组织的外部影响，包括消费者的需求和要求、时间限制、消费者使用信息的模式、消费者的组织、政治限制和安全问题。

方法变量（Systematic Variables）指影响分析过程的变量，包括使用者的具体要求、信息的获得、信息的可靠性和有效性、信息的储存、信息的加工和处理、对信息做出判断的具体战略、信息上报的方法。

个人的变量（Idiosyncratic Variables）指对个人及其分析表现的影响因素，包括个人的家庭、文化、种族、宗教、语言和政治倾向，也包括个人的偏见、个性、认知特征、知识、解决问题的方式、决策方式和对压力的反应，最后包括个人的教育、训练和应用知识、技术的能力。

沟通变量（Communicative Variables）指影响小组内或小组之间交流的因素，包括组织内、组织之间、个人与社会网络间的交流。②

上述四类变量是影响情报分析的关键因素，是情报分析这个学科的主

---

① Rob Johnston：“Developing a Taxonomy of Intelligence Analysis Variables”，*Studies in Intelligence*，Vol. 47，No. 3，2003.

② Rob Johnston：“Developing a Taxonomy of Intelligence Analysis Variables”，*Studies in Intelligence*，Vol. 47，No. 3，2003.

要研究对象。因为沟通变量与组织变量互相重叠较多，本书把沟通变量和组织变量合二为一。在下文中，分别讨论组织变量、科学方法变量和认知变量。

第四章

组织和管理

情报分析是一种集体行为，需要某种形式的机构和管理。情报部门是国家授权从事情报活动的行政机构，其职责是生产知识。从政府职能角度看，情报是一个行政单位履行法定职责的管理过程，它遵循任何官僚机构生存、发展的规则。从学术角度看，它又是一个生产知识的过程，需要遵守学术管理原则。可以说，情报分析管理是学术管理和行政管理的交融、冲突、竞争。情报分析实践表明，分析能力受情报机关提供的条件、自由程度、专业氛围、人际关系等影响。①

第一节　内部结构

情报分析的对象是国门之外的人、事、物。一方面，这些研究对象都依附于特定的国家或地区，可以依据地理位置对其分类，如东亚、南亚、北美等；另一方面，社会科学对这些研究对象也有自己的专业分类，如政治、经济、文化等。同这两种分类方法相对应，情报分析机构作为一个集体也有不同的结构形式，一种可称为专业结构（functional structure），如政治司、经济司、文化司，另一种可称为地区结构（regional structure），如

① Ruth H. Phelps, Judith A. Englert, and Sharon A. Mutter, *Application of a Cognitive Model for Army Training: Handbook for Strategic Intelligence Analysis*, U. S. Army Research Institute for the Behavioral and Social Sciences, October 1984, pp. 2 - 3.

东亚司、南亚司、北美司。情报机构采取什么样的结构形式是情报分析机构设置的首要问题，肯特将此列为情报分析管理的十大问题之首。①

一个机构的组织结构不同，它内部的信息流通方式就有差异，分析员的业务分工就不同，情报分析单位的结构形式通过信息流通模式和业务分工影响分析结果。以专业结构为基础的研究部门，有利于本专业之内的交流，有助于专业知识的积累和发展；以地区结构为基础的研究部门，既有利于不同专业之间的交流，也有助于专业知识与地区国别知识的交汇。从沟通角度看，世界是复杂多变的，每个专家的专业是固定、狭窄的，每个专家所分析的情报只是世界的一小部分，最终这些小块必须被综合起来，或者以课题组的形式，或者以计算机的途径，或者以官僚结构的形式。专业之间要交流，地区之间要合作，专业知识与地区知识要融合，信息畅通是机构设置的重要目标。

一、以地区结构为基础的战时情报分析机构

美国最早的战略情报分析单位是设在国会图书馆下的“研究与分析部”（the Research and Analysis Branch，R & A）。1941 年多诺万在建立情报协调局时，想利用国会图书馆的现成资料和研究力量，组建自己的情报分析机构。然而国会图书馆不想介入秘密情报事务，仅同意在图书馆内组织一个专家班子，职位有专职的、兼职的和计件付酬的，负责翻译、背景研究、撰写研究报告等工作。1941 年 7 月 31 日，坐落在国会图书馆大楼里的“研究与分析部”正式成立，首任负责人是多诺万邀请的威廉姆斯大学校长巴克斯特（James Phinney Baxter）。“研究与分析部”总共有 340 名工作人员，其中来自各大学的学者 150 名，年经费 100 万美元，是一个庞大的研究所。图书馆丰富的资料、学者渊博的学识给情报分析提供了更广阔的背景、更深刻的理解和更准确的判断，这是美国第一个战略情报分析机构。由于“研究与分析司”最初不介入秘密情报研究，实际上只是一个

---

① Sherman Kent, *Strategic Intelligence for American World Policy*, Princeton, New York, New Jersey: Princeton University Press, Second Printing, 1971.

公开来源情报分析中心。多诺万不得不成立一个由 8 位学者组成的情报分析委员会，这个委员会把“研究与分析部”来自公开信息的研究成果与秘密来源信息相结合，再根据自己的专业知识和政策需要撰写最终情报，然后报给多诺万，再由多诺万呈送给总统。情报分析委员会不久便垮台了，“研究与分析部”最终开始从事公秘结合的情报分析，成为真正意义上的情报分析机构。

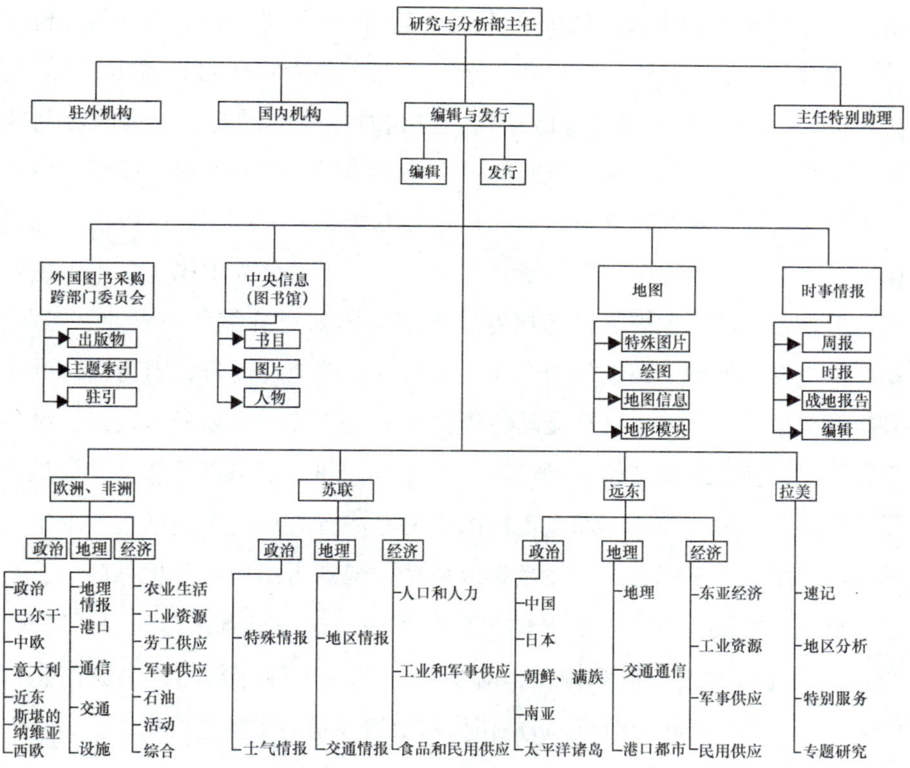

图 4—1　战略服务局“研究与分析部”组织结构（1944 年 3 月 1 日）

资料来源：RG 226，Entry 146，Box 70.

美国第一个战略情报分析机构的主要组织形式是地区结构型，同时兼有少数几个专业部门。当时正值第二次世界大战期间，美国情报分析的对象是欧洲和亚洲两大战场，情报组织的结构实际上是以战区划分的。“研究与分析部”下设欧洲—非洲处（Europe-Africa Division，E-A）、苏联处（Soviet Union Division）、远东处（Far East Division）、拉美处（Latin America Division）四个地区研究部门，完全服务于战争需要。此外，“研究与分析部”还设有地图处（Map Division）和心理处（Psychology Division）两个专业研究部门，负责人物研究和地图制作。

1941年12月美国正式对日宣战，1942年6月13日“信息协调局”改名为“战略情报局”，从直接受总统领导的行政机构转为接受“参谋长联席会议”（Joint of Chiefs of Staff）领导。随后，“研究与分析部”的分析人员迅猛增长，最多时达到900人，分工更细。从图4—1可以看出，“研究与分析部”的组织结构是地区结构，按当时战争的需要，分为欧洲与非洲、苏联、远东、拉美四个研究部门。每个部门下面设政治、经济、地理三个分支机构，对地理研究的重视是当时战争状态决定的。在政治研究机构下面，进一步按地区、国别划分，如在远东下面分为中国、日本、朝鲜等，但是在经济、地理下面却按专业来划分，如经济细分为农业、工业、军事供应等，地理下面细分为交通、港口等。就地理而言，因为当时处于大规模战争状态，军事目标流动性极强，不便于按国别划分，这是一种特定形势下的特殊组织结构。对经济分析而言，却显示出本质意义。如果说任何政策都是地方政治，那么现代国家的经济行为总是有关联性，限定在国别内很难说清楚问题。即使是在以地区、国别为结构的分析部门内，经济也显现出学科特征。在后来的机构改革中，这一点越来越明显。同时，在第一个战略情报分析机构中，时事情报是一个独立部门，中央信息部（the Central Information Division）作为图书馆也是一个独立机构。

这一时期情报分析机构的组织形式集中体现了紧急形势下情报机构的特点。在出现战争或重大危机时，无论原有的组织结构是什么样，总会打乱原来的专业结构或地区结构，集中人力、物力到发生危机的地区和事件上来。第二次世界大战是全面战争，情报分析机构将全球作为一个大战区，将战区划分作为自己的组织形式。

二、战后以专业分类为基础的情报分析机构

第二次世界大战的战火刚刚熄灭，遵循美国战后解散情报机构的惯例，杜鲁门1945年9月20日解散战略服务局。然而，国际环境已经今非昔比，战后美国作为一个超级大国迫切需要综合性常设情报机构。1946年1月22日，杜鲁门又急忙成立中央情报组（CIG），将散落在其他单位的前战略服务局600位分析员重新召集回来。

根据1946年1月22日的总统令（the Presidential Directive），中央情报组第一任局长索尔斯（Sidney Souers）组建的第一个机构是中央报告组（the Central Reports Staff），负责综合、评估部门情报机构上报的时事情报，而不是战略情报。1946年7月，中央情报组第二任局长范登堡（Arthur Vandenberg）将中央报告组升级为“报告与评估司”（the Office of Reports and Estimates，ORE），主要职能有两个：一是在部门情报机构没有涉足的领域分析时事情报，如科技和经济情报；二是综合国家情报。同时，范登堡（Arthur Vandenberg）还成立了特别行动司（the Office of Special Operation，OSO），这是中央情报组自己的秘密收集机构。同年，中央情报组建立图书馆，随即并入“收集与分发司”（Office of Collection and Dissemination），集收集、保存信息与分发成品情报于一身。从此，中央情报组拥有自己强大的分析力量和收集力量，具备了成为一个独立情报部门的基本条件。

1947年7月26日，《国家安全法》生效，中央情报局取代中央情报组，首任中情局局长希伦科特（Roscoe Hillenkoetter）在中情局组建了两个下设机构：行动部和情报部，前者负责收集，后者负责分析。

1949年“报告与评估司”（ORE）进行改组，增设“评估产品理事会”（Estimates Production Board），由“报告与评估司”下属职能和地区部门负责人组成。理事会负责提供国家情报评估的“调查范围”（terms of reference），负责国家情报评估的审稿，然后递交给情报顾问委员会（IAC），有时还建议评估题目。改组后的每个地区部门（Regional Division）都设一个评估组（Estimate Staff）和三到四个地区分析组（regional，analytical, and research branch）。评估组负责国家情报评估，地区组在自己所负责的地理范围内评估重要事件。同时，还成立一个中央研究组（Central Research Group），由原先的地图组（Map Division）、国家情报调查组（the National Intelligence Survey Division）和综合组（General Division）合并而成。1951 年 1 月 15 日，成立时事情报司（the Office of Current Intelligence）。在这里，时事情报、国家评估都作为独立机构形成了，时事情报、国家评估和基础情报分析三足鼎立的局面已经形成，这种局面一直持续到今天的情报分析机构。与战时情报分析机构不同，和平时期的情报分析机构职能包括进行长远、综合分析的国家情报评估，也包括介绍基本情况的基础情报分析。

1952 年 1 月 2 日，中情局成立情报部（Directorate of Intelligence, DI），"报告与评估司"（ORE）一分为三：研究和报告司（the Office of Research and Reports, ORR），负责经济和地理等基础情报；时事情报司（the Office of Current Intelligence, OCI）负责当前的政治分析；国家评估司（the Office of National Estimates）负责国家情报评估。国家评估司、研究与报告司下面仍然设有专业部门和地区部分。这次结构调整不仅将上述三足鼎立的格局固定下来，而且将科技情报分析、科技情报收集和科技支持三者合并为一个机构，这种结构一直保持到现在。"报告与评估司"（ORE）原来有一个科技组（Scientific Branch），负责分析科技情报，"特别行动司"（OSO）下面设有"原子能组"（the Nuclear Energy Group of the Office of Special Operation），负责收集科技情报，1948 年 12 月 31 日这两个组合并为科技情报司（Office of Scientific Intelligence, OSI），集收集、研究、技术支持为一体。这是分析与行动合一的第一个机构。

1963 年随着科技的迅猛发展，科技情报收集、分析的任务越来越重要，特别是中情局在收集和分析领域的科技含量升高，迫切需要技术支持，于是将情报部下属的科技情报司升格为科技部（the Directorate of Science and Technology, DDS & T），成为与情报部级别相同的单位。当时，科技部研究能力有限，相当多的科技研发都采取外包形式。

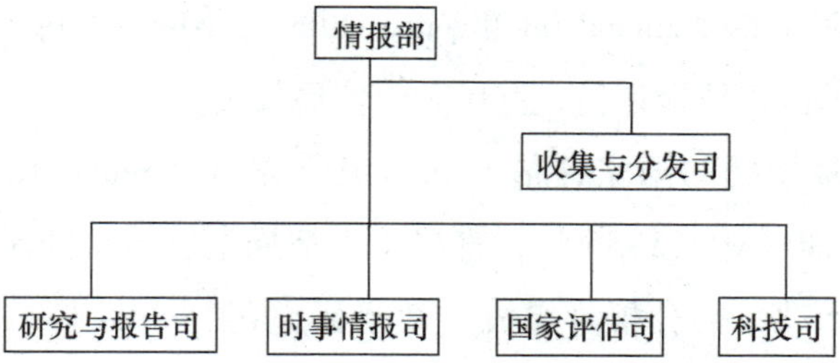

图 4—2　中央情报局分析部 1952 年组织结构图（部分）

1962 年国防部长麦克纳马拉对国防部情报分析工作不满意，要求中情局参与军事情报分析。同年，情报部把时事情报司的军事情报组与研究与报告司下面的军事情报组合并为战略研究司（the Office of Strategic Research，OSR），专攻军事情报分析。

1963 年，时事情报司下面设立“行动中心”（the Operation Center），负责预警情报。10 年后，这个中心扩展成为中情局行动中心（the CIA Operation Center），由中情局内各个部派出值班人员组成，在危机时期能动用局内的所有信息资源。

1963 年情报部建立人物研究司（Office of Leadership Analysis），将对国外领袖的人物研究作为政治、经济和军事研究的补充，通过政治心理学研究人物，以此来透视领袖人物的行为规律。

1965 年，地理研究从“研究与报告司”中分离出来，与原来的“基础情报组”（the Basic Intelligence Division，BID）合并为“基础与地理情报研究司”（the Office of Basic and Geographic Intelligence，OBGI），1976 年改名为地理和制图司（the Office of Geographic and Cartographic Research）。

20 世纪 60 年代初，由于国务院不再承担“自由国家”经济研究任务，中情局情报部要负责世界上所有国家的经济分析，包括非洲新独立的 40 多个国家。为了适应日益增长的研究需要，1964 年在“研究与报告司”（ORR）内设立国际组，研究“自由国家”的经济问题。1967 年经济研究司（Office of Economic Research）独立，“研究与报告司”解体。

1973 年科尔比（William Colby）当局长后，废除国家评估司（ONE），建立国家情报官（the National Intelligence Offices，NIOs），每个情报官负责一个特定领域的国家情报评估，直接对中情局长负责。

1974 年，被撤销的国家评估司和高级研究组（Senior Research Staff，SRS）（这个机构成立于 1956 年，直属于中情局主管情报的副局长，分析国际共产主义运动）的分析员组成“政治研究司”（the Office of Political Research，OPR），补充时事情报司在基础研究和长线研究方面的不足。政治研究司与已经成立的经济分析司、战略分析司形成三个主要的专业分析机构。

中央资料处（the Central Reference Service）取代原来的收集与发送司，继续发挥图书馆和情报发送的任务。

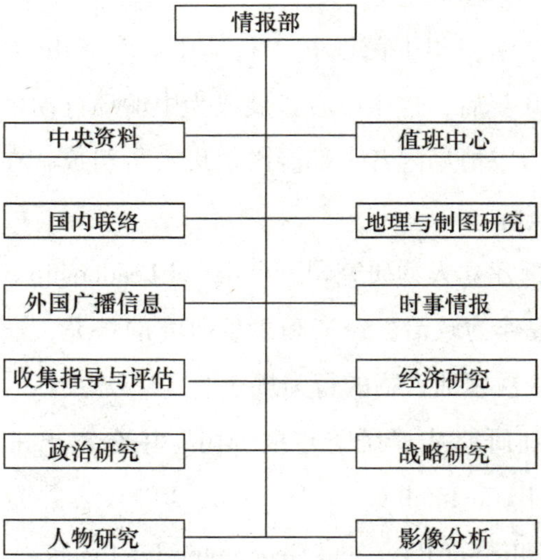

图 4—3　中情局情报部 1975 年组织结构图

资料来源：Karalekas，History of the Central Intelligence Agency，p. 102.

由图 4—2 可见，20 世纪 70 年代初以专业结构为基础的情报分析体制逐渐形成。在时事情报、基础情报和评估情报的基础上，情报分析的专业进一步分化。但是，政治、经济、战略等司下面又按地理范围分成不同的研究处，如政治研究司内有苏联事务处（the Soviet Affairs Division）。

1977—1981 年情报部曾改名为“国家对外评估中心”（the National Foreign Assessment Center，NFAC），下设政策支持中心（Center for Policy Support）、地区和政治分析司（the Office of Regional and Political Analysis）、科学情报司（the Office of Scientific Intelligence）和武器情报司（the Office of Weapons Intelligence）。

以专业界线来划分组织结构，把同一专业的分析员组织在一个屋顶下，便于内部专业交流，侧重于专业知识的深化。20 世纪 60 年代各个专业的分析方法都取得了重要进展，政治分析、经济分析和军事分析都发展出一些成熟的方法，情报分析的质量上升很快。当然，情报质量上升不仅仅是分析方法改进了，也是因为技术情报收集能力有了大突破，人力情报的收集能力提高。专业结构的组织形式有利于专业知识和专业方法的积累、提高，但是给不同学科之间的交流、合作带来不便，也不利于分析员研究对象国的历史、文化等。

在这种组织结构下，分析员的关键技能是专业知识，而不是国别地区知识，分析员很容易从一个岗位调到另外一个岗位，如苏联经济分析员可以胜任日本经济分析的工作。因此，这种结构便于人员调配，可以不断调整研究重点。1984 年中情局经济分析员厄恩斯特（Maurice C. Ernst）在《情报研究》上发表一篇文章，讲述中情局经济情报分析的历史，从这篇文章中可以看出经济情报分析员能随时适应岗位变化。

中情局创立时经济情报分析员不足 100 人，主要分析苏联工业、商业和交通，服务于美国对苏出口管制政策。1953 年底，经济情报分析员增加到 400 多人，研究对象从苏联扩大到中东欧、中国，研究这些国家工业、技术能力的弱点，帮助确定西方国家的出口管制清单。特别是朝鲜战争期间，大量经济情报分析员从苏联经济研究转向中国经济研究。20 世纪 60 年代，美苏争夺的战场从欧洲扩展到了第三世界，第三世界国家的稳定成为美国关注目标，中情局开始大规模从事第三世界国家经济分析。1962 年古巴导弹危机时期，先设立古巴组，后又建立拉美组。20 世纪 60 年代后期，随着越南战争扩大，经济分析重点工作从苏联、“自由世界”经济研究迅速转向印支半岛。1970 年之前，美国对外经济政策从属于外交和安全目标，是外交政策中的一种手段，随着国际商业、国际金融在国民经济中比重增加，经济利益必须与外交政策、国家安全目标相平衡。20 世纪 70 年代中期，中情局经济分析力量转向经济增长率、通货膨胀、能源、贸易和国际金融等关键问题上。与此同时，从事苏联经济分析的人减少。例如，从事苏联能源研究的人从 10 个减少为 3 人，研究苏联农业的人从 10 个减到了三四个，研究苏联化工的从 7 人减到 2 人，研究苏联金融的从 10 人减为 4 人等。

20 世纪 50 年代情报部经济情报分析工作人员最多时有 400 多人，60 年代下降到 300 人，70 年代下降到 250 人，80 年代人数又有所上升。总之，从 1950—1980 年经济分析员处于三四百人之间，数量没有太大变化，人员也基本稳定。然而，经济情报分析的重点却每隔两三年就要转移一次，并且分析目标转移引起的分析员转岗问题全部在经济情报分析司内部解决。20 世纪 60 年代后期，将从事苏联经济分析的 60 人调派去做越南经济分析，20 世纪 70 年代中期又将这些分析员调去从事“自由世界”经济分析。这充分显示出专业结构组织形式在人员调配方面的优越性，一个经济分析家今天可以分析苏联经济，明天也可以分析中国经济，这种转移不会有多大困难。这一时期，经济分析员只管经济问题，较少考虑当地的具体政治、地理、文化因素。①

专业结构形式最大的缺点就是分析员缺乏国别知识，对研究对象的具体情况不了解。第二次世界大战期间，美军准备在北非的摩洛哥登陆，肯特领导的一个部门负责北非地区的战略情报分析。肯特在后来的著作中指出，如果让一位人力资源专家评估西属摩洛哥能够提供给军队的劳动力，而这位专家对摩洛哥又不了解，结果会有很大偏差。人力资源专家将采用西属摩洛哥的统计数字，假设统计表上的人都可以找到，假设给予一定的刺激他们就会去工作，一旦工作他们就会按要求去完成。但是，一位西属

---

① Maurice C. Ernst，“Economic Intelligence in CIA”，in H. Bradford Westerfield，ed.，*Inside CIA's Private World：Declassified Articles from the Agency's Internal Journal*，New Haven，CT：Yale University Press，1995.

摩洛哥问题专家会告诉他，人口统计数字被夸大了，并且人们分散在无通信的小地方，难以联络到，而摩洛哥人最不想做的事就是工作，如果他们被引诱去工作，监督是一项非常巨大的工程。①

三、20 世纪 80 年代后以地区分类为基础的分析机构

在经济情报分析领域，随着研究方法日益复杂、变量不断增多，部门之间的合作越来越多，这成为推动建立地区结构分析部门的一个动力。从 20 世纪 50 年代到 20 世纪 80 年代初，经济情报分析员尽管也为决策者提供时事情报分析，也搞国家评估，但主要工作是基础研究。② 在以基础研究为主要任务的形势下，专业结构是比较合适的。后来，情报收集能力提高了，分析方法改进了，经济情报分析开始预测具体问题。具体问题分析不仅需要详细的数据、专业的方法，而且要多学科、多部门共同合作。当时的“地理和社会研究司”（the Office of Geographic and Societal Research）、“研究和发展司”（the Office of Research and Development）联手，研究出预测苏联粮食产量的一种复杂方法，需要多种专业技术，如：天文学家、图片识别专家、统计学家、语言学家和经济学家，输入有关天气和庄稼长势的准确数据，然后计算出粮食产量。1979—1980 年，同样精确的预测办法被用来预测苏联石油产量和在关键地区的储备量。这时，问题就出现了，同样是苏联问题，需要经济、地理、科技等多个部门协作，专业结构的分析单位显然不利于这种协作。

20 世纪 70 年代末期，为适应形势发展需要，在政治情报分析中出现了跨学科组织，例如在“政治研究司”内的苏联处成立一个跨学科小组（multidisciplinary branch），分析那些同时涉及政治、军事、经济和技术的问题。1973—1976 年情报部开始调研按地区划分机构的可行性，虽然没有

---

① Sherman Kent, *Strategic Intelligence for American World Policy*, Princeton, New York, New Jersey: Princeton University Press, Second Printing, 1971, p. 73.

② Maurice C. Ernst, “Economic Intelligence in CIA”, in H. Bradford Westerfield, ed., *Inside CIA's Private World: Declassified Articles from the Agency's Internal Journal*, New Haven, CT: Yale University Press, 1995.

大规模执行，但机构改革的必要性已经显现。情报部先建立几个地区中心和专业中心，如古巴分析中心（the Cuba Analytic Center）、国际毒品和恐怖主义中心（the International Narcotics and Terrorism Center）、东南亚分析中心（the Center for Southeast Asia Analysis），这些中心率先推广跨学科合作研究。

可见，跨学科研究的需要和预测具体问题的要求，推动情报分析机构的组织形式从专业结构向地区结构转变。退休情报分析员的回忆文章表明，情报部确实是在认识到这些必要性的情况下进行机构改革的。情报分析员奥弗顿（David W. Overton）说，情报部从专业划分改为地区划分，目的就是增加“产品中多学科的融合，更好地为决策服务”。① 另一位分析员马林（Stephen Marrin）说，“中央情报局认为，这种结构将政治、经济、军事和其他研究结合到一个屋顶下，使更具体的研究变得可能”，② 这次机构改组是中情局迄今为止规模最大的改组行为，目标就是增进跨学科合作、专业知识与地区知识结合，增强预测具体问题的能力。

1981 年 4 月，麦克马洪（John McMahon）担任国家对外评估中心主任后（the National Foreign Assessment Center，NFAC）决定，分析机构设置按地区划分。1981 年 10 月，中情局“国家对外评估中心”又改回原名中情局情报部，并进行结构大调整，地区结构取代专业结构成为主要组织形式。新的情报部包括五个地区研究司、四个专业分析司、两个分析支持司。五个地区分析司分别为：苏联分析司（the Office of Soviet Analysis），欧洲分析司（the Office of European Analysis），近东和南亚司（the Office of Near East and South Asian Analysis），非洲、拉美分析司（the Office of African and Latin American Analysis）和东亚分析司（the Office of East Asian Analysis）；四个专业分析司分析别为：资源、贸易和技术司（the Office of Resource，Trade and Technology，RTT），科学和武器研究司（the Office of

---

① David W. Overton，“The DI 10 Years After Reorganization：Stress，Success，and the Future”，*Studies in Intelligence*，1992，p. 45.

② Stephen Marrin，“The CIA's Kent school：A Step in the Right Direction”，*The Intelligencer：Journal of U. S. Intelligence Studies*，Vol. 11，No. 2，Winter 2000，pp. 55 – 57.

Scientific and Weapons Research)，人物分析司（the Office of Leadership Analysis）、图像分析司（the Office of Imagery Analysis）；两个分析支持司为：信息研究司（the Office of Information Research）、时事产品和分析支持司（the Office of Current Production and Analysis Support）。

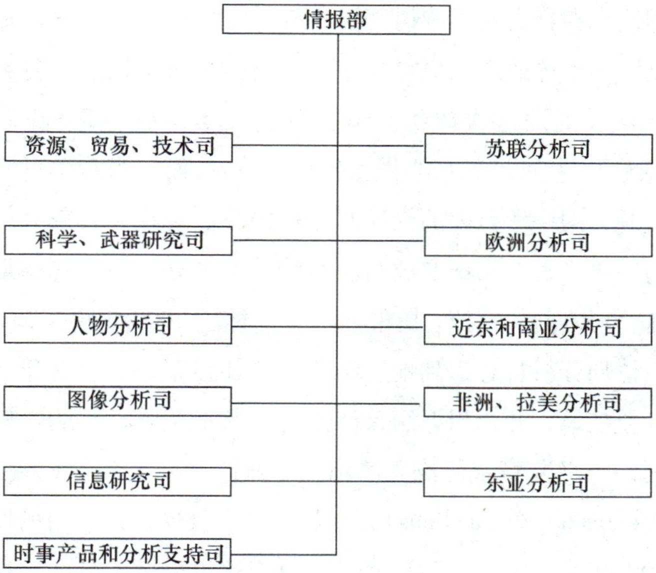

图 4—4　1981 年中情局情报部组织结构图

地区分析司均按其名下的地理范围划分研究领域，每个司内设有专业研究处，如苏联分析司内设苏联经济分析处（the Soviet Economic Analysis Division）。

专业研究司中，资源、贸易和技术司（后改名为全球问题司，即 the Office of Global Issues）的研究范围很广，包括经济谈判、贸易制裁、国外经济活动和国际武器市场等跨国问题。科学和武器研究司关注外国在科技、武器方面的发展情况，特别是大规模杀伤性武器、核能安全、先进常规武器技术的突破。人物分析司联合传记、心理研究和医学方面的专家，对国外主要领导人进行综合评估。图像分析司成立于 1993 年，负责图片解读，1996 年 10 月 1 日并入国防部国家图像和地图局（the National Imagery and Mapping Agency）。

信息研究司的职能主要有两个：一是作为图书馆或信息中心，向情报共同体提供公开来源和中情局的成品情报；二是提供定量情报分析的方法。时事产品和分析支持司的职能也分为两部分：一是生产时事情报；二是包装情报产品，为情报产品提供图片、图表、设计等。

情报部改组在社会科学中树立了多学科合作研究的范例，尽管又产生出新的问题，但整体效果仍值得肯定。从情报分析员发表的各类回忆文章看，几乎没有人批评这次改组。情报分析员奥弗顿（David W. Overton）1992年评论说，这次改组达到了预期目标。① 然而，当跨学科交流、合作变得更方便时，同一学科内的沟通却相应减少。现在，大部分问题都可以在一个司内解决，每个司都有政治、经济、军事分析员，麻雀虽小，五脏俱全，不需要司之间的交流。情报分析员马林于2000年说，20世纪90年代中期，中情局分析员意识到地区结构形式加强了多学科合作，但降低了各学科的专业技能，开始想办法保持他们的专业水平。"② 为了解决改组中出现的问题，1997年情报部成立"情报职业高级委员会"（the senior-level council of intelligence occupations），这是一个司级单位，最初的职责是制定"招聘、提职和培训方面的战略计划"，确定情报分析人员必须拥有的核心技术和应当达到的标准。实际上，这个机构有两个职能：一是高级情报分析员交流和研究专业知识的平台；二是培训新任分析员。2000年肯特情报分析员培训学校成立后，这个机构承担的培训任务分离出去了。

地区结构组织形式对内部管理提出了新挑战，出现外行领导内行的情况。在专业结构时代，部门领导既是行政上的管理者，也是专业上的导师，现在一个经济分析员可能必须向一个军事分析员报告，而军事分析员可能要向政治分析员报告。这样，分析员对管理者的指导就会心存怀疑，质疑其领导能力。第二次世界大战期间，战略服务局的分析机构"研究与

---

① David W. Overton, "The DI 10 Years After Reorganization: Stress, Success, and the Future", *Studies in Intelligence*, 1992, p. 45.

② Stephen Marrin, "The CIA's kent school: A Step in the Right Direction", *The Intelligencer: Journal of U. S. Intelligence Studies*, Vol. 11, No. 2, Winter 2000, pp. 55 – 57.

分析部”内实行地区结构形式，于是，“经济学家首先拒绝历史学家或政治学家的领导”。[①] 同时，对分析员的要求提高了，每一个分析员似乎都要成为无所不知的通才。为了学科间的合作，一个政治分析员也要对经济、军事、文化、科技等有所了解，而且还要熟知当地的历史、地理、文化、习俗等。在博和精的关系上，分析员面临两难选择。

无论组织形式如何，最终目标是相关信息能够有效流通，学科之间、学科内部能够深入交流。不论是经济分析员还是政治分析员，都必须首先是一个国别问题专家，了解当地的实际情况，具体环境是应用专业知识的基础。即使在专业结构形式下，经济分析员、国别问题专家、政治分析员也可以在一个小组内交流，或共同完成研究报告，吸收各个专业的知识。虽然在地区结构的组织形式下，分析员如果不重视交流，也不能发挥多学科研究的效果。尽管 20 世纪 80 年代中情局成立了“苏联分析司”，但是分析司内的经济情报分析员迷恋于经济分析方法，对苏联的具体情形知之甚少。冷战结束前，中情局苏联经济分析员未能预测到苏联经济的大规模衰退，批评者认为，苏联经济中大量的浪费、毁坏和次品未被中情局注意到。一位苏联经济学家指出，苏联 40% 的粮食浪费在运输途中，70% 的土豆烂在地里没人收，90% 的水果烂在树上没人摘。这是经济分析员多年来注重专业研究、重视数据、忽视国别研究、不熟悉当地情况造成的恶果。[②]

一方面，全球化趋势加快，跨国问题增多，许多问题超越一个特定地区，地区结构形式面临压力，要求跨地区分析机构承担新任务。另一方面，通信、交通技术快速发展，各个社会因素的相互依赖、影响程度提高，政治、经济、社会的相互作用逐渐加深，要求跨学科分析机构。分析机构设置面临两难困境，混合型分析机构是必然选择。在 1981 年情报部改组时，这个问题已经存在，在地区分析司之外设了四个专业分析司。在全球化节奏快的领域，如经济、毒品走私、恐怖主义等，情报部实行专业型

① Barry M. Katz, *Foreign Intelligence: Research and Analysis in the Office of Strategic Service, 1942 - 1945*, Cambridge, MA: Harvard University Press, 1989, p. 22, p. 102.

② David M. Kennedy, “Sunshine and Shadow: The CIA and the Soviet Economy”, *Kennedy School of Government Case Program*, Harvard University, p. 27.

结构，而在全球化进展缓慢的领域，如军事、政治等方面，仍坚持地区型结构，因而形成了一种混和结构。20 世纪 90 年代以来，情报部的地区分析司从五个萎缩为三个，专业分析机构的数量不断上升，这些专业分析中心不仅承担专业分析任务，而且集分析、收集、行动于一体。

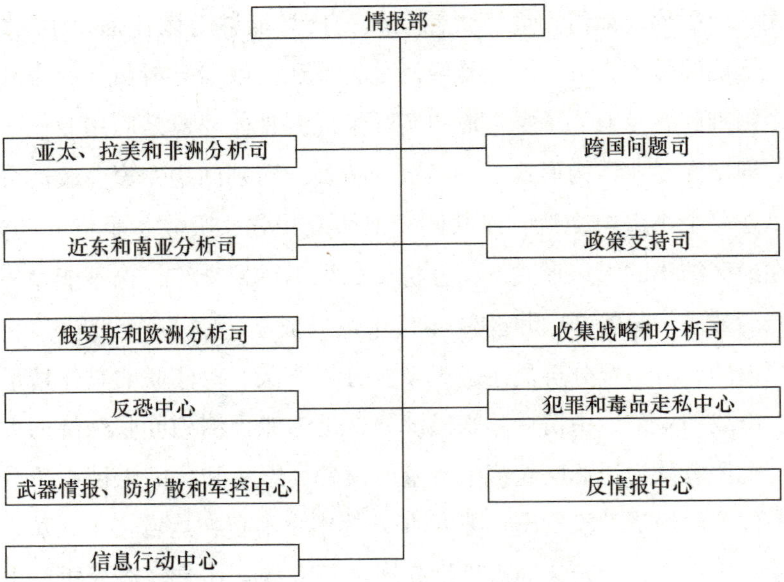

图 4—5　2006 年中情局情报部组织结构图

同时，情报部既设有专业研究机构，又建立地区研究机构，两种机构之间必然会有重叠。例如，远东分析司和反恐怖中心都从事远东地区的反恐分析。从资源消费角度看，这是情报资源的浪费。但是，对中情局这样一个大机构而言，把一个重大问题交给一个单位分析是危险的。一个特定单位的分析结论不能代表中情局的结论，各种观点必须相互竞争、融合，最终才能形成中情局的主流观点。对于至关重要的问题，至少应当有两个以上的单位从不同的角度分析。因此，从积极方面看，混和结构有利于情报部内部机构之间的竞争、交流。

对比 1981 年情报部改组后的组织结构与 2006 年情报部的组织结构，最大的变化是地区分析司减少了，专业分析机构增加了，特别是增加了五个司级的中心。地区分析司从五个合并为三个，分别是：亚太、拉美和非洲分析司（the Office of Asian Pacific，Latin American，and African Analysis），近东和南亚分析司（the Office of Near Eastern and South Asian Analysis），俄罗斯和欧洲分析司（the Office of Russian and European Analysis）。专业分析司一个，即跨国问题司，负责能源、经济安全、非法金融活动、社会冲突、难民等问题分析。情报分析的支持机构两个，分别为政策支持司（the Office of Policy Support）、收集战略和分析司（the Office of Collection Strategies and Analysis），政策支持司负责时事情报生产、驻点情报服务、情报包装和送达，收集战略和分析司研究多来源情报收集技术、充当原始情报消费者与收集者之间的桥梁。专业分析中心有五个：反恐中心（DCI Counterterrorism Center）、犯罪和毒品走私中心（DCI Crime and Narcotics Center）、武器情报、防扩散和军控中心（DCI Weapons Intelligence，Nonproliferation，and Arms Control Center）、反情报中心（Counterintelligence Center）、信息行动中心（Information Operation Center）。

2006 年情报部组织机构的最大特点就是这些分析中心的出现，这些中心大多在克林顿政府时期就已经建立，“9·11”事件后得到加强。同以往的情报分析机构不同，这些中心集情报分析、情报收集和政策执行于一体，情报部分析员与行动部特工联合在一个单位里。这既是中情局机构设置方面的一大突破，也是对情报与决策分离原则的背离。20 世纪 80 年代中期，情报部首次建立“军控情报组”（the Arms Control Intelligence Staff，ACIS），军控情报分析员参与政府的军控代表团，情报分析员与决策者经常一起办公。这种尝试得到了各方面好评，决策机构认为这样能提供更切题、更及时的情报，情报机构相信这样能使情报发挥更大作用。在这个成功案例的鼓励下，情报部现在已经建立了五个司级中心，几乎占情报分析的半壁江山。

四、分析机构的组织原则

观察情报部过去半个世纪组织形式变化，主要围绕两个中心展开：分工和信息流通。分工的目的既是为了内部管理，也是适应消费者的不同需求。组织结构改变，一般会便于某类信息流通，而阻碍另一类信息交流。任何一种组织形式都是不完美的，解决旧问题的时候，总是会引出新问题。很难从理论上说明专业结构、地区结构和混合结构哪一种更好，只能根据现实中的国际形势、国内环境、情报收集能力等诸多因素判断。但是，情报部的经验也显示，无论采取哪种组织形式，都有一些共同的经验或趋势，可以作为情报分析机构设置的基本原则。这些原则是在历史大浪中淘出来的，从始至今不仅没有消失，反而日显重要。

首先，情报分析作为一种应用研究，对具体环境或者说对象国的了解比理论科学的要求更高，机构设置要充分考虑分析员对地区、国别知识的吸纳。在科学研究中，一般按所从事的研究专业作为机构划分标准。例如，在综合性大学中，几乎都是以历史、地理、政治、哲学、文学等专业为主的组织结构，尽管一些大学设有地区研究中心，如东亚研究中心、南亚研究中心等，但这些中心一般偏重于一两个专业方向，如密歇根大学中国研究中心（the Center for Chinese Studies）侧重于中国政治、历史、文化研究，夏威夷大学中国研究中心（the Center for the Chinese Studies）则擅长语言研究，这些地区研究组织，实质上还是专业研究。这种结构从最早的大学一直到现在，没有根本改变，比较符合大学重学术、轻应用的宗旨。情报分析是一门纯应用科学，它的组织结构与纯学术机构有明显区别，无论是以专业划分还是以地区划分，都体现出应用研究的特点，即重视具体现象的细节。同为以专业划分的研究结构（为方便起见，以两级机构来看），情报分析的组织结构为：第一级以专业划分，第二级以地区划分；学术研究的组织结构为：第一级以专业划分，第二级以更精细的专业划分。

大学的组织结构

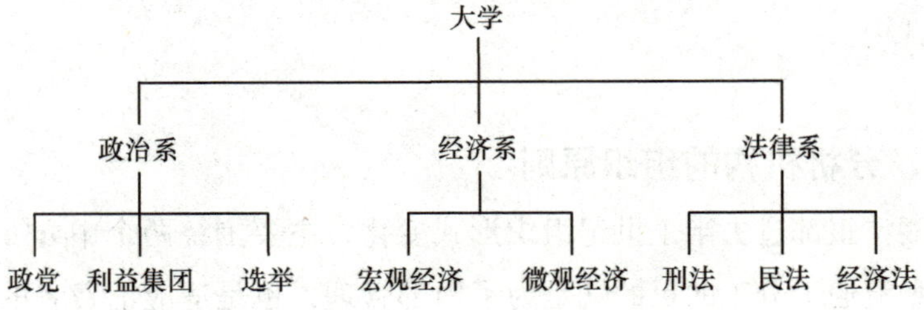

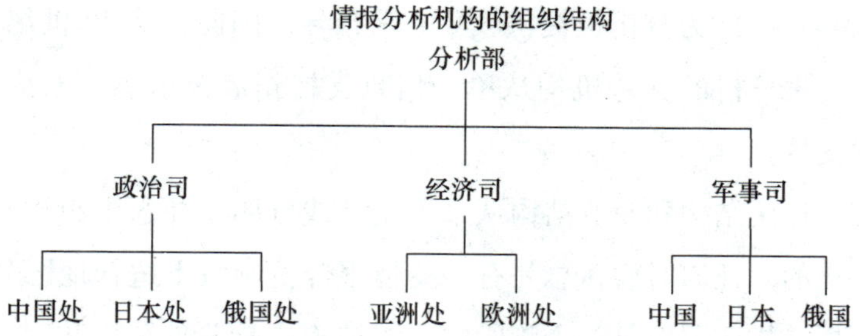

图 4—6　学术机构与情报分析机构组织结构比较

第二，时事情报、基础情报和国家情报评估分属不同单位。“战略服务局”时代，设有时事情报组（Current Intelligence Staff）专门负责分析时事情报，其他地区司研究单位负责基础情报。中情局成立后，不仅时事情报分析一直由一个独立机构承担，还成立国家情报评估的独立机构，起初由“国家评估司”承担，后来移交给“国家情报委员会”。之所以要把时事情报、基础情报和国家情报分开来，是因为这三者的分析方法、程序和需要的人员素质各不相同，由不同的机构分别承担是合理的。时事情报分析员，紧跟形势，日夜不停地生产短、频、快的情报，基础研究要求长期的、专业的、深入的跟踪研究，生产具有深刻洞察力的大报告，国家情报评估重视综合的、长远的、战略性研究，需要多部门协作。

第三，随着情报分析方法复杂化，情报分析的支持机构不断增加。美国战略情报分析的最初 20 年里，唯一的分析支持机构是“中央资料处”（the Central Reference Service），发挥内部图书馆功能，向分析员提供各种资料、信息。1976 年 12 月“地区和政治分析司”内设立“方法和预测处”（the Methods and Forecasting Division of the Office of Regional and Political Analysis，ORPA），作为一个专门机构为情报分析提供方法论支持。1990 年初，方法论机构发展成“现代分析工具司”（the Office of Advanced Analytic Tools），成为一个专业的司级机构，目前方法论支持机构并入了肯特学校。在现在的情报部机构设置中还有两个分析支持机构，政策支持司（the Office of Policy Support）为情报产品提供包装，如照片、图表等，使报告看起来直观、形象，收集战略和分析司（the Office of Collection Strategies and Analysis）为分析员提供收集方法指导。因此，从 20 世纪 50 年代到现在，情报分析的支持机构从单一信息支持拓展为信息、方法、包装、收集四项支持。

第四，地区结构和专业结构从来不是界线分明、井水不犯河水的，而是相互补充的。任何时候，总是有一些情报分析领域不适合地区分析结构或专业分析结构，因而每一个阶段的组织结构均是两种结构并存，只不过在特定时期某一种结构占优势。“战略情报局”时代，“地图处”就是一个专业分析组织。1960 年情报部以专业组织为主的时代，经常设立一些研究热点地区的机构，如越南组、古巴组。1981 年情报部改为地区结构为主的组织结构后，设有五个地区分析司、四个专业分析司。2006 年情报部的组织结构图，更是一幅混合结构图。

第五，临时小组是常设分析组织的补充。依据情报部惯例，当一件重大事件出现后，情报部第一反应是建立一个专门工作组（task force），密切关注事态发展，以每天一次或两次的频率上报情况反应（situation reports）。工作组不影响情报部的正常情报分析，其他一些更资深的人关注更大的问题或决策者的交办任务。① 同单兵作战相比，小组分析能加快速度、吸收更多的学科知识和不同观点。例如，美国情报机构成立的朝鲜核问题情报分析小组，需要吸收中国问题分析员、俄罗斯问题分析员、朝鲜问题分析员、韩国问题分析员、日本问题分析员和军控分析员等，这样的临时小组能以最快速度把相关专家聚集起来，主攻一个议题。小组分析亦有重大弱点，时间压力迫使分析员不能深入思考，协商模式会导致个人评估的平均值而非最佳值。但是，这些代价都是值得付出的，正如国务院情报与研究局前副局长埃文斯（Allan Evens）说：“问题不是要不要合作研究，而是如何组织和指导合作研究。”② 根据专家研究，合作研究的最佳形式就是针对一个具体议题，设立临时研究小组，但不可能作为一种常态研

① Steven R. Ward, “Counterpoint to ‘the coming revolution in intelligence analysis, evolution beat revolution in analysis’”, *Studies in Intelligence*, Vol. 46, No. 3, 2002.

② Evans, Allan, “Intelligence and Policy Formation,” *World Politics*, 12, 1959, p. 88.

究模式。小组研究成功的基本条件是：非常具体的组织和结构、明确的目标、每个成员都分享这个目标、成员之间互相依赖和负责、成员的成功取决于小组的成功，此外小组要求有凝聚力、正式或非正式的交流、合作、共同的思维模式或相近的知识结构。①

第六，个别情报分析领域既不适合专业分析机构执行，也不便于由地区分析结构进行，需要有创造性思维来解决。最典型的例子就是人物分析，中情局的人物分析司直到1994年才解散，是1981年机构改革后保存时间最长的原有专业分析单位。1994年之前，人物研究司是一个独立的专业分析机构，聚集着一批多学科专业人员，包括传记研究者、心理学家、历史学家、医学专家等，这样的研究组织便于学科合作，有利于提高人物分析质量。当时，人物研究司最大的挑战是如何处理人物所处的环境，人物与环境不可分，要研究人物必须研究人物所在的国家，于是人物研究司变成一个微缩版的情报部，并且人物分析员研究地区问题的能力显然弱于地区问题分析员。同时，由于人物与政策密不可分，要求地区研究室的人不从事该地区的人物研究也不切实际。于是，情报部的人物研究形成了这样一种局面，人物研究司既研究人物，也研究人物所在的地区情况，地区研究部门既研究地区情况，也研究本地区的人物。1994年之后，人物研究分散人员到各地区研究司和各中心，人物分析员与地区分析员一起工作，这样地区分析员和人物分析员更容易吸收对方的研究成果。但是，人物分析的专业知识很快消失了，人物分析员分散到各司后，渐渐对专业不专了。原来的人物分析员中，有些人精通分析工具，有些人熟悉产品格式，还有人热爱专业理论，现在都被打散了。人物分析司解散带来两个后果：一是人物分析与地区分析结合紧密了，另外一个是人物分析作为一个学科的专业分析技能降低了。当然，其他分析领域也存在这样的问题，但人物研究最突出。

---

① Rob Johnston, "Reducing Analytical Error: Integrating Methodologists into Teams of Substantive Experts", *Studies in Intelligence*, Vol. 47, No. 1, 2003, http://www.cia.gov/csi/studies/vol47no1/article06.html.

人物分析的特殊性在于，不仅需要有心理学、医学等专业知识，而且需要大量关于人物的、人物所处环境的数据，更不能缺少对人物所处的政治、经济环境的判断。也就是说，人物分析需要资料、专业知识、地区知识三者相结合，最佳的办法是人物分析员一身兼三职，既是资料员又是专业分析员、地区分析员。在专业和地区知识的矛盾难以解决的情况下，1949 年肯特建议，人物分析中的资料工作与研究工作分离，因为不论是专业人物分析单位，还是地区分析单位都不愿承担繁杂的资料工作，研究人员对于剪刀加浆糊的工作没有热情。[①] 由一个专门单位负责人物资料库，人物库中每个名字下面有大量的基本数据，如，姓名、职业和爱好等。有的消费者仅需要人物的基本情况，通过这样的人物库就可以满足。

目前情报部的人物分析机构设置就是按肯特当年的建议进行的，人物基本情况、基本资料由政策支持司（the Office of Policy Support）负责，人物分析的主要刊物《世界情况》（World Factbook）、《国家领导人和内阁成员目录》（the Chiefs of State and Cabinet Ministers Directory）也由它出版，但是人物分析工作由各司、中心承担。

第二节　管理模式

组织结构通过信息流通方式和业务分工影响分析结果，管理模式决定着分析员的工作环境或分析文化。如果说结构是硬件的话，管理就是软件。情报分析管理的困境在“战略服务局”时代就出现了，并且其难度、性质与今天完全一样。在战略服务局（OSS）存在的全部时间里，分析与行政、学术与政策、理论与实践之间的矛盾一直存在。[②]

---

① Sherman Kent, *Strategic Intelligence for American World Policy*, Princeton, New York, New Jersey: Princeton University Press, Second Printing, 1971.

② Barry M. Katz, *Foreign Intelligence: Research and Analysis in the Office of Strategic Service, 1942 -1945*, Harvard University Press, 1989, p. 4.

一、管理原则

情报是一种知识，情报分析活动具有学术特征，情报又是一种行政行为，具有行政特征。从管理角度看，情报具有两重性：学术特征和行政特征。从学术功能方面看，分析机构要保障分析员的学术自由、鼓励知识创新。从行政职能上看，分析机构要保证按时、保质、保量地履行自己的职能，向决策者提供准确、客观、及时、切题的情报。一个好的情报分析机构要能同时兼顾这两个目标，两个目标之间有重叠、有冲突，在管理上常常不得不在二者之间做出妥协。

情报作为一个学术过程，需要一切生产知识的机构所具备的条件，最重要的就是信息自由流动和自由批评的环境。按学术机构的要求，情报分析机构要做到以下几点：第一，思想自由的学术环境。分析员可以自由发表意见、自主选择题目，不会因言致罪，不会因怪异观点而被另眼看待，不同意见、不同部门之间公平、自由地辩论、批评。第二，信息自由流通。各个情报部门不能有地方保护主义，原始情报、情报成品能在情报共同体内自由流动，任何一个分析员都可以看见所需要的一切信息，不同分析员可以有各自的观点，但是不能拥有自己独享的信息。第三，学术平等。在情报分析机构内部，虽然职务有高低，但在学术上每个分析员应享有平等地位，不能以行政级别高低取代学术辩论。在情报分析单位与决策机构之间，分析单位要坚持自己的学术品质，敢于坚持自己的判断。“对权力说实话”（speaking truth to power）是中情局的座右铭，或者如一些情报官员所言，情报机构的责任不是说“是的，先生”，而是说“皇帝没有穿衣服”。[1] 第四，开放型研究风气。情报分析人员要定期采取走出去、请进来的方式，与外部的同行专家交流，避免近亲繁殖，学术思维僵化，或形成集体思维模式。

情报作为一个行政过程，情报机构应当具备行政机构的基本特征。根

① Center for the Study of Intelligence Roundtable Report, *Intelligence and Policy: The Evolving Relationship*, 10 November 2003, Georgetown University, Washington, D. C.

据社会学家韦伯的研究，行政机构具有三个本质特征：一是严格分工；二是等级结构和领导体系，三是规范的操作程序。[①] 情报机构作为官僚机构的组成部分，上面三个特征都有，这些特征保证行政机构的效率。第一，情报分析应当严格分工。中情局情报部是一个拥有数千人的机构，必须有明确分工，才能避免重复劳动，并及时完成上级交办的任务，而不能像大学一样，教师有选择研究题目、确定研究计划的权力。第二，情报分析机构内有明确的上下级关系，实行行政首长负责制，下级对上级负责，接受上级对稿件的审查。在稿件审查过程中，稿件从低级官员向高级官员逐级往上送，上级官员有权决定稿件的命运。第三，情报分析有严格的操作程序，从搜集、单一情报分析、多来源分析、情报协调到情报送达都有固定的操作程序。此外，由于情报行业的特殊性，在人员招聘方面中情局不受联邦政府公务员招聘规则的限制，但工资制度依然执行联邦政府的工资标准。情报部分析员的待遇采用联邦公务员的 GS（General Schedule）工资等级制，工资总共分 15 级，每级有 10 档，一般大学毕业生应当是第 5 级，硕士是 9 级，博士是 11 级。近年来为挽留高级分析员，2000 年 3 月情报部设立了一些高级分析职位（senior analytic service GS13 – 15）。因此，相比较而言，情报分析员享有的学术自由是最少的，产品的个性化程度也是最低的。

可以看出，学术管理和行政管理有诸多冲突之外，无论是以行政方式管理情报分析，或者以学术管理模式管理情报分析，都是有缺陷的。在中情局情报部的历史上，20 世纪 80 年代之前采取学术管理为主的管理模式，可称为大学模式；20 世纪 80 年代之后，逐渐加强行政手段的应用，可称为行政模式。当然，这并不是说情报部的管理模式在两个阶段是两种极端，而是说情报分析管理游走在两个极端之间，有的时候更靠近大学，另一些时候更接近行政机构。

在“战略服务局”期间，不论是情报分析员还是情报管理员，大部分

---

① See Max Weber, *The Theory of Social and Economic Organization*, New York: Oxford University Press, 1947.

都是从大学里招来的教授，例如，“研究与分析部”的负责人兰格（William Langer）就是哈佛大学历史学教授。自然而然，这些管理者和分析员将大学的管理风格带到了情报分析机构。“研究与分析部”采取委员会制和行政领导相结合的方法，设有分析员董事会（Board of Analyst）和业务委员会（the Project Committee），类似于大学中的教授委员会。这两个机构处于中层管理人员与高层管理者之间，负责重要稿件的审查、重大问题的决定，其成员从分析员中选举产生。.

中央情报局成立后，耶鲁大学教授肯特长期在情报部担任要职，对情报分析管理及文化影响甚大。肯特的情报管理思想就是“知识生产”与“市场营销”相结合。情报分析机构应像大学一样自由，它必须拥有这样一批人，研究和严肃思考对他们而言就像呼吸一样自然；它必须容纳不同的、异端的思想；它必须保证学术自由，反对以个别人的怪异行为为借口贬损学术自由。与此同时，肯特也意识到情报分析机构不是大学，不能仅仅自由探索而寻求真理，而是要令消费者满意。情报机构为了保住品牌，必须提高质量。为了适应消费者的不同要求，包装要多样化，有人喜欢半成品，有人喜欢成品，有人喜欢大包装的，有人喜欢小包装。不仅在包装上，就是在内容上也要符合消费者的要求，而且根据需求调整产品结构、生产机构。①

据肯特的同事后来回忆，肯特在“国家评估司”（ONE）实行“渗透式管理”（management by osmosis，M. B. O），而不是上下级的行政管理模式。② 当时的情报分析遵守严格的学术规范，不同观点之间辩论非常激烈，但也相当活跃和有效。情报部内部有互相竞争的分析单位，在20世纪60年代，任何一个问题都会同时受到“时事情报司”、“国家评估司”、“经济研究司”和“战略研究司”的关注。一位退休分析员说：“我们就一个简单的问题争论，有时没完没了。我们表达不同的观点，这是一个开放的

---

① Sherman Kent, *Strategic Intelligence for American World Policy*, Princeton, New York, New Jersey: Princeton University Press, Second Printing, 1971, pp. 74 – 76.

② Harold P. Ford, *Sherman Kent and the Board of National Estimates: Collected Essays*, the Study of Intelligence Center, 1994, http://www.cia.gov/csi/books/shermankent/toc.html.

过程。”总的来说，学术能力决定着分析员和管理者的声誉，也很大程度上决定着单位的功绩。分析员与管理者之间的冲突主要是个性上的，而不是政策或机构之间的。① 不同情报机构之间的专业联系也很活跃，普林斯顿大学国际关系学教授霍尼克（Arthur S. Hulnick）说：“当我在情报共同体任职时，各种不同的专业小组非常活跃，有125个小组。”② 上述几位当事人讲叙的内容基本吻合，说明当时管理者与分析员之间的关系是平等的，是学术之间的交流。

在这里，管理的主要含义就是资源配置，管理者的主要职责就是把适当的人放到适到的位置上，将适当的任务交给适当的分析员。在情报部内，分析员对自己的分析报告负责，选择分析方法、材料，管理者不介入专业问题，只负责传统管理。前中情局主管情报部的副局长（DDI）雷·克莱恩说：“我们努力得到高素质的、诚实的人，根据他们的才能和专业在适当时间把他们放到适当的位置，管理是为了让专业知识尽其所能为决策者服务。”③ 在情报分析机构内，虽然对于管理者的审稿权利时有争议，但对于管理者的资源分配权未有过异议。当然，情报管理不仅仅是把经济学家安置在“经济研究司”、政治学家放到“政治研究司”，而且要细致入微地观察每个分析员的思维特征、个性、经历，用其所长、避其所短。吉格森（Ralph E. Gigson）研究发现，研究人员有六种思维特征，尽管一个人身上可以有一种以上，但一般情况下某一种占优势。第一，独创性（the promethean），喜欢在工作中开拓特别新的东西，能够常出现一些火花。第二，批评和分析（the critical and analytical），不把任何东西当成当然的，而要仔细检查、分析、质疑。第三，积累和归纳（the cumulative and inductive），积累材料，并试图从中得出一些观点。第四，积累和描述（the cumulative and descriptive），能够准确地认出他看过的东西，并能向其他人描

---

① John A. Gentry, “Intelligence Analyst / Manager Relations at the CIA”, in David A. Charters, A. Stuart Farson and Glenn P. Hastedt, *Intelligence Analysis and Assessment*, Frank Cass, 1996, p. 133.

② Arthur S. Hulnick, “Managing Intelligence Analysis: Strategies for Playing the End Game”, *The International Journal of Intelligence and Counterintelligence*, 1998, p. 332.

③ John A. Gentry, “Intelligence Analyst / Manager Relations at the CIA”, in David A. Charters, A. Stuart Farson and Glenn P. Hastedt, *Intelligence Analysis and Assessment*, Frank Cass, 1996, p. 135.

述出来。第五，谨慎（the meticulous），关注所有细节的正确性、准确性。第六，常规—用功（the routine-industrious），按照要求认真做一切事务。任何一种品质都对研究有用，就看主管如何合理利用。

在这样的管理环境下，分析员不仅在情报机构内部享有学术表达自由、学术交流自由，而且对外也享有一定程度的自由，但各个时期、各个专业的自由程度不一。在情报部内，经济分析对外交流最多、最广、最深入。当时的分析员大多数是从大学请来的，他们一直保持着与大学的密切联系，特别是哈佛大学和哥伦比亚大学，有些分析员在工作之外还去大学兼职带课。① 情报分析员的研究成果也可以同学术界同行分享、交流，内部成立了情报学研究刊物，供分析员之间相互切磋技艺。从1959年开始，国会联合经济委员会（Joint Economic Committee）不定期出版“绿皮书”（green book），是美国苏联经济研究的必读之物。其中，中情局的稿子能占到1/3。1974年，中情局成立“公共事务司”（the Office of Public Affairs），负责解密、出版情报部研究成果。

同时，情报部从国家情报评估刚起步时就重视情报分析员与外部专家的合作与交流，既请外部专家以特定形式参与情报评估，也鼓励内外专家之间的学术碰撞。在20世纪50年代，分析员和外部专家的交流被认为是正常的、不可避免的。史密斯（Walter Bedell Smith）当局长时，普林斯顿顾问小组（Princeton Consultant Group）作为外部专家团体直接参与国家情报评估，成员从学术界、企业界和退休外交官中挑选，1950年11月首次聚会选在中情局副局长杰克逊（William H. Jackson）在普林斯顿的家里，因此而得名。在整个20世纪50年代，普林斯顿顾问小组每年聚集四次，每次两天。在正式聚会之前，顾问小组成员要花半天时间读需要评估的情报报告。有的时候他们阅读情报初稿，但大多数时候他们阅读即将送交“美国情报董事会”（the United States Intelligence Board）的稿子。除顾问小组成员外，参加这类咨询会议的一般包括主管情报部的中情局副局长，

① David M. Kennedy，“Sunshine and Shadow：The CIA and the Soviet Economy”，*Kennedy School of Government Case Program*，Harvard University.

以及“国家评估司”（the Office of National Estimates）的相关分析员。在杜勒斯（Allen Welsh Dulles）任中情局局长期间，他常常会放下手头的繁忙工作，赶到普林斯顿参加会议。20 世纪 50 年代晚期，因为对苏联战略力量的评估涉及诸多军事技术、航天技术方面的问题，杜勒斯又成立了“战略顾问小组”（the Strategic Advisory Panel），由 10 位顾问组成，均为各界公认的航天技术、导弹技术等方面的专家。“战略顾问小组”每年开会两次，每次数天。① 20 世纪 60 年代，先后几任局长都对外部专家兴趣不大，“普林斯顿顾问小组”和“战略顾问小组”1973 年随着国家评估司的解散而消亡。特纳（Stansfield Turner）时期，又设立了三个人的高级审查小组（senior review panel），由外部专家组成。小组成员由退休专家组成，人员经常变动，但总是包括一名退休军官、中情局退休人员和一名国务院大使。每一篇重要报告都要在发行前送交这个小组审查，小组成员因为没有职业晋升压力，往往提出非常尖锐的问题，并且把他们的反对意见写成备忘录，以备后查。② 凯西时期，凯西经常就一个报告中的议题，请外部专家到办公室发表意见。

情报部除以单位的名义聘请外部专家组外，还要求分析员个人或各司主动同外部学者接触。情报部分析员奥弗顿（David W. Overton）回忆，1981 年情报部改组前的 19 年内，他与政府外的 35—40 位相关领域专家交流过。1982 年初，主管情报部的中情局副局长要求各司把相关领域的外部专家名单列出来，制订与这些专家定期交流的计划。此前，“经济研究司”已经定期邀请外部专家交流，每年至少几次请外部学者评价他们自己写的报告，也曾通过“国内联络处”（the Domestic Contact Division）与学者、商人、银行家联系。但是，情报部改组后这种联系更多、更制度化了，20 世纪 90 年代的前两年，司里每个月组织一次会议，外部专家每次都有 5—

① Victoria S. Price, *The DCI's Role in Producing Strategic Intelligence Estimates*, January 1980, the United States Naval War College, p. 98.

② Herbert E. Meyer, Doing Intel Right, http://www.nationalreview.com/comment/meyer200504120757.asp.

25 人参加会议。[①]

这种对内宽松、对外开放的管理模式有利于分析员发挥主动性、创造性思维，也促进了各种学术思想之间的交流，防止情报部形成集体思维（group-think）。但是，大学式管理的积弊到 20 世纪 80 年代初成为情报部有效服务政府的严重阻碍。1982 年情报部资深分析员盖茨升任主管情报部的副局长后，开始全力扭转管理文化。盖茨曾于 1974—1979 年任职国家安全委员会，熟知决策部门对情报的要求，痛感情报脱离决策的致命伤。他批评情报部是一所自由主义大学，分析员忘记自己是一名政府雇员，不以满足政府需求为己任。

盖茨接管情报部管理工作后，立即召开全体分析员大会，激烈批评情报部的管理文化，提出 11 条改革情报管理体制的措施，绝大部分措施强化了管理者对分析员的行政权力。相对于以前的情报分析管理，盖茨的管理文化改革有三点突破：第一，分析员不能直接服务于消费者。此前，分析员为自己的产品负责，自主选择分析方法、材料，自己做出判断，管理者不介入学术过程。现在，盖茨要求情报必须先让七楼（中情局领导所在楼层）满意，然后才能作为中情局的作品送给决策者。第二，情报质量与分析员利益挂钩。情报部要评估情报质量，情报质量决定分析员升迁。第三，行政权力介入学术争论。盖茨要求分析员有不同观点应当报告，应当通过主管官员上报，不能私下议论。[②] 在其他方面，情报部继承以前的做法，例如继续对外开放，鼓励内外学术交流。当时，盖茨已经在情报部工作了 10 多年，对情报管理中的问题看得非常透彻，希望通过加强行政管理把情报部从自由自在的轨道上拉回来。

盖茨的新管理方式引起分析员强烈反弹，管理者与分析员之间矛盾激化。1992 年盖茨在情报部大会上总结管理改革经验，指出矛盾激化的主要责任在管理者，要求情报部全体人员划清八大界线：第一，集体产品与打

---

① David W. Overton, “The DI 10 Years After Reorganization: Stress, Success, and the Future”, *Studies in Intelligence*, 1992, p. 47.

② John A. Gentry, “Intelligence Analyst / Manager Relations at the CIA”, in David A. Charters, A. Stuart Farson and Glenn P. Hastedt, *Intelligence Analysis and Assessment*, Frank Cass, 1996, p. 134.

压不同意见；第二，根据消费者爱好调整产品形式与迎合消费者观点；第三，避免混乱与打压辩论；第四，批评性审稿与有选择地使用证据；第五，避免平凡与夸大确定性；第六，做一个集体行动者还是野心家；第七，保持效率和打压辩论；第八，领导和压迫。①

管理者与分析者之间的对立和冲突最终在1991年参议院对盖茨出任中情局局长的任命听证会上全面爆发，50位在职分析人员、30位前分析员前往国会作证，大部分分析员反对盖茨出任局长。② 支持盖茨的管理者和反对盖茨的分析员各执己见，核心问题是情报管理者与分析员的关系。1991年盖茨升为中情局局长后，对自己的管理方式进行了反思，提出不少修改措施，而且1993年盖茨离开中情局后，他确定的一些管理方法也停止实行了。2000年前后，一些情报学者提出改革情报分析管理方式，要求以"平行的、网络化的、灵活的、责任指向型的"管理方式取代"等级的、垂直封密的、布满中层管理者的、不灵活的"管理，并认为这是以信息革命为标志的后现代的要求。③ 其实，这本质上就是重回肯特时代的管理模式，当年因太松散、与决策脱离严重，才促成1980年以后的管理改革。目前，行政管理模式出现问题后，人们又回头寻找学术管理模式，并冠以时髦的新名词。

情报机构必须像大学一样自由，像行政机关一样严格，像媒体一样敏感，这对情报管理提出超越实现能力的高要求。情报管理者要在大学模式和行政模式之间找到平衡点，融合二者的优势，避免其劣势，已经是一门极难掌握的艺术，更何况还要像企业一样关注市场。不仅如此，情报管理者和情报分析员之间有一种天生的矛盾，分析员对学术自主负责，目标是分析结果客观、准确，管理者对一个行政机构的生存权负责，要让走出情报大院的观点代表整个机构的最佳判断。尽管如此，对于管理者和分析员

---

① Robert M. Gates, "Guarding Against Politicization : A Message to Analysts", *Studies in Intelligence*, 1992, p. 12.

② John A. Gentry, "Intelligence Analyst / Manager Relations at the CIA", in David A. Charters, A. Stuart Farson and Glenn P. Hastedt, *Intelligence Analysis and Assessment*, Frank Cass, 1996, p. 142.

③ Andrew Rathmell, " Toward Postmodern Intelligence ", *Intelligence and National Security*, Vol. 17, No. 3, Autumn 2002, p. 99.

来说，都有一些基本规则不能违反。

对于管理者来说，行政管理不能越过一条红线，那就是行政权力不能介入学术，行政权力只能为学术研究提供支持。分析机构内部要有足够宽松的环境，分析员敢于表达、坚持自己的学术观点。情报管理者的责任就是创造这样一个环境，任何人都不会因观点与决策者不同，或与情报管理者不同，而受到歧视或利益受损。作为一个人，本性上就有随众心理，表达与众不同的观点需要勇气。作为一个行政机关的公务员，情报分析员同其他行政机构的公务员一样，如果希望上级、同事视自己为一个负责任的、严肃的人，就必须在原则性问题上与本机构保持一致。也就是说，表达不同的、异端的观点本身有压力，只有在管理者刻意鼓励下，才会有人站出来。如果管理者反对、打压这样的人，就更没有人表达不同意见了。

盖茨管理方法改革的重要一点就是将分析结果与分析员利益挂钩，这在行政机关和企业中或许是一个好方法，但对于情报分析而言，负面影响可能大于正面效果。佐治亚大学教授约翰逊（Lock K. Johnson）应用行政管理学中的“决策成本”（Decision Cost）研究情报分析中的代价，其中之一就是“责任成本”（responsibility cost），当某一政策出错时，政策支持者要付出高昂代价。① 由于情报分析不是一个非常客观的事业，如果责任成本太大，分析员扭曲情报的现象不可避免。一个职业情报分析员出于对自己前途的考虑，可以非常微妙地扭曲情报判断，可以让任何人都难以觉察。只要情报判断与一个人的职业前途联系在一起，那么情报分析员就不可能做出客观判断。情报分析是一个良心事业，很难靠行政监督实现客观。如果行政负责人一定要让分析员对分析结果负责，情报分析员最自然的选择就是“避难”，采取两面下注的手法，分析出不可能出错的结果。一位起草“总统每日简报”（the President's Daily Brief）的分析员 1991 年对情报部同事说，莫斯科发生什么事我都不怕，简报中对每一种可能都预

① Lock K. Johnson, “Decision Cost in the Intelligence Cycle”, in Alfred C. Maurer, Marion D. Tunstall and James M. keagle, *Intelligence: Policy and Process*, Boulder and London: Westview Press, 1985, p. 185.

测了。[①] 分析员还会提出一切有可能的警告，以避免责任。国务卿腊克斯说："在我当国务卿时，发生了3次危机，中情局却预测到7次。"[②]

1982年2月12日，为了落实分析结果与分析员利益挂钩的政策，盖茨给每位司级领导人送去一份备忘录，宣布成立"产品评估组"（The Product Evaluation Staff，PES），负责确定研究计划和评估稿件质量。情报稿件的质量将影响分析员的升迁，这是管理文化的实质性转变。为了检查管理方法转变的效果，20世纪90年代初，"产品评估组"进行了一项调查，发现90年代初情报报告的数量比80年代初增加两倍，但是分析"避难"的倾向明显增强。在实行个人负责制后，对《国际经济与能源周刊》（The International Economic and Energy）的调查表明，文章的预测性和冒险意愿大大降低。[③]

分析员个人利益与分析结果分离是客观分析的制度保障。然而也有相反观点认为，像行政人员实施行政负责制一样，分析员实行分析负责制，才能保证分析质量。科德维拉（Angelo Codevilla）说，只要与情报分析相关的人员相信他自己的命运取决于分析成功与否，任何一种情报分析机制都能成功。[④] 他主张借鉴苏联情报管理经验，要求高级分析人员要在情报上签名，报告的正确与否直接影响个人利益。然而，到目前为止，尚未看到任何情报共同体内的人士支持这种观点。

对于分析员而言，必须承认情报分析中的学术自由是有限的。学术研究中要尽可能发挥创造性思维，要大胆地走前人没走过的路，在不断的试

---

① John A. Gentry, *A Framework for Reform of the U. S. Intelligence Community*, 6 June 1995, http://www.fas.org/irp/gentry/index.html.

② Lock K. Johnson, "Decision Cost in the Intelligence Cycle", in Alfred C. Maurer, Marion D. Tunstall and James M. Keagle, Intelligence: Policy and Process, Boulder and London: Westview Press, 1985, p. 185.

③ David W. Overton, "The DI 10 Years After Reorganization: Stress, Success, and the Future", *Studies in Intelligence*, 1992, p. 49.

④ Angelo Codevilla, "Comparative Historical Experience of Doctrine and Organization", in Roy Godson: *Intelligence Requirements for the* 1980: *Analysis and Estimates*, published by National Strategy Information Center, Inc, Distributed by Transaction books, New Brunswick (USA) and London (UK), p. 35.

错中前进。一个学术观点提出后，有一个不断接受学者验证、批评的过程，最后才能被接受为学术成果，才会转向应用研究。但情报分析的一个特征就是责任重大，在情报分析中没有这个批评与试错的过程，因此在“错误与创新”的对应中，如果说错误的次数越多，创新才可能更多的话，情报是以牺牲创新来保证低错误率的。情报分析通过集体参与的方式，最大可能地减少个人观念的偏激，减少政策风险。盖茨曾在情报部大会上告诫分析员，分析员必须抛弃学术思维，即认为稿件是自己的，而必须有集体观点；决策者之所以看重你的报告，就因为它代表一个集体，如果他要听单个人的意见，可以随便从外面专家中挑一个咨询。[①] 20 世纪 90 年代中后期，中情局强制实施一些分析准则，要求分析员必须遵守基本的程序和准则。情报部当然知道这样做的负面影响，戴维斯（Jack Davis）说：“一种完备的分析原则有利于分析者遏制自己的认识和政策偏见，最大限度地遏制自己的政治倾向和性格对分析的影响，但另一方面则会抑制人的灵感和直觉。”[②]

情报分析管理是学术管理与行政管理之间的平衡，只有管理者和分析员对情报管理的基本特征有一定共识，一个情报分析机构才能拥有良好的工作环境。总结历史经验，虽然重视学术自由和重视行政管理的时代都曾出现过，但是情报分析机构作为一个行政机关，行政干预过多的威胁更大。特别值得注意的是，世界上大部分情报机构都与军队有着千丝万缕的联系，有的情报机构本身就是军队的一部分，有的相当一部分工作人员来自军队。军队中的等级制度、纪律等也相应地带入到情报机构中，这些管理文化并不是恰当的情报分析管理文化。对情报分析来说，研究和表达自由比等级、纪律更重要。虽然中情局是美国联邦政府的一个行政部门，不是军事单位，但是在某些方面领导的行政权力特别大。例如，1947 年《国

---

① Robert M. Gates, “Guarding Against Politicization : A Message to Analysts”, *Studies in Intelligence*, 1992, p. 9.

② Jack Davis, “Tensions in Analyst-Policymaker Relations: Opinion, Facts, and Evidence”, *Occasional Papers*, volume 2, Number 2, Jan ’ 03.

家安全法》规定，中情局长有权解雇中情局任何一名官员。① 在其他行政机构中，行政首长并无随意解雇公务员的权力。虽然保持平衡是情报管理的基本原则，但是应当更注意行政权力过强。正如杰维斯所观察到的，“情报机构是一个行政单位，必须有垂直的上下级关系，很容易重视行政，轻视学术自由”。② 拉奇（David F. Rudgers）在中情局工作 22 年后于 1998 年退休，他说：“中情局应当消除过多的管理层对分析的干扰，我一直在想，情报部应当成为政府的思想库、政府的布鲁金斯。但是在我退休之后，这个思想还不为管理者所接受。”③

二、审稿制度

审稿权是情报分析机构中管理者对分析员的最大权力，它决定着情报分析员的工作业绩和成就感。据悉，只有 10% 的情报能走出情报大院，也就是说 90% 的劳动成果在选择题目、审稿程序中消失了。④ 在情报分析机构中，管理员、分析员如何对待审稿是管理的首要问题，也是决定管理文化的核心内容。

情报是一个集体产品，代表一个机构的观点，所以审稿制度（review process）是非常必要的。审稿是必要的，由谁审稿合适呢？根据情报“准确、及时、切题”的特征，“准确”属于知识的专业性质，应当是由专业人员把握；“及时、相关”是知识本身之外的特征，应当由管理人员负责。一般而言，在情报分析机构内，管理者都是从分析员中提拔起来的，他们既是专业人员又是行政管理者，因而审稿总是他们的专利。

由管理者担任审稿人员有优点。其一，管理者作为分析员与消费者之

---

① The National Security Act of 1947，Section 102，26 July 1947.

② Robert Jervis，“Improving The Influence Process：Information Norms and Incentives”，in Alfred C. Maurer，Marion D. Tunstall and James M. Keagle，edited，*Intelligence：Policy and Process*，Boulder and London：Westview Press，p. 120.

③ Vernon Loeb，“CIA goes deep into analysis：agency opens school，elevates analysis”，*The Washington Post*，May 4，2000，A23.

④ Lock K. Johnson，“Decision Cost in the Intelligence Cycle”，in Alfred C. Maurer，Marion D. Tunstall and James M. Keagle，*Intelligence：Policy and Process*，Boulder and London：Westview Press，1985，p. 193.

间的桥梁，对消费者需求比较了解，知道一个特定的情报是否“及时、切题”。其二，管理者出身于分析员，工作中距离分析员也很近，知道分析员可能在什么地方出问题，可能有哪些偏见。但是，管理者审稿也有缺点，特别是管理者的专业性令人质疑。尽管情报部实行“学而优则仕”的规则，管理者过去都曾是优秀的研究人员，但是他们成为管理者后，一方面主管范围总是比自己以前的专业范围大，另一方面没有足够的时间投入专业研究，因而专业水平下降。正常情况下，当一份分析报告从基层向高层报送时，管理者的专业知识一级不如一级，但对报告的处理权力却是一级高于一级。如，从研究室、研究处到研究局（branch，division，directorate），最初撰写稿件的人可能是日本政治问题专家，交到研究处时主管的人是日本问题专家，再交到研究局时主管的人可能就是国际问题专家。毫无疑问，在专业知识的细节上，管理者不如一线分析员。可见，分析员与管理者各自的职责有别，工作视角和重点也不尽相同，专业素质上亦各有优势，上策是优势互补，寻求优势“最大化”。若情报审稿后的质量提高了，是应当肯定的，质量没有提高，审稿者的素质和责任应值得怀疑。若质量反而下降，审稿者就该退位了。质量提高与否是衡量审稿成功与否的重要标准。

管理者与分析员相比，没有丰富的专业知识，不可能了解一件具体事件的全部细节，因而在观点、判断、结论上的权威低于分析员。国务院情报与研究局前局长休斯（Thomas L. Hughes）说，当发现自己责任的增加和未知领域的扩展成正比时，一个诚实的、聪明的人会感到害怕。① 这里引出一个关键问题，情报管理者审稿到底应当审查什么，除了审查稿件是否“及时、相关”外，管理员还能做什么。正如休斯指出的，对于管理者来说，稿件中的很多内容对其而言是非专业的、未知的。分析员总是因管理者的非专业性而轻视审稿，认为审稿是外行领导内行的典型做法。情报部一名一线分析员说：“不能因你的上司或其他人有不同意见就改变自己

① Thomas L. Hughes, “The Fate of Facts in a World of Men: Foreign Policy and Intelligence Making”, *Headline Series*, No. 233, December 1976, p. 59.

的判断，因为只有你才是每天跟踪研究的人。”① 当然，管理者对此有自己的看法，他们认为自己虽然没有资格决定报告中的判断和观点，但是可以成为合格的方法论批判者。作为一名资深分析员，管理者对情报分析的方法、程序、规则更熟悉，同时因为置身于具体分析事务之外，才能看清“庐山真面目”。曾经长期担任高级情报管理者的肯特说：“事实上，对于自己所从事的工作，这些专业人员变得很陌生，不切实际。众所周知，他们重视工作的学术性，蔑视最后期限，有时过分注意细节，有时使重点模糊不清，或将重点埋藏在众多不相关的事实里。这需要管理者引导、更正。”② 在肯特看来，审稿的内容至少包括审查稿件的“及时、相关、分析方法”，也就是情报观点和判断之外的东西。

20 世纪 80 年代之前，情报部的管理文化相对宽松，管理者的审稿并未涉及观点审查，大部分管理者仅把自己作为分析报告的批评者和建议者。管理者审稿主要采取两种形式：第一，管理者让专业人员代表自己审稿。中情局前局长科尔比（William Colby）建立“国家情报委员会”（the National Intelligence Council）后，要求“国家情报委员会”的国家情报官（the National Intelligence Officers）代表自己审查报告。“战略情报局”时代，“研究与分析部”设有“分析员理事会”负责审查稿件。1949 年“报告与评估司”（ORE）改组时，增设“评估产品理事会”（Estimates Production Board），由“报告与评估司”下属职能和地区部门负责人组成，职能之一就是审稿。第二，管理者将审稿责任下放到基础单位。基层管理者负责挑战分析员的判断，增加分析中专业知识的深度，检查情报来源。目前，中情局情报部就实行第二种审稿方法。

在盖茨主管情报部后，审稿的意义发生变化，盖茨如何看待审稿呢？在 1991 年参议院对盖茨担任中情局局长的任命听证会上，盖茨的支持者阐述了自己的观点。前中情局主管情报部的副局长（曾任情报部“苏联分析

---

① Frank Watanabe，“How to Succeed in the DI：Fifteen Axioms for Intelligence Analysis”，*Studies In Intelligence*，Vol. 1，No. 1，1997.

② Sherman Kent，*Strategic Intelligence for American World Policy*，Princeton，New York，New Jersey：Princeton University Press，Second Printing，1971，p. 125.

司司长”）麦克伊金说，管理者应当是报告的评判者，而且要对报告负责。只有你对这个判断满意，才能支持他。如果你对这个判断有疑问，就有责任解决这些疑问。你不能置之不理，或是让它通过。奥利弗（Kay Oliver）站在管理者角度提出三点意见：第一，管理人员都是资深分析员，不能剥夺他们的分析权利；第二，报告是以中情局的名义送出去的，虽然内部可以思想自由交流，但中情局不是自由大学，管理者必须在产品过程中发挥作用；第三，分析员的学术自由和产品的机构职能之间总是有矛盾。[①]

综合分析盖茨及其支持者的观点，审稿的重点有两个：第一，检查分析员个人的分析成果是否能代表情报部的最高水平，换言之，就是看这个报告能不能以情报部的名义签发；第二，检查分析员是否依据情报部规定的分析程序、分析方法分析情报，也就是检验方法、程序的正确性。然而，尽管这两点在理论上完美无缺，但执行中非常难以把握，什么是情报部的最高质量，没有一个切实可行的标准。盖茨说，如果中情局送出一个有争议的报告，只是一个分析员写的，就一定会注明，只代表个人意见。[②] 根据盖茨的这个表述推理，“没有争议”的报告就是情报部的最高水平。也就是说，如果管理者也恰好同意报告的结论，那么这个报告就是最高水平，简言之，管理者的水平就代表最高水平。显然，这样的观点不能为分析员所接受，这一点成为管理者与分析员冲突的引爆点。

与管理层的意见相反，情报部分析员在听证会上反对以任何形式干预情报分析的学术过程，不论是分析方法审查，还是观点审查。他们认为，管理者是分析员观点的综合者、包装者、推销者，而不是审查者。分析员的代表格拉泽曼斯（Jennifer Glaugemans）在证词中说，不论你的观点有多

---

① H. Bradford Westerfield, “Inside Ivory Bunkers: CIA Analysis Resist Managers ‘Pandering’”, in Lock K. Johnson and James J. Wirtz, ed, *Strategic Intelligence*: *Windows Into A Secret World an anthology*, Roxbury Publishing Company, 2003, pp. 200 – 201.

② Robert M. Gates, “The CIA and American Foreign Policy”, *Foreign Affairs*, Winter 1987/1988, p. 222.

么强有力的证据，七楼的观点多么缺乏证据，都没有用。这种观点审检最终导致的结果是，分析员和中层官员都会在写稿前揣测盖茨的观点，以此来审查、修正自己的观点。[①] 显而易见，情报分析的过程颠倒了，是先有观点后来分析，而不是先分析后有观点。观点审查因为分析员的强烈反对未能执行很久，到1992年盖茨不得不承认，审稿引发的问题值得所有管理者高度重视，管理者和分析员之间缺乏理解和信任；从某种意义上说，分析员和管理者之间已经不能在一种信任和直率的气氛中讨论情报稿件，两者之间形成了“他们反对我们”的思维。[②] 盖茨重申管理者有权审查分析方法，但警告“管理者是管理分析员的，不要把自己变成超级分析员”。[③] 盖茨谈到管理者的审稿责任时说，管理者要检查基本分析是否正确、逻辑是否有效、表达是否清晰，分析员要在这三个方面站得住脚。[④] 尽管盖茨并未放弃管理者有分析的权利，而是要求管理者和分析员在观点上是平等的，谁都不能认为自己的观点是世界上最正确的。[⑤]

盖茨的审稿程序除激化了管理者与分析员之间的矛盾外，也给管理者带来非常大的工作压力，还使情报分析机构更加官僚化。为了应付源源不断送来的稿件，盖茨本人夜以继日地工作，仅在1984年的前9个月就审阅了700份研究报告，从报告的形式到内容全面把关，并写上大量评语。[⑥] 对于退稿，盖茨都要写上评语，或事实不清，或证据不足，或逻辑不严密。[⑦] 当时一个稿件最多要经过六道审查程序，因此不仅是盖茨本人的工作量大大增加，下属组、处、司一级领导的工作压力也很大。盖茨离任

---

① H. Bradford Westerfield, “Inside Ivory Bunkers: CIA Analysis Resist Managers ‘Pandering’”, in Lock K. Johnson and James J. Wirtz, ed, *Strategic Intelligence: Windows Into A Secret World an anthology*, Roxbury Publishing Company, 2003, p. 206.

② Robert M. Gates, “Guarding Against Politicization : A Message to Analysts”, *Studies in Intelligence*, 1992, p. 7.

③ Ibid., p. 9.

④ Ibid., p. 8.

⑤ Ibid.

⑥ John A. Gentry, “Intelligence Analyst / Manager Relations at the CIA”, in David A. Charters, A. Stuart Farson and Glenn P. Hastedt, *Intelligence Analysis and Assessment*, Frank Cass, 1996, p. 136.

⑦ Richard J. Heuer, Jr., *Psychology of Intelligence Analysis*, Center for the Study of Intelligence, Central Intelligence Agency, 1999, p. xvi.

后，类似的审稿制度没有延续下来。1993 年，盖茨从中情局局长任上离开后，为了减少审稿程序，主管情报部的副局长赫尔杰森（John Helgerson）取消了七楼的审稿程序，稿件由哪一级审批由各司（office）确定，一般稿件由主管一级（supervisory line）审查。除非特别要求，司一级都不再审稿，更不用说部一级了。新制度实施后，1993 年经过情报部一级审查的稿子不超过 10 篇。[①] 这同盖茨 9 个月审阅 700 篇稿件的做法形成强烈对比，可以说盖茨的审稿改革以失败告终。

历史经验说明，审查观点的方法行不通，审查分析方法的做法也执行不了。盖茨的最大贡献在于通过审稿确立了分析员人人遵守的情报分析基本原则，这也是盖茨在情报部的主要遗产。要让分析员遵守基本分析规则，首先要让分析员知道这些规则是什么。盖茨要求情报稿件必须做到：第一，清楚说明哪些是事实，哪些是推理，哪些是判断；第二，使用古老的科学方法，用证据去验证假设。[②] 在盖茨离开中情局后，情报部进一步完善情报分析基本方法，撰写了《分析方法纲要》（A Compendium of Analytic Tradecraft Notes）作为培训教材，要求每一个分析员都要参加培训。

管理者作为行政部门首脑，要对本部门的产品负责，要保证产品能代表本部门的最高水平。同时，管理者作为“非专业”或“泛专业”人员，在情报分析的专业层次上不能介入太深。如果说管理者是否应审查分析方法还是一个有争议的问题，那么不能通过审稿审查结论是一条不可逾越的红线。

管理者通过审稿程序限制不同观点，直接结果就是不同意见死在中情局内部，只有中情局局长同意的观点才能送到白宫。中情局局长凯西当政期间，确实存在管理者在观点上以大压小的情况。

---

① Douglas J. MacEachin, The Tradecraft of Analysis: Challenge and Change in the CIA, Working Group on Intelligence Reform Papers, 1994, p. 7.

② Robert M. Gates, “Guarding Against Politicization : A Message to Analysts”, *Studies in Intelligence*, 1992, p. 9.

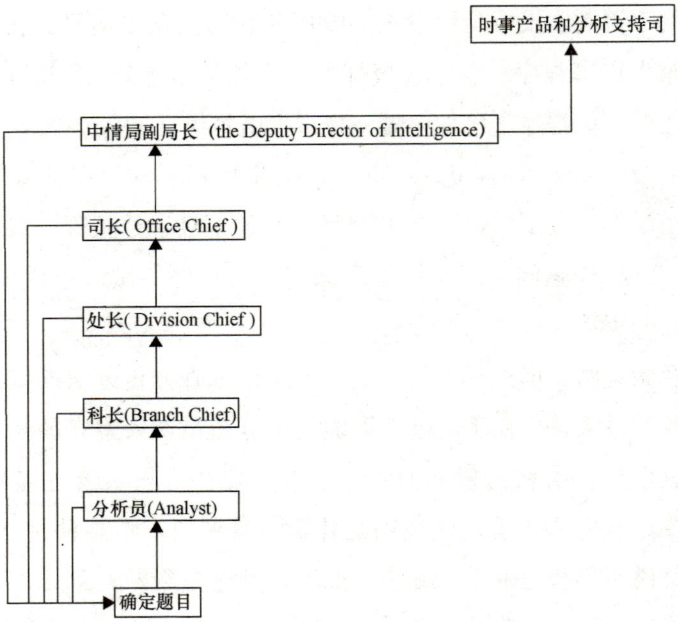

图 4—7　20 世纪 80 年代情报部的审稿程序

资料来源：John A. Gentry，*Cost Promise*：*How CIA Analysis Misserves the Nation*，Lanham，Maryland：University Press of America，1993，p. 12.

凯西到中情局后，对苏联经济分析极度不满，认为苏联经济没有分析员说的那么好，不可能达到年增长 3.3%。他不信任局里的分析员，请《财富》（Fortune）杂志的前苏联经济编辑梅耶（Herbert Meyer）任中情局局长特别助理。梅耶先对经济分析部门进行了调查，认为他们从根本上错了，他说："他们有设计精巧的苏联经济计算机模型（SOVMOD），我一点都看不明白。我曾用两天时间同这些人在一起，但仍不明白这个模型有什么用。"后来梅耶写了一个备忘录，认为苏联经济处于停滞，甚至有可能是萎缩，苏联不是要追上美国，而是差距在扩大。凯西对此报告非常赞赏，并将此送给了总统和副总统。梅耶说："结果是高层（至少在局长一级）对苏联经济的观点与分析机构的看法完全不同。我们让他们自由发展，发表他们想发表的观点，但是我可以告诉你，那不是凯西拿到白宫的东西。”①

这是情报管理中最严重的问题，即管理者对情报分析员的观点置之不理，仅将自己满意的观点送出去。原因可能有两种：一是凯西刻意讨好白宫；二是凯西认为自己的观点是正确的。无论何种情况，凯西作为情报管理者都背离了基本学术过程，用自己的感觉取代学术研究。管理者作为一名资深分析员，可以审查低级分析员的研究方法，但不能审查低级分析员的分析结果和结论，这有点像教练与运动员的关系，教练不能和运动员一起去跑。在中情局历史上，特纳、科尔比两位局长发现评估报告与自己的观点不符时，会在报告前面附一页纸或写一个说明，写明“中情局局长认为如何如何”。② 凯西在遇到不符合自己意见的国家情报评估时，也总是向总统直送一份密级为“不准传阅”的备忘录（eyes-only memo），阐述自己的观点。③ 这是一种妥协方法，让管理者观点和分析员观点同时抵达消费者手中，消费者自己做出选择。

如果管理者有自己的观点，并以此判断报告质量，分析员会在写作之前先推测管理者的观点，然后迎合之。中情局是一个独立的单位，但是分析员不是独立的，分析员的升迁都取决于管理层，因此中情局可以不迎合决策者，但分析员必须迎合管理层。在某种程度上，这种危害比情报政治化更严重。如果这样的管理文化长期延续，情报分析首先是全体分析员的一场心理竞赛。在盖茨担任情报部主管时代，“下级管理者和分析员很快就在猜测什么是盖茨想要的，而盖茨则反映了科尔比的观点。司级官员在想盖茨想要什么，处级官员不仅要想盖茨想要什么，还要想司长想到的盖茨想要的是什么”。④ 依此类推，基层分析员要想的更多。最终，这样管理

---

① David M. Kennedy，“Sunshine and Shadow：The CIA and the Soviet Economy”，*Kennedy School of Government Case Program*，Harvard University，p. 19.

② Victoria S. Price，*The DCI's Role in Producing Strategic Intelligence Estimates*，January 1980，the United States Naval War College，p. 72.

③ Doing Intel Right，http：//www. nationalreview. com/comment/meyer200504120757. asp.

④ John A. Gentry，“Intelligence Analyst / Manager Relations at the CIA”，in David A. Charters，A. Stuart Farson and Glenn P. Hastedt，*Intelligence Analysis and Assessment*，Frank Cass，1996，p. 136.

文化导致的结果就是中情局仅有局长的一个大脑。

管理者作为一个机构的领导，要对情报的质量负责，如何才能避免管理者的行政权力介入学术过程呢？美国情报史的经验是将管理者的行政职能与学术职能分离，以保证学术判断的公正性。“战略服务局”时代，“研究与分析部”设立“分析员理事会”，负责审稿，理事会由独立分析人士组成，不受管理者的管辖。管理者只负责分析管理工作，不对分析结果做出判断。“分析员理事会”对分析产品质量负责，但不对分析员的升迁负责。

20 世纪 80 年代情报部恰恰反其道而行，把审稿当作评估业绩的手段。管理者作为审稿人，可以根据产品的质量奖惩分析员。稿件质量与分析员升迁联系起来，稿件质量则由管理者判断。对于分析员而言，每年的考核由科长为分析员写“业绩考核报告”（Performance Appraisal Report，PAR），由处长负责审查。同样，每年一次，由处长和司长组成的“职业小组”（career panel）对同一工资级别的分析员打分。在整个 80 年代，分析员按业绩被分为四等，一等分析员是有重要贡献的，四等被认为是有严重问题的，大部分人是二等和三等。二等和一等的人一样，有望提升，三等和四等的人则没有指望。因此，让上司满意成为分析员关注的主要问题。其结果是，学术自由、创造性、争论没有了，学术上趋于保守，分析员像受惊的兔子（scared rabbit）。一位科长说：“我们变成越来越缺乏创造力的分析员、越来越谨慎的官僚。”情报部分析员金特里（John A. Gentry）认为，审稿权和行政管理权结合是管理上最大的教训。[1]

审稿权与行政管理权结合有助于提高效率，但有损分析员的创造性思维，可能影响分析报告的科学性、客观性。审稿权与行政管理权分离，有利于保证分析报告的客观性，但行政管理者失去刺激和奖励分析员的有效手段，工作效率必然受影响。因此，在这个问题上效率和客观性是对立

---

① John A. Gentry, “Intelligence Analyst / Manager Relations at the CIA”, in David A. Charters, A. Stuart Farson and Glenn P. Hastedt, *Intelligence Analysis and Assessment*, Frank Cass, 1996, pp. 139 – 142.

的，最好的办法是在二者之间找到一个恰当的平衡点。如果二者无法平衡，客观性比效率更重要。

第三节　收集与分析的合作

中情局内设有四个部：情报部、科技部、特工部（现名为国家特工部）和支持部，对情报部来说，特工部是其工作上联系最多的部门。中情局的特工部同时负责秘密行动和秘密收集，因此情报部与特工部的关系涉及收集、分析和行动三方关系。不过，行动部门是情报消费者，这里暂不讨论情报与消费者关系。在收集与分析的关系上，收集部门是原料生产者，分析部门是消费者。对于它们之间的关系，美国长期以来存在两种截然不同的意见：一种意见主张收集与分析分家，中情局同时拥有秘密收集部门和分析部门不恰当，应当把它们分离开来。这一派主要担心保密和情报政治化问题，秘密情报的消费者与秘密情报的收集者太近，既可能导致情报来源和情报方法的泄露，也可能引诱收集者迎合消费者需求。另一派主张，进一步加强中情局情报部与特工部的关系，甚至主张将两个部门合并。既能使收集部门更好地得到消费者的指导，也能使收集者更好地服务于消费者。

两派意见用极端的方式深刻揭示了管理收集与分析关系上不能越过的底线。对收集部门而言，情报来源、情报方法是最高机密，绝对不能受到损害。对分析部门来说，不仅需要得到一切收集到的原始情报，还需要了解来源的可靠性。双方关系的基本原则就是在保护情报来源的前提下，分析部门得到最大限度的原始情报及其相关情况，收集部门得到适时的分析指导。韦思特（Nigel West）分析过一个案例，二战期间，英国首相丘吉尔得到了破译的德国电报，德国将要袭击英国城市考文垂（Coventry）。为了保护英国破译密码的事不被德国觉察，也就是为了保护情报来源，丘吉尔做出了一个痛苦的决定：不通知这个城市的人。尽管韦思特的研究表明，事实上当时的情报是来源于较不敏感的技术情报，但是这个案例还是说明了为了保护情报来源的努力。[1] 这个极端的例子表明，有的时候为了保护情报来源，只能对重要情报弃之不用。

1946 年 7 月，中央情报组第二任局长范登堡（Arthur Vandenberg）组建“报告与评估司”（the Office of Reports and Estimates，ORE）的同时，成立“特别行动司”（the Office of Special Operation，OSO），作为中央情报组的秘密收集机构。“特别行动司”建立初期非常封闭，“报告与评估司”（ORE）不能使用它收集的原始信息。其时，“报告与评估司”主要依靠公开来源信息分析情报，来源有两个：“国内联络处”（the Domestic Contact Service，DCS），根据自愿提供原则，访问曾赴国外的美国旅游者、商人等；“对外广播信息司”（the Foreign Broadcast Information Service，FBIS），主要负责接收、翻译国外的广播、公开出版物。[2] 值得一提的是，1948 年“报告与评估司”内建立了一个小小的通信情报（COMINT）加工单位（COMIN），用以处理来自军方的原始通信情报。从军方情报机构送来的信号情报被单独放在一个地方，得到机密阅读许可的分析员可以定期去看这些材料。“报告与评估司”获得了阅览信号情报的权利，这是“战略服务局”（OSS）从来没有争取到的权利。这个小单位 1951 年 1 月 12 日被重新命名为“时事情报司”（OCI），以军方的通信情报（COMINT）和国务院报告为基础，分析、撰写《时事情报公报》（the Current Intelligence Bulletin）。[3]

1948 年 6 月，中情局成立“特别项目司”（the Office of Special Project，OSP），负责执行秘密行动任务，之后改名为“政策协调司”（the Office of Policy Coordination，OPC）。由于秘密行动机构同秘密收集机构在职能、人

---

① Winn L. Taplin，“Six General Principles of Intelligence”，*International Journal of Intelligence and Counterintelligence*，3，No. 4，Winter 1989，p. 487.

② U. S.，Congress，Senate，94th Congress，2d Session，the Select Committee to Study Governmental Operations，*Foreign and Military Intelligence*，Final Report Book 1，U. S. Government Printing Office，1976，p. 103.

③ Ray S. Cline，“The CIA：Reality VS. Myth”，Acropolis Books Ltd.，1982. in G. Matthew Bonham and Michael J. Shapiro，*Thought and Action in Foreign Policy*：*Proceeding of the London Conference on Cognitive Process Models of Foreign Policy*，March 1973，p. 130.

员上有所重叠，执行任务时常有冲突。1952 年 8 月 1 日，“特别行动司”和“政治协调司”合并为“计划部”（the Directorate of Plans，DP），情报特工和秘密行动人员合二为一，有时执行秘密行动任务，有时收集秘密情报。1973 年 3 月 1 日，“计划部”更名为“特工部”（the Directorate of Operations，DO），一直延用到现在。

理论上，“计划部”收集的信息是“情报部”主要信息来源之一，但是当时中情局的主要业务是秘密行动，“计划部”地位高而封闭，阻止了双方之间的业务联系，尽管双方的合作逐渐从无到有、从少到多，但直到今天仍然是一个大问题。最早与特工部建立联系的还是时事情报分析部门。

1951 年之前，虽然情报分析部门有权阅读来自军方的时事情报和国务院的报告，但中情局内的特工部门与分析部门却互不往来，特工部门不知道情报分析部门在做什么，情报分析部门也不清楚特工部门能收集什么。“特别行动司”下面虽然设有“调度官”（the Controlling Officer），但只负责向决策部门发送情报，不接受分析部门的收集指示，也不直接向分析部门报告原始情报。“特别行动司”虽然也得到“报告与分析司”的研究报告，但只是众多情报消费者之一。1951 年“时事情报司”成立后，中情局局长为摆脱“时事情报司”仅能重复国务院时事情报的困境，要求“特别行动司”要为时事情报服务，增加时事情报分析中的秘密信息来源。于是，在“时事情报司”内设立“情报组”（the Intelligence Staff of the Office of Current Intelligence），收集时事情报分析的秘密情报需求，对“特别行动司”下达收集任务。从此，分析部门与收集部门才有了正式的业务联系。与此同时，朝鲜战争期间，情报部在特工部的一些海外工作站设立“战略处”（Strategic Division），让分析人员与特工在一起工作，首次让分析人员与特工互相做对方的工作。① 从此之后，中情局形成一个惯例，情

① William R. Johnson，“Clandestinity and Current Intelligence”，in H. Bradford Westerfield，ed.，*Inside CIA's Private World：Declassified Articles from the Agency's Internal Journal*，New Haven，CT：Yale University Press，1995，pp. 134 – 135.

报部分析员可以轮换到海外特工站工作。

情报分析部门与特工部门一经建立固定联系，不仅仅是分析部门得到秘密情报支持，而且特工部门也从分析部门的收集指导中受益颇多，双方形成一种共生关系。在这种正式关系建立之前，“特别行动司”虽然只间接得到分析部门的指导，但那种指导已经是非常关键了。1950 年 10 月 7 日，杰克逊（William Harding Jackson）被任命为中情局副局长，1951 年任中情局局长特别助理后，反对中情局从事时事情报分析，要求重点研究战略情报，并借“报告与分析司”改组之机撤消其时事情报分析功能。但是，据丘奇委员会调查报告指出，中情局的时事情报功能刚一撤消，局内的特工部门就坚持要求得到原来的研究支持，并担心如果依赖国务院的研究力量，自己的行动安全会受到威胁。于是，1951 年 1 月 12 日又成立“时事情报司”，最初只为特工部门提供服务，但很快又涉及时事情报分析。① 从这件事可以看出，分析与收集部门互相需要，谁也离不开谁。如果说 1951 年之前，是特工部门间接依靠分析部门得到指导的话，此后双方相互依赖的关系越来越密切。

“时事情报”司与特工部门建立正式业务联系后，情报部其他分析部门也逐渐得到了特工部门的原始情报。1952 年 11 月，“时事情报司”、主管情报部的中情局副局长（DDI）和计划部三方代表达成协议，“时事情报司”在核查信息时，不仅要寻找对自己有用的信息，还要寻找对“科技情报司”（OSI）、“研究与报告司”（ORR）有用的信息。这样，情报部的其他部门通过“时事情报司”才能接触到特工报来的秘密情报。1953—1962 年，计划部与情报部的关系不断起伏。由于计划部严密的保密措施阻碍了双方之间的密切关系，尽管双方互有需求，但缺少真正的交流和信任。

1965 年 4 月 28 日，雷伯恩（William Raborn）担任中情局局长后，非

① U. S. , Congress, Senate, 94th Congress, 2d Session, the Select Committee to Study Governmental Operations, *Foreign and Military Intelligence*, Final Report Book 1, U. S. Government Printing Office, 1976, p. 104.

常重视计划部与情报部之间的合作，组建了中情局的值班中心（the Operation Center）。此前，情报部设有自己的值班中心，24 小时值班，负责与情报共同体的其他分析机构联络。雷伯恩要求，计划部、情报部等机构都要派代表到中心工作，这个中心成为收集人员与分析人员共同办公的首次试验。该中心成立后，前方特工报告抵达中心后，在一小时内会传达到华盛顿的各个地方。收集人员和分析人员合署办公，共享一切信息，是两个部门之间最紧密的合作方式。

20 世纪 70 年代，情报部的科技、时事情报、经济、战略、政治研究司分别成立后，向特工部提出收集要求的不仅仅是“时事情报司”了，其他各司也可以提出收集要求。但是，抽象的收集要求没有太大帮助，只有具体指出在哪些地方收集、收集什么样的东西，才会对收集部门有所帮助。后来，情报部建立了“收集指导中心”（DDI Intelligence Collection Guidance Staff），负责把决策者和分析员的收集要求转化成可操作的详细要求。[1]“收集指导中心”是情报部与特工部之间沟通的桥梁，经过他们的分析，收集要求更具有可操作性了，原始情报也可以更快地抵达分析员手中。特别是 70 年代中期以后，中情局秘密行动急剧减少，特工部的主要职能变为情报收集，特工部开始想法设法为情报分析服务。

为了得到情报部对原始情报的评价，以便改进情报收集质量，特工部也建立专门机构，与情报分析部门联络。负责收集消费者评价的是特工部“评价组”（the Evaluation Group），由特工部一位副局长直接负责。行动部是原始情报评级的负责单位，必须反映消费者的观点。原始情报的直接消费者包括中情局情报部的分析员、国务院情报与研究局的分析员、国防情报局分析员和其他各部的政策官员，最终消费者是内阁的政策制定者、军队司令官和美国军事开发与研究项目负责人。根据特工部 1974 年制定的“报告分级标准”，原始情报分为四类：XX（20）类指“对美国的福祉

---

① Ray S. Cline，“The CIA：Reality VS. Myth”，Acropolis Books LTD.，1982，in G. Matthew Bonham and Michael J. Shapiro，*Thought and Action in Foreign Policy*：*Proceeding of the London Conference on Cognitive Process Models of Foreign Policy*，March 1973，p. 169.

有突出的重要性”；X（10）类指“对国家一级的需求有主要贡献”；V类指“对于一个具体的国家情报需求做出实质性贡献”；I类指“勉强可用”。因为第三类与第四类之间的差别很大，所以大多数情报都属于第三类。

“评价组”每一季度对华盛顿500位主要消费者访问一次，将原始情报按月分类打印，要求被访问者评价。在指定的题目中，受访者指出哪个报告用了，哪个没用，并尽可能详细地指出一个特定的情报如何影响成品情报的写作，或它如何不能满足需要。对于获得的重要评价，不论是表扬还是批评，都要转发到特工部执行单位。这些反馈影响着特工部决定表扬还是终结某个情报来源。①

凯西当局长时，尽管在强化特工部与情报部合作方面缺乏制度建设，但他利用中情局局长主管特工部和情报部的优势，通过中情局局长的权力，加强分析与收集的密切合作。据中情局长特别助理梅耶回忆：

> 20世纪80年代初，当中情局要评估苏联经济是否出现衰退时，我们先设想，如果苏联经济衰退会出现哪些迹象，诸如消费品短缺、工资支付延期、军事建设延缓等。然后凯西让我带着这个单子去中情局特工部、国防情报局、国家安全局等收集单位。在每个单位，我都与收集者见面，解释我们的假设是什么，把我们列出的迹象单子交给他们。收集者对我们要什么、为什么要这些了解得越多，他的收集能力就越强。每次会面结束时，我都要发出最后一条指示：“如果你们发现任何单子上所列的信息，请直接交给我。如果谁有意见，有凯西罩着你。”②

---

① See Fenton Babacock: Assessing DDO Human Source Reporting, in H. Bradford Westerfield, ed., Inside CIA's Private World: Declassified Articles from the Agency's Internal Journal, New Haven, CT: Yale University Press, 1995.

② Herbert E. MeyerHerbert E. Meyer, Doing Intel Right, http://www.nationalreview.com/comment/meyer200504120757.asp.

1993 年 2 月 5 日，伍尔西（R. James Woolsey）任局长时，曾提出大胆设想，将特工部和分析部合并，但受到两个部门的共同抵制。伍尔西在即将离任之前，态度转缓，积极推动两个部门的合作，要求情报部的分析员和特工部的通报员合署办公。1995 年伍尔西退休前，情报部和行动部实施“伙伴关系”（DO DI partnership），两个单位对应部门之间的交流与合作加强，行动部的通报员和情报部的分析员有时被安排在一个办公室工作。两个部门不再是各有各的饭厅，互不往来，情报分析员也可以去特工部的楼里。① 更重要的是，从 20 世纪 80 年代开始，情报部开始建立一些收集与分析一体化的司级中心。目前这样的中心共有五个，在组织关系上直属中情局局长。五个中心分别是：反恐中心（DCI Counterterrorism Center），犯罪和毒品走私中心（DCI Crime and Narcotics Center），武器情报、防扩散和军控中心（DCI Weapons Intelligence, Nonproliferation, and Arms Control Center），反情报中心（Counterintelligence Center），信息行动中心（Information Operation Center）。虽然伍尔西合并特工部和情报部的设想未能完全落实，但在五个司级中心里，这个设想得以实现。这些中心是情报部和特工共同组建的，分析、行动、收集合一。

从 1980 年初尝试建立收集、行动和分析合一的中心以来，无论是情报共同体内部还是消费者，对中心的评价基本上都是正面的。1996 年众院常设情报特别委员会的研究报告（The Staff Study, Permanent Select Committee on Intelligence, House of Representative）“IC21：21 世纪的情报共同体”（IC21：Intelligence Community in the 21st Century）指出：“我们相信，在大多数情况下，这些中心是成功的，应当继续存在下去。事实上，在许多方面，它们是不可或缺的，标志着分析与收集在职能上和领域上的融合，这对解决未来的跨国问题非常关键。”② 在中心里，情报分析员和特工一起工作，特工把分析员作为不可分割的集体成员，分析员可以进入特工部的一

① Christopher M. Jones, “The CIA Under Clinton: Continuity and Change”, *International Journal of Intelligence and Counterintelligence*, 14, 2004, p. 514.

② Jack Davis, “Improving CIA Analytic Performance: DI Analytic Priorities”, *The Sherman Kent Center for Intelligence Analysis*, Occasional Papers, Vol. 1, No. 1, p. 6.

切数据。但是，情报部其他单位却没有这样的权力。目前，情报部仍设有“收集战略与分析司”（the Office of Collection Strategies and Analysis），充当两个部门之间的桥梁。

尽管几十年来，中情局致力于缩短特工部与情报部之间的距离，但是巨大的隔阂依然存在，信息分享今天依然是中情局的一个难题。情报部和特工部拥有各自独立的数据库、独立的信息技术结构。一些情报部分析员甚至说，他们与国家安全局同行的工作关系，比与特工部的工作关系还好。[①] 中情局主管情报的副局长米希克 2004 年在情报部大会上讲：“在对外情报信息问题上，没有行动部信息或情报部信息之分，我们不是要废除中情局保护来源和方法的责任，而是说分享信息的障碍一定要除掉，建立在个人关系之上的信息分享一定要制度化；中情局局长已经下令在 30 天之内找到两个部门分享信息的方法。”[②] 此外，对于中情局以外的情报收集部门，情报部使用起来更不方便。例如，国家安全局要求分析员通过官方渠道提供正式书面申请，才能执行收集任务。分析员认为，即使写了报告，能否得到所需要的数据也没多大把握，因而不愿意浪费时间。

在收集与分析的关系上，情报共同体内仍有争议。主张两者分离的人认为，分析与收集太近，可能使分析失去客观性。收集部门根据分析员的具体要求指导行动，可能使收集人员迎合分析员的需要，以获得好的评价。前中情局局长特别助理梅耶说：“提出自己的假设，并把它告诉收集者是危险的，他们可能把能够找到的任何碎片送给你，来迎合你，尽管那些东西并不完全反映事实。”[③] 当然，这种风险是存在的，但是过去半个世纪的历史表明，分析与收集的关系越来越密切，其优点可能大于缺陷。首先，可以更好地指导收集，避免收集部门收集无关信息。形成收集要求是一个系统过程，必须由特工部和情报部合作才能完成，情报部知道需要哪

---

① Bruce Berkowitz, “Failing to Keep Up With the Information Revolution”, *Studies in Intelligence*, Vol. 47, No. 1, 2003, http://www.cia.gov/csi/studies/vol47no1/index.html.

② Jami Miscik, DDI’s State of Analysis Speech, All-Hands Meeting, CIA Auditorium, 11 February 2004.

③ Herbert E. Meyer, Doing Intel Right, http://www.nationalreview.com/comment/meyer 2005 04120757.asp.

些信息，缺少哪些信息，特工部知道能收集到什么信息。其次，可以提高收集质量。情报分析员与特工部的通报员（report office）共同评价原始情报，能够更好地把握原始情报的质量。通报员擅长评估情报来源的可靠性，分析员精于确认情报内容的精确度，分析员与通报员合作，更有利于通报员评估国外特工的业绩，提高收集水平。第三，可以提高分析质量。分析员准确、及时了解原始情报收集时的背景、环境，有利于评估情报的使用价值。同时，分析与收集良好的合作，也能让分析员及时获得他想要的秘密信息。

第四节　部门协调

跨部门合作是战略情报主要特征之一，也是战略情报的综合性在组织管理方面的体现。跨部门合作是战略情报超越部门情报或单一来源情报分析部门的主要手段之一，是独立的战略情报部门存在的重要根源。对战略情报分析而言，不是要不要部门合作的问题，而是如何做好的问题。高质量的战略情报分析在一定意义上取决于良好的部门合作，关键要把握好分散与集中之间的平衡，既能让各部门充分发挥自己的特长，又能保持集中分析的优势。从这个意义上讲，管理就是协调。

一、委员会体制

2005 年 5 月 18 日国家情报局长设立之前，中央情报局长是情报共同体的管理者、协调人。首任国家情报局长内格罗蓬特走马上任后，取代了中央情报局长管理情报共同体的责任，中央情报局成为情报共同体中的一名普通成员，中央情报局局长（Director for the Central intelligence Agency）兼任中央情报局长（Director for the Central Intelligence）的历史结束。无论情报共同体的管理者是中央情报局长还是国家情报局长，情报共同体 15 个机构之间的关系一直未变，是一种以分散、竞争为基础的协作体制，协作方式是委员会制度。委员会由相关情报机构代表组成，委员会主席有一定的责任和权力，但仍然只是委员之一。情报共同体重要委员会的主席过去是中央情报局长，现在是国家情报局长。

国家情报局长是战略情报最高行政负责人，主管分析的国家情报副局长（Deputy Director of National Intelligence for Analysis）协助局长协调战略情报分析。国家情报局长、副局长通过委员会制度推动情报机构合作分析战略情报，使重要战略情报成为代表情报共同体最高水平的产品。国家情报局长主持的级别最高的委员会是“情报共同体联合委员会”（the Joint Intelligence Community Council），为一年两次的内阁级会议，由国家情报局长任主席，情报消费部门和情报生产部门主管出席，共同决定情报分析、情报收集和情报设施建设的重点。这是情报界与决策部门之间的联席会议，直接决定着情报共同体的重大方向。在情报共同体内，级别最高的委员会是“情报共同体领导委员会”（the Intelligence Community Leadership Committee），每两周召开一次，由国家情报局首席副局长任主席，15 个情报机构的主管出席，研究共同体内的重大事情。情报共同体内的具体事务由“主要项目负责人周会”（Weekly Meeting of the Main Program Managers）处理，由国家情报局首席副局长任主席，中情局（CIA）、联邦调查局（FBI）、国家安全局（NSA）、国家地理空间局（NGA）、国家侦察局（NRO）、国防情报局（DIA）的项目负责人参加，就某个具体的项目协调。上述三个委员会分别在战略、政策、工作三个层次上运作，但都是拥有决策权的委员会。这些委员会当然对情报分析有影响，能够决定情报分析的重点方向，但不涉及具体稿件撰写。

对于战略情报分析而言，最关键的协调机构是“国家对外情报理事会”（National Foreign Intelligence Board，NFBI）。根据成立这个机构的“中央情报局长令”（Director of Central Intelligence Directive 3/1），“国家对外情报理事会”是中央情报局长在情报共同体内的高级咨询机构，负责在国家对外情报的生产、评估、协调方面向中央情报局长提出建议。就重要战略情报而言，“国家对外情报理事会”是最高权力机构，战略情报的写作提纲、最后定稿都由它决定。“国家对外情报理事会”（NFIB）下面设 13 个委员会，部分与“情报共同体机构”（ICS）的委员会相同，也包括技术转让、经济情报、科技情报、原子能、武器和空间系统。

依据“中央情报局长令”（DCID3/1），“国家对外情报理事会”的法定成员包括：中央情报局长（Director of Central Intelligence）、中央情报副局长（Deputy Director of Central intelligence）、主管军事支持的中央情报助理局长（Assistant Director of Central Intelligence for Military Support）、主管情报与研究局的国务院助理国务卿（Assistant Secretary for Intelligence and Research，Department of State）、主管情报的中央情报局副局长（Deputy Director for Intelligence，Central Intelligence Agency）、国防情报局长（Director of Defense Intelligence Agency）、国家安全局局长（Director of National Security Agency）、国家图像和地图局局长（Director of National Imagery and Mapping Agency）、联邦调查局主管国家安全的助理局长（Assistant Director in Charge，National Security，Federal Bureau of Investigation）、能源部防扩散和国家安全局局长（Director of Office of Nonproliferation and National Security，Department of Energy）、财政部主管国家安全的部长特别助理［Special Assistant to the Secretary of Treasury（National Security）］、国家情报委员会主席（Chairman of National Intelligence Council）。当遇到相关问题时，国家侦察局（the National Reconnaissance Office，NRO）和军方情报机构的代表作为成员出席，研究其他议题时这些机构可以作为观察员出席。

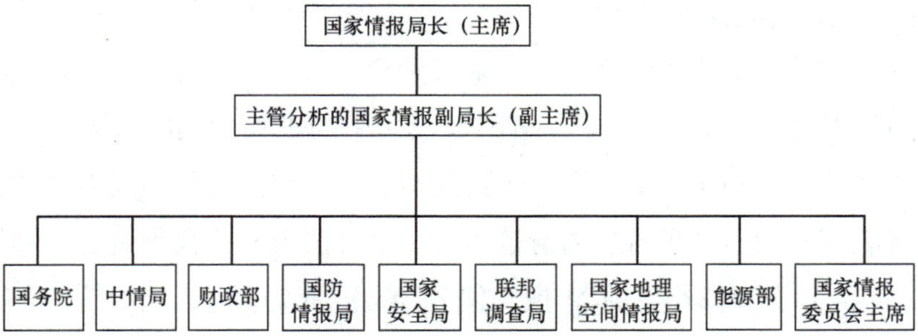

图 4—8 国家对外情报理事会

1996 年，国家图像和地图局更名为国家地理空间情报局（the National

Geospatial-Intelligence Agency，NGA），2005 年，国家情报局长（Director of National Intelligence）设立。因此，目前的“国家对外情报理事会”成员应当增加了国家情报局长、主管分析的国家情报副局长两人，国家地理空间情报局长取代了国家图像和地图局长的位置。中情局成为情报共同体的普通一员，中情局代表应从三人减为一人。

国家情报局长的办事机构是国家情报局长办公室（the Office of the Director of National Intelligence，ODNI），下设若干副局长、中心。当年，中央情报局长管理情报共同体的办事机构是“情报共同体机构”（the Intelligence Community Staff，ICS），由中情局长直接领导，下设四个处、八个委员会，四个处为秘书、反间、计划与政策和预算，八个委员会为信息管理、重大情报问题、对外情报重点、图像、安全、信号情报、人力情报、外语，外加一个立法联络站。根据职能转换的要求，这些职能现在应当全部转入国家情报局长办公室。国家情报委员会（National Intelligence Council）是战略情报分析的最高学术机构，也是国家情报局长的学术顾问，直接受国家情报局长领导。国家情报局长享有行政领导权的单位只有两个，即国家情报局长办公室和国家情报委员会。根据中央情报局长的历史经验，国家情报局长在情报共同体内能否拥有足够权威值得怀疑。

中央情报管理机构的权威问题可以追溯到中央情报局成立前，当时争议的主题是建立一个中央集权的还是邦联制的中央情报机构。1944 年初，多诺万向罗斯福总统递交建议书，提出战后中央情报机构的设想，要求建立统一的、集中的中央情报体系，垂直管理，直接对总统负责，避免重叠和交叉，称为“多诺万计划”。多诺万设想中的中央情报机构要兼并军方已经存在多年的情报职能，当然遭到陆军、海军部门的强烈反对，它们主张各部门仍然可以从事原有的情报活动，中央情报机构仅负责协调和综合有关战略和国家政策的情报。海军情报局副局长索尔斯（Sidney W. Souers）起草的报告代表了军方观点，要求情报机构实行邦联主义，被称为“索尔斯计划”。最终成立的中央情报组是妥协的产物，大体结构采取用联邦体制，各个部门情报机构依然存在，但中央情报组享有综合、协调国家情报的权力。

中央情报局成立后，中央情报局长既是情报共同体的负责人，也是中央情报局的局长。中央情报局既是一个情报实体，有收集、分析能力，也是一个协调、综合机构。但是，中央情报局长对其他情报机构没有行政管辖权，其权威不足、协调无力是一个长期未能解决的问题。在最初两年里，中情局因权限不足，不能有效发挥协调、集中评估战略情报的职能。1949 年杜勒斯报告批评："中情局报告与评估办公室（the Office of Reports and Estimates）撰写的情报，通常只建立在自己研究和分析基础上，同其他情报部门产品形成了竞争关系，而不是协调出最好的情报产品。"① 这是批评战略情报分析中协调不足的第一个调查报告，此后近 50 年中，数十个情报调查报告都提出相同问题，呼吁加强战略情报协调功能。

然而，如何才能有效地加强协调，情报共同体内一直有不同意见。部门情报机构认为，中情局本身是一个情报实体，同其他情报机构一样从事情报业务，同时又是一个协调监督单位，既当运动员又当裁判员，因而明确反对加强中情局长权力。中情局则辩解，中情局与其他情报机构不同，中情局独立于行政机构之外，没有部门利益，可以担当协调者。第三派观点协调前面两种意见，主张强化中央情报局长权威的同时，把中情局的领导权和情报共同体的管理权分离。中央情报局长对情报共同体的管理权限历经多次改革，基本上都是遵循第三种意见进行。一方面加强中央情报局长对情报共同体的管理权，另一方面分离中情局的管理权与情报共同体的协调权，避免让中央情报局长一个人头上戴两顶帽子。最初，中央情报局长专职管理中情局，中情局一名副局长协调情报共同体。后来，中情局长重点管理情报共同体，中情局一名副局长主管中情局。最终，2005 年设立国家情报局长，主管情报共同体，中情局长专职管理中央情报局。管理权分离只解决了管理的责任范围，管理者的权威仍然没有解决。

华纳和麦克唐纳（Michael Warner and J. Kenneth McDonald）研究美国自从 20 世纪 40 年代到 90 年代情报界的改革趋势后认为，一个明显趋势是

---

① Leary, ed., *The Central Intelligence Agency, History and Documents*, p. 137, quoted by Angelo Codvilla, *Informing Statecraft: Intelligence for a New Century*, New York: The Free Press, 1992, p. 205.

情报的权力越来越集中于中央情报局和国防部，它们拥有大部分影响力。受害的部门是国务院、海军、陆军和空军情报部门、参联会等，它们一直到冷战初期还控制着美国情报部门。[①] 中情局和国防部情报体系是美国情报共同体中的两个巨无霸，国家情报局长协调它们的难度不低于中情局局长。在内阁成员中，国家情报局长的地位、权威远远低于国务卿、国防部长、财政部长，对于国务院、国防部、财政部所管辖的情报机构，国务卿、国防部长、财政部长比国家情报局长权威更大。他们有更多的机会接近总统，这些部门主管的情报部门根本不需要通过国家情报局长接近总统，通过自己的主管领导能更快地把情报送到总统手中。

2004 年 12 月 8 日国会通过的《2004 年情报改革和反恐怖法》（Intelligence Reform and Terrorism Prevention Act of 2004）规定，国家情报局长对国家情报项目（The National Intelligence Program，NIP）预算拥有全部权力，还对各个情报机构首长的任命享有建议权。在法律上，国家情报局长对情报共同体拥有一定的财权和人权，但这并不代表着真正的权力。在此之前，中情局长已经通过总统行政命令、国会立法等途径获得过对情报预算及其他情报机关局长任命的发言权。例如，1977 年卡特总统就指示，中央情报局长拥有国家对外情报项目（The National Foreign Intelligence Program）的预算权力。但是，由于国防部长的巨大影响，以及国防部情报机构的日常管理权属于国防部长，国防部总是报给中情局长一个不可更改的预算方案，国务院情报与研究局的预算则由国务卿管理。事实上，中情局长的预算权和人事建议权是空中楼阁。前中情局长特尼特在离任前对参议院情报委员会说："我没有真的认为自己是中央情报局长。"[②] 现在，国家情报局长名义上享有对情报共同体预算的决定权，但是否能动摇国防部的预算权力还有疑问。只要情报共同体的不同机构仍然散落在各个行政部门

---

① Michael Warner and J. Kenneth McDonald, *US Intelligence Community Reform Studies Since* 1947, Center for the Study of Intelligence, Washington, D. C., April 2005, Executive Summary.

② Jeffrey T. Richelson, *From Director of Central Intelligence to Director of National Intelligence*, National Security Archive Electronic Briefing Book No. 144, August 12, 2005, http://www.gwu.edu/^nsarchiv/NSAEBB/NSAEBB144/index.htm.

之中，只要国防部还掌握着国家情报预算的85%，也就是说只要情报共同体仍是联邦体制，国家情报局长的权威问题就不可能完全解决。

因此，建立中央集权式的国家情报机构的冲动从来没有消失。1992年参众两院情报委员会主席提出共同决议案，为适应冷战后的世界而改革情报机构。决议案要求，建立集中的、垂直领导的国家情报局，分别设立全国性的人力收集、信号收集、图片收集机构。对于战略情报分析的建议是：建立两个独立分析机构，一个负责基础分析（baseline analysis），另一个负责高层预测分析（high-level estimative analysis）。分析部由国家情报局的一名副局长负责，包括目前中情局的情报部和其他情报部门的分析部门，其中要设立一个国家情报委员会，负责战略情报分析。①

同样，半个世纪前拒绝建立中央集权式国家情报机构的理由今天仍然有效。如果情报机构集中、垂直管理，那么国防部、国务院、国家安全委员会等情报消费部门与情报机构的距离扩大，情报与决策的脱节将更严重，情报得不到决策的指导，决策得不到情报的支持。当然，各部门之间的利益之争也是阻止改革的重要原因。目前的体制虽然在协调上有缺点，但情报部门离自己的消费者很近，国防情报局直属国防部，情报与研究局直接为国务卿服务，中情局受国家安全委员会指导。

二、情报协作：以“国家情报评估”为例

需要情报共同体协商、以情报共同体名义发行的情报有三类：国家情报评估、预警情报、时事情报。预警情报是预告突发性事件的情报，中情局、国防情报局、国务院和白宫都设有预警中心，这些中心实行跨部门联合，共同发布预警。时事情报，例如“总统每日简报”虽然由中情局发送，但发送之前需要情报共同体成员的协商和共同选择，因而也是情报共同体的产品。国家情报评估是情报共同体的金字招牌，预测、评估重要事件或战略走向，需要情报共同体成员充分协商和共同努力，最能体现战略

---

① J. Ransom Clark, “New Boxes for Old Tools? Considerations on Reorganizing U. S. Intelligence”, *Ohio Journal of Economic and Politics*, Vol. 8, No. 1, Fall 1993, pp. 1 – 10.

情报协商的特征。① 当年中情局创立国家情报评估的意图就是要生产一种能代表整个情报共同体最高水平的评估性情报，1950 年中情局长史密斯（Walter Bedell Smith）曾这样描述即将诞生的国家情报评估："承担国家情报评估的机构要具有不可质疑的客观性和公正性，它的结论要依赖各情报机构最高官员的集体判断，它应成为政府最权威、最好的评估。"② 可见，国家情报评估是一个客观的集体产品。组织和撰写国家情报评估的机构不能受某个行政机构或情报机构所左右，它的结论必须是情报共同体的共识。这要求在组织上承办单位必须是情报共同体内最公正的机构，在程序上必须能吸收共同体所有机构的意见。

国家情报评估的承办、监管单位分三个层次：撰写单位、审查单位、决策单位。最初，国家情报评估的撰写曾由"研究与评估司"（the Office or Research and Estimates，ORE）短暂承办。1950 年 10 月 20 日，中情局长史密斯宣布建立"国家评估司"（the Office of National Estimates，ONE）和"国家评估理事会"（the Board of National Estimates，BNE）。"国家评估司"拥有分析员 25—30 名，"国家评估理事会"由 5—12 名理事组成。为了体现"国家评估司"和"国家评估理事会"的公正、客观，它们虽然在中情局情报部内办公，但不隶属于情报部，而是享有一定的独立地位，直接向中央情报局长负责，代表整个情报共同体。"国家评估司"分析员都是情报共同体内的精英人物，他们选择自己的分析员，从情报部调人可以不经情报部负责人同意。"国家评估理事会"更是由全社会各行各业中的重量级人士组成，首届成员九人，其中五人为历史学家，一人为律师，三人为前军官。"国家评估司"负责在部门情

① Robert L. Suettinger, *Tracing the Dragon*, *Selected National Intelligence Estimates on China*, *1948—1976*, Introduction, http://www.cia.gov/nic/foia_china_intro_eng.html; Harold P. Ford, *Estimative Intelligence*: *The Purpose and Problems of National Intelligence Estimating*, University Press of America, 1993; Sherman Kent, "The Law and Custom of the National Intelligence Estimate", in Harold P. Ford, *Sherman Kent and the Board of National Estimates*: *Collected Essays*, the Study of intelligence center, 1994, http://www.cia.gov/csi/books/shermankent/toc.html.

② Robert L. Suettinger, *Tracing the Dragon*, *Selected National Intelligence Estimates on China*, *1948—1976*, Introduction, http://www.cia.gov/nic/foia_china_intro_eng.html.

报的基础上撰写国家情报评估，“国家评估理事会”则负有审查、指导和监督责任。

对国家情报评估拥有最终决定权的是情报共同体各机构首脑组成的委员会，最初由1950年1月19日成立的情报顾问委员会（Intelligence advisory committee，IAC）负责，委员会主席为中央情报局长，成员为各情报机构主管。1957年底，美国情报理事会（The United States Intelligence board，USIB）取代情报顾问委员会，1997年更名为国家对外情报理事会（The National Foreign Intelligence Board，NFIB）。情报顾问委员会决定国家情报评估的最后版本，但委员会仅是一个咨询机构，不采用少数服从多数的投票制度，中情局长决定什么时候开始或结束讨论，他同意的就是最后版本。①

1973年9月4日，中情局长科尔比上任后，对国家情报评估体制实施首次大调整，撤消“国家评估司”和“国家评估理事会”，建立了“国家情报官”（The National Intelligence Officers，UIOs）。“国家情报官”共有11人，由中情局长直接任命，每人负责一个研究领域，职责相当于国家评估理事会，仅负责报告的指导、审查。“国家情报官”在自己主管的领域内，协调情报共同体的分析、收集，经常与分析、收集部门的相关官员见面。一位“国家情报官”从头到尾负责一篇国家情报评估，在各部门间协调，并核查数据、分析方法和判断的正确性。“国家评估司”撤消后，每份国家情报评估都由“国家情报官”指定情报共同体的各相关部门撰写初稿，意在增加情报共同体内各个单位的参与程度。

国家情报评估体制改革后，效果并不理想，特别是1978年未能预测到伊朗政变，白宫要求改革情报分析体制。1980年，中情局长特纳设立“国家情报委员会”（The National Intelligence Council，NIC），“国家情报委员会”主席负责对“国家情报官”的管理工作，“国家情报官”仍然是一人负责一个领域。同时，“国家情报委员会”借鉴“国家评估司”的优点，

① Victoria S. Price, *The DCI's Role in Producing Strategic Intelligence Estimates*, January 1980, the United States Naval War College, p. 18.

设立“分析小组”（The Analytic Group，AG），作为其常设分析机构，起草国家情报评估初稿。最初建立“分析小组”的设想是让它撰写大部分国家情报评估，充当从前“国家评估司”的角色，后因人单力薄而不能胜任，主要负责撰写一些跨地区或跨专业的国家评估，这样的评估很难找到合适的撰写单位。现在，国家情报评估的大多数是由情报界的相关部门撰写初稿，极个别的还会采取合同外包的方式请外面的人写。1980年改革后的新体制一直保持到现在，目前的“国家情报委员会”有12位国家情报官，包括情报共同体内部和外部的专家，每个位置2—3年轮换一次。

国家情报评估一般要经过以下程序：选定题目、确定负责的国家情报官、寻找初稿撰写人、列出提纲、撰写初稿、部门协调、定稿、发送。[①]其中，选题、列出提纲、部门协调、定稿四个环节都需要情报共同体各单位集体参与，共同协作。情报共同体对国家情报评估的协调有两个层次：一个是各情报机构的主管，每个情报机构都有一名高级主管负责国家情报评估协调，参与关键阶段的协调；另一个层次是专家，从确定写作大纲到最后定稿全程参与。

选择题目是情报共同体和情报消费机构的共同责任，双方都有权利和义务提出国家情报评估的对象。评估要求可以由总统、国家安全委员会、联邦各部、国会等情报消费者提出，例如，卫生部可以提出传染病方面的评估要求，国防部可能要求评估某个特定国家的军事实力。同时，情报共同体根据自己的观察、研究，体认到需要决策单位关注的事件、趋势后，应主动提出分析题目，例如，国家对外情报理事会（the National Foreign Intelligence Board）成员、国家情报官随时可以提出分析项目。消费者和情报生产者都有权提出评估题目，但只享有建议权，当然对于决策单位提出的评估要求，情报共同体极少拒绝，最终这些建议是否被采纳由国家对外情报理事会决定，也就是由情报共同体的代表共同决策。1950年成

① Harold P. Ford, *Estimative Intelligence: The Purpose and Problems of National Intelligence Estimating*, University Press of America, 1993, pp. 145 - 153.

立“国家评估司”时，情报顾问委员会（IAC）通过11个评估题目，后来增加到20个。通常而言，情报共同体上报的和决策部门下达的评估题目总是超过情报机关的评估能力，历史经验证明，美国情报机关一年的报告承受量约为50个，有重大危机时会达70个，但应急性的评估报告都比较短。即使情报共同体能写出更多的报告，国家对外情报理事会也没时间审查。因此，国家对外情报理事会确定评估题目时的主要职能就是说“不”。

从1953年9月1日开始，国家情报评估的提纲被称为“调查范围”（the Terms of Reference，TR），内容包括分析题目的大小、时间跨度、重点、关键词定义等。“调查范围”由国家情报官、中情局长、主要决策者和初稿撰写人沟通后确定，国家情报官和撰稿人把评估题目的起源、目标和关键问题列在大纲纸上。然后，把这个提纲打印送到情报共同体各部门。在专业层次上，由国家情报官和撰写人召集各相关单位专家讨论和修改“调查范围”。在决策层次上，经专家讨论后的大纲交国家对外情报理事会通过。“调查范围”不仅是确定分析的关键问题，而且也是分派任务的指南，中情局、国务院、国防部都要据此要求在各自擅长的领域内收集、分析。

初稿写成之后，由主管的国家情报官召开情报共同体代表会议，各部门相关专家出席。每个单位至少派一名代表参加，逐段甚至逐句讨论初稿。每一个代表都可以提出不同意见，如果他能够说服大家，初稿就需要修改；如果他的意见不能说服大家，可以作为不同意见保留下来，将来作为文章的注脚。其间，还有专业技术人员或其他专家被叫来论证具体问题。肯特回忆，不同意见一般分三种：

> 第一，不同意见与文本意见差别不大，经讨论后对文本做小幅修改。第二，代表本人没有不同意见，但是他所代表的单位持不同观点，会议经过充分讨论后将此记录为“不同意见”。这样的代表可能被授予老虎奖或狮子奖（Tiger Medal or the Order of Lion），因为他能违反本人意愿反映本单位的意见。第三，在重要

观点上意见不一，则要提交给国家对外情报理事会处理。①

需要提交国家对外情报理事会处理的不同意见，由持不同意者写出书面报告，不仅要写明自己的观点，还要说清楚不同意的理由。

撰稿人根据部门协调的意见修改初稿后，国家情报评估进入最后定稿程序。国家对外情报理事会由各单位主管组成，是中情局长的咨询机构，各个单位主管可以保留不同意见，但最终决定权在中情局长，稿件的签发人也是中情局长。一般而言，中情局长要尊重各单位的意见，对于不能达成一致的观点，都以注脚的形式体现出来。有的时候，对于是否应当写作该报告各单位都不能达成一致，也会在报告中注明。

国家情报评估体制从创立到今天，有一些基本特征一直未变，甚至历久弥坚，这些经受了历史考验的特征是情报协调机制的组织原则。首先，协调机构必须保持一定的独立地位，不能隶属于某一个情报部门。协调机构的职责是指导、调节各部门之间的合作，在组织上要超越任何一个特定部门，否则其客观、公正性就会受质疑。国家情报评估的协调机制由专家委员会和情报主管代表会议两部分组成。专家委员会的机构最初是“国家评估理事会”，后来变为“国家情报官”，自始至终这个机构都不是属于中央情报局的机构，而是中央情报局长的直辖单位。现在，这个机构与中情局完全脱离，受国家情报局长直接领导。国家对外情报委员会作为情报主管会议，也不隶属于任何一个单位或个人，中情局长为理事会主席。机构独立是保证一个单位客观、公正的机制保障。其次，协调机构必须有充分的代表性、权威性。国家对外情报理事会成员是各个情报机构的代表，国家情报官不仅大多来自各情报机构，而且是学术权威。协调机构组成人员的权威性和代表性是提高合作水平的重要保证。

① Sherman Kent, “The Law and Custom of the National Intelligence Estimate”, in Harold P. Ford, *Sherman Kent and the Board of National Estimates: Collected Essays*, the Study of intelligence center, 1994, http://www.cia.gov/csi/books/shermankent/toc.html.

表 4—1 2006 年美国 12 名国家情报官的基本情况

人名	主管方向	任职前的工作单位	专业背景
Robert G. Houdek	非洲	国务院	前驻非洲大使、主管非洲事务官员
James J. Shinn	东亚	普林斯顿大学	东亚事务、外交学教授
William A. Anderson	经济、全球问题	中情局	欧洲、拉美、全球问题分析员
Richard D. Kauzlarich	欧洲	和平研究所	驻欧洲大使
John R. Landry	军事	国防部	国防部主管装备的助理国防部长帮办
Alan Pino	近东、南亚	中情局	近东、南亚司阿—以组组长
Angela E. Stent	俄罗斯、欧亚	乔治敦大学	欧亚、俄罗斯、东欧研究中心主任
David B. Iow	跨国威胁	私营企业	国际经济、防扩散
Kenneth L. Knight，Jr	预警	国防情报局	国防预警司司长
Robert D. Walpole	大规模杀伤性武器及其扩散	中情局	防扩散中心副主任
J. Patrick Maher	西半球	中情局	拉美事务分析员
Lawrence K. Gershwin	科技	国防部	国防部长办公室

国家情报评估机制的变化表明，效率与质量成反比，需要在效率和质量之间维持平衡。1950 年创建和 1973 年、1980 年两次大的改革，重点是要不要保留一个专业的国家情报撰写部门。1950 年建立了“国家情报司”作为专业撰写单位，1973 年撤消该部门，由各相关单位撰写，1980 年又建立国家情报委员会分析组，承担部分撰写任务。由一个专业单位撰写报告，既便于管理，又能提高效率，但缺点是专业水平难保证，分析质量受影响。“国家评估司”存在期间，专业分析员只有二三十人，但是要撰写各个领域的国家情报评估，这些分析员显然只能充当通才而非专才。“国家评估司”撤消后，国家情报评估由相关专业部门撰写，如国防部写作军事评估部分，国务院撰写政治评估，加强了分析的专业性，但是管理难度增加，效率降低。曾担任过国家情报官的福特（Harold P. Ford）说，1973

年后的国家情报评估体制也遇到了问题，“国家情报官”有权指定情报共同体内的任何单位起草报告，但他们缺乏行政权力，常常是能找到谁就找谁。[①] 正是为了弥补这个缺陷，1980年又在国家情报委员会下设立分析组，作为专业分析部门。分析组遇到的难题同“国家评估司”相同，就是难以成为精通各个领域的全能单位。最终，现在的分析组仅承担其他部门不能承担的综合性、跨国性分析报告，而大部分专业报告都由专业部门撰写。这是效率与质量之间的妥协。

只有各个情报单位在情报协调中享有平等权利，不同意见得到重视、体现，才能鼓励参与的积极性。国家情报评估从一开始就不强求达成一致意见，允许报告中体现不同观点。其他单位若不同意“国家评估司”的报告，可以用注脚的形式保留自己的意见。但是，在“国家评估司”取消之前，中情局在国家情报评估中占主导地位。一方面，中情局长有权决定某一个特定不同观点是否能出现在报告中；另一方面，中情局的观点历来出现在正文中，其他单位要么同意中情局的观点，要么只能写注脚。“国家评估司”虽然在组织结构上不属于中情局，但是由中情局长领导，因而在部门协调前中情局情报部与国家评估司先统一意见。当时，中情局对报告有起草权（the power of the draft），军方单位有注脚权（the power of the footnote）。[②] 这种方式严重创伤了其他单位参与协作的兴趣，1973年体制改革后，各单位负责写作自己专业方向的一章，其他单位可以注脚，情报协作才变成真正意义上的平等合作。各单位平等，可以保留不同意见，削弱了中情局作为中央情报部门的协调能力，其他单位的部门利益也可能影响情报质量。但是，这是协作不得不付出的代价。曾担任国家评估理事会主席多年的肯特认为，有些不同意见出于保住本部门预算的考虑。例如，在评估越南战争时，海军坚持不认为北越有能力通过海上往南越运物资，

---

① Harold P. Ford, “The US Government's Experience with Intelligence Analysis: Pluses and Minuses”, in David A. Charters, A. Stuart Farson and Glenn P. Hastedt, *Intelligence Analysis and Assessment*, Frank Cass, 1996, p. 42.

② Victoria S. Price, *The DCI's Role in Producing Strategic Intelligence Estimates*, January 1980, the United States Naval War College, p. 54.

因为海军是执行封锁任务的。但是，肯特相信，不同意见是不可缺少的，如果把所有的不同意见都妥协为一个意见，那评估报告就没有意义了；如果中情局拒绝其他部门的不同意见，那么这些部门再也不愿参加国家情报评估了。[①]

三、情报竞争

美国建立国家情报机构之时，并不支持情报竞争，而是希望各情报机构能互补、合作。中央情报局建立时，授权的业务范围是协调、评估国家情报，并从事其他情报部门没有涉足的情报领域，避免与其他机构形成竞争关系。但是，中情局机构于20世纪50年代初急剧膨胀，很快拥有了强大的收集、分析能力。史密斯和杜勒斯两位局长都认识到，要做好国家情报评估，必须有良好的时事情报、政治情报、经济情报和军事情报作为基础，而国防部和国务院又不愿配合，中情局只能自起炉灶，扩充实力。到50年代中期，中情局情报部有分析员1000人、辅助人员2000人，多为公开信息收集或图书馆人员。[②] 在分析领域，情报部既能分析综合性战略情报，也能分析经济、政治、军事情报。

1961年国防部成立国防情报局，类似于国防部的中央情报机构。1963年，中情局长杜勒斯曾说："当然，像中情局和国防情报局这样两个强大而又财源充足的机构将来变成对手和竞争者是可能的。有一些竞争是好的，竞争太多既是浪费，也是危险的。"[③] 杜勒斯的预测显然是正确的，在战略情报分析领域形成了三强争霸权局面，中情局、国务院和国防情报局三家都是多来源分析单位，可以查阅一切收集来的材料，分析大致相同的问题。这样，三个机构出于生存考虑，相互之间竞争是难免的。之所以会

① Sherman Kent, "The Law and Custom of the National Intelligence Estimate", in Harold P. Ford, *Sherman Kent and the Board of National Estimates: Collected Essays*, the Study of Intelligence Center, 1994, http://www.cia.gov/csi/books/shermankent/toc.html.

② Ray S. Cline, "The CIA: Reality VS. Myth", Acropolis Books LTD., 1982, in G. Matthew Bonham and Michael J. Shapiro, *Thought and Action in Foreign Policy: Proceeding of the London Conference on Cognitive Process Models of Foreign Policy*, March 1973, p. 166.

③ Allen Dulles, *The Craft of Intelligence*, Harper & Row, 1963, p. 47.

形成情报竞争局面，除了机构膨胀的自然结果外，不同决策部门的情报需要确有不同，总统、国防部长和国务卿虽然处理同一问题，但角度、位置不同，需要的情报也不同，因而需有多家情报分析机构。此外，美国决策者思想中始终存在竞争的概念，让不同背景、不同观点的人共同处理一个问题，可以减少目光狭窄、集体思维定势（group think）。[①]

情报竞争首先是主要情报机构之间的竞争。中情局、国防部和国务院三家中，国务院因为是一个纯分析单位，没有自己的收集机构，重点分析政治情报，竞争能力较弱。中情局与国防情报机构各有优势，都有自己的收集部门，都能分析战略情报。中情局是法定的战略情报的协调、评估单位，经济、政治情报分析实力很强，拥有一定的军事情报分析能力。国防部是最大的、预算最多的情报单位，军事情报分析能力无人能望其项背，但弱点是内部有海、陆、空竞争，分析员多为轮换军人，难有高素质人才。中情局与国防情报局从各自立场出发，在重大问题上常常意见相左，各自上报独立观点。越战期间，中情局认为越战主要是一场政治、社会竞争，军方则相信主要是军事竞争。事后证明，决策层更相信军方的观点。

情报单位竞争的手段就是发送各自的情报，争相吸引决策者眼球。中情局长赫尔姆斯对丘奇委员会说，几乎每个部门的情报出版物每天早晨都会达到白宫。[②] 例如，在战略情报评估方面，中情局代表情报共同体发行“国家情报评估”，国防情报局1970年开始发行“国防情报评估”（the Defense Intelligence Estimates，DIEs），二者评估的议题大同小异，都直接送白宫。

20世纪70年代后期，决策部门开始引进外部力量，与情报共同体之间进行竞争性情报分析。福特总统时期，总统对外情报委员会认为情报共同体对苏联战略武器的评估偏低，建议总统授权国家安全委员会进行竞争

---

① Mark M. Lowenthal, *Intelligence*: *From Secret to Policy*, Washington, D. C. : CQ Press, 2003, p. 13.

② U. S. , Congress, Senate, 94th Congress, 2d Session, the Select Committee to Study Governmental Operations, *Foreign and Military Intelligence*, Final Report Book 1, U. S. Government Printing Office.

性情报分析。1976 年福特下令中情局长布什执行竞争性情报分析，这就是美国情报史上著名的 A—B 组分析。A 组由中情局分析员组成，B 组由中情局长和总统副国家安全事务助理挑选的 7 位外部人员组成，有学者、前政府官员。两个组接触的原始材料相同，共同完成一份对苏战略力量评估的国家情报评估（NIE 11 -3 -8 -76）。B 组对 A 组的假设前提、分析方法提出严厉批评，认为 A 组用美国人的思维分析苏联决策，犯了“镜相”错误。最后，国家情报评估受 B 组影响较大，认为苏联在战略武器上将超越美国。

这次竞争性情报评估的效果并不理想，主要原因是政治因素明显介入。参议院情报特别委员会事后调查这次试验的效果，结论认为外部人员参与评估是合理的，但这次评估有三个问题：第一，外部专家只代表了一部分人的观点；第二，他们花太多的时间批评以前的评估，而不是提出替代方案；第三，机密事件泄露给媒体了。开始支持竞争性评估的布什也表示，再也不会用同样的方式邀请外部人员评估了。①

1980 年，共和党在总统竞选时提出要进行竞争性情报分析，但中情局长凯西在提名听证会上指出，竞争性分析主要指情报共同体各单位之间互相挑战，最终生产出单一版本的情报。1980 年 12 月 4 日，里根总统签署“行政令 12333”（Executive Order 12333）“美国情报活动”（United States Intelligence Activities），明确规定竞争性情报分析是情报共同体生产国家情报的的方法。1984 年和 1986 年国会通过的《年度情报授权法》（Annual Intelligence Authorization Act）要求，在特定问题上成立由外部人士组成的 B 组。② 但是，从此之后没有再见到情报共同体内外竞争性分析的报道。1993 年，约瑟夫·奈（Joseph Nye）担任国家情报委员会主席时，仿效当年 A—B 组做法，让哈德逊研究所（Hudson Institute）预测 2005 年的欧洲局势，同时国家情报委员会也分析同一问题。但是，他调入国防部之后，

① Victoria S. Price, *The DCI's Role in Producing Strategic Intelligence Estimates*, January 1980, the United States Naval War College, p. 104.

② Angelo Codvilla, *Informing Statecraft: Intelligence for a New Century*, New York: The Free Press, 1992, p. 208.

继任者不同意这种做法，此事不了了之。[1]

竞争性情报分析的存在可以弥补情报合作的缺陷，平衡情报合作带来的问题。同其他领域的合作一样，情报合作至少有以下一些负面影响：第一，合作导致平庸。情报机构为协调出一致意见，常常以模糊各自立场为代价。情报协作成为寻找最大公约数的代名词，有争议的地方只能用“似乎”、“或许”、“不能完全排除”、“可能”等一些似是而非的词。国务院情报与研究局前局长休斯指出，国防部报告中的经典语句是：“几乎可以肯定，这些不确定性在可预见的将来还会继续存在。”[2] 第二，协作导致低效率。情报协作的主要方式就是各部门的专家、主管坐在一起开会，在谁都缺乏坚实证据、谁都不能说服谁的情况下，这样的会议只能浪费时间。英国科技情报局前局长（The Director of Scientific Intelligence）琼斯（R. V. Jones）回忆：“为了体现联合的特征，联合情报委员会（Joint Intelligence Committee，JIC）的每个重要报告在每一道程序上都要有各局局长的签名，尽管有的时候在业务上并不涉及。”“在会议上，很多时间花在证据的解读上，由于缺乏信息，总是可以有很多假设来解释，两个委员有两种观点，谁也不能说服谁。这时候与其花时间争论，不如去寻找更多的情报。”第三，协作可能使工作无法进行。当合作各方的观点差异太大，在世界观、基本原则上存在分歧时，协作不可能取得任何进展，只能阻碍开展工作。越战期间，由于各情报单位的基本立场不同，对越战的国家情报评估很少。中央情报局不得不进行自己的评估，不经过协作程序，通过自己的渠道发表报告。各机构独立评估相同议题，正好可以避免上述三个缺点，让决策者看到不同部门的观点。

竞争性情报分析的缺点也是显而易见的，首先浪费情报资源，其次让决策者感到无所适从。决策者收到相互冲突的情报后，必须自己判断听信

---

① John A. Gentry, *A Framework for Reform of the U. S. Intelligence Community*, 6 June 1995, http: //www. fas. org/irp/gentry/index. html.

② Lock K. Johnson, “Decision Cost in the Intelligence Cycle”, in Alfred C. Maurer, Marion D. Tunstall and James M. keagle, *Intelligence: Policy and Process*, Boulder and London: Westview Press, 1985, p. 189.

哪一种观点。五十年前，建立中情局的目的就是让总统从情报分析员的身份中解脱出来。现在，情报共同体又鼓励竞争分析。竞争和一致都是相对的，双方可以互相补充，任何一种方法都不是绝对的。美国情报机构历经多次改革，仍然保留了适当竞争的体制，大部分情报官员、学者都认为这样的竞争是有益的。前中情局长赫尔姆斯（Richard Helms）在国会作证时表示，尽管对情报共同体的结构和功能有种种批评，但是如果能把它打碎重建的话，一个非常类似于现在的情报共同体还会出现。① 情报学者贝茨（Richard K. Betts）也认为，从机制上改变竞争性分析单位之间的平衡是危险的。②

竞争性情报分析有一个非常重要的前提，就是各单位都能看到相同的信息、材料。美国情报共同体多年来基本能做到这一点，这是竞争性情报能被美国从容接纳的重要原因。杜勒斯 1953—1961 年间任中情局局长，他在回忆录中说，中情局、国防情报局和国务院之间拥有及时、自动的情报数据交换，三家驻海外的情报人员、外交官、军官和情报员在发送情报时，有权标明报告的重要性，如果认为重要，会通过一个渠道自动同时发给三个部门。中央情报局作为协调单位，有权进入其他任何单位的情报信息。三个部门都有一天 24 小时值班的人，三家之间相互通气，如果接到重要信息，会立即报告主管，主管将决定是否有必要报告总统和三大情报部门的负责人。③ 从杜勒斯的回忆看，在 1960 年之前情报部门之间的信息流通是畅通的。然而，杜勒斯作为中情局长，拥有管理、协调情报共同体的职责，有使用春秋笔法之嫌，或许值得查验更多证据。加利福尼亚州立大学教授托马斯（Stafford T. Thomas）在 1985 年出版的书中指出，除极个别

---

① Mark M. Lowenthal, *Intelligence*: *From Secret to Policy*, Washington, D. C.: CQ Press, 2003, p. 10.

② Richard K. Betts, "Analysis, War, and Decision: Why Intelligence Failures Are Inevitable", *World Politics*, 00043 – 88/78, p. 66.

③ Allen Dulles, *The Craft of Intelligence*, Harper & Row, Publishers, 1963, p. 156.

案件外，原始情报在内部机构之间是自由流通的。[①] 普林斯顿大学教授霍尼克（Arthur S. Hulnick）在 1998 年的一篇文章中说，“今天，至少在华盛顿，一位分析员正常情况下与在其他部门的同事可以在同一时间以同样的形式收到相同信息。”[②] 国务院情报与研究局前局长休斯指出，在越南战争期间，原始的多来源信息向华盛顿跨部门工作的大部分越南问题专家提供。[③] 中情局资深官员、国家情报官福特说，情报分析中的地盘思想与其他问题相比，远远不算一个严重问题。[④] 上述几位不同时期、不同职业的人对原始信息流通的观点完全一致，验证了杜勒斯的说法。只有信息共享，从事竞争性情报分析的各单位才能在同一起跑线上竞赛，才能有良性竞争。如果各机构各自为阵，并封锁自己的信息，只会成为损害国家利益的恶性竞争。

竞争性情报分析是美国战略情报机构的特色，与美国强大的国力和权力制衡的政治传统密不可分。其他国家，或者是经济实力有限，或者政治文化不同，很难效仿竞争性情报分析。1973 年 10 月战争后，以色列试图学习竞争性情报分析，让军事情报局、外交部和摩萨德共同承担情报分析任务。但是，实际上后两家单位缺乏军事专业人员，没有竞争实力，改革以失败告终。[⑤]

---

① Stafford T. Thomas, “Intelligence Production and Consumption: Framework of Analysis”, in Alfred C. Maurer, Marion D. Tunstall and James M. Keagle, edited, *Intelligence*: *Policy and Process*, Boulder and London: Westview Press, 1985, p. 130.

② Arthur S. Hulnick, “Managing Intelligence Analysis: Strategies for Playing the End Game”, *The International Journal of Intelligence and counterintelligence*, 1998, p. 330.

③ Thomas L. Hughes, “The Power to Speak and the Power to Listen: Reflections on Bureaucratic Politics and A recommendation on Information Flows”, in Thomas M. Franck and Edward Weisband, edited, *Secrecy and Foreign Policy*, Oxford University Press, 1974, p. 30.

④ Harold P. Ford, “The US Government's Experience with Intelligence Analysis: Pluses and Minuses”, in David A. Charters, A. Stuart Farson and Glenn P. Hastedt, *Intelligence Analysis and Assessment*, Frank Cass, 1996, p. 48.

⑤ See Angelo Codevilla, “Comparative Historical Experience of Doctrine and Organization”, in Roy Godson: *Intelligence Requirements for the* 1980: *Analysis and Estimates*, published by National Strategy Information Center, Inc, Distributed by Transaction books, New Brunswick (USA) and London (UK), p. 15.

第五节　情报与决策的沟通

情报与决策之间的沟通是情报循环中最关键的一节。即使情报质量完美无缺，如果不能及时送到决策者手中，或者不受决策者信任，也没有任何效益。不管决策者对情报的需求多么迫切，如果需求不能及时传达到情报机构，也不能生产出相关、及时的情报。情报管理者是情报与决策之间的桥梁，发挥承上启下的功能，担当着情报需求的入口和情报成品的出口。从这个意义讲，管理就是沟通。一方面，管理者让分析员了解决策者需求；另一方面，管理者让决策者了解情报。

情报与决策之间需要充分沟通，但是二者又互相保持独立，决策者不能干涉情报分析，分析员不能涉足特殊利益。因此，决策与情报之间要保持一种微妙的平衡，这是一种艺术而不是科学，决策者与情报管理者都要认识到这种平衡的重要性和敏感性。情报分析的理想环境是，专业的、没有偏见的分析人员提供客观情况，决策者承认情报分析的科学性，愿意利用它服务于国家利益。现实情况是，分析员不是刀枪不入的客观主体，决策者更是希望情报能增加自己的政治优势。因此，情报与决策之间既有沟通、合作，也充满矛盾、冲突。

一、分析与决策的沟通方式

情报是一个服务机构，服务对象是决策机关。为了服好务，情报必须知道决策者需要什么，什么时候需要。肯特说，不知道决策者的思想，情报没法服务；没有决策者的信任，情报没法服务；没有得到指导，情报没法服务。[①] 理论上，在情报与决策的关系中，决策者居主导地位，有责任指导情报，把情报需求告知情报机构。现实中，决策者很少这样做，作为

---

① Sherman Kent, *Strategic Intelligence for American World Policy*, Princeton, New York, New Jersey: Princeton University Press, Second Printing, 1971, p. 182.

服务部门的情报机构却反客为主，主动寻求指示。此外，情报机构还要设法把决策者的注意力吸引到自己的产品上来。情报与决策的关系史，就是情报寻求决策指导、吸引决策者眼球的历史。无论是寻求决策者指导，还是吸引决策者注意力都不是一件容易事。前中情局长盖茨说，有200个机构试图吸引总统的注意力，让总统注意它们的报告、计划等；对于一般公众来说，情报很神秘，但是对于总统来说它只是众多信息来源之一，总统对家人、朋友的信任一点都不比对情报机构的信任差。① 情报必须与众多的信息来源竞争总统的注意力。

情报与决策的关系，以沟通形式划分，可以分为官方关系和私人关系。官方关系是法律规定的正式程序，例如，中情局长是总统的情报顾问，中情局高级官员参与国家安全委员会各种会议。私人关系是情报人员与决策人员的个人交往，例如，同学之间互通信息，同行之间共进晚餐。以沟通的级别划分，情报与决策的关系可以分为高、中、低三个层级。高级别的交往是中情局长与总统、国家安全委员会员成员、内阁部长之间的关系，这个关系最重要。如果得不到总统的信任，情报机构将无法工作。低级别的交往指分析员与决策部门科级具体政策执行者之间的交往，这个级别的交往人数多、信息量大，但低级官员缺乏交往的自由，受限制较多。中间层次上，决策部门包括国家安全委员会资深主任、各部门的助卿、副阁员和高级助理，情报部门包括司长、处长一级，这部分人是决策部门和情报部门的实际负责人，他们的交往非常关键。以信息流动方向划分，情报与决策的关系又可划分为寻求指导和送达情报两种。

从中情局建立开始，中情局长、副局长就是国家安全委员会各种会议的参与者，从这些正式会议上，中情局可以获悉决策者正在做什么、关注什么、需要什么。因而，参与决策会议是中情局获取情报指导重要的、固定的管道，多年来一直如此。2001年国家安全委员会改组后，国家安全委员会会议（the NSC Committee）的法定成员仍是总统、副总统、国防部长、

① Robert M. Gates, "An Opportunity Unfulfilled: The Use and Perceptions of Intelligence at the White House", *The Washington Quarterly*, Vol. 1, No. 12, Winter 1989.

国务卿，根据惯例财政部长、总统国家安全事务助理、中央情报局长和参谋长联席会议主席也出席会议。国家安全委员会主管委员会（the NSC Principals Committee，NSC/PC）的固定成员为国务卿、国防部长、财政部长、总统国家安全事务助理、总统办公室主任，总统国家安全事务助理为主席，中央情报局长和参谋长联席会议主席在涉及其议题的情况下参与，副总统办公室主任和总统国家安全事务助理及总统国家安全事务副助理参与一切会议。国家安全事务副部长委员会（the NSC Deputies Committee，NSC/DC），是一个次内阁级的跨部门协商委员会，由总统国家安全事务副助理任主席，固定成员包括国务院、财政部、国防部、司法部、管理与预算办公室、中情局、参谋长联席会议、总统办公室、总统国际经济副助理、总统助理，及副总统办公室主任和国家安全事务助理。国家安全委员会还下设6个按地区划分的、11个按职能划分的国家安全委员会政策协调委员会（the NSC Policy Coordination Committee，NSC/PCCs），这些委员会都是副卿和助卿级的，由各单位相应级别的代表组成，中情局在各委员会都有代表。6个地区委员会分别为：欧洲和欧亚（Europe and Eurasia）、西半球（Western hemisphere）、东亚（East Asia）、南亚（South Asia）、近东和北非（Near East and North Africa）、非洲（Africa）。11个按职能划分的委员会分别是：民主、人权和国际业务（Democracy，Human Rights，and International Operations），国际发展与人道主义援助（International Development and Humanitarian Assistance），全球环境（Global Environment），国际金融（International Finance），跨国经济问题（Transnational Economic Issues），反恐和国家备战（Counter-Terrorism and National Preparedness），国防战略、军队结构和规划（Defense Strategy，Force Structure，and Planning），军控（Arms Control），扩散、反扩散和国土防卫（Proliferation，Counterproliferation，and Homeland Defense），情报和反情报（Intelligence and Counteintelligence），信息获取和信息安全（Record Access and Information Security）。

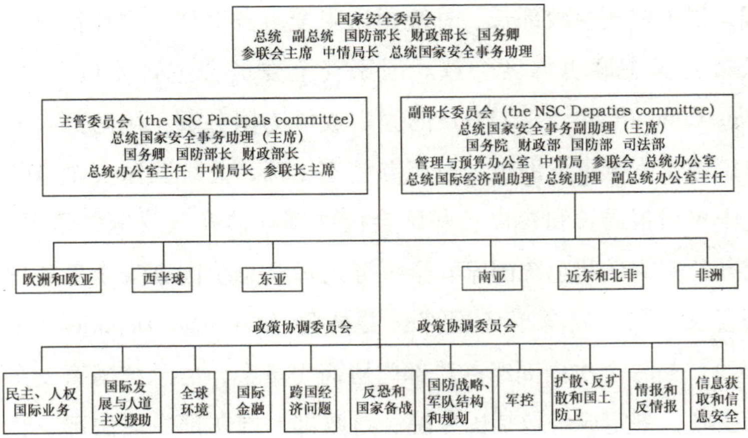

图 4—9　中情局官员参与的国家安全委员会各种会议

资料来源：The National Security Presidential Directives，The White House，February 13，2001，http：//www. fas. org/irp/offdocs/nspd/nsdpd－1. htm。

除正式参与会议外，情报与决策的高层交往完全取决于中情局长与国家安全委员会成员的私人关系，起伏很大。艾森豪威尔执政时期，总统非常信任中情局，中情局长的情报简报是决策过程中不可缺少的一个程序。当时中情局在联邦政府中的地位也比较高，中情局长同国务卿、国防部长的私人关系也不错，中情局长史密斯（Walter Bedell Smith）和国务卿马歇尔（George C. Marshall）之间、中情局长艾伦·杜勒斯（Allen Welsh Dulles）和国务卿约翰·杜勒斯（John Foster Dulles）兄弟之间关系相当融洽。当时的“国家情报评估”与国家安全委员会的工作程序密切相关，“国家情报评估”列在国家安全委员会的每周日程上，国家安全委员会“政策委员会”（the Planning Board）起草政策计划时也参考它。一位参加会议的人回忆，国家安全委会开会总是以情报简报开始，每次简报都超过 15 分钟。[①] 中情局长与总统国家安全事务助理、国防部长和国务卿有定期会晤或午餐会，能及时听取反馈、指导。从 20 世纪 60 年代开始，中情局与决

① Victoria S. Price，*The DCI's Role in Producing Strategic Intelligence Estimates*，January 1980，the United States Naval War College，p. 61.

策部门的关系出现了问题。1965 年 4 月，中情局长麦康（John Ales McCone）因得不到总统信任而辞职，标志着中情局与决策部门关系的蜜月期结束。肯尼迪、约翰逊、尼克松三任总统都对中情局心存芥蒂，甚至认为中情局不是为自己服务，而是破坏自己的政治地位。特别是 60 年代初，中情局总部从华盛顿搬到兰利后，在心理上和地理上都离决策部门远了。

尽管总统的信任是中情局开展工作的前提，但是 1970 年以前为了保持中情局的独立、非政治色彩，中情局长多由专业人士或政治色彩淡薄的人担任，引发 20 世纪 60 年代后中情局长与总统之间的隔阂。20 世纪 70 年代中期之后，中情局长同其他内阁成员一样，大多变成了政治任命。1976 年科尔比离职前的 10 位中情局长中，其中 8 位是军人，分别是索尔斯（Sideny Souers）、范登堡、希兰科特、史密斯、雷伯恩（Willian Raborn），以及 2 位职业情报人员，分别是赫尔姆斯和科尔比，还有一位反对党人为麦康；只有杜勒斯和施莱辛格（James Schlesinger）两人是政治任命，依照内阁成员的标准挑选的。自科尔比以来，9 位中情局长中，只有特纳和韦伯斯特（William Webster）是非政治任命的。老布什、凯西、高斯 3 位明显是政治任命，老布什曾任共和党全国委员会主席，凯西是里根总统竞选主管，高斯上任前是共和党众议员。伍尔西、多伊奇（Jonhn Deutch）、特尼特（George Tenet）是按照内阁的政治任命方式从总统自己党内挑选的。只有盖茨是职业情报人员，但曾以接近白宫而著称，在参议院提名听证会上遇到很大麻烦。中情局长改为政治任命后，中情局长与总统之间的信任问题解决了。

对于基层情报分析部门来说，同决策机构交流的官方渠道有三个：一是去决策部门的情报联络站工作；二是轮岗到决策部门工作；三是建立正式的工作联系。早在 1941 年情报协调局（the Coordinator of Information）刚建立时，罗斯福总统的儿子在情报协调局工作，局长多诺万便派他担任驻白宫及其他政府部门代表。这是战略情报部门在决策部门建立的最早的联络站。但是，中情局似乎并未继承向决策部门派出正式联络站的做法。曾担任情报部经济研究司司长的恩斯特（Maurice C. Ernst）回忆，从 20 世纪 70 年代初开始，经济研究司一位高级分析员被派往财政部，每日或每周向内阁官员或其他高级官员做简报，并听取反馈。最终，这种关系发展为中情局向各决策单位派出正式情报联络处。这样，具体分析单位直接与决策单位接触，而很少通过分析单位的上级主管部门，如情报部或国家情报官（national intelligence officers）。[①] 这说明，中情局正式建立对外联络站发生在70年代，情报部各司都可以直接派出联络站，直接与相关决策单位联系。联络站分析员可以参加所驻在单位的决策会议，在相关领导出国谈判时随行，以便及时向情报机构传达情报需求，适时向决策者提供情报。1994年，中情局情报部2500人中，有100人在其他政府部门工作，另有50人在海外工作，比1992年时上升了64%。[②]

情报机构还派出分析员到决策部门轮岗，短时期从事决策部门的工作。一般来说，国务院、国防部的情报分析员轮岗机会更多，对他们来说到国防部、国务院的其他行政机构工作非常容易。国防情报局、情报与研究局的分析员本来有一部分就是国防部军官和国务院外交官轮岗轮过来的。即使是国务院的专业分析员，2/3的时间是驻国外使馆的。相对而言，中情局分析员的轮岗机会少，主要去处是国家安全委员会和国外情报站。1996年对外关系委员会独立小组（Independent Task Force of the Council on Foreign Relations）、国会授权建立的布朗委员会（Harold Brown Commission）分别在情报调查报告中指出，分析员到决策部门轮岗、情报联络员进驻决策部门取得了明显效果，值得继续推行。[③]

情报机构通过信息分享、联合办公、定期联络等方式，同决策部门建立工作关系。麦康担任中情局长时，坚持认为“中情局为了给总统足够的情报支持，必须知道美国的战略能力”，要求中情局分析员可以接触国防部大量的绝密文件。古巴导弹危机期间，国防部满足了他的要求，到20世纪60年代中期，国防部开始定期向中情局提供绝密文件。但是这种关系并

---

① Maurice C. Ernst, “Economic Intelligence in CIA”, in H. Bradford Westerfield, ed., *Inside CIA's Private World: Declassified Articles from the Agency's Internal Journal*, New Haven, CT: Yale University Press, 1995.

② Douglas J. MacEachin, “The Tradecraft of Analysis: Challenge and Change in the CIA”, *Working Group on Intelligence Reform Papers*, 1994, p. 33.

③ Jack Davis, “Improving CIA Analytic Performance: Analysis and the Policymaking Process”, The Sherman Kent Center for Intelligence Analysis, *Occasional Papers*, Vol. 1, No. 2, p. 5.

不是很稳定，70 年代早期海军不愿向分析员提供数据，中情局长赫尔姆斯不得不亲自介入。① 从 80 年代开始，中情局情报部安排分析员与决策人员合署办公，建立了“军控和情报组”（The Arm Control and Intelligence Staff），同国务院、国安会的裁军机构一起工作。现在，在中情局的五大中心里，政策执行者与分析员共同工作。此外，情报机构鼓励普通分析员与决策部门的基层人员联络，这些人可能是高级官员的助理、办公室人员，在华盛顿被称为“抬轿子的人”（horse holders），他们比自己的老板更能提供线索。据说，在中情局和国防情报局，这种工作层面上的关系都很好。②

在中间层次上，中情局从 20 世纪 70 年代开始设立国家情报官，负责与决策部门高级官员沟通。中情局建立初期，情报分析员缺乏同决策部门沟通的管道。当时认为，一个原因是分析员人数太多，人人都是主人，因而就没有人是主人。例如，1955 年报告与研究司（ORR）有 466 名分析员，时事情报司（OCI）有 217 名分析员，战略科技情报司（OSI）有 207 名分析员。③ 为了解决这个问题，1973 年科尔比设立 11 位国家情报官（the National Intelligence Offices，NIOs），每个国家情报官在所负责领域与决策部门沟通。情报部司一级官员也利用自己的地位，结交一些决策官员。例如，1970 年恩斯特担任经济研究司（The Office of Economic Research）司长后，“他把消费者考虑进来了，他跑到次内阁一级官员那里询问需求，他去推销，他去包装，让报告有用、切题、及时。在此之前，我们的经济分析是为写而写，没有明确的政策需求”。④ 与此同时，部分决策部门高级官员也积极与情报部门建立工作关系。麦克伊金担在任国务院主

---

① Victoria S. Price, *The DCI's Role in Producing Strategic Intelligence Estimates*, January 1980, the United States Naval War College, p. 42.

② Arthur S. Hulnick, “Managing Intelligence Analysis: Strategies for Playing the End Game”, *The International Journal of Intelligence and counterintelligence*, 1998, p. 328.

③ U. S., Congress, Senate, 94th Congress, 2d Session, the Select Committee to Study Governmental Operations, *Foreign and Military Intelligence*, Final Report Book 1, U. S. Government Printing Office, 1976, p. 113.

④ David M. Kennedy, “Sunshine and Shadow: The CIA and the Soviet Economy”, *Kennedy School of Government Case Program*, Harvard University, p. 12.

管东亚事务的助理国务卿（Assistant Secretary for East Asia）期间，经常举行非正式东亚形势交流会（EA Informal），邀请主管该地区的情报官。他说："他们知道我们关注的问题，我们知道他们那里有什么，没有什么，他们能给我们最好的预测。"这些专业人士的面对面简报，往往比完美无缺的报告更有用。在老布什政府时期，国家安全委员会副部长委员会（the Deputy's Committee）在总统国家安全事务副助理盖茨的领导下，经常与中情局的代表交流。[①] 对于新上任的高级决策官员，情报部（DI）送去情报应用手册，详细说明所能提供的情报，有时也派人去简报或送录像带。[②]

二、两个误区

情报与决策关系太密切可能导致情报政治化，情报与决策距离太远会造成无效益情报，这是情报与决策关系的两个极端、两种误区。

美国海军战争大学教授亨德尔（Michael Handel）首次提出"情报政治"的概念，指出"情报政治"中的政治有四层含义：政治是利益，每个情报机构都希望把自己的利益最大化，如预算、人员和使命；政治是一个谈判过程，一方面是观点之间的妥协，另一方面也是各种观点对比、竞争；情报过程的政治化，各种政治势力扭曲情报专业的过程；情报的政治化使用，政治力量选择性地使用情报为自己的政治利益服务。[③]

情报政治化是情报分析员故意违反职业道德、专业规则迎合特定观点的一种行为。根据亨德尔的分类，情报政治化是情报政治中的第一种和第三种行为，情报机构可能为本单位的利益而扭曲情报，也有可能在决策者压力下迎合决策者意图。同时，情报分析者可能因为意识形态原因故意把情报政治化，也可能故意迎合情报管理者口味。可

① Douglas J. MacEachin, "The Tradecraft of Analysis: Challenge and Change in the CIA", *Working Group on Intelligence Reform Papers*, 1994, p. 24.

② James A. Barry, Jack Davis, David D, Gries and Joseph Sullivan, "Bridging the Intelligence-Policy Divide: A Progress Report", *Studies in Intelligence*, 1994, p. 2.

③ Michael Handel, "The Politics of Intelligence", *Intelligence and National Security*, Vol. 2, 1987, pp. 5 -6.

见，情报政治化的来源至少有四个：决策者压力、情报机构利益、情报管理中的问题、分析员个人的意识形态。多数情况下，几个因素交叉发挥影响。

在美国战略情报史上，明确地为政治目标而扭曲情报的例子极少，或者说最终能查证的极少。越南战争期间，美军方情报机构故意低估活跃在南越的越南共产党的战斗人员，是情报研究者引用最多的情报政治化事例。1967 年，中情局和越南军事支持司令部（Military Assistance Command，Vietnam）同时评估越共战斗序列，中情局得出的人数多，军方评估的人数少。尽管事后证明，双方的评估中有许多技术问题，如什么样的人应当作为有效战斗人员。但不可否认，军事部门为证明自己的战斗成绩，有意识地低估战斗人员。在“特别国家情报评估”（Special National Intelligence Estimate，SNIE 14. 3 -67）的协商过程中，军方非常强硬地坚持自己的观点，报告最终采信他们的观点。参加协商会的军方情报人员私下承认，战斗序列人员可能会多一点，但司令部要求将人数压在 30 万以下。[①] 在这个案例中，军事部门作为情报消费者，利用对军事情报机构的领导权，强迫他们修改情报结论，属于情报政治化的典型事例。

另外两个案例则说明，情报机构常常能有效抵制决策者压力。1969 年夏秋之间，白宫和国防部长间接向中情局长赫尔姆斯施压，要求修改对苏联 SS—9 战略导弹能力的评估。当时争论的焦点是：第一，该导弹是不是多弹头分导重返大气层（multiple independently targeted re-entry vehicle，MIRV）导弹；第二，苏联是否在寻求第一次打击能力。情报评估直接关系到美国是否要部署同类型导弹，美国是否要建立导弹防御系统（Anti-ballistic Missile，ABM）。1969 年 6 月，总统国家安全事务助理基辛格把赫尔姆斯叫到白宫，讨论对苏联战略力量的评估问题。基辛格明确告诉赫尔姆斯，他们认为苏联的导弹是 MIRV，并要求赫尔姆斯回去修改报告，为

① Colonel Gains Hawkins，George Allen，and George Carver cited in Ford，*CIA and the Vietnam Policymakers*，p. 31，pp. 93 -94.

中情局报告寻找更有力的证据。结果，虽然国家评估理事会重写了报告，但结果仍认为苏联导弹不是 MIRV。三个月后，一位国防部长助理通知赫尔姆斯，“国家情报评估”认为苏联不会对美国发动第一次突然核攻击，这与国防部长的公开立场相左。当时报告已经从国家评估理事会送到赫尔姆斯手中，尚未进入国家情报委员会协调程序。于是，赫尔姆斯决定删除这个结论。但在协调中，在国务院的坚持下，这段话又作为注脚写进了评估报告。① 在这两个案例中，施加压力的是国家安全委会、国防部，抵制压力的是中情局和国务院，两个情报单位与决策机构之间没有行政隶属关系。

上述三个案例，一个情报政治化，两个抵制情报政治化。实现中，为避免与决策机构对立，情报机构更多选择回避。1970 年 4 月柬埔寨亲王西哈努克因政变下台，美国打算军事干预柬埔寨局势。赫尔姆斯作为中情局长，已经得到白宫通知，但中情局其他人都不知情。国家评估司在不知道美国将要出兵的情况下，准备了一份关于东南亚局势的评估，结论认为：即使美国实施军事干预，也不能动摇越南的决心。这份报告在美国出兵前 13 天送到赫尔姆斯手中，他一直压着不发。到美国出兵前一天，他给国家评估司司长写了一张便条：“让我们在 7 月 1 日讨论这篇稿子”。因此，在出兵柬埔寨之前，中情局没有任何国家情报评估送给决策者。六个星期后，美国出兵柬埔寨仍在进行之中，在国务院的要求下，国家评估司再次准备了一份柬埔寨局势评估，结论仍然是：美国出兵对越南共产党的影响有限。赫尔姆斯再次决定不发。在丘奇委员会的调查中，赫尔姆斯表示记不清具体原因。但一位曾参与这次评估的分析员说：“更多的时候是一种无形的压力，虽然没有人告诉你要删掉什么，但是当你感觉到在敌对气氛中工作时，改变评估内容来迎合决策部门并不多见，更多的是回避。”②

① U. S. , Congress, Senate, 94th Congress, 2d Session, the Select Committee to Study Governmental Operations, *Foreign and Military Intelligence*, Final Report Book 1, U. S. Government Printing Office, 1976, pp. 77 – 79.

② Ibid. , p. 81.

情报政治化的四个根源中，决策者施压最令人关注，也是国会调查的重点。从上述案例中可以看出，只要情报机构与决策部门之间存在隶属关系，情报机构的生存、发展及其领导人的升迁由决策部门决定，情报政治化的风险就大。如果情报机构相对独立，抵制情报政治化的可能性就大。中情局是一个独立行政部门，直接对总统负责，可以不理会其他行政部门的压力。在国务院，情报与研究局（INR）也独立于国务院其他行政部门，直接向国务卿负责。为了保证分析员的独立性，情报与研究局分析员主要来自公务员，他们享有终身职位，不走国务院行政晋升系列。中央情报局历史上有几件引以为豪的事例，坚持独立评估，与白宫唱反调。第一，中情局告诉卡特总统，先前对北朝鲜战斗序列的评估是准确的，使总统从半岛撤军的计划受到质疑；第二，中情局告诉里根总统，其阻止苏联建设从西伯利亚到西欧的天燃气管道的计划有问题；第三，指出中美洲几个国家反抗力量太弱，虽然当局希望看到相反报告。[①] 抵制决策者压力，被誉为中情局唯一的、最深厚的道德和文化准则。[②] 在关键时刻，不惧怕压力和非议，敢于讲真话，力陈独到而又准确的情报信息，以此为国家的最佳决策提供最佳参考依据，这是情报人员特别是战略情报人员的天职，是对自己从事的工作负责，对国家的安全利益负责，也是对历史负责。这就是情报人员特别是战略情报人员的良知，是最基本、最重要的职业道德操守。这种精神永远值得提倡。

相对而言，军方情报机构的独立性较差，军方情报部门的领导、分析员多数是军人，他们要走军队晋升系列。霍伯斯坦（David Halberstam）说，军事情报人员的工作就是和领导保持一致，他们是军人，他们知道参谋长联席会议想要什么，他们是服务员，他们关注自己的前程，一个空军

---

① Arthur S. Hulnick，“Managing Intelligence Analysis：Strategies for Playing the End Game”，*The International Journal of Intelligence and Counterintelligence*，1998，p. 340.

② Robert M. Gates，“The CIA and American Foreign Policy”，*Foreign Affairs*，Winter 1987/1988，p. 228.

情报官不会说轰炸机没有用。[①] 亨德尔在其文章中引述过这样一个故事："有一种从秘密渠道送来的绝密电报（eyes only），严格限制传阅范围，通常不超过五个人阅读。我看到从美军驻西贡司令部发来电报，要求国防情报局长考虑司令部的某个观点。电报总是以称赞国防情报局的工作开始，然后指出国家、军队的重要性，最后要求修改某个情报评估的数据，以符合司令部观点。如果接到电报的人不玩这个游戏，他们的职业前途必然受到威胁。许多评估结果就因这类电报而改变了。有一次，一位空军情报部门的负责人打电话给我在国防情报局的老板，要求修改已经基本完成的一份评估，这是关于美国空军轰炸老挝的情报评估。他在电话中警告，请记住他的军服是什么颜色。当然，他的军服是将军服的蓝色。结果，在国防情报局分析员的反对下，空军情报分析员修改了评估结论。"[②] 中情局和国防情报局正反两个事例说明，机构的独立性是防止情报政治化的关键前提之一。

对于情报政治化中的其他三个根源，属于分析员、分析机构自愿扭曲情报，外界既难以查证，也不易纠正。情报机构、分析员采取"回采法"（back-stopping），即先了解决策者的判断，然后图解和证明决策者正确。分析机构、分析员可以做得神不知鬼不觉，甚至连他们自己都难以分清是不是故意的。如果决策层或情报机构高层有一种强烈的观点，分析员会自觉不自觉地证明其正确性，忽视或低调处理令他们不安的信息，以免引起同事或上司的不满。在这种情况下，要将看到的和乐于看到的区分开来是不可能的。只要是情报分析机构和分析员自己主动去做的，没有任何可行的行政手段或方法可以限制它。前中情局长盖茨建议，为了防止情报政治化，情报管理人员要划清三个界线：生产一个集体产品与压制不同意见；预测消费者喜好而调整报告风格与讨好消费者而改变分析结论；用批判的

---

① David Halberstam, *The Best and the Bright*, New York: Random House, 1972, p. 358, quoted by Thomas L. Hughes, "The Power to Speak and the Power to Listen: Reflections on Bureaucratic Politics and A recommendation on Information Flows", in Thomas M. Franck and Edward Weisband, edited, *Secrecy and Foreign Policy*, Oxford University Press, 1974, p. 16.

② Michael Handel, "The Politics of Intelligence", *Intelligence and National Security*, Vol. 2, 1987, p. 26.

眼光看报告与有选择性地使用证据之间。[①] 这三个界线连情报人员都难以厘清，从外部更是无法监督。

无效情报是没有对决策产生影响的情报。产生无效情报的原因很多，可以分为两类：一是情报对决策不了解、决策不指导情报，导致情报机构生产出决策者不关注的无用情报；二是因为决策者对情报的不信任、不满意而不愿接受情报内容。

如上所述，中情局在政府中享有世界上独一无二的的独立地位，中情局可以按自己的意愿生产情报。这种机构设置方式固然可以减少情报政治化的风险，但也会导致情报机构不关心决策需要，生产无效情报。前中情局主管情报的副局长麦克伊金指出，有一段时间，情报部的分析服务于内部的目标和质量标准，而不去理解谁是使用者，他们需要什么。[②] 前中情局长盖茨更相信，中情局分析员有一种倾向，过度地想证明决策是错误的。[③] 两位局长的观察说明，一个情报分析机构若想过度保持独立性，就会远离决策，生产出没用的情报。

情报与决策脱离的责任当然不完全在情报机构一家，决策者至少要负同等责任。杜勒斯报告指出："决策者没有告诉情报机构他们的需求，这是美国情报的本质失误。不幸的是，情报消费者没有设法将情报活动指引向最有意义的方向。"[④] 多年来，情报消费者不愿指导情报一直是一个大问题。一方面，消费者认为没有必要让情报官知道最高决策者掌握的机密，如战略计划、外交谋略。他们既担心情报评估因此不能保持客观，也是害怕保密出问题。通常，决策者不告诉情报机构明确的分析对象，例如，只告知情报机构"分析中国最近的政治形势"，实际上他需要的可能只有其

---

① Richard K. Betts, "Politicization of Intellgence: Cost and Benefit", in *Paradoxes of Strategic Intelligence*, Edited by Richard K. Betts and Thomas G. Mahnken, Frank Cass, 2003.

② Douglas J. MacEachin, "The Tradecraft of Analysis: Challenge and Change in the CIA", *Working Group on Intelligence Reform Papers*, 1994, p. 4.

③ Robert M. Gates, "The CIA and American Foreign Policy", *Foreign Affairs*, Winter 1987/1988, p. 221.

④ Michael Warner and J. Kenneth McDonald, *US Intelligence Community Reform Studies Since 1947*, Center for the Study of Intelligence, Washington, D. C., April 2005, p. 9.

中一小部分。另一方面，决策者认为情报机构应当知道他们的需求。当一位前国防部长被问道“你是否准备给你的情报官员更具体的指示时”，回答是“不，我认为他们知道我正在干什么”。[①]

如果决策者与情报机构之间缺少信任，决策者不愿采纳情报，即使情报分析员知道决策者需求，能够写出及时、准确的情报分析，也是无效情报。在越南战争期间，约翰逊对中情局唱衰越战不满，政府高级决策官员自己看大量数据、图表、敌人伤亡情况等，自己充当情报分析员。尼克松总统在任时，也对中情局情报抱着怀疑态度。据基辛格回忆，尼克松觉得有必要把中情局排除在政策制定之外，认为它是名牌大学自由派人士组成的，他们这些人一般都在客观分析的幌子下贩卖自己的偏见。他们总是在政治上同他作对。在总统的支持下，基辛格坚持要拿到情报分析的原始资料、电文、特工人员的报告、通信的截获材料、照片以及技术情报。基辛格依靠他在国家安全委员会的工作人员对这些材料做出自己的解释。[②] 在这种情形下，无论情报多么及时、准确、切题，最终都不会产生效益。

情报政治化和无效情报是情报与决策关系中的两种极端情况，任何一个情报机构都要避免极端，寻求平衡。

三、情报与决策的矛盾

在理想状态下，情报机构作为一个独立、客观、专业的机构，生产及时、相关、准确的情报。决策者信任情报机构，利用情报做出恰当的政策选择。现实世界里，情报机构既不可能完全独立、客观、专业，也不可能总是生产及时、相关、准确的情报，因而决策者有理由不信任情报。更重要的是，情报机构的职责是服务决策，决策是一个政治斗争过程，情报常常是政治斗争中的武器。决策者处于权力世界，分析者处于学术世界，两

---

① Mark M. Lowenthal, *Intelligence*: *From Secret to Policy*, Washington, D. C. : CQ Press, 2003, p. 42.

② ［美］约翰·兰尼拉格：《中央情报局》，潘世强、范道丰、李中、黄景让译，范道丰校，中国社会科学出版社，1990 年 12 月版，第 601 页。

者遵循的规律不同，矛盾似乎不可避免。分析员批评决策者不知道国外的情况，决策者批评分析员不知道华盛顿的情况，不用为决策承担后果。国防情报局的培训教材指出，军事部门和军事情报部门分属“两种文化”（two cultures），两者互不信任，互不理解。到现在为止（作者注：1991年），军事领导人对情报的态度是从漠视到敌视。①

情报分析员寻求事实真相，政治家为政策寻求政治支持，有的时候两者的目标是一致的，有的时候是不一致的，甚至是冲突的。当情报扩大了决策者的政策选择权或支持他的政治选择时，决策者就对情报满意。反之，当情报限制了决策者的政策选择权或反对他的政治选择时，决策者就要批评情报。特别是在美国的政治环境中，高层决策者都是从选举的大风大浪中走出来的，赢得选举要求他们具有果断、自信、敢干的性格，在其他人意见与自己相左时，更愿相信自己。在两党制、三权分立的政治体制下，国会、反对党经常反对行政部门的政策，任何不利情报都会被对手当作政治武器。20 世纪 70 年代以后，中情局每一份报告都送往国会参众两院的情报委员会，大部分报告同时送往拨款、外交、军事委员会，经常被作为国会反对行政部门的工具。因此，决策者对反对自己政策的情报更敏感、更厌恶。

几乎各个情报部门主管都深刻地体会到决策与情报之间的这种矛盾。国防情报局前局长格雷汉姆（Daniel Graham）说：“使用者常常对情报官的客观判断不满意，想要能支持他政策的情报。”② 国务院情报与研究局前局长休斯指出，国务院决策者非常想要支持他们既定政策的情报，对于没有更多情报支持其政策不满。③ 中情局长赫尔姆斯说，“当你的评估与政策

---

① Michael I. Handel, “Foreword to the First Edition”, in Douglas H. Dearth and Royal Thomas Goodden, edited, *Strategic Intelligence: Theory and Application*, Defense Intelligence Agency, 1995.

② Ephraim Kan, “Intelligence and Decision Makers”, in Douglas H. Dearth and Royal Thomas Goodden, edited, *Strategic Intelligence: Theory and Application*, Defense Intelligence Agency, 1995, p. 143.

③ Thomas L. Hughes, “The Power to Speak and the Power to Listen: Reflections on Bureaucratic Politics and A recommendation on Information Flows”, in Thomas M. Franck and Edward Weisband, edited, *Secrecy and Foreign Policy*, Oxford University Press, 1974, p. 18.

抵触时，总统和决策者不喜欢你是难免的，这是这份工作的内在危险”。[①] 中情局前副局长麦克伊金抱怨，任何政治立场的官员接到与自己预期相悖的情报时，第一反应都是对情报不满意。[②] 同时，决策层对情报的印象也好不到哪。决策层认为情报麻烦、昂贵、饶舌、不确定、发牢骚、别有企图，约翰逊、尼克松两位总统甚至认为，在其竞选期间中情局同竞选对手一起打击自己。[③] 约翰逊（Lyndon Johnson）在一次宴会中批评中情局长麦康：“决策过程就像挤牛奶。看到奶牛出来了，你不停地挤，牛奶流出来，正当奶桶要满的时候，牛一摔尾巴把奶桶掀掉了。这就是中情局对决策干的事。”[④] 1970 年柬埔寨发生政变后，尼克松愤怒地问：“兰利那帮蠢东西是干什么的。”[⑤]

决策者想要政治支持，情报只能提供事实判断，这成为一对不可调和的矛盾。

在情报与决策关系中，情报是弱者、服务者，居于从属地位。在得不到理想情报的情况下，决策者就有选择地使用情报，只相信支持自己观点的部分。越南战争期间，尼克松和基辛格批评中情局对越南的评估太倾向鸽派，但是在美苏限制战略武器谈判中又喜欢用中情局的评估。休斯称此为“醉汉用灯炷，不是为了照明，而是为了支撑”。[⑥] 不仅如此，决策者还主动提出要求，让情报分析机构从事一些情报之外的支持行为，如撰写白

---

① U. S., Congress, Senate, 94th Congress, 2d Session, the Select Committee to Study Governmental Operations, *Foreign and Military Intelligence*, Final Report Book 1, U. S. Government Printing Office, 1976, p. 82.

② Douglas J. MacEachin, “The Tradecraft of Analysis: Challenge and Change in the CIA”, *Working Group on Intelligence Reform Papers*, 1994, p. 17.

③ Thomas L. Hughes, “The Power to Speak and the Power to Listen: Reflections on Bureaucratic Politics and A recommendation on Information Flows”, in Thomas M. Franck and Edward Weisband, edited, *Secrecy and Foreign Policy*, Oxford University Press, 1974, p. 19.

④ Henry Brandon, *The Retreat of American Power*, Garden City, N. Y.: Doubleday, 1973, p. 103，转自 Richard K. Betts, “Analysis, War, and Decision: Why Intelligence Failures Are Inevitable”, *World Politics*, 00043 -88/78, p. 65。

⑤ Michael Warner and J. Kenneth McDonald, *US Intelligence Community Reform Studies Since* 1947, Center for the Study of Intelligence, Washington, D. C., April 2005, p. 21.

⑥ Thomas L. Hughes, “The Fate of Facts in a World of Men: Foreign Policy and Intelligence Making”, *Headline Series*, No. 233, December 1976, p. 24.

皮书、新闻稿、谈话要点、政府电报回复、新闻背景及向国会、公众和外国政府做解释。面对情报使用政治化，情报机构作为弱者，基本上无计可施。中情局前局长韦伯斯特说："我们把情报交给决策者使用。它们或被全部使用，或被部分使用，或被视为无物，或撕掉，或扔掉，但不能被修改。"① 韦伯斯特的话说明了情报机构在情报使用方面的无奈，唯一能做的就是不能通过自己的手把情报政治化。

四、两种思维方式

面对情报政治化和无效情报两个陷阱，在回答如何避免陷阱的问题时，美国情报共同体历史上形成分别以肯特、盖茨为代表的两种观点。两派都主张情报既要客观又要实用，虽然重点略有不同，但并无实质差别。20 世纪 70 年代前，肯特的观点在中情局占统治地位，最近 20 年盖茨的观点日居上风。双方争议的焦点是：如何防止政治化，情报能够提供什么样的服务，情报与决策的界线在哪里。

肯特认为，情报就是帮助决策层全面、深刻、有智慧地辩论，不要希望情报影响特定决策者的行为。情报的最终目标是影响决策，但肯特对情报直接影响政策持比较悲观的态度。他指出决策者对情报的三种态度：当决策者发现情报的判断与他的观点相同时，会利用情报保卫自己的政策，但不会表扬情报，而会说他早就这样说过；当情报的观点同决策者不完全一致时，情报有可能成为政治对手的工具，决策者就指责情报是误导；当一个政策完全根据内政的需要制定时，决策者根本不需要情报。因此，在决策者来看，情报只有三种结果：一是没必要（因为他早就知道了）；二是误导（因为与他的观点不同）；三是不切题（因为他不需要）。

那么情报如何才能履行自己的服务功能呢？肯特相信，情报提供相关事实后，各种决策力量可以在知道事实的基础上辩论政策。因此，情报的最低目标是帮助决策者更彻底、更有智慧地辩论，最高目标是

---

① Robert M. Gates, "The CIA and American Foreign Policy", *Foreign Affairs*, Winter 1987/1988, p. 229.

阻止一个愚蠢的观点在辩论中轻易取胜。[①] 一部分决策者可以批评情报没必要、误导、不切题，但他的政治对手恰恰相反，会利用情报来支持自己的政策。寻求对决策者的影响力不是情报的主要目标，因为影响决策的因素很多，有内政的考虑、个人性格等，情报只是影响决策的众多因素之一。

基于这样的服务功能，情报分析员只要知道决策层关注的议题就可以了，不需要关注特定决策者的细节情况。情报的目标有两个：一是切题，在分析员能力范围内，情报要与决策者的需要相关；二是有信誉。肯特说："如果决策者无视我们的研究成果，不是因为我们的成果不准确、不完整或有明显偏见，而是他更需要关注其他人。"[②] 但是，如果情报太渴望影响政策，就可能成为另外一种决策声音，而且是不受欢迎的一种。如果情报太渴望被相信，而试图知道一切，可能形成碰运气的作风。不刻意追求影响的情报，往往被证明是决策中的关键因素。[③]

上述论断表明，虽然肯特支持情报接近决策以获取指导，但情报主要是向决策辩论提供客观分析。情报的工作是让决策者得到足够信息，站在他们身后拿着一本书，打开到恰当的页面，让他们注意可能被忽视的内容。[④] 如果情报想通过缩短与决策的距离影响决策，那么轻则形成急于求成的情报分析作风，重则将情报变成决策中的一股政治力量。基于此，肯特要求，情报与政策、计划、行动的距离必须足够近，以便最大限度地获取指导，但一定不能近到丧失判断的客观和公正。[⑤] 显而易见，肯特认为情报与决策之间的距离是防止情报政治化、保持情报客观性的重要保证。

---

① Sherman Kent, "Estimates and Influence", in Harold P. Ford, *Sherman Kent and the Board of National Estimates: Collected Essays*, the Study of Intelligence Center, 1994, http://www.cia.gov/csi/books/shermankent/toc.html.

② Ibid.

③ Ibid.

④ Sherman Kent, *Strategic Intelligence for American World Policy*, Princeton, New York, New Jersey: Princeton University Press, Second Printing, 1971, p. 182.

⑤ Ibid.

曾于1975—1983年任国家情报官（the National Intelligence Officer）的赫曼（Hans Heymann）回忆，在20世纪六七十年代，肯特任国家评估理事会主席期间，不鼓励国家评估理事会（the Board of National Estimates）的成员去城里同决策者吃饭，担心这样会使他们为权力服务而不是为真理服务。[①] 肯特1951—1968年长期担任国家评估司司长，对中情局情报部早期的分析文化有重要影响。当时，中情局分析员根深蒂固的文化特征就是警惕情报政治化危险。

同肯特的观点不同，盖茨认为情报的功能就是直接满足特定决策者或政策执行者的信息需求，因此情报分析者必须对决策者有足够细致的了解。盖茨于1981—1993年长期担任中情局主要领导职务，虽然没有像肯特一样著书立说，但是通过情报管理实践对中情局情报分析文化产生了重大影响。首先，情报分析机构要确定在对外决策中负有实际责任的中高级官员，列出名单，作为政策服务对象。其次，通过一切方法了解他们，不仅要知道决策主题，而且要知道决策者的政治背景、思想变化曲线和决策进度。对每个消费者的口味要有足够掌握，知道“在强背景下打弱光，在弱背景下打强光”。[②] 盖茨说，如果我们知道决策者对某事已经有自己的观点，就不能视而不见，而是要说明这个观点的优点和弱点，然后就我们的判断提出证据和推理。[③] 总之，盖茨及其支持者主张，对决策者实行人盯人的贴身服务、个性化服务，最终目标就是要让决策者接受情报。

这种观点在20世纪70年代已经露头，1981年盖茨担任主管情报部的中情局副局长后迅速扩散，目前仍在情报共同体占据主导地位。中情局提出“有效分析”（effective analysis）的概念，实际上明确将情报对决策的

---

① Hans Heymann, “Intelligence/Policy Relationships”, in Alfred C. Maurer, Marion D. Tunstall and James M. keagle, *Intelligence: Policy and Process*, Boulder and London: Westview Press, 1985, p. 57.

② Thomas L. Hughes, “The Fate of Facts in a World of Men: Foreign Policy and Intelligence Making”, *Headline Series*, No. 233, December 1976, p. 57.

③ Robert M. Gates, “Guarding Against Politicization : A Message to Analysts”, *Studies in Intelligence*, 1992, p. 7.

影响放在第一位。根据中情局情报研究中心（the Center for the Study of Intelligence）的定义，“有效分析”应满足四个条件：第一，决策者应用了分析报告中的判断；第二，决策者对情报中的评估特别留意，这些评估拥有相对优势；第三，欣赏报告中的其他评估；第四，决策者通过交办、反馈、总体指导承认对情报的依赖。[①]“有效分析”的要求与肯特提出的情报功能有很大区别，“有效分析”中情报成功与否取决于决策者的“应用”、“留意”、“欣赏”和“反馈”，肯特则要求情报提供决策者辩论所需要的“客观事实”，不必关心决策者的反应。也就是说，肯特更关注情报是否反映“客观事实”，盖茨更注重决策者对情报的反应。

盖茨等人不认为情报与决策的距离是问题，而相信防止情报政治化只能靠分析员的职业道德。盖茨说，防止政治化的第一道防线是个人的品质。[②] 盖茨担任中情局长时，中情局的副局长麦克伊金也认为，本质上防止情报政治化的唯一保障是情报管理者和分析员的品德。[③] 因此，他们不担心贴身服务影响情报客观性。据前情报官员福特（Harold P. Ford）研究，“除了几个例外，这种自信被证明是正确的，肯特早期的担忧有点过头”。[④]

从中情局建立到现在，虽然情报的客观性与实用性、情报与决策的距离一直是一个有争议的问题，但是辩论各方都承认情报离决策太远，情报无效化的危险更大。1949 年肯特就说，在两种危险中，情报离使用者太远和情报离使用者太近，太远的危险大于太近。[⑤] 盖茨 1989 年说，同决策与

---

① Jack Davis, *The Challenge of Opportunity Analysis*, Center for the Study of Intelligence, July 1992, pp. 1 – 2.

② Robert M. Gates, “Guarding Against Politicization : A Message to Analysts”, *Studies in Intelligence*, 1992, p. 7.

③ Douglas J. MacEachin, *The Tradecraft of Analysis*: *Challenge and Change in the CIA*, Working Group on Intelligence Reform Papers, 1994, p. 16.

④ Harold P. Ford, “The US Government's Experience with Intelligence Analysis: Pluses and Minuses”, in David A. Charters, A. Stuart Farson and Glenn P. Hastedt, *Intelligence Analysis and Assessment*, Frank Cass, 1996, p. 41.

⑤ Sherman Kent, *Strategic Intelligence for American World Policy*, Princeton, New York, New Jersey: Princeton University Press, Second Printing, 1971, p. 195.

情报关系太近的担心相反，情报与决策的关系是太远，情报机关把自己与决策孤立开来了。①

到目前为止，盖茨一派的观点稳居主流地位，情报共同体、决策者关注的议题是如何加强情报与决策的密切关系。据调查，现在几乎所有官员都支持情报与决策应该尽可能接近，而不是为情报的客观性保持一定距离。② 1996 年“20 世纪基金未来情报小组”（The Twentieth Century Fund Task Force on the Future of Intelligence）的报告建议加强决策者与情报分析、定稿每个步骤之间的联系，情报政治化的问题通过高质量的情报分析来解决。③ 同年，布朗委员会（Harold Brown Commission）认为，如果分析员了解决策者的思维模式和政策倾向，会自觉或不自觉地迎合决策者需求，这种危险是真实存在的，但是可以控制的；“分析员不冒政治化的危险，就不可能开展工作”。④ 可以预见，如果没有重大情报政治化事件发生，这种观点或文化将持续在美国情报分析机构流行。

肯特和盖茨所代表的两派观点本质上没有对错之分，客观但不实用的情报没有效益，实用但不客观的情报也没有效益。任何一个情报机构只能在两者之间寻求平衡，美国情报分析的历史也表明，“钟摆”一直摇晃在两种观点之间，只不过某一段时期更接近一端。

第六节　决策

决策是管理的关键内容之一。对于情报分析管理而言，决策就是决定分析重点、题目、优先次序。情报分析中的决策由情报消费者和情报管理

---

① Robert M. Gates, “An Opportunity Unfulfilled: The Use and Perceptions of Intelligence at the White House”, *The Washington Quarterly*, Vol. 1, No. 12, Winter 1989.

② James A. Barry, Jack Davis, David D, Gries and Joseph Sullivan, “Bridging the Intelligence-Policy Divide: A Progress Report”, *Studies in Intelligence*, 1994, p. 8.

③ Jack Davis, “Improving CIA Analytic Performance: Analysis and the Policymaking Process”, The Sherman Kent Center for Intelligence Analysis, *Occasional Papers*, Vol. 1, No. 2, p. 3.

④ Ibid., p. 5.

者共同进行，多数情况下情报管理者发挥主要作用。

一、情报大战略

国家大战略是一个国家发展的总体规划，情报大战略是情报部门的工作、发展蓝图。一个国家的情报战略明确后，决策者才能预期到情报能为自己提供什么，情报部门才能清楚自己应当干什么、不应当干什么。战略的核心是选择，“所谓大战略（grand strategy）不是做所有的事情，而是做出选择”。[①] 情报是国家机器的组成部分，情报战略也是国家战略的组成板块和支持方案。可以说，国家战略是最高级别的综合战略，情报战略是服务于国家战略的分战略。只有在国家战略确定的情况下，情报管理者才可能制定清晰的情报战略。在理想状态下，一个国家的国家战略是明确的、稳定的、有共识的，举国上下都对国家长期政策有一个清晰的概念，与此相对应，情报战略也是清楚的、稳定的和有共识的。在美苏冷战的前 20 年里，美国情报共同体就处在类似的理想状态中。当时，遏制苏联是美国长期对外战略目标，情报机构根据这个目标制定自己的发展蓝图。

国家战略是对国家核心利益的判断和保护核心利益的规划，很大程度上是一个政治决策，只能由决策部门制定。冷战初期那样的理想状态非常罕见，大多数时候国家战略不是那么明确、稳定和有共识。第二次世界大战结束后，美国确立遏制苏联的战略用了 4 年时间；越南战争期间美国国内对国家战略的共识消失；1970 年在对苏缓和问题上争论不休；冷战结束到“9·11 事件”之间没有明确的国家战略。国家战略是对国家的定位，既需要有相对稳定的国际环境，也需要国内各派政治力量达成共识，可以说是一件可遇不可求的事。在确立国家战略的过程中，情报机构可以向国家决策者提供有关国际形势的知识，发挥一点专业作用。

---

① Audrey Kurth Cronin, “Toward an Effective Grand Strategy,” in *Attacking Terrorism*, eds, Audrey Kurth Cronin and James M. Ludes, Washington, D. C.: Georgetown University Press, 2004, p. 292.

一个国家对长期、稳定的国家战略形成共识比较罕见，但任何一届政府都有自己的施政目标。退而求其次，如果没有国家战略，情报机构只能根据当前政府的施政蓝图确立情报战略。表面上，施政蓝图就像一个任务清单，情报部门只要根据这个清单上的任务确定自己的工作范围就可以了。实质上，情报是国家资源之一，如何利用、分配国家资源也是由决策部门决定的。相对于所要完成的任务来说，国家资源总是短缺的，决策者需要把稀缺资源应用到关键部位。例如，传统上美国在国际政治、军事领域部署情报资源较多，而在经济竞争、环境保护、防治流行病、限制非法移民等领域主要依靠其他行政部门。冷战结束后，非传统安全的地位上升，情报部门应当在这些新兴领域投入多少力量，如何在传统和非传统安全之间分配资源，这些都不是情报部门能单独决定的。前中情局长艾伦·杜勒斯说："政府决定情报目标，决定需要什么信息，并在这些目标中确定优先顺序。"①

在美国，情报战略的最高决策者是总统，最正式的决定通过总统命令下达。目前看到的资料显示，里根、克林顿、小布什都曾以总统令的形式指示情报工作要点，内容目前均未解密。1995 年克林顿发布"总统决定令"（Presidential Decision Directive 35，PDD—35），指示情报工作的发展方向。1997 年 9 月 16 日，克林顿在中情局成立 50 周年纪念会上透露"总统决定令"中的一些内容，情报重点有三个：第一，最优先目标是支持军事行动（Support to Military Operation，SMO）；第二，提供敌对国家的政治、经济、军事情报，以在危机和冲突发生之前阻止它；第三，保护美国人免受新兴跨国威胁的伤害，如毒品走私、恐怖主义、有组织犯罪和大规模杀伤性武器扩散。同时，该令决定成立"情报重点跨部门工作小组"（Intelligence Priority Interagency Working Group，IWG），确认那些需要情报界关注的外交议题。② 小布什曾于 2003 年 4 月 25 日发出"国家安全总统令"（National Security Presidential Directive 26，NSPD 26），但内容不得

① Allen Dulles, *The Craft of Intelligence*, Harper & Row, Publishers, 1963, p. 80.

② http://www.fas.org/irp/offdocs/dpd35.htm.

而知。

除正式的总统令之外，总统对情报战略的指示更多体现在非正式文件、谈话中，需要情报机构细心体会。1989 年，布什总统在一次内部讲话中指出“未来的国际冲突主要体现在经济领域”，中情局长韦伯斯特一年后在华盛顿大学演讲时透露了布什的讲话，并称中情局的经济分析要转向国际经济竞争，“我们的决策者要在国际市场上确保美国的席位，中情局将帮助美国玩这场游戏”。[①] 除总统之外，国防部长、国务卿、总统国家安全事务助理、参谋长联席会议的意见也值得情报共同体重视。

决策部门的指示和要求是政策指导，情报共同体要把这些宽泛的文件或要求转化为情报战略。例如，克林顿总统指示，支持军事行动是情报共同体的首要任务，那么情报共同体需要确定，为了支持军事行动，哪些国家是情报收集的硬目标，哪些是软目标，应当部署什么样的收集设备，技术收集为主还是人力收集为主。因为情报资源分配具有长期性，如大型太空设备的生产、分析人员的培养都需要相当长时间，所以情报战略必须有一定的稳定性。一般来说，重大目标至少 10 年内不能变化。人力情报资源的安排要 1—5 年，卫星图片和信号收听设备的运作则需要 10 年。因此，将国家目标转化为情报目标时，必须考虑到未来发展趋势。例如，中情局代理助理局长诺特（William M. Nolte）在 2005 年 3 月 24 日的一次演说中预测，反恐、防止大规模杀伤性武器扩散在 10 年内将会退出美国国家安全战略的核心位置，取而代之的可能是中国威胁、流行病等。[②] 与此同时，情报战略还应保持一定的灵活性，情报工作重点经常发生意想不到的变化，既要有能力调派大量的人力、物力到优先目标上（hard target），又能保证日常工作（global coverage），还能应对突发事件。

中长期战略情报目标由收集、分析和决策三个部门的人共同确定。1999 年 8 月，中情局长成立“使命定位理事会”（Mission Requirement

---

① David M. Kennedy, “Sunshine and Shadow: The CIA and the Soviet Economy”, *Kennedy School of Government Case Program*, Harvard University, p. 22.

② William M. Nolte, *Intelligence Reform after the Intelligence Reform Act of* 2004, Volume 14, No. 1, 2005, pp. 8 – 9.

Board)，每月开会一次，负责确定5—10年内的情报获取能力。“使命定位理事会”由中情局长任主席，主管情报部的副局长、主管收集的副局长为副主席，分析、收集和决策部门的相关人员参加。① 国家情报局长上任后，创立“情报共同体联合委员会”(the Joint Intelligence Community Council)，为一年两次的内阁级会议，由国家情报局长任主席，情报生产单位和消费单位主管为委员，共同决定情报分析、情报收集和情报设施购买的重点。

经过各方协商、确认后，情报管理者会将年度情报工作重点作为正式文件下发到各情报部门。历史上，中情局长以“中情局长令”(DCI Directive）形式每年发一次总体规划，指导第二年的收集、分析重点。从1973年开始，中情局长还以备忘录的形式发出中情局长展望（DCI's Perspectives)，指出决策者在未来五年内需要的情报支持。中情局长科尔比创立中情局的“重要情报问题”（Key Intelligence Questions，KIQs)，指出国家决策者关注的重点问题。所有这些指示都经过了美国情报委员会（USIB）讨论，但是各情报机构并不一定要照单全收，国防部长和参联会主席也给本单位情报机构下达情报重点。国防情报局有自己的“国防情报目标和重点”(the Defense Intelligence Objectives and Priorities，DIOP)，国防部也有自己的“国防情报重要问题” (the Defense Key Intelligence Questions，DKIQs)。国务院送出临时的收集需求，尽管没有正式的收集文件，但都照国务卿的需要收集。②

但是，中情局的经验表明，制订年度工作计划的做法有很大缺陷。国家情报评估体制刚运行时，“国家评估理事会”把年度分析计划交给“情报顾问委员会”（intelligence advisory committee，IAC）审议，然而总是有各种各样的意想不到的事件发生，计划难以执行。1953年初“情报顾问委员会”决定，年初只订出一个季度的工作计划，对后三个季度工作只做试

---

① Seminar on Intelligence，Command，and Control，Intelligence：Cult，Craft，or Business，Charles E. Allen（assistant director of central intelligence for collection)，Guest Presentations，Spring 2000.

② U.S.，Congress，Senate，94th Congress，2d Session，the Select Committee to Study Governmental Operations，*Foreign and Military Intelligence*，Final Report Book 1，U.S. Government Printing Office，1976，pp. 87 –94.

探性计划，每个季度开始前再开会研究。1956年以后，“情报顾问理事会”（intelligence advisory committee，IAC）要求年初制订出两个季度的计划。后来，工作计划的时间跨度曾多次调整。现在，中情局情报部一级只决定分析工作的战略方向（strategic line of analysis），不再推出年度分析计划了。分析计划交给各个司负责，只供司一级内部计划或与其他情报机构合作时使用。

二、确定分析题目

普林斯顿大学教授霍尼克（Arthur S. Hulnick）指出，情报分析题目的来源有四个渠道：第一，决策者给情报分析机构提供一些线索。尽管他们大多数时候不想要有启发性的情报，而只想要能支持他们政策的情报。有经验的情报管理者不会只是等待，而是积极去寻求这些线索。第二，分析题目经常是情报机构自己设定的。情报分析员对决策单位和国际局势都比较清楚，能想象出决策者需要什么，能想象出国际上可能发生什么。第三，国际事件催生的。如果发生突发事件，情报单位必须处理，这样的题目是临时的、非正式的和时间紧迫的。第四，延续过去的产品。情报机构有些产品是连续出版物，如果反响不错，就会继续出下去。①

四个渠道中，连续出版物和突发事件处理不需要情报管理者特别关注，也不是情报管理的重点。自选题目和交办题目是情报管理中的难题，自选题目要求分析机构既了解国际形势，又熟知国内决策内幕，交办题目需要有决策部门的信任，也需要情报与决策的良好沟通。更重要的是，自选题目再度涉及情报与决策之间的敏感关系。

杜鲁门和艾森豪威尔担任总统时期，国家安全委员会在国家安全决策中发挥重要作用，情报机构与决策部门走得很近，国安会资深职员（Senior Staff of NSC）将政策文件送给“国家评估理事会”看，这些文件都是国家安全委员会将要讨论的。于是，情报分析题目就是回答这些文件中的问

① Arthur S. Hulnick，“Managing Intelligence Analysis：Strategies for Playing the End Game”，*The International Journal of Intelligence and counterintelligence*，1998，p. 327.

题，为将要召开的国家安全委员会会议做准备。这一时期，中情局长参加国安会议，中情局副局长是国安会高级助理之一，国家评估司几位官员是国安会高级助理帮办（Staff Assistants），能定期从决策部门得到分析题目。这是情报题目的最佳来源，也代表着决策与情报之间的最佳关系模式。决策指导情报，情报服务于决策。

肯尼迪总统时期，不重视国安会在决策中的作用，很少召开国安会会议，国家评估理事会和美国情报理事会失去固定的决策指导。从此之后，决策者虽然还在继续向中情局交办分析任务，但不再是一种稳定的、系统的来源。中情局管理者不得不采取各种手段，从决策者那里寻找题目。最初，国家评估理事会从国安会职员那里得到了指导，双方各有所求。国安会职员为决策者准备政策报告需要情报支持，中情局需要分析题目。① 后来，中情局与决策部门逐渐在高、中、低三个层次上建立联系，获取分析题目的管道慢慢增多。1994 年 3 月，中情局长伍尔西建立一个“议题协调小组”（Issue Coordinators），由决策部门官员和分析部门共同确定分析题目。②

交办题目因为是决策者想要的东西，往往能发挥最大情报效益。前国家情报官苏葆立（Suettinger）说：“我在政府工作的 24 年中，我知道如果题目是决策者交办的，或者是正在发生危机，情报会被认真阅读，并在危机管理中发挥作用。”③

自选题目有两种情况，一种是分析员没有得到决策指导，但分析员自认为决策者需要这样的材料，这在性质上与交办材料相似；另一种是分析员明知道决策者不想要这样的材料，但分析员自己认为这是决策者应当处理的问题，因而坚持上报的。例如，白宫可能认为朝鲜核问题最危险，但

① Sherman Kent, “The Law and Custom of the National Intelligence Estimate”, in Harold P. Ford, *Sherman Kent and the Board of National Estimates: Collected Essays*, the Study of intelligence center, 1994, http://www.cia.gov/csi/books/shermankent/toc.html.

② William O. Studeman, “Welcome Control for the CIA”, *The Washington Post*, March 17, 1995, Pg. A26.

③ Tracing the Dragon, Selected National Intelligence Estimates on China, 1948 – 1976, Introduction, by Robert L. Suettinger, http://www.cia.gov/nic/foia_ china_ intro_ eng.html.

中情局分析员认为伊朗核问题最值得关注，就不断上报关于伊朗的材料。这里涉及的核心问题是分析员是否有影响、说服、教育决策者的责任，亦或分析员只有服务决策者的义务。国务院情报与研究局前局长休斯说，当情报与决策者的思想不同时，根据情报教科书，好的情报官要不断地告诉决策者自己的观点，让他改变自己的观念。告诉他应该知道的，而不是他想知道的。[①] 如果分析员有脱离决策者需要选择题目的权力，这种权力就会介入决策过程，超越情报的工作范围。因为选择题目决定了决策者能看到什么情报，就像报纸的编辑决定哪一条新闻可以上版面一样，直接关系到读者的注意力被吸引到什么事件上。选择权本身就是一种政治权力。

第七节　培训

培训是任何一个专业机构都必须从事的工作，情报分析机构也不例外。曾任战略服务局（OSS）“研究与分析部”主任的兰格（William Langer）曾说：“一个合格情报分析员所需要的培训像一流博士课程一样严格。”[②] 情报分析培训在美国从无到有、从小到大、从简到繁，体现出情报分析作为一个专业、一门学科的成长历程。

一、分析员培训的发展历史

中情局建立后非常重视对特工人员的培训，培训时间少则数月，多则数年。然而，情报分析员培训却长期不受重视。尽管情报分析是情报的一个主要职能，但是情报管理者认为特工、技术收集更专业化，情报分析的专业性受到轻视。1976 年丘奇委员会报告说，情报分析部门在情报共同体

① Thomas L. Hughes, “The Fate of Facts in a World of Men: Foreign Policy and Intelligence Making”, *Headline Series*, No. 233, December 1976, p. 20.

② Eliot Cohen: The “No Fault” Views of Intelligence, in Roy Godson, ed, *Intelligence Requirements for the 1990s*, Lexington, MA: Lexington Books, 1989, p. 90.

内像是“后娘养的”（stepchild of community），总是生活在特工和高科技收集的阴影之下。[①] 各种材料显示，在中情局建立后的20年里，情报分析培训工作基本不存在。

肯特指出，1951年“国家评估司”成立时有25—30位专业人员，大部分拥有历史学和其他社会科学的硕士学位，他们关于地区和国家的知识是在中情局工作中学到的。[②] 莱曼（Dick Lehman）是中情局“总统每日简报”的创办者，1949年他进入中情局时，唯一受到的分析培训是，老板告诉他：“无论你做什么，记住一件事，苏联不是好东西。”[③] 这说明，在中情局刚建立时期，既没有学术知识培训，也没有情报分析技术训练。拉蒂默（Thomas K. Latimer）曾于20世纪70年代任职于国防情报部门，他说，对于情报分析员而言，“给一张桌子和一箱子文章，就叫你工作”。[④] 可见，军事情报部门的培训情况与中情局大体相似。1976年前中情局长史莱辛格还对丘奇委员会说，中情局内的大部分训练都是针对特工的，而不是分析员。

20世纪80年代之前，对情报分析员的少量培训主要是学术知识更新，不涉及情报分析专业技术。例如，在60年代，中情局情报部经济研究司的分析员中，大部分拥有经济或相关领域硕士学位，约20%的拥有博士学位，20%—25%的拥有本科学位。因为研究重点变化使原有分析员不能胜任新工作，50年代需要研究具体企业的人，60年代后期需要研究宏观经济的人。50年代，在当地大学的帮助下，对搞商品和企业分析的人员进行大规模培训，几乎让所有的人得到相当于经济学硕士的培训。60年代，对

① U. S. , Congress, Senate, 94th Congress, 2d Session, the Select Committee to Study Governmental Operations, *Foreign and Military Intelligence*, Final Report Book 1, U. S. Government Printing Office, 1976, p. 257.

② Sherman Kent, “The Law and Custom of the National Intelligence Estimate”, in Harold P. Ford, *Sherman Kent and the Board of National Estimates: Collected Essays*, the Study of intelligence center, 1994, http://www. cia. gov/csi/books/shermankent/toc. html.

③ Stephen Marrin, “CIA's Kent School: Improving Training for New Analysts”, *International Journal of Intelligence and Counterintelligence*, 16, 2003, p. 615.

④ Thomas K. Latimer, “Comment,” in R. Godson, ed. , *Intelligence requirement for the 1980s: Analysis and Estimates*, Washington, D. C. : National Strategy Information Center, 1980, p. 150.

所有的研究人员进行自动数据处理（Automatic Data Processing，ADP）培训。[①] 据丘奇委员会报告，1975财年，约有1/4的分析员在外面大学接受超过6周的训练。[②] 可见，这一时期的情报分析员培训主要是由社会上的大学给予分析员社会科学专业知识更新。盖茨曾于1986—1989年任中情局主管情报部的副局长，在位期间他指示情报部设置培训课程，中情局教培司为分析员设立“情报成功与失败研讨会”（Seminar on Intelligence Success and Failures）课程。这个课程一部分课是关于情报成功和失误的讨论，另一部分是关于分析方法的，分别有选读、案例分析、课堂练习。[③] 这个培训涉及到了情报分析专业技术的内容，但是无论是中情局还是国防情报局，对分析员分析知识的系统培训是从20世纪90年代开始的。

国防情报学院（the Defense Intelligence College）初建于1963年，当时主要培训驻外武官，后来培训业务逐渐扩大。1993年国防情报学院重组为三部分：联合军事情报学院（the Joint Military Intelligence College）、联合军事情报培训中心（the Joint Military Intelligence Training Center）、国防武官培训中心（the Defense Attache Training Center）。其中，联合军事情报学院（the Joint Military Intelligence College），可以授予情报科学学士和战略情报科学硕士学位，是一所集学术、情报和军事于一体的大学。根据曾任联合军事情报学院院长11年的格拉斯（Max Gross）介绍，学校主要培训应用型人才，对应用的重视是其他学校无法比的。例如，在课堂上，学生可以利用保密的图像情报、人力情报和信号情报来做分析练习。到目前为止，学校授予过2000个战略情报硕士学位。[④] 联合军事情报培训中心（the

---

① See Maurice C. Ernst, “Economic Intelligence in CIA”, in H. Bradford Westerfield, ed., *Inside CIA's Private World: Declassified Articles from the Agency's Internal Journal*, New Haven, CT: Yale University Press, 1995.

② U. S., Congress, Senate, 94th Congress, 2d Session, the Select Committee to Study Governmental Operations, *Foreign and Military Intelligence*, Final Report Book 1, U. S. Government Printing Office, 1976, p. 270.

③ Stephen Marrin, “CIA's Kent School: Improving Training for New Analysts”, *International Journal of Intelligence and Counterintelligence* 16, 2003, p. 615.

④ Mark G. Marshall, “Teaching Intelligence Research”, *Defense Intelligence Journal*, 14 - 1, 2005, p. 91.

Joint Military Intelligence Training Center，JMITC）为军事情报分析员提供短期培训。

2002 年 FBI 成立了分析研究学院（College of Analytical Studies，CAS），负责培训 FBI 的所有分析支持人员。

1993 年麦克伊金担任主管情报分析的中情局副局长时发现，中情局 1/3的报告没有论证过程以支持其判断，1/3 的报告论据有问题。① 1993—1994 年，中情局情报部对分析方法重新评估，要求分析过程要对决策者透明化，分析员要把分析方法写进报告。情报部要求分析方法包括三部分：事实、结论和关键工具（facts，findings ，linchpins tool），并编写分析方法指南，分析员必须按照指南上的方法分析情报。1993 年底，情报部“程序行动小组”（Process Action Team）约谈 200 多位分析员，听取他们对新分析方法的意见，并广泛走访大学、研究所、媒体，听取对该种方法的意见。情报部培训董事会（DI Training Board）最终取消了以前所设的培训课程，设计培训新分析方法的课程。② 此后，所有分析员进行为期两周的培训，称为“方法 2000”（Tradecraft 2000）。由一线管理者负责在工作中落实这些准则，所有新来的分析员都要进行这项训练。③

随后，情报部成立“情报职业委员会”（the council of intelligence occupations），提出分析人员所需要的关键技术和标准。④ 1996 年开始，中情局为新分析员进行为期一个月的基础培训，课程名称是“情报部专业基础”（Fundamentals of DI Tradecraft，FDIT），是主管情报部的副局长麦克劳林（John McLaughlin）为了让分析员进行规范分析而编写的分析手册。在

① Richard J. Heuer，Jr.，*Psychology of Intelligence Analysis*，Center for the Study of Intelligence，Central Intelligence Agency，1999，p. xvi.

② Douglas J. MacEachin，“The Tradecraft of Analysis：Challenge and Change in the CIA”，*Working Group on Intelligence Reform Papers*，1994，p. 14.

③ Roger Z. George，“Fixing the Problem of Analytical Mind-Sets：Alternative Analysis”，*International Journal of Intelligence and Counterintelligence* 17，2004，p. 390.

④ John McLaughlin，“New challenges and Priorities for Analysis，” Opening Address for the Conference on Information Technology，March 27，1997.

1996—1997 年，几乎所有情报部的管理者和分析员都参加了这个培训课程。除这本手册外，中情局很多资深分析员写的情报分析理论都是必授课。这个培训受到广泛批评，一方面一个月的时间太短，分析员无法熟悉基本方法，另一方面教材不连贯、不系统。尽管有种种不足，但这是中情局首次对分析员专门进行情报分析技术培训，从此情报分析被当作一门独立学科对待。

1998 年 5 月，中情局局长特尼特提出改进中情局工作的“战略计划”(Strategic Direction)，成立相应工作组拟定改革方案，其中一个工作组是“分析深度与分析专业工作组”（Analytic Depth and Expertise Task Force)。这个工作组由情报部 8 名官员组成，负责寻求制订培养世界一流分析员的计划。① 工作组建议成立综合性培训机构，对初级分析员进行情报分析专业培训。2000 年，中情局创办“肯特情报分析学院”（the Sherman Kent School for Intelligence Analysis)，专门培训情报分析员，新任分析员要参加“职业分析员项目”（Career Analyst Program，CAP）培训，这是中情局第一次为职业分析员进行综合性培训。培训目的是让分析员掌握情报分析的关键技术，特尼特在开学典礼上说：“把中情局所积累的最好分析方法教给他们。”②

肯特学院吸取了 1996 年培训项目教训和其他情报培训单位的经验，试图解决培训的系统性、连续性。以前，培训工作由中情局教培司（the Office of Training and Education，OTE）负责，在中情局行政部（the Directorate of Administration）进行。但是，高水平情报分析员不愿意去当教师，因为去行政部工作等于分析生涯的结束。没有固定的专业教师，就不可能有连续、系统的培训。为了克服这些困难，肯特学院在行政上隶属于情报部，地址也在情报部，预算和教师都由情报部负责。在教师问题上，肯特学院学习国家安全局国家密码学院（NSA's National Crptologic School）的经

① Stephen Marrin，“CIA's Kent School：Improving Training for New Analysts”，*International Journal of Intelligence and Counterintelligence*，16，2003，p. 610.

② Ibid.，p. 611.

验，采用多样化管理形式。国家密码学院的教员分三个类别：第一，是年轻的同行，他们与被培训的人有共同语言，可以讲述新分析员如何做；第二，是常驻教员，他们是固定的教员，保证日常教学；第三，是本领域学识渊博的专家，他们兼职授课。①

目前，情报共同体三大培训机构各有专长、相互补充，肯特学院培训专业分析技术，国家安全局的国家密码学院（NSA's National Crptologic School）培训外语和密码技术，国防部的联合军事情报学院（the Joint Military Intelligence College）和联合军事情报培训中心（the Joint Military Intelligence Training Center）提供领导才能和区域研究培训。2005 年，情报共同体成立情报共同体大学系统（IC University System，ICUS），由情报共同体教育培训司（the IC Education and Training Office）负责协调各教育、培训和研究机构，整合教育培训机构资源。②

在情报分析专业培训机构成立的同时，情报学专业刊物也不断增多。1986 年 1 月，季刊《情报与国家安全》（Intelligence and National Security）开始在伦敦发行；1986 年春季，季刊《情报与反情报国际杂志》（International Journal of Intelligence and Counterintelligence）开始在美国发行。这两个刊物都是公开学术刊物，撰稿人有大学的情报学者，也有情报分析员。1955 年，中情局开始在内部秘密发行季刊《情报研究》（Studies in Intelligence），现在同时发行公开版，1992 年国防情报大学开始发行半年刊《国防情报刊物》（the Defense Intelligence Journal），这两个刊物类似于学术刊物。1977 年美国国家军事情报协会（the National Military Intelligence Association，NMIA）开始出版《美国情报杂志》（American Intelligence Journal），现为半年刊。

情报机构建立专业的情报分析培训机构，情报分析专业学术刊物的出现，均表明这样一种共识正在形成：情报分析有自己的基本规律和原则。

---

① The AFCEA Intelligence Committee, "Making Analysis Relevant: More Than Connecting the Dots", *Defense Intelligence Journal*, 14 - I, 2005.

② William M. Nolte, "Intelligence Reform after the Intelligence Reform Act of 2004", *Defense Intelligence Journal*, Volume 14, No 1, 2005, p. 11.

二、培训内容

表4—2 情报分析员需要的基本能力

性格	知识	技术	能力
好奇 主动 探究 创造性思维 认真观察 认真阅读 投入 观点独特 创造性联想 有趣 幽默 专注 挑战传统	研究对象的情况 本国情报机构 本国的政策规划、政策 情报消费者 分析资源	批判性 阅读 计算机 表达 外语 研究 信息收集和管理 项目管理	沟通 合作 思考

资料来源：David T. Moore, Species of Competencies for Intelligence Analysis, American Intelligence Journal, Autumn/Winter 2005, Volume 23, p. 31.

一个职业情报分析员需要什么样的素质，这是分析员培训的首要任务。根据国家安全局高级情报专家办公室（the Office of the Senior Intelligence Authority, National Security Agency）分析员莫尔（David T. Moore）的分类（见表4—2），情报分析员的素质分为能力、知识、技术和性格。其中，有些素质不可能或很难通过培训提高，如创造性思维、幽默等。将莫尔列出的可培训项目分类，可分为专业知识、对象国知识和情报技术三种。

中情局招收分析员时是由情报部下属的各司直接负责，例如，“亚太、拉美和非洲分析司”（the Office of Asian Pacific, Latin American, and African Analysis）招收一名分析员，会进一步把他分派到下属处室中，最终这名分析员可能负责日本经济分析。这名分析员所需要的专业知识是经济学，对象国知识是关于日本的一切。除此之外，分析员还需要情报分析专业知识。在相当长一段时间里，情报机构错误地认为分析员只需要专业知识和对象国知识就足够了，这也是情报机构不重视分析员培训的主要原因，因为这两种知识都可以在大学课程中学习，不需要情报机构单独培训。其实，早在20世纪50年代肯特、普拉特等人就呼吁重视情报分析技术，普拉特说："把已经获得的、公认的社会科学方法与正在发展的战略情报研究方法相结合起来是一个有前途的事业。"① 中情局分析员莱曼（Richard Lehman）在退休典礼上说，我们是一种新职业，不是在中情局工作的工程师、经济学者和其他学者。② 20世纪90年代情报分析培训的兴起说明，他们的观点终于被多数人接受，尽管晚了一点。在现在的分析员培训课程中，主要内容就是情报分析技术。国别知识是关于特定地区或国家的地理、历史、社会和政治知识的综合，在中情局主要通过语言学习、大学课程、局内讨论会进行。专业知识是社会科学的各个专业，如政治学、经济学、军事学、心理学等，主要通过进入中情局前的专业学习完成。同时，各个司都聘请"专业代表"（occupational representative）讲授最新专业发展情况。③

实际上，情报分析所需要的国别知识同大学里讲授的知识还有很大区别。大学中区域研究课程并不符合情报分析口味，情报分析需要更细微、更地方化的知识或个人经验。一些情报部门注意到了这种区别，开始采取新的方法培训国别知识。例如，陆军情报部门建立"涉外军官"（Foreign Area Officer，FAO）职位，先培训外语，再送到大学里获得地区研究和国际关系的研究生学历，然后送到相应国家作武官，从实践中感受研究对

① Washington Platt, *Strategic Intelligence Production: Basic Principles*, New York, N.Y.: Frederick A. Praeger, 1957, p. 10.

② Mark G. Marshall, "Teaching Intelligence Research", *Defense Intelligence Journal*, 14-1, 2005, p. 103.

③ Stephen Marrin, "CIA's Kent School: Improving Training for New Analysts", *International Journal of Intelligence and Counterintelligence*, 16, 2003, p. 613.

象。对于情报分析而言，不仅要熟悉对象国历史和文化，而且要知道对象国看待其他国家时的观点、立场或偏见；不仅要研究对象国哲学、文学和世界观，而且能像他们那样思考；不仅要了解对象国的政治制度，而且要清楚规则之外的权力运行方式。这样的知识很难在教课书中找到，需要个人经验或有经验的分析员亲身传授。尽管如此，肯特学院、联合军事情报学院和联合军事情报培训中心等主要分析培训部门仍以分析方法为主干课程，对象国知识培训未受足够重视。不仅如此，美国情报分析机构的机制实际上鼓励通才型分析员，而非专才。中情局情报部分析员要晋升高级主管职位，必须在各个研究岗位轮岗，军方情报机构军事分析员每三年一次轮岗，国务院分析员也有一部分轮岗职位。2001 年，中情局总监察员（Inspector General）希兹（Frederick P. Hitz）说，中情局分析员平均每 18 个月就从一个项目转向另一个项目，而不能在某一个领域发展宽广的、深厚的专业知识。①

培训课程中的分析方法大部分是 20 世纪 90 年代发展起来的，包括情报部主管提出的那些准则。以肯特学院和联合军事情报学院培训课程为例，分析培训主要包括三部分：分析方法、情报写作和情报实践。肯特学院最初的设想是对分析员进行综合培训，包括情报职业道德、中情局历史、情报收集、反情报等方面的基础培训，培训时间为一年。但是，情报部官员认为时间太长，影响正常业务工作，不愿让分析员参加，最后减少到 22 周，称为“职业分析员课程”（career analyst program）。最初一周讲中情局历史、使命和价值观，由“情报研究中心”的历史学教授讲。

然后，用 4 周时间讲授情报分析和情报写作基本知识，包括情报分析思维、写作、编辑简报、数据分析、团体合作等。对于新任分析员，这些培训是及时有效的。即使是高学历分析员也必须从这些基本规则学起，因为情报分析技术、写作规范、简报程序都与学术工作有很大区别。这个阶段的最后时间里，学员被分成小组，以现实问题为研究对象，利用学习过

---

① Stephen Marrin, “CIA’s Kent School: Improving Training for New Analysts”, *International Journal of Intelligence and Counterintelligence*, 16, 2003, p. 628.

的分析方法和写作规则，撰写分析报告。

接下来4周用于学员情报实践。学员与所在单位领导协商后，本着有利于将来工作的动机，到相关机构去实习。一般来说，学员不能回其所在单位，而应到相关部门。如中情局的其他部门，或者决策部门。在决策部门里，学员可以看到情报如何被使用，认识到自己的作用是什么，职责是什么。这样的实践课不仅使学员了解情报流通的整个过程，而且有利于增强学员使命感。

4周实践结束后，学员回到教室再进行4周高级分析培训。这次情报分析培训专用的高级分析模型，不仅涉及先进分析技术，而且需要整个情报共同体合作，综合应用人力情报、图像情报、信号情报等。学员要走访情报共同体其他部门，了解特工部的工作程序和培训课程，知道自己在整个情报共同体中的地位。情报分析的概念、性质、技术、方法是学习的核心内容，特别是肯特的"情报分析基本原则"（Principles for Intelligence Analysis）和傅叶（Richard J. Heuer）的《情报分析心理学》（Psychology of Intelligence Analysis，Center for the Study of Intelligence）是学员的必修课。1998年7月，拉姆斯菲尔德委员会（The Report of the Commission to Assess the Ballistic Missile Threat to the United States）要求分析员在情报分析中高度重视"隐蔽与欺骗"（Denial & Deception），要分析"没有证据"意味着什么。在拉姆斯菲尔德报告的建议下，D & D课程也列入肯特学校培训教材。20世纪90年代末情报部各司增加了外部专家对分析假设的测试，加强使用红队、魔鬼挑战、AB组方法等选择性分析力度。在培训方面，把选择性分析作为肯特学校的重要培训课程。①

高级课程结束后，学员再进行4周实习。学员从实习单位回到教室后，还有4周高级课程，主要涉及情报与决策的关系。其中，"政治化和职业道德"（politicization and professional ethics）专题教育学员把握服务于决策和给决策背书之间的界限；"为总统写报告"（writing for president）由情报

① Jack Davis，"Improving CIA Analytic Performance：Strategic Warning"，The Sherman Kent Center for Intelligence Analysis，*Occasional Papers*，Vol. 1，No. 1，p. 8.

部高级编辑讲授，指导学员撰写最高级报告；“消费者关系圆桌会议”（roundtable on customer relations）专题由资深分析员讲授与决策者、国会、媒体交往的原则、技巧；“成功秘诀小组”（secrets of success panel）专题由年轻分析员主讲，讲授新任分析员走向成功的方法。分析员不仅要学习成功经验，更多的是从失败中学习。早在20世纪80年代中情局就设立“情报成功与失败研讨会”（Seminar on Intelligence Success and Failures）专题课程，肯特学院院长贝克斯（Frans Bax）说，“中情局的失误构成了肯特学院的核心课程”，“我们在课堂上花大量时间研究这些失误”。①

最后2周，学员进行实战模拟分析。假设教室外面发生恐怖危机，分析员要在时间压力、环境压力和信息短缺情况下做情报分析。②

联合战争情报学院可以授予战略情报硕士学位，是情报共同体中最正规的分析培训单位。战略情报硕士学位课程难度很高，1992年毕业率只有27%，2000学年有111位学生开始硕士课程，最后期限结束后，只有58位学生完成了论文。③

在情报分析方面，学校开设三门主干课程：“分析资源”（Evidence for Analysis）、“情报分析”（Intelligence Analysis）、“情报研究和写作”（Intelligence Research and Writing）。第一门课讲情报分析中不同的信息来源，例如人力情报、图像情报、信号情报和测量与识别情报（Measurement and Signature Intelligence，MASINT）；第二门教学生将问题分成小块，用证据来支持分析，最后将小块合成整体；第三门课于1993年开设，帮助学生掌握情报研究的独特方式和写作规则，提高毕业论文的通过率。

在情报分析方法课程中，既讲授学术界常用的“文氏图示法”（Venn Diagram）、“贝叶斯分析”（Bayesian Analysis），也介绍情报分析独有的方法，如：资源确认（Asset Validation）、趋势分析（Trend analysis）、链结

---

① Bob Drogin：“shool for new brand of spooks”，*the Los Angeles times*，July 21，2000.

② 关于肯特学院课程的内容引自：Stephen Marrin，“CIA's Kent School：Improving Training for New Analysts”，*International Journal of Intelligence and Counterintelligence*，16，2003，p. 621。

③ Mark G. Marshall，Teaching Intelligence Research，Defense Intelligence Journal，14－1，2005，p. 91.

矩阵分析（Link/Matrix Analysis）、角色替换（Red Cell）、反常事件识别（Anomaly recognition）、分析风险管理（Analytic risk Management）等。

同肯特学院一样，傅叶（Richard J. Heuer）的《情报分析心理学》（Psychology of Intelligence Analysis，Center for the Study of Intelligence）也是经典课程。傅叶提出情报分析五种方法——情景逻辑、理论、历史比较、竞争性假设分析、证据分析，每种方法都会在课堂上采用案例方法讲解。例如，教授利用海湾战争的案例，采用当时的保密情报讲解竞争性假设分析。

此外，军事情报分析特性也是课程设置中的重要内容。在“战场情报”（Intelligence Preparation of Battlefield，IPB）课程上，用经典分析方法预测敌人行动，提出美国的应对之策。战场情报分析包括五个步骤：第一，确认战争区域；第二，分析地形，称为（Observation & Field-of-Fire，Cover & Concealment，Obstacles，Key Terrain，and Avenues of Approach，OCOKA）；第三，天气分析；第四，威胁评估；第五，威胁综合评估，把上述四步的结论联系起来。然后，分析员要建立四个形象模块：第一，理论模块，敌人喜欢采取什么样的行为；第二，情景模块，敌人如何受环境的影响；第三，事件模块，记叙事件发生全过程；第四，决策支持模块，为决策者采取行动提供支持。①

中情局和国防部的两大情报分析机构有诸多相似之外，亦有各自特色，它们的经验、教训或许能为情报分析普遍规律给出一些提示。首先，情报分析培训的核心内容是分析方法训练，这些方法是情报机构多年来分析实践的精华，由既有情报背景又有学术根基的学者撰写核心教材。其次，情报写作技术也是必不可少的培训内容，讲员一般由情报分析机构的编辑担任。尽管写作培训类似于教小学生写作文，却是非常必要的，并不是任何学者都可以写情报。中情局分析员彼特森（Martin Peterson）甚至认

---

① Mark G. Marshall，“Teaching Intelligence Research”，*Defense Intelligence Journal*，14 - 1，2005，p. 101.

为，情报写作培训就是对学术写作的批判和解构。[①] 第三，情报分析培训高度重视实践和应用。肯特学院22周课程中，有8周为情报实践，联合军事情报学院在课堂上应用保密材料分析现实安全问题。第四，情报分析方法缺乏共识，主要根据各机构自身的历史经验总结出来的，并且经常根据个人要求或特定环境修改，增加一些临时培训。例如，1994年为改进写作方法，中情局情报部所有分析员进行为期2周的培训，课程为“方法2000”（Tradecraft 2000）。2004年，情报部又要求所有分析员参加1天的“高级分析员培训项目”（the Advanced Analyst Training Program）培训，参加1天的“方法进修课程”（Tradecraft Refresher Course）。[②]

① Martin Peterson, *Managing/Teaching New Analysts*, CLA/SII, Fall, 1986.

② Jami Miscik, DDI's State of Analysis Speech, All-Hands Meeting, CIA Auditorium, 11 February 2004.

第五章

分析方法

科学是接近真理的一种方法，情报分析就是采用这样一种方法描述、解释和预测“不知道”或“不可能知道”的事物。肯特说，科学研究是能够给予我们真理或近似真理的唯一路径。① 因为采用科学方法，情报分析才能淘汰历史上国家决策所使用的“国师”、“道士”，成为现代国家安全决策不可或缺的知识来源。

第一节 情报分析是科学吗

科学研究的功能是描述、解释和预测自然和社会现象，情报分析观察、解释和预测一切影响国家安全的国际现象。同样，伪科学也观察、描述、解释和预测一切现象。并非所有人都认为情报分析是科学，直到今天美国情报共同体内仍有人不相信情报分析是科学。

那么，科学与伪科学的区别是什么？从16世纪培根（Francis Bacon）首次将归纳推理作为一种科学方法后，归纳方法就成为科学的代名词。科学是一种经验主义的研究方法，主要是归纳法，对观察到的现象和实验结果进行加工。② 也就说，科学是在观察的基础上归纳，通过归纳得出结论，并在新

---

① Sherman Kent, *Strategic Intelligence for American World Policy*, Princeton, New York, New Jersey: Princeton University Press, Second Printing, 1971, p. 155.

② Karl R. Popper, *Conjectures and Refutations: The Growth of Scientific Knowledge*, New York: Harper & Row, 1963, p. 33.

的观察和归纳中调整、修改结论。伪科学也称自己的结论是通过归纳得出来的，并在新的观察中得到验证。但是，伪科学不会根据新的观察调整结论，而是寻找种种理由证明结论是正确的。或者说，任何新的证据都不能证明其结论是错误的。例如，占星师说“慧星扫过北斗，就要有灾难降临”，占星师会找到各种方法证明这个结论，他会说“中国没有灾难，外国肯定有”，或者“大灾难没有，小灾难肯定有”，或者“现在没有，未来肯定有”。

自从培根提出归纳研究法后，归纳一直是科学研究的不二法则。直到休默（D. Hume）在18世纪中叶对归纳提出认识论中著名的“休默问题”，即归纳在逻辑上站不住脚。休默把人类研究的对象分为两类，一类是思维关系（relations of ideas），一类是现实问题（matters of fact）。第一类主要是关于几何学、代数和算术的，每个结论都是确定的。关于第二类，休默认为，所有关于现实问题的推理都是建立在因果关系之上的，而所有因果关系均来源于经验知识，不可能从推理中产生。休默问自己，根据经验得出结论的基础是什么，他的回答是：“经验性结论的前提是未来和过去一样”，这没有逻辑根据。为什么过去的会成为未来的，局部的会成为全部的呢?[①] “休默问题”成为困扰哲学界的大难题，直到20世纪波普尔（Karl Raimund Popper）提出证伪推理方法。

波普尔认为伪科学也声称自己的结论建立在观察和归纳之上，因此归纳不是将科学与伪科学区别开来的本质特征。为了解决经典理论中的这个缺点，他提出了著名的推测和证伪（conjecture and refutation）。据说，波普尔的灵感来源于相对论（Einstein's theory of relativity），这个理论能用许多方法证明其错误。正是从这个角度出发，他抓住了科学理论的本质特质：“一个理论，如果不能以任何可设想到的事实证明其错误，那么这个理论就是非科学的，概括而言，科学理论的基本原则就是其可错误的（falsifiability）、可证伪的（refutability）、可验证的（testability）。”[②] 波普尔主张，人不

---

① Hume, Section IV, “Sceptical doubts Concerning the Operations of Understanding, Part I”, in Hume: *Theory of Knowledge*, pp. 24 – 45.

② Karl R. Popper, *Conjectures and Refutations* : *The Growth of Scientific Knowledge*, New York: Harper & Row, 1963 , pp. 36 – 37.

需要从尽可能多的事实基础上总结出理论，而是在心里自由地创造出理论，然后收集事实证伪。科学理论都是猜想，没有被证伪的理论就是正确的。

从此之后，演绎和证伪成为自然科学和社会科学研究中的经典方法，也成为科学区别于伪科学的本质特征。但是，直到今天人们对归纳和演绎在科学中的功能仍然有争议。一部分人仍然坚持，归纳是科学研究的基础方法，演绎的假设前提就是归纳的结果，假设不会凭空而来。英国当代哲学家帕庇诺（David Papineau）认为，“观察到的证据使我们有理由相信科学理论是正确的，成功地将科学理论与非科学区别开来”。[①] 另一部人相信演绎的重要性，认为如果没有假设指导，归纳和收集资料就没有意义。

不论归纳和演绎哪个地位更重要，谁都不能否认培根的归纳推理方法和波普尔的演绎证伪方法是一切科学研究的主要方法。也就是说，只要是采用归纳和演绎方法的研究都是科学的。从这个角度看，情报分析的主要方法就是归纳推理和演绎推理，在归纳中不断调整结论，在演绎验证中否定假设。因此，中情局情报研究中心（the Center for the Study of Intelligence）情报史专家库恩斯（Woodrow J. Kuhns）说，从科学的定义来看，情报分析也更接近于科学。[②]

假设和证伪的演绎方法是20世纪社会科学的主导方法，但是这种方法在社会科学中的效果却很有争议。社会科学与自然科学有两个明显区别，一方面社会科学研究中变量不可控制，因而变量太多；另一方面社会科学中人的主观意志没有科学规律可循。例如，对于人的自由意志，有人批评，只要社会科学中的变量如快乐、痛苦等不能成功地减化为神经细胞活动，那么演绎方法就值得怀疑。奥斯陆大学社会学家莫杰斯特（Lars Mjoset）指出，“我们必须认识到演绎方法的悖论：它作为一种规则影响巨大，

① David Papineau, “Philosophy of Science”, in Nicholas Bunnin and E. P. Tsui-James, eds, *The Blackwell Companion to Philosophy*, Oxford: Blackwell, 1996, p. 304.

② Woodrow J. Kuhns, “Intelligence Failures: Forecasting and the Lessons of Epistemology”, in *Paradoxes of Strategic Intelligence*, Edited by Richard K. Betts and Thomas G. Mahnken, London, Portland, OR: Frank Cass, 2003.

但是在社会科学中没有一个成功的例子”。[①] 情报作为一门应用社会科学，当然也必须面对社会科学研究面临的困境。也就是说，情报分析是一种科学方法，但是这种方法针对的研究目标是不适合科学研究的，因为人的自由意志和快乐、痛苦、感激、认同等感情随意性大、难以捉摸，或者因为社会现象的变量太多。毫无疑问，变量多和自由意志增加了社会科学研究的难度，但并不是说社会现象没有规律可循。一方面，人的行为有个体特征，不受规律控制，常常做出反复无常的举动。自由意志将自然界的因果关系与个人行为的因果关系区分开来，使社会科学做判断时更谨慎。在自然界，因果关系指自然现象的必要条件，可以根据它做出演绎性预测。在社会中，人的行为由个人自己决定，不能排除他在相同条件下做出完全相反的举动。另一方面，人的自由意志又有诸多相似之处，有不少历史经验可以借鉴。正如休默（David Hume）所言：“人是如此相象，无论任何地方、任何时期的人都是这样，就此而言历史没有告诉我们任何新的东西。”[②] 可以说，社会科学的特点增加了科学研究的难度和不确定性，但并不能阻止、否定科学研究。

冷战结束后，因为西方学术界和情报机构未能预测到冷战结束的方式、时间，美国国际关系学界首先对国际关系理论的科学预测功能展开反思。一部分人认为因为变量太多，变量变化太快，科学预测是不可能的；另一部分人认为人的行为是可以预测的，并可根据预测来指导人的行为。[③] 几乎在同一时间，与国际关系命运相关的战略情报分析也开始思考自身的科学性。20 世纪 90 年代初，国际关系专业刊物《国际安全》（International Security）、《国际研究季刊》（International Studies Quarterly）以及情报学专业刊物《军事情报专业通讯》（Military Intelligence Professional Bulletin）和

① Lars Mjoset, “Understanding of Theory in the Social Sciences”, *ARENA Working Papers*, WP 99/33, Department of Sociology and Human Geography, University of Oslo.

② David Hume, “An Enquiry Concerning Human Understanding”, Section VIII, “Of Libety and Neccessity, Part I”, in D. C. Yalden-Thomson, ed., *Hume: Theory of Knowledge*, Austin, TX: University of Texas Press, 1953, p. 85.

③ David T. Resch, “Predictive Analysis: The Gap Between Academia and Practitioners”, *Military Intelligence Professional Bulletin*, April-June 95, Vol. 21, Issue 2, p. 9.

《国防情报杂志》（Defense Intelligence Journal）都刊登专文，讨论国际关系理论对实际预测及理解形势的作用。[①] 这次对国际关系理论的辩论被称为国际关系的第三次辩论（Third Debate），[②] 是继理想主义与现实主义、传统主义与经验主义辩论后，对一切国际关系理论科学性的反思。

通过这次辩论可以看出，美国情报共同体内对情报分析的科学性持怀疑态度的大有人在，特别是军情报分析人员。这些人反感科学、统计和理论，认为情报分析是一门艺术，而不是科学。[③] 芬利（James Finley）在《军事情报专业通讯》撰文："情报失误的案例显示，科学不能预测非理性的、不可预测的人类心理。毫无疑问，本世纪的侵略者大多是狂人。情报更接近于艺术，而不是科学，情报失误是不可避免的。"[④] 另一位国防情报局官员彼特森（John L. Peterson）也指出，在巴西一只蝴蝶舞动翅膀，与其他因素交互作用，最终会在加勒比海形成飓风；同样的事情也会发生在人类身上，如果一个人说的一句假话进入情报机构使用的"国际信息系统"（International Information network），会在几小时内掀起全球风暴。[⑤] 美国专业情报刊物上发表的上述两篇文章，正好重复了对社会科学研究的两点质疑，即变量太多和人的自由意志。可见，情报分析遭遇到与社会科学研究类似的挑战。

---

① See John Lewis Gaddis, "International Relation Theory and The End of The Cold War", *International Security*, Vol. 17, No. 3, Winter, 1992 – 1993; Ted Hopf and John Lewis, "Getting The End of The Cold War Wrong", *International Security*, Vol. 18, No. 2, Fall 1993; James Finley, "Nobody Likes to be Surprised: Intelligence Failures", *Military Intelligence Professional Bulletin*, January – March 1994; John L. Peterson, "Forecasting : It 's Not Possible", *Defense Intelligence Journal*, Fall, 1994.

② Yale H. Ferguson and Richard W. Mansbach, "Between Celebration and Despair: Constructive Suggestion for Future International Theory", *International Studies Quarterly*, Vol. 35, No. 4, Dec. 1991, p. 363.

③ See James Finley, "Nobody Likes to be Surprised: Intelligence Failures", *Military Intelligence Professional Bulletin*, January – March 1994; John L. Peterson, "Forecasting: It's Not Possible", *Defense Intelligence Journal*, Fall, 1994.

④ James Finley, "Nobody Likes to be Surprised: Intelligence Failures", *Military Intelligence Professional Bulletin*, January – March 1994; John L. Peterson, "Forecasting: It 's Not Possible", *Defense Intelligence Journal*, Fall, 1994, p. 9.

⑤ John L. Peterson, "Forecasting: It's Not Possible", *Defense Intelligence Journal*, Fall, 1994, p. 10.

迄今为止，社会科学主要通过两种办法应对上述挑战。第一，社会科学变量太多，不能在控制变量的情况下做实验，但是历史就是社会科学各种理论的实验室。尽管历史分析法不能得出自然科学那样精确的理论，却也提供人类取之不尽的启迪，是一切社会科学的基础。尽管人的意志是自由的，但并非无理由的自由，人的意志是受环境影响的。社会科学不能阅读特定个人的心理活动，但是重大历史事件总有其发生的社会环境，而这个环境可以通过社会科学认识。总之，社会现象有一定规律可循，人的行为存在因果关系。虽然社会科学不能得到自然科学一样的刚性规律、理论，但可以研究出帮助人们理解、预测社会现象的柔性规律。政治学、经济学、社会学都是通过这种方法构建理论，成为社会科学的主流。第二，人与人的思维是相通的，因而可以理解对方的行为。哈耶克说，这种理解之所以成为可能，是因为我们有着和别人一样的头脑，是因为只有利用我们和他们共享的精神范畴，我们才能重建我们所研究的社会复合体。① 在社会科学中，历史学更多采用此种研究方法。

在国际关系学界，与此相对应，国际关系理论的研究方法也分为两种。中国国际关系学者秦亚青说：

> 作为人，我们面对两种事实，自然事实和社会事实，社会科学和自然科学之间的争论和社会科学之内的自然学派、一元论派、二元论派争论的本源也在这里。自然和社会到底是不是同一事实，对此的主流认识分为两派：一派是涂尔干采取了把社会事实转化为接近于自然事实的手法，这样社会科学就可以在科学实在论的框架中展开，表现形式是实证主义，是自然科学与社会科学的统一。另一种是韦伯传统，他认为自然事实和社会事实是两类事情，是不可混淆的，结果就产生了解释学，其研究方法与实证主义是不同的。这些认识反映到国际关系研究中，就出现了实

① ［英］弗里德里希·A. 哈耶克：《科学的反革命》，冯克利译，译林出版社，2003 年版，第 47 页。

证主义和解释学成为国际关系理论研究的两种主要方法。①

同社会科学研究相对应，情报分析也采取了实证主义和解释学两种方法。当一个情报分析员要弄清柏林危机时，他会去研究历史上的危机案例，利用大量历史知识总结规律，这是社会科学研究的共性。不同之处在于，“社会科学是这些规律的生产者，而情报分析员则是使用者”。② 美国战略情报机构刚建立之时，情报分析员大多是原来的大学教授，情报分析方法是从学术研究中移植来的，社会科学中的科学方法也被情报分析当作科学方法。肯特认为，在一定范围内，预测其他人在特定环境下的行为并不是十分困难和深奥的。成百上千的案例中都正确地预测到了结果，有时预测甚至是大胆的、毫不含糊的或转折性的。之所以能预测成功，是因为人的行为有一定的规律。对于国家领导人而言，只要他思维正常，至少不是明显的神经错乱；他不能独自反复无常地做出决定，至少他要同顾问谈论，在一个非独裁国家里，它还要经受政府和公众的考验；他意识到他的国家里传统力量的影响，关于广泛的国家利益和目标大体上接受的观点，为此大体上存在政策界线；他了解实际情况，那么他选择的空间将被压得很小，通过认真的情报分析是可以得出结论的。③

同时，情报分析也重视通过“人性相通”来理解、预测对方行为，在情报分析中大量吸收历史学研究方法。不同的是，历史学解释过去的行为，情报分析解释现在的行为。因为情报分析与历史学接近，不仅战略情报机构有众多分析员曾经是历史学教授，而且联合军事情报学院还邀请历史学家霍利（Irving B. Holley）教授讲研究方法课。④

总之，根据对科学的定义，情报分析是一种科学方法。鉴于社会科学

---

① 秦亚青：“第三种文化：国际关系研究中科学与人文的契合”，《世界经济与政治》，2004年第1期，第19页。

② Joynt, Carey B. and Rescher, Nicholas. “The Problem of Uniqueness in History”, *History and Theory: Studies in the Philosophy of History*, 1, No. 2, 1961, pp. 153 – 154.

③ Sherman Kent, “A Crucial Estimate Relived”, *Studies in Intelligence* 36, No. 5, 1992.

④ Mark G. Marshall, “Teaching Intelligence Research”, *Defense Intelligence Journal*, 14 – 1, 2005, p. 97.

的科学性受质疑，情报分析作为一门应用性社会科学遭遇到与社会科学研究相同的质疑，也采用了与社会科学同样的解决办法。只要承认社会科学是科学，就必须把情报分析当作科学方法。

第二节　理论的作用

情报分析作为一门新兴学科尚未有自己成熟的、相对完整的理论，必须借助社会科学其他学科理论完成自己的使命。那么，社会科学的理论在情报分析中的作用或意义是什么？或者说，理论对应用性社会科学的功能是什么？多年来，中国人耳熟能详的一句话是“理论指导实践”，因此在我们的心目中理论是高级的，应用研究是低级的，低级学术研究要接受高级学术成果的指导。美国国务院情报与研究局（The Bureau of Intelligence and Research，INR）前局长希尔斯曼认为，情报分析就是解决理论和实际之间的关系。[①] 在希尔斯曼看来，理论和实践不是指导和被指导的关系，理论在实践中的作用还需要另外一门学科研究，这门学科就是应用科学。

什么是理论？美国社会学家施特劳斯（Anselm Strauss）说，理论是一系列相关概念组成的一个模型，可以用来解释和预测现象。[②] 密歇根大学教授辛格（J. David Singer）认为，理论是可重复的、对特定一类事物有强大解释能力的因果关系。[③] 可见，理论是一种可以重复应用的因果关系，也是解释、预测的一种工具。在日常生活中，当我们搬不动一块石头时，会找一个杠杆作为工具。在科学研究中，当我们要描述、解释和预测一件复杂事件时，会借助理论来帮助思考。理论是帮助我们思考的工具，但理论不能代替我们思考，就像杠杆不会自己把石头搬起来一样。由此可见，

---

① Roger C. Hilsman, *Strategic Intelligence and National Decision*, Glencoe: The Free Press, 1956, p. 143.

② Anselm Strauss and Juliet M. Corbin, *Basics of Qualitative Research*, *Techniques and Procedures for Developing Grounded Theory*, Newbury Park: Sage Publications, 1990, p. 15.

③ John Lewis Gaddis, “International Relation Theory and The End of The Cold War”, *International Security*, Vol. 17, No. 3, Winter, 1992—1993, p. 19.

理论并不比应用科学高级，理论是应用科学的工具。

无论应用社会科学是仰望、平视还是俯视理论，应用科学研究离不开理论。迄今为止，应用社会科学理论分析情报仍是主流方法，尽管直觉分析也受到重视。情报分析是通过观察得出结论，观察到的证据和结论之间必然存在因果关系，这种因果关系实际上就是理论。不同的是，有的人在分析过程中明确意识到在使用理论，有的人没有明确意识到使用了理论。

一般来说，在经济情报、科技情报等接近“硬科学”的领域，分析员多数情况下有意识地使用理论，因而“科学性”更强，更容易为消费者所接受。“丘奇委员会”报告指出，情报分析员在技术分析领域的业绩好得多，相比之下，在定性判断、趋势预测和政治评估方面的业绩就不行。一些决策者感到情报分析在那些更微妙的政治、经济问题及军事意图等问题上不是特别有帮助。① 理论在这些领域的成功显示，对于硬科学而言，分析员只要把观察到的数据输入理论框架，就能得到预测结果。

然而，情报分析是跨学科综合研究，这种硬科学的研究方法仅在个别案例中局部应用。有些分析员应用理论时，不仅明确地意识到应用的理论是什么，而且清楚这种理论的前提条件和优缺点。1960 年底中情局成立“人物和政治行为分析中心”（the Center for the Analysis of Personality and Political Behavior），后改名为“政治心理分析中心”（Political Psychology Center），开始有系统、有组织的人物分析。该中心首任主任帕斯特（Jerrold Post）是一位职业精神分析家，分析员包括精神分析家、心理学家、政治学家、历史学家和文化专家，甚至人类学家。在帕斯特担任中心主任期间，主要以精神分析法为分析工具。根据精神分析理论，领导人的政治行为受意识或潜意识影响，意识和潜意识形成于青少年时期。于是，分析员要查阅领导人大量的生活细节，特别是童年时代的细节（往往这个时期

---

① U. S. Congress, Senate, *Foreign and Military Intelligence.*, Final Report of the Select Committee to Study Government Operation (The Church Committee), Book I, 94th Cong., 2nd Sess., 1976, p. 267, quoted by Ephraim Kan, "Intelligence and Decision Makers", in Douglas H. Dearth and Royal Thomas Goodden, edited, *Strategic Intelligence: Theory and Application*, Defense Intelligence Agency, 1995, p. 140.

的材料最缺乏）。根据领导人青少年时期的生活细节描绘出领导人心理特征后，帕斯特研究领导人的大量案例，分析在这些案例中心理驱动力是如何发挥作用的。然后分析员集合这些事例，描绘出领导人行为的路径图。[①]当帕斯特利用弗洛伊德精神分析理论做人物分析时，其他一些分析员不同意精神分析理论，他们以当时心理学领域最热门的心理语言学为基础，从另外一个角度进行人物分析。他们的分析方法也得到普遍认可，并得到了政府合同。心理语言分析方法研究领导人的口头发言或文字作品，以此来分析领导者的心理。经由实验心理学制定出规则手册，据此为领导人的语言打分。这是一种定量分析方法，他们自认为这种方式比帕斯特的定性分析更客观、更系统。密歇根大学的分析家温特（David Winter）说："我们只计算仔细确认过的事例，不论对这个人的印象如何，我们完全依靠数字说话。"当一个领导人的言行被打分之后，搁到了随机组成的数据库中比较，这个库有来自不同文化、不同政治体系的领导人的分数。温特通过三个动机来评价领导人：成功、权力和联盟。领导人的政治行为受这三个动机驱动，据此可以对领导人行为做出有条件预测。[②] 无论是使用精神分析法还是语言分析法，分析员都是有意识地使用理论，并且清楚知道该理论的优缺点。

更多的时候，情报分析员没有意识到自己在分析中使用了理论。每个情报分析人员，无论其承认与否，意识到与否，在分析情报之前内心或潜意识里都有一个理论或假设前提。也就是说，任何一个分析者都有一个分析框架，没有这个框架，材料、信息、证据就没有意义，因而无法进行分析。只有在这样一个框架下，分析员才能选择、组织、解读材料。有些分析员可能从来没有接触过政治学、社会学或经济学的任何理论，但这并不妨碍他在潜意识里认可这些理论。例如，许多人可能从未真正地系统理解现实主义理论中的权力政治，却知道"落后就要挨打"这个朴素道理。在

---

① Thomas Omestad, "Psychology and the CIA: Leaders on the Couch", *Foreign Policy*, Summer, 1994, p. 115.

② Thomas Omestad, "Psychology and the CIA: Leaders on the Couch", *Foreign Policy*, Summer, 1994, p. 117.

分析国际冲突时，就会自然而然地关注实力消长，而不是意识形态差异。再如，有的分析员可能不知道自由主义国际关系理论中的“民主和平论”，却知道“道不同不相与谋”的古训。在分析国际冲突时，就会从意识形态的角度看问题。分析员无意识应用理论时，对理论的前提条件、优缺点一无所知，其判断水平与非专业人员相同。

任何一种理论都是从某一个特定角度看问题，必须有假设前提限制其他变量，因而分析员只有在有意识使用理论的情况下，才能知道这个理论是否适用眼前的现象。摩根索（Hans J. Morgenthau）曾分析：康恩（Herman Kahn）在其《核战争》（On Thermonuclear War）一书中提出，核战争与常规战争没有区别，仅是规模更大而已；这个理论的假设是人们能承受核战争打击，并从核打击中恢复；它假设人们可以得到一切想要的信息，知道核打击损害程度的一切数据。假如，我们知道核打击能使9/10的人口和财物消亡，但在此情况下，1/10的人能够承受这种损害，并重新建设吗？没有人知道。人类社会的承受能力是有限的，这个限度在哪里，没有人能知道。因此，核战争理论的不可靠因素（contingent element）就在于其最终的不确定性（uncertainty）。[①] 如果情报分析员要应用康恩的核战争理论，必须清楚“人类能够承受核打击”是它的前提，并且承认这个前提是正确的。中情局已经非常清楚地意识到潜在假设前提对分析的重要影响，情报分析规则明确要求假设前提“清晰化”。

可以说，理论的假设前提就是理论的弱点所在，因为该理论无法回答新变量加入后结果是什么。耶鲁大学教授加迪斯（John Lewis Gaddis）把国际关系理论划分为三类：行为主义（behavioral）、结构主义（structural）和进化论（evolutionary），每一类都有自己的前提条件或假设，都有缺陷或优点。行为主义注重可观察的事物，忽视不可观察的意识、结构。结构主义相反，产生了印象主义的判断和不可验证的结论。两者都忽视时间的影响，认为行为是不变的。进化方法重视时间的影响，但代价是模糊了行为

---

① Hans J. Morgenthau, *Truth and Power*, *Essays of a Decade*, 1960—1970, Praeger, 1970.

和结构的区别。①

不论情报分析员对理论的应用是有意识的还是无意识的，情报分析必须依赖理论知识。那么，在社会科学中基础理论如何影响应用科学研究，或者说情报分析作为一门应用科学如何使用理论工具？在应用科学的眼里，社学科学理论该发挥什么作用？挪威奥斯陆大学社会学家莫杰斯特（Lars Mjoset）在1999年的一份研究报告中提出，20世纪以来应用社会科学对理论的态度有四种类型。

表5—1　应用社会科学对理论的四种态度

	类律	理想模型	建构主义	批评理论
承认演绎规律	是	是	否	否
认同社会科学与自然科学的不同	否	是	是	是
接受社会科学理论的道德基础	否	否	否	是

资料来源：Lars Mjoset，Understanding of Theory in the Social Sciences，ARENA Working Papers，WP 99/33，Department of Sociology and Human Geography，University of Oslo.

第一种，社会科学理论被称为“类律”（Lawlike or Quasilaws），它在应用科学中的应用必须因具体环境而调整。因为社会科学与自然科学之间的本质区别，社会科学不能通过实验得出规律，只能根据历史案例来归纳。但是，波普尔否认具体历史事件与普遍规律之间有因果关系，也就是说社会科学不可能有普遍的规律。社会科学不能得出这样的理论：有某个因，就必定有某个果。例如，公众对政府的不满一定会引起政府垮台。波普尔认为，社会科学理论只能关注应用到具体背景下的规则。② 默顿（Robert King Merton）称此为“中层理论”（middle range theory），介于抽象的统一性理论和具体的经验描述之间。没有一个决定性的事件或经验能证明一个社会理论是真的或假的，即使某件事证明一个社会理论是错误

① John Lewis Gaddis，“International Relation Theory and The End of The Cold War”，*International Security*，Vol. 17，No. 3，Winter，1992—1993.

② Popper，K. R.，*The Open Society and Its Enemies*，Vol. II，London，Routledge：p. 264.

的，也可以微调最初的变量加以解释。如，某国民众对政府不满，但政府没有垮台，并不能证明这个理论不对，可以找出其他的变量解释，如该国民众的内部矛盾大于他们与政府的矛盾。具体背景作为社会科学理论的不确定变量，是二战后西方社会科学的主导思想。社会科学理论不是普遍规律，而是暂时性的，随着具体事件而不断调整。因此，默顿认为社会科学理论弱在演绎推理，强在现象解释。即使最简单的经济规律也不是普遍适用的，“价格下降引起需求增加”，中国汽车价格下降并未引起需求上涨，解释是消费者持币等待进一步降价。于是，社会科学理论被称为“类律”，它会根据具体事件进行微调。①

第二种，社会科学理论是一种“理想法则”（idealising notion），只在理想的应用环境中能起到预测作用。马克斯·韦伯和格奥尔格·齐美尔（George Simmel）认为社会科学中的规律是一种“理想法则”，是人类动机的理想化。“类律”用实证主义方法试图确定一个法则应用的所有前提条件，理想法则认为确认一个具体环境的所有变量是不可能的，它关注实证主义的另一个方面，即社会中不证自明的公理系统（axiomatic system）。这就是20世纪80年代以后兴起的理性选择理论（rational choice theory）、博弈论（game theory）等，通过数学模型或逻辑模型来理解理性行为，把人的个性因素在社会科学解释中降到最低。在理想模型（idealized model）研究中，研究者自己控制变量的权力很大，这种模式在理论上很有趣，但现实中难得一用。因此，社会科学理论与自然法则的重大区别是，社会科学理论只能在理想化的世界中预测，但现实事件极少符合理想化世界。在建立模型时，研究者计算、推理、评估行为者的动机。一旦模型要求的严格限定条件不能满足，模型就会变得极为复杂。这种模型与事实之间的差距比类律中理论与事实之间的差距还要大。对类律而言，理论应用者不可能确认所有的变量；对于理想模型而言，应用者难以满足限定条件。

应用科学对理论的上述两种态度都同意以演绎推理作为基本研究方

① Lars Mjoset, “Understanding of Theory in the Social Sciences”, *ARENA Working Papers*, WP 99/33, Department of Sociology and Human Geography, University of Oslo.

法，也承认社会科学理论与现实之间有差距。要通过上述两种方法预测，必须对事件有完美的知识，知道模型中涉及的人和事的一切情况。这两种方法的各自优点是明显的，学者往往结合使用，通过理想模式来寻找类律。

第三种，对社会科学的建构主义态度（constructivist notion）。建构主义认为，科学知识与日常生活知识没有区别，人们观察新事物时，总是用已经知道的知识来解释它。人们利用类比，去理解新的领域，当然在利用类比时人们也修正原有的知识。一个著名的例子，达尔文把市场选择理论作为类比，形成了自己的“自然选择”理论。社会科学有一个自然科学不需面对的困扰，即如何理解动机、偏好、价值观。理想模型用严格的条件限定来解决，建构主义关注日常知识，认识到这些知识总是有限的，人的理性总是有条件的。社会科学从来没有发现像相对论一样的硬规则。建构主义没有发展出自己简约的理论，但是反对任何脱离具体情境的理论，在解释方面非常有说服力。建构主义像历史学家一样，建构具体的情景，通过日常生活知识解释当时的事情。建构主义的一个经验就是，具体情境和动机是重要的。没有普遍的理论，每件事都是不同的。建构主义在国际关系领域的代表作就是温特的《国际政治的社会理论》。[①]

第四种，社会科学理论发挥批判理论（critical theory）的功能，是用来改变社会现实的。哈贝马斯（Juergen Habermas）认为社会中有一些公认的道德准则，社会科学不是关于普遍规律的科学，而是为这些公认的道德准则服务，主要是对社会的批判。社会科学家也是社会活动者之一，亦受这些道德准则影响。批判理论将重点放在社会理论的道德基础上，而不是应用社会科学理论解释、预测具体事件。批判理论认为，任何社会理论都是“具体历史情境”的产物，不仅有当年的物质基础，而且也有其意图和功能，为特定的利益群体服务，因而社会理论可以看作一种社会变革的力量。批判理论在国际关系中的代表人物有考克斯（R. Cox）、林克雷特

---

① ［美］亚历山大·温特：《国际政治的社会理论》，秦亚青译，上海人民出版社，2000 年版。

（A. Linklater）、沃勒斯坦（I. Wallerstein）。

前两种态度承认演绎实证规律，认为可以通过理论进行一定程度的预测，后两种都反对演绎实证规律，认为社会理论不能预测具体事件。但是，建构主义重视对特定事件的情境解释，对事件的解释力强。批判理论认为社会科学的功能是批判和推动社会进步，与情报描述、解释和预测的功能没有关系。因而除批判理论之外，其他三种对理论的应用方式都在情报分析中存在。[①] 前三种态度可进一步分为两类，类律和理想法则都承认社会科学理论是可以实证的，只不过不如自然科学中那样确定，因而应用科学可以通过验证假设的方法应用理论；建构主义不承认社会科学理论的实证性，主张分析员通过情境构建来理解社会现象。

情报分析对社会科学理论的建构主义态度可以称之为情境建构方法，指分析员应用日常生活中的知识或社会科学知识，通过人类相同的理性理解过去、现在的社会现象。这是情报分析中长期使用的方法，也是历史研究的主要方法。在历史研究中称为历史诠释学，在解释现在或预测未来的情报分析中我们可以称为情境建构方法。德国著名哲学家狄尔泰认为，自然科学与社会科学有本质区别，“解释是应用于精神科学的方法”。他认为，历史本质上是人的活动，历史研究者也是人，古人与今人之间享有共同的人性，因而历史是可以理解的。[②] 这种诠释学理论在 20 世纪 70 年代形成了“社会建构理论”。1949 年肯特在论述情报分析方法时说，情报工作人员必须有一种意愿，把自己当作对象国的动员负责人，他能意识到当时的形势，然后看自己会采取什么行动。[③] 1984 年陆军战略情报分析培训教材要求，分析员要真正认识敌人，才能像敌人一样思考，认识对手的过程至少有三个层次：第一，知道敌人的情况（facts）；第二，根据所掌握的情况融合成理解敌人行为的能力（understanding）；第三，像敌人一样思

---

① Mjoset，“Understanding of Theory in the Social Sciences”，*ARENA Working Papers*，WP 99/33，Department of Sociology and Human Geography，University of Oslo.

② ［德］狄尔泰：“对他人及其生命表现的理解”，何兆武主编：《历史理论与史学理论：近现代西方史学著作选》，商务印书馆，1999 年版，第 320 页。

③ Sherman Kent，*Strategic Intelligence for American World Policy*，Princeton，New York，New Jersey：Princeton University Press，Second Printing，1971，p. 53.

考（think），这样才能预测敌人的行为。[①] 认识敌人、构建环境、像敌人一样思考，这是情境构建法的基本步骤。2001 年“9·11”事件后，中情局成立“中情局长红队”（DCI Red Cell），让分析员假设自己是分析对象，想象自己处在对方的情境中会采取什么行为。

情境构建方法认为，一个社会现象或者决策者所处的社会环境，是由多种因素相互作用而构建成的，特别是一个国家的历史、信仰、文化等因素影响国家的定位、认同、目标，因此情报分析要广泛应用历史学、人类学、文化学等知识。情境构建法特别强调历史在情报分析中的作用，但不是使用历史类比方法，而是通过历史来理解、构建当前的环境。历史是一个有用的数据库，在那里能找到失落的钥匙（missing keys）。[②] 情境构建法是在批判中情局经验主义的过程中成长起来的，也一直在补充经验主义的不足。1949 年，情报分析员肯戴尔（Willmoore Kendall）就警告，经验主义影响了更广阔的判断，还忽视了不可量化的因素，如爱、恨、信仰等的影响。20 世纪 80 年代初波士顿大学国际关系学教授寇德维拉（Angelo Codevilla）指出，谈到美国情报，如果不谈情报分析中基本的学术工具经验主义（empiricism）就是不全面的。在情报分析中，经验主义的操作准则是，以可量化的单位确定什么是要寻找的东西，然后计算这个量化单位是多少，观察它变化的范围。我们没看到的就是不存在的，如果我们没有看到什么，那么我们就没有办法知道它的存在。如果一个东西是不能被计算的，它要么是不存在的，要么是不重要的。[③]

美国政治学家波兹曼（Adda B. Bozeman）是情境构建法的积极支持者，并将情境建构法推向极端，提出“比较情报”（comparative intelli-

---

① Ruth H. Phelps, Judith A. Englert, and Sharon A. Mutter, *Application of a Cognitive Model for Army Training*: *Handbook for Strategic Intelligence Analysis*, U. S. Army Research Institute for the Behavioral and Social Sciences, October 1984, pp. 4 – 10.

② Adda B. Bozeman, *Strategic Intelligence*: *Selected Essays*, Washington, DC: Brassey's, 1992, p. 6.

③ Angelo Codevilla, "Comparative Historical Experience of Doctrine and Organization", in Roy Godson: *Intelligence Requirements for the* 1980: *Analysis and Estimates*, published by National Strategy Information Center, Inc, Distributed by Transaction books, New Brunswick (USA) and London (UK), pp. 32 – 33.

gence）分析。比较情报强调每一个国家的独特性（otherness），重视非物质力量的影响，特别是文化、历史、宗教、价值观等。波兹曼认为，世界上任何两个人都不一样，任何两个民族都是不同的，这是情报分析的重点。分析员在了解自己的基础上了解所要分析的社会，而了解这个社会必须使用多学科方法，如历史学、人类学、语言学（相同的话在不同的国家可以有不同的含义）等。[①] 比较情报学认识到了每个国家、每件事、每个人的独特性，要求任何研究都必须从认识研究对象的特性出发，实际上是对 20 世纪社会科学研究“科学化”的反弹，也是行为主义没落后社会科学摸索到的新出路。但是，波兹曼用文化和历史解释一切行为，过度强调人类社会的差异性，忽视社会行为的共性和规律，不关注结构、实力在国际社会中的功能，也是过犹不及。

情报分析对社会科学理论的类律和理想法则态度可称之为经验佐证方法，认同演绎逻辑推理的方法，承认社会科学中行为主义的基本功能，也意识到了社会科学与自然科学的重大区别。情报分析采用假设—验证—结论的经验方法，因为社会科学的类律和理想法则特征，不能用演绎的方法证实假设，但是可以佐证假设，增加对假设的信心。这种方法从战略情报机构建立到现在，一直在美国情报分析中占主流，被认为是情报分析的科学方法。1964 年肯特描述作为科学方法的情报分析时说，评估过程完全是学术性的，“国家情报评估”完全按照科学方法进行。简单地说，分析员拿到一个问题后，先决定如何处理，然后搜索一切相关信息，进行评估、分析和吸收；根据这些信息意义形成初步假设，最后返回来用已经有的事实材料验证这些假设，一些假设被推翻，没有被推翻的就按可能性大小排列。[②] 1957 年军事情报分析员普拉特指出，“对于科学方法，虽然不同的人有不同的理解，但是基本的特征是一样的，即收集材料、形成假设、验

① Addab. Bozeman, *Strategic Intelligence*: *Selected Essays*, Washington, D. C.: Brassey's, 1992.

② Sherman Kent, A Crucial Estimate Relived, http://www.cia.gov/csi/books/shermankent/9crucial.html.

证假设、得出结果。[①] 1992 年波士顿大学国际关系学教授寇德维拉说，任何一个情报分析报告都由三部分组成：假设、事实和判断（assumption，facts and judgment），三者不可分割。[②] 哥伦比亚大学教授杰维斯（Robert Jervis）在谈到情报分析时说，尽管没有公认的科学方法（scientific method），但是至少每个人都承认当一个人看到一件事时，他需要有几种解释（alternative explanations），同时要收集与每一个假设相关的证据，最后可以得出多种结论。[③] 上述四位学者，前两位是情报分析员，后两位是情报学者，他们几乎用同样的语言指出，经验佐证法就是情报分析的科学方法。实际上，1996 年中情局在情报分析手册中，明确指定此种方法为情报分析的规范方法。

经验佐证法的基本逻辑是事实是可以观察的、验证的，过去的经验不仅对未来有意义，而且是我们理解现在、预测未来的唯一途径。耶鲁大学历史学教授加迪斯（John Lewis Gaddis）是经验佐证方法的支持者，他说："任何预测都必须建立在对过去的认识之上，否则你不仅没有思考的基础，甚至连表述的语言都没有。理论提供了一种方法，把过去的模式整合起来，使它们能在当前变得有用，以预测未来。没有理论，一切预测的企图都会沦为随机猜测。"[④] 理论是对历史规律的总结，情报分析离不开理论，但是并不能采用波普尔建议的演绎实证方法。根据证伪规则，针对一个问题，情报分析员大胆提出各种假设，然后收集各种资料以证明所有假设是错误的。由于情报分析是在非封闭环境下进行的，变量太多，任何一个假设都能被证明是错误的。根据证伪原则，世界上任何一个国际关系理论都可证明是错误的，没有一种理论能经受住所有国际事件的考验。甚至依据证伪方法，情报分析的命题都不是科学命题。例如，美伊战争的可能性是 80%，这是一个非常普遍的

① Washington Platt, *Strategic Intelligence Production: Basic Principles*, New York, N. Y.: Frederick A. Praeger 1957, p. 75.

② Angelo Codevilla, *Informing Statecraft: Intelligence for a New Century*, New York: The Free Press, 1992, p. 200.

③ Robert Jervis, "Improving The Influence Process: Information Norms and Incentives", in Alfred C. Maurer, Marion D. Tunstall and James M. Keagle, edited, *Intelligence: Policy and Process*, Boulder and London: Westview Press.

④ John Lewis Gaddis, "International Relation Theory and The End of The Cold War", *International Security*, Vol. 17, No. 3, Winter, 1992—1993, p. 6.

情报命题，但是这个命题却是不能证伪的，无论战争发生与否，结论都是对的。正因为如此，理论在情报分析中不能当作规律使用，只能当作类律或理想法则，验证方法不能采取经验实证方法，只能采用经验佐证方法。

根据理论的定义，理论是可以用来预测未来的。事实上，加迪斯认为自摩根索以来的国际关系理论有一个共同点，它们的主要目的就是预测未来。[①] 国际关系中的"决策理论"（decision-making theory）、威慑理论（deterrence theory）、政治发展理论（political development theory）、国际关系中的知觉和错觉理论（perception and misperception in international relations）、博弈论（game theory）等，预测功能更强，预测对象不仅限于国际体系层次，而是深入到预测领导人行为、国家行为。然而，现实中没有一种国际关系理论具有准确预测功能。早在1948年摩根索就承认，国际政治中可靠地预测从来都不可能。任何政治局势中都有相冲突的趋势，理论所能做的是让学者跟踪不同的趋势，指出不同的条件可能让某一种趋势占优势，最后评估哪种条件和趋势在现实中可能成真。芝加哥大学教授卡普兰（Morton A. Kaplan）在1957年也认为，理论在预测个人或国家具体行为时没什么用，但是理论可以预测特定国际体系中的特征或行为模式，在何种条件下这种特征会保持不变，在何种条件下会转变。[②] 加州大学伯克利分校教授沃尔兹（Kenneth N. Waltz）1979年说，理论解释行为规律，使人能预期到相互作用的因素将产生什么结果。但是，国家和政治家的行为并不是确定的。[③]

国际关系理论都是以预测为目的，但是上述几位著名学者都坦承理论不具有预测具体事件的功能。然而，情报分析恰好要预测具体的人、事、物，国际关系理论在情报分析中有什么功能呢？根据本书对情报分析方法的分类，在情境构建法和经验佐证法中，理论分析发挥什么作用呢？

首先，理论帮助分析员形成假设，分析员根据假设思考、搜集或组织材料。无论是情境构建法还是经验佐证法，都必须从收集材料开始，收集

---

① John Lewis Gaddis, "International Relation Theory and The End of The Cold War", *International Security*, Vol. 17, No. 3, Winter, 1992—1993, p. 10.

② Ibid., p. 8.

③ Ibid., p. 9.

什么样的材料是由假设决定的。例如，中央情报局观察到埃及总统访问苏联后，分析员要想知道此次访问的意图，可能会根据现实主义国际关系理论假设，埃及总统访苏的意图是制衡美国。然后，分析员根据这个假设收集埃及、苏联、美国三方关系的材料，以验证或否定自己的假设。在这里，理论发挥了帮助分析员建立假设的功能。如果分析员根据自由主义国际关系理论假设，埃及总统访问是由埃及内政变化引起的，那么就会收集埃及国内政治形势的材料。每一种国际关系理论都抓住了世界政治的一个重要方面，现实主义、自由主义和建构主义各有所长，分析员应当承认现实主义中权力的重要性、自由主义中国内力量的作用和建构主义对变化的理解，形成多种假设。例如，结构现实主义（structural realists）指出，国际体系中权力分布和威胁排列顺序变化将引起大战略调整；建构主义指出，国家认同（national identity）和战略文化的变化引起大战略变化；自由主义则认为，内政的变化，即民主化、自由化引起大战略变化。①

建立假设是一个复杂过程，分析员并不总是依据理论确定假设，大众意识、直觉也发挥关键作用。即使对国际关系专业人员而言，理论也仅是其建立假设的来源之一。在建立假设过程中，理论的独特功能是帮助分析员思考超越其直觉范围的假设，国际关系中的结构理论可以指导分析员去思考结构的作用，否则人既不看到也感觉不到结构存在。

理论帮助分析员建立假设，确立了分析的起点或方向，但并不能决定分析过程或结果，分析过程和结果仍是分析员的知识创新。每一种理论都是现实的简单化或理想化，所以用理论来框定分析工作必然是削足适履。正如科学方法论专家指出的，“我们必须承认一个框架在提供分析的重点或起点方面是重要的，我们必须强烈意识到框架提供的理论视角不能够用来决定我们的研究，而应把它作为提供一个方向，或促进我们研究分析的创造力源泉。”②

其次，理论可以帮助分析员系统地思考假设，根据假设演绎、佐证假

---

① Colin Dueck，“New Perspectives on American Grand Strategy：A Review Essay”，*International Security*，Spring 2004.

② Richardson，K. A. Cilliers and Lissack，M.，“Complexity Science：A ‘Grey’ Science for the ‘Stuff in Between’”，p. 536.

设。例如，分析员在“埃及总统访美的意图是制衡”的假设下，会根据现实主义国际关系理论寻找“一个小国在两个大国间发挥平衡作用会有哪些动作”。根据演绎推理，分析员可能会发现，一般而言，这样的小国会在政治上中立、军事上不结盟等特征。然后分析员收集材料、分析材料之后，查验埃及是否满足了这些条件。即使埃及完全满足了这些条件，根据经验佐证法原则，也不能证明假设是正确的，还必须寻求别的证据进一步佐证这个假设。在这里，理论帮助分析员系统地思考问题，思考假设的前提、假设的演绎和假设的验证。正如哈佛大学教授沃特（Stephen M. Walt）所言，理论的功能是帮助形成“有系统的思考”。[①] 国际问题研究者在考察国际问题时会自觉发现，一国的实力是一回事，别人对它的认知是另一回事。但是，只有在学习杰维斯的知觉和错觉理论后，才会系统地知道错觉产生的原因、发挥作用的方式等。这是一个从无意识到有意识、从无序到有序的过程。

理论对情报分析的最大贡献是帮助分析员建立假设和系统思考，情报分析对理论的应用千万不能超过这个界限。在应用国际关系研究或情报分析中使用理论，要不惜一切代价避免两种倾向。

第一，将理论当作普遍规律，应用经验实证方法预测未来。理论的目的就是寻找规律，具体事件的特性破坏规律。一方面，社会理论家所要理解的每件事都具有独特性，仅以此种方式发生过一次；另一方面，他们又有相似性，是社会力量（social force）的体现，而社会力量是人类本性的行为体现，在相同的环境下，他们的体现方式可能是一样的。理论家的职能是找到社会现象中的必然性，情报分析员则要先找到社会现象偶然性和必然性之间的分界线，然后才能应用理论。在情报分析员找到这条界线之前，如摩根索所言，所有这些理论分析都是靠不住的，因为有我们不知道的因素或其作用超出我们想象的因素存在。[②] 因此，一切理论都是假设，而不是逻辑推理中的大前提。例如，“民主国家之间不打仗”是一种理论，

---

① Stephen M. Walt, “International relations: one world, many theories”, *Foreign Policy*, *Spring*, 1998, pp. 29 – 35.

② Hans J. Morgenthau, *Truth and Power*, *Essays of a Decade*, 1960—70, Praeger, 1970.

如果把它当作大前提推理，就会出现如下情况：

大前提：民主国家之间不打仗；

小前提：德国、英国都是民主国家；

结论：德国和英国之间不会打仗。

社会科学理论只能建立模糊的因果关系，无论是类律还是理想法则，都不承认为理论是普遍规律，在应用理论前必须完全了解应用对象的所有情况。理论为总结普遍规律，不得不把丰富多彩的世界简单化。情报分析利用理论前，必须先通过各种手段认识分析对象，而不能只寻找理论所指出的粗线条。多数情况下，分析员根据不同假设收集的材料支持多个假设，这些假设之间相互竞争、合并才能得出相对佐证最多的结论。在20世纪60年代，行为主义在国际关系研究领域风行一时，主张通过行为主义理论模式预测未来。摩根索曾这样批判行为主义：它试图将国际关系减化为一系列具有预测功能的抽象定理，达到对国际事务的科学精确性和预测性；这种理论的抽象理性主义（abstract rationalism）和世界政治的实际状况（actual configuration）形成强烈对比。这些理论忽视了历史的偶然性和历史的具体环境，因此它们既不能指导理论解释，也不能指导实际行动。[①] 加迪斯（John Lewis Gaddis）认为，在预测失误上，每一种理论和工具的缺陷是均衡的。[②]

第二，用理论、研究方法取代对研究对象本身的研究。在理论应用问题上，情境构建法和经验实证法都需要以精确把握具体问题的特征为前提，即对具体问题的“完美知识”。理论是一种研究工具，不能以对工具的研究取代对问题的研究。例如，分析员要预测北京生育率下降趋势，首先需要找到生育率下降的原因，可能包括计划生育政策、养老社会化、医疗水平的提高、生活方式的改变等。不管分析员采用定性分析还是定量分析，先得认清这些因素到底是怎么起作用的，相互间的关系如何。分析研究对象的特征，尽可能多地掌握细节，是任何一种应用分析方法的关键。俄亥

---

① Hans J. Morgenthau, *Truth and Power*, *Essays of a Decade*, 1960—70, Praeger, 1970.

② Ted Hopf and John Lewis, “Getting The End of The Cold War Wrong”, *International Security*, Vol. 18, No. 2, Fall, 1993, p. 203.

俄州立大学副教授霍普夫（Ted Hopf）在谈到国际关系理论的预测功能时说，我们缺乏一种普遍方法来发现特定现象的特征。[①] 这个观点切中要害。情报分析的核心就是透视问题，找到问题的根本特征。西方学术界多年来把大量精力投放到方法上，而忽视了对问题本身的专研，实是本末倒置。

科学理论在假设前提、控制变量的情况下发展出规则，应用科学在使用理论时必须把那些假设前提、控制变量还原为现实。尽管在理论上羽毛和石头以同样的速度落地，但是从来没有人见过。加迪斯说，国际关系理论同自然经典科学一样，为了能建立理论，都在控制条件和排除变量。他们知道，如果不控制变量，复杂的变量会推翻他们的理论和预测。在用到实际中时，这些理论表现很差。[②] 例如，美国哲学家斯图拉特（John Stauart）创造了 mill's cannons，被美国情报机构列为判断因果关系的依据：第一，当一类现象的多次个案中只有一个共同点时，这个特点就是原因；第二，如在一个案例中，一种现象出现了，而在另一个案例中这现象没有出现，这两个案例中只有一个因素不同，那么这个因素就是重要原因或结果；第三，在一种现象的两个或多个案例中，只有一个共同因素，而在另外两个未发生的案例中，唯一的共同点就是缺乏这个因素，那个这个因素就是原因或结果；第四，对于任何现象，列举出所有的相关前提条件，然后决定哪个前提条件引起了现象的哪一部分，把这些部分从现象中取掉，余下的部分就是留下来的前提条件的结果；第五，当一个现象变化时，另一个现象相应变化，那么两者要么是因果，要么是相关。[③] 这些规律是典型的理想法则，在情报分析中价值有限。现实事件总是比规律复杂无数倍，如第一个规则“当一类现象的多次个案中只有一个共同点时，这个共同点就是原因”，只可惜每一类现象都有多个共同点，这个规则没有任何用处。

因此，情报分析对理论的应用是非常谨慎的、有限的。类律和理想法则

---

① Ted Hopf and John Lewis, “Getting The End of The Cold War Wrong”, *International Security*, Vol. 18, No. 2, Fall 1993, p. 209.

② John Lewis Gaddis, “International Relation Theory and The End of The Cold War”, *International Security*, Vol. 17, No. 3, Winter, 1992—1993, p. 54.

③ Erome K. Clauser and Sandra M. Weir, *Intelligence Research Methodology: An Introduction to Techniques and Procedures for Conducting Research in Defense Intelligence*, HRB-Singer, Inc., 1976.

都要求对具体事件或人有非常完美的了解，才能准确应用理论。但是，现实中根本不存在这种完美的理解，特别是情报分析使用的信息总是不完整的。肯特曾认为，情报能够依赖社会科学做出可靠的预测。这种态度反映了20世纪40、50年代社会科学中的乐观主义，即认为通过定量分析（quantitative method）或行为主义（behaviorism）等科学方法，可以做出可靠预测。实际上，过去几十年的历史证明，这种理想并未变成现实，社会科学对自己预测的准确性没有多大把握。情报分析中对社会科学理论的应用非常谨慎，在上述经验佐证法、情境建构法中，任何一种方法都不能直接用理论来推导结论。理论最主要的功能是帮助提出问题和假设，指导收集材料。情报分析员伯尔斯（William C. Burris）说，理论不是用来得出结论的，而是指导研究的。① 中情局反情报部门负责人安格尔顿（James Angleton）提出"反间理论"，并将其作为一个普遍规则应用。在其临终前，他说："我一生犯了如此多的错误"。② 中情局助理局长艾伦在情报部任职多年，并担任过国家情报官。2000年，他在哈佛大学的一次讨论课上说："我们的数据大多是独特的，我们基本不能，很多时候是不愿意应用太正式的方法。"③ 由此可见，因为每件事情的独特性，中情局很少正式应用理论方法。

表5—2　三种情报分析方法对理论的应用情况

	演绎法	佐证法	情境构建法
对理论的应用程度	直接、充分	间接、不充分	极少、无意识使用
应用理论的方式	把理论作为推理的大前提，演绎出结果	有助于收集材料，建立假设，但不直接作为推理前提	当作一般常识
在情报分析中的使用频率	极少	主流	不作为独立方法

① William C. Burris, "The uses of History in Intelligence Analysis", *International Journal of Intelligence and Counterintelligence*, no. 3, Fall 1993, p. 300.

② William C. Burris, "The uses of History in Intelligence Analysis." *International Journal of Intelligence and Counterintelligence*, no. 3, Fall 1993, p. 300.

③ Seminar on Intelligence, Command, and Control, Intelligence: Cult, Craft, or Business, Charles E. Allen (assistant director of central intelligence for collection), Guest Presentations, Spring 2000.

在情报分析中应用理论进行预测不可靠，但预测是情报分析的主要职能，做出预测是情报分析员每天的工作。加迪斯建议，预测要使用各种工具，不仅包括理论、观察、计算，还包括叙述、类比、悖论、讽刺、直觉、想象。① 总之，动用人类的一切智慧来预测。

第三节　分析程序

情报分析作为一个科学过程有相对固定的程序，虽然不一定每一个分析员、每一份情报分析都经过相同程序，但大部情报都要经过这个程序。1949 年美国中情局分析员肯特提出情报分析的七个程序，1957 年国防情报局分析员普拉特指出情报分析的六个程序，1976 年国防情报学院的培训教材列出情报分析的四个阶段，1984 年陆军情报分析部门在战略情报分析教材中提到情报分析的九个程序，1995 年国防情报局教材中要求情报分析遵循五个步骤。虽然各时期、各部门对情报分析程序的层级数不同，但所描述的基本过程相同。可见，美国情报分析的基本程序半个世纪以来未发生大变。② 本书根据分析需要，将其概括为五个步骤。

---

① John Lewis Gaddis, "International Relation Theory and The End of The Cold War", *International Security*, Vol. 17, No. 3, Winter, 1992—1993, p. 58.

② Sherman Kent, *Strategic Intelligence for American World Policy*, Princeton, New York, New Jersey: Princeton University Press, Second Printing, 1971, pp. 157 - 158; Washington Platt, *Strategic Intelligence Production: Basic Principles*, New York, NY: Frederick A. Praeger, 1957, p. 60; Erome K. Clauser and Sandra M. Weir, *Intelligence Research Methodology: An Introduction to Techniques and Procedures for Conducting Research in Defense Intelligence*, HRB-Singer, Inc., 1976; Ruth H. Phelps, Judith A. Englert, and Sharon A. Mutter, *Application of a Cognitive Model for Army Training: Handbook for Strategic Intelligence Analysis*, U. S. Army Research Institute for the Behavioral and Social Sciences, October 1984, p. 2; Douglas H. Dearth, "Introduction: Thinking About Intelligence", in Douglas H. Dearth and Royal Thomas Goodden, edited, *Strategic Intelligence: Theory and Application*, Defense Intelligence Agency, 1995, p. 3.

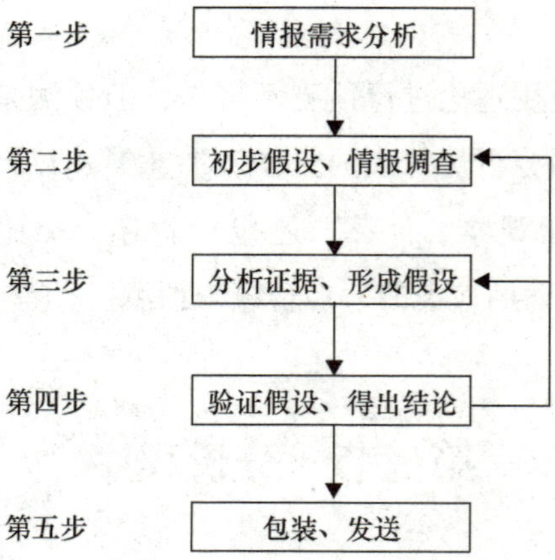

图 5—1　情报分析的五个步骤

一、确定情报需求（intelligence requirement）

与学术研究一样，情报分析的第一步也是确认问题。在情报分析中，提问题的人可能是决策者，也可能是情报共同体人士，如国家情报官常常提出“国家情报评估”题目。与学术研究不同，情报分析中确认问题包括两部分，一方面要确认决策者提出的问题是什么，另一方面还要把消费者问题转化为情报需求。

消费者或者不了解情报能力，或者出于保密考虑，或者对国外情况不熟悉，往往不能提出正确问题，需要情报分析员与消费者在沟通的基础上解读问题。美国陆军“国家地面情报分析中心”（the National Ground Intelligence Center）军事情报分析员古德曼（Alan R. Goldman）说，情报使用者常常不能确定他们想要什么，你会收到这样的需求“告诉我关于某国或某种武器的、我需要知道的一切事情”。[①] 这种情况下，情报分析员就必须继续与消费者沟通，准确了解消费者提出的问题。根据美国陆军战略情报分析手册规定，分析员要填写消费者调查表（the Consumer Profile Checklist），并作为文件存档。这个表包括七个

① Alan R. Goldman, “The Crucial Manager”, in Gerald W. Hopple and Bruce W. Watson, *The Military Intelligence Community*, edited, Boulder and London: Westview Press, 1986, p. 90.

问题：

（一）谁是消费者？

（二）对于此分析题目消费者已经知道多少？

（三）什么是消费者不确定的地方（uncertainty）？

（四）消费者需要什么样的信息，这些信息如何降低他的不确定性？

（五）这项收集、分析的最终目的是什么，消费者如何使用它？

（六）消费者希望有多长的历史纵深？

（七）这个报告能管多长时间？[①]

获取这些信息需要分析员与消费者之间直接沟通，分析员与消费者沟通的中间层次越多，出现误差的可能性越大，每一个层次都会根据自己的理解来解读消费者的需求。

分析员在确认消费者的问题后，需要将消费者提出的问题转换为情报需求，情报需求的专业名词是"调查范围"（terms of reference）。"调查范围"就是一个详细的情报分析计划，确定研究对象的时间段、地理范围、涉及人物等。这个报告包括：说明问题；说明相关的事实；如果需要测试假设，说明这个假设；形成一些研究中的定义；提出标题；简要说明研究方法，包括收集和分析方法；说明数据来源；指出完成日期；评估所用人力；指出所需要的合作或支持。[②]

"调查范围"是情报分析的蓝图，必须尽一切可能做到准确无误。根据美国情报共同体的惯例，"调查范围"的初稿、定稿都要送消费者过目，检查是否解答了消费者的问题。特别是当情报评估美国未来行动的结果时，必须由决策官员到中情局说明美国可能采取什么行动。美国可能采取的行动不能由情报人员设想，而必须得到政策部门的认可。在撰写这种评估美国政策后果的情报时，"调查报告"必须交回到提出评估要求的单位

---

① Ruth H. Phelps, Judith A. Englert, and Sharon A. Mutter, *Application of a Cognitive Model for Army Training: Handbook for Strategic Intelligence Analysis*, U. S. Army Research Institute for the Behavioral and Social Sciences, October 1984, p. 5 – 3.

② Erome K. Clauser and Sandra M. Weir, *Intelligence Research Methodology: An Introduction to Techniques and Procedures for Conducting Research in Defense Intelligence*, HRB-Singer, Inc., 1976.

审查，询问他是否真的想把这些行动方案包括进评估中，他是否故意忽略其他行动方案，他的行动方案打算什么时候执行，他了解对象国的情况吗。

"调查范围"是重要情报稿件的必经之路。决策者也经常对情报分析机构下达口头指示，分析机构也不需要写出正式的"调查报告"，这种情况下就容易产生问题。一名白宫职员回忆，他曾向情报机构交办过一个题目，要求评估某个第三世界国家独立后是否会有暴力事件发生。一位对该国非常熟悉的分析员接受了任务，评估结果认为：由于种族和政治分歧，在未来几个月一定会有大规模的暴力事件发生。因此，评估报告的首句就是"暴力事件将会在某国发生"。白宫职员要根据这份评估报告决定派什么级别的代表去参加该国独立庆典，于是就派了一个级别很低的官员，并且要求仅停留48 小时。代表团顺利归国后，并没有暴力事件发生，这位白宫职员就抱怨情报评估不准。然而，情报分析的判断却是正确的，其后六个月内，该国发生暴力种族冲突，死亡数千人。① 显然，在这个案例中，分析员没有弄清消费者所提问题的时间段。越南战争期间，北越利用胡志明小道向战斗在南越的军队提供物资，美国空军对胡志明小道进行轰炸。国防部要求情报机构评估轰炸的效果，中情局和国防情报局分别根据自己的理解做出了评估。国防情报局从战术层次上提出问题，问题是"轰炸是否击中了目标"；中情局从军事战略意义上提出问题，问题是"轰炸是否减少了北越的军事供应"或"轰炸是否打击了敌人的战斗力"。结果，国防情报局得出了乐观结论，认为轰炸击中了卡车。中情局得出了悲观结论，认为对北越的打击不大。两种结果看似相反，实质上都是对的。②

在情报共同体内，有的机构设置专门的情报需求管理者（requirement

---

① David A. Brinkley and Andrew W. Hull, *Estimate Intelligence*: *A Textbook on the History*, *Products*, *Uses and Writing of Intelligence Estimates*, Prepared for the Defense Intelligence School, August 1979, pp. 206 – 207.

② James D. Austin, "The Psychological Dimension of Intelligence Activities", in Alfred C. Maurer, Marion D. Tunstall and James M. keagle, *Intelligence*: *Policy and Process*, Boulder and London: Westview Press, 1985, p. 209.

manager)，充当本情报机构与情报消费者的连结点，负责接受任务、分派任务、审查产品是否符合要求。有的机构没有专门的情报需求管理人，由各级部门主管负责。

二、初步假设、收集信息

情报需求确定后，问题的性质、范围、时间跨度都明确了，下一步要寻找回答问题的方法。任何一个问题，都可以从四个方面来观察：问题的起点，知道哪些；问题的终点，最终要知道哪些；解决方法，从起点到终点的路径；与此问题相关的资源。通过情报需求，分析员通常只知道问题的起点或者终点，或者知道原因，或者知道结果，不可能原因和结果都知道。如果原因和结果都清楚，情报分析的必要性就不存在了。例如，埃及总统为什么访问苏联，分析员知道的是结果，需要找到原因。分析员以假设打开分析局面，如埃及总统访问苏联的意图是制衡美国，这是一个初步假设。初步假设形成后，问题的起点、终点都有了，也就是假设的因果关系出现了。然后，分析员就要找到从因到果的方法，也就是选择研究方法。

分析方法是执行分析任务的一个清楚、精确的计划，最佳的、最可靠的研究方法就是寻找直接证据，采用直接证明方法。例如，找到埃及总统与苏共总书记的谈话记录，从记录中发现双方达成的交易，直接证明出访的意图。但是，由于情报本身所具有的冲突性，直接证据往往是对方的最高机密，获取直接证据的机会可遇不可求。在直接证明不可能得到的情况下，只能退而求其次，选择间接证据、间接方法。例如，观察埃及总统在苏联会见的是军方人士还是工业界人士，埃及总统访问的地点是工业城市还是军事要塞，通过这些证据分析访问重点是强化工业合作还是加强军事联盟。一般而言，情报分析中直接证据很难收集，多以收集间接证据为主要分析方法。早在 1963 年中情局长杜勒斯就指出，现代技术集中观测其他国家科学、军事试验的副产品（side effects）。[①] 所谓副产品就是间

① Allen Dulles, *The Craft of Intelligence*, Harper & Row, 1963, p. 67.

接证据，绝大部分情报都是从间接证据分析出来的，这是情报收集和分析的重要原则之一。这不仅是情报收集的核心思想，也是情报分析的精华。

表 5—3　制约因素与可用资源列表

基本问题	时间限制	资源限制	精力限制	个人知识要求
1. 消费者 2. 消费者需求 3. 需要的假设前提 4. 产品的用途 5. 完成产品所需的工作 6. 可能需要的技术 7. 需求、资源、时间和假设之间是否有冲突？如果有，如何解决	1. 完成产品的全部时间 2. 如何分配时间：收集信息；调查和组织信息；分析和综合新信息；写作	1. 什么资源重要 2. 这种资源是否存在？难度多大？在重要资源中，哪个最重要？ 3. 申请资源的程序？ 4. 需要什么数据？ 5. 哪些材料已经存在，哪些必须收集？ 6. 哪些信息可以从其他分析员手中得到？ 7. 他们是谁，如何联系	1. 是否有其他人参与这个项目？ 2. 是否已经有的项目和该项目有共同之外？ 3. 消费者对最终产品的准确度、广度的要求？	1. 涉及的学科领域？ 2. 我在这些领域拥有足够的知识吗？ 3. 是否需要一种特定的方法技术？我对这种方法是否熟悉？我以前是否用过这种方法？效果如何？我曾遇到过什么问题？ 4. 我是否有足够的知识处理这个问题，其他资源是否可以帮助我？

资料来源：Ruth H. Phelps，Judith A. Englert，and Sharon A. Mutter，Application of a Cognitive Model for Army Training：Handbook for Strategic Intelligence Analysis，U. S. Army Research Institute for the Behavioral and Social Sciences，October 1984，F－1.

一个情报问题常常可以有多个假设，证明一个假设也可以选择一个以上的方法。分析员至少要评估两种以上的方法，比较其优缺点，最后确定使用什么方法。方法选择不仅要根据问题性质、掌握的信息，而且要考虑时效、成本等因素。美国陆军战略情报分析部门拥有“分析方法选择指南”（guide to analytic method selection），详细说明每一种方法的优缺点、适用范围，供分析员根据具体题目选择。“分析方法选择指南”要求从三个方面考虑分析方法的适用性：第一，分析员受到的限制，如时间、手段等；第二，方法的适用性；第三，可供使用的资源。每种方法的适用性，指南中都有对比性评估，分析员只要对号入座就可以了。对于分析员所受的限制、分析员所拥有的资源，指南要求分析员制作“制约因素和可用资源列表”（worksheet to establish constraints and resources）。[①] 这个表是寻找资源、信息的路径图。

当分析方法确定后，已经知道问题的起点、终点以及从起点到终点的路线。下一步该做的就是明确执行这个计划或方法的资源，也就是要做情报调查（intelligence survey），弄清手中已经有的资料和缺少的资料。战略情报分析的资料来源主要有五种：第一，收集机构和单一来源情报分析部门选送的原始情报，如公开来源情报、人力情报、技术情报等；第二，分析员自己积累的信息，例如，平时的研究或阅读中收集的信息；第三，合作者提供的信息，一个大的情报分析项目拥有专门的资料收集人员和分析人员支持，例如，在中情局有大量的经济学家每天收集、分析苏联的经济信息，以提供给国家情报评估的分析员；第四，情报机构之间的情报共享，包括情报共同体内部的交流，也包括与盟国情报机构的情报交换；第五，情报机构之外的知识，例如思想库、大学的专业研究人员和图书馆的资料等。分析员需要对各种来源信息的弱点和优势有清楚了解，知道如何综合应用，以发挥最大效益。

---

① Erome K. Clauser and Sandra M. Weir, *Intelligence Research Methodology*: *An Introduction to Techniques and Procedures for Conducting Research in Defense Intelligence*, HRB-Singer, Inc., 1976, p. 84.

情报调查就是确认所需要的信息属于上述哪一个类别，然后制订收集不同类别信息的计划。情报调查的成果就是列出“信息的关键因素”（Essential Elements of Information，EEI），内容包括：信息是否是保密的；在哪个部门；是历史的还是时事的；是否有相关的索引或书目；是否有摘要；该信息多长时间能获得；谁是该领域的专家；该领域的基本参考文献；来源在哪里。制作“信息的关键因素”有助于合理安排时间，有效地找到所需要的信息。

首先，分析员要把已经存在的知识、信息收集起来。这并不是说收集所有关于研究对象的信息，而是要求分析员根据分析方法提出问题，寻找能回答问题的知识。会提问题是分析员的一个关键技巧，只有问题提对了，才能找到核心信息。这个阶段，分析员作为一名专业人士，头脑中的知识非常重要，只有自己拥有相当丰富的背景知识，才能知道什么样的信息能发挥关键作用。更重要的是，分析员要知道哪里能找到这些已经有的信息，哪个图书馆的特色是什么，哪个思想库曾发表过相关报告。分析员本人资料库、本研究处资料库和本情报局资料库是首选来源，然后再拓展到社会上所有储存相关知识的地方。因为美国情报共同体的分工不同，各个机构的专业职能各异，如对外国导弹、武器、空中技术各有不同单位负责，分析员一定要知道每个单位的专长。

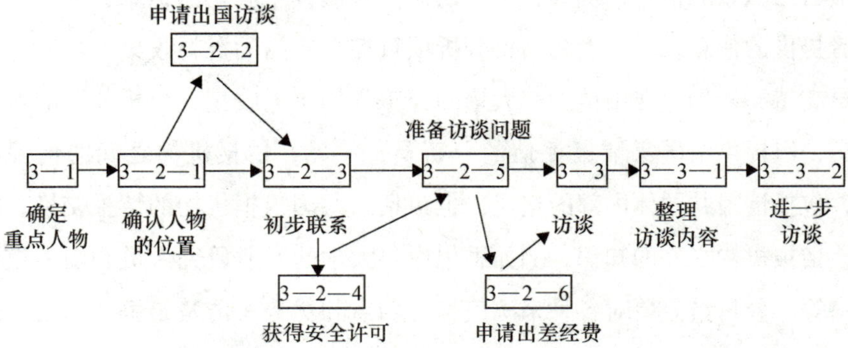

图 5—2：情报调查中的访谈计划

资料来源：Erome K. Clauser and Sandra M. Weir，Intelligence Research Methodology：An Introduction to Techniques and Procedures for Conducting Research in Defense Intelligence，HRB-Singer，Inc.，1976，p. 138.

其次，在本人拥有的、本单位拥有的、凡是已经形成文字的所有知识都找到后，可以开始查找储存在其他人大脑中的知识。这些人包括专家、决策官员、情报人员、记者、商人、图书馆员、研究助理等，凡是涉及该研究课题的人都可能提供有价值信息，特别是要找本单位和其他情报单位已经就该题目做过评估的人。分析员确定了访谈对象和访谈单位后，要列出访谈计划，以确保每一个访谈达到预期效果。

第三，文字材料和访谈全部结束后，分析员还可以发出收集指示。目前存在的知识，不论是书面形式还是大脑中的都已经在手后，分析员检查是否还存在信息差距，是否有必要发出收集要求，指示收集部门收集必要的信息。如何或是否发出收集要求是一个复杂的过程，分析员要评估进一步收集的代价，如时间代价、收集风险、收集成本等。美国情报共同体多年来一直存在的问题是分析员滥发收集要求，不考虑收集的收益成本比例，总是认为信息多多益善。1976 年"施莱辛格报告"（Schlesinger Report）① 指出，很少有人思考小幅缩小不确性是否值得所付出的收集代价。② 滥发收集要求的结果最终会导致收集部门不再严肃对待收集需求，收集部门与分析部门之间的互信丧失。

分析员在确定手中已经有的信息和需要的信息之间的差距之后，根据自己对收集部门的了解，确信尚未掌握的信息是收集部门有能力收集的，就要发出收集指示。情报分析与学术研究的区别之一就是情报分析员可以动用国家资源收集自己想要的信息，这也是情报分析的优势之一。为了保证收集需求合理有效，提出收集需求往往需要情报分析员与收集部门共同合作。收集要求与收集能力之间永远是有矛盾的，分析员总是希望收集到直接证据，而收集直接证据往往是最困难、代价最高的。因此，两个部门

① 1970 年柬埔寨发生政变后，尼克松授权成立情报调查委员会，由当时白宫管理和预算办公室助理主任斯莱辛格（James Schlesinger, Assistant Director of the White House Office of Management and Budget）任主席。

② See James Schlesinger's comments in U. S., Congress, Senate, Select Committee to Study Governmental Operations with Report to Intelligence Activities (SSCI), Final Report, *Foreign and Military Intelligence*, Book I, 94th Cong., 2d sess., 1976, p. 274.

之间不仅要互相了解，而且要充分信任。一位前中情局特工就抱怨说，分析员总是要更多的信息，我们又回去找线人，压他们回答新的问题，但他们根本不知道，我们不能从石头中压出血来啊。[①] 这种情况充分说明，分析员需要对收集要求非常熟悉，知道收集能力，才能发出切合实际的收集要求。

在情报收集阶段，分析员要决定什么时候已经得到足够信息，可以决定停止收集进入分析阶段。传统上，分析员总是认为收集到的相关信息越多，判断的准确度就越高，因而主张在时间允许的情况下尽可能多地收集信息。因为分析员从来没有觉得信息已经足够多，所以没有停止收集的标准，分析员停止收集的决定被称为“朦胧决定”（shadow decision）。一般情况下，分析员是没时间了、觉得烦了、觉得继续收集成本—效益比例过大时，会停止收集。[②]

然而，中情局情报分析方法论专家胡叶（Richards J. Heuer）通过心理实验得出两个结论：

> 1. 一位经验丰富的分析员一旦得到进行明智判断所需最低限度的信息，获取更多信息并不能提高判断的准确率，而只能增加判断者的信心，以至于过度自信。
>
> 2. 有经验的分析员并不能很好地理解他们使用什么信息做出判断。他们未意识到他们的判断建立在少数几个关键因素上，而不是对所有信息的系统组合。分析员对信息的利用远少于他们所想象的。

在一项实验中，8 位赛马预测师分别被提供了赛马过往表现的 88 个变量，由每个人选出最关键的 5 个、10 个、20 个和 40 个变量。然后，找出过去已经进行过的 40 场比赛，让每个赛马预测师分别在知道 5、10、20、40 个变量的基础上预测，对每场比赛做 4 次预测，并且每次报告他的自信心程度。结果证明，准确率未随变量的增加而增长，而自信心却上升了。

---

① Angelo Codevilla, *Informing Statecraft: Intelligence for a New Century*, New York: The Free Press, 1992, p. 22.

② Arthur S. Hulnick, “Managing Intelligence Analysis: Strategies for Playing the End Game”, *The International Journal of Intelligence and counterintelligence*, 1998, p. 331.

实验表明，分析员判断时所用的信息少，但自己并未意识到，总是认为依据更多信息做出了判断。至少有 8 个在不同领域的研究证明了这一点。人们很少能一次考虑一个或两个以上的因素。[①]

信息收集结束后，这些信息必须分类并组织成有序信息，才能供分析员有效利用，可以称此为信息管理。信息管理不仅仅在信息收集结束后才发挥作用，而是用在信息收集过程中，如果情报机构拥有良好的信息管理环境，会增加信息收集的效率。信息管理有三个基本原则：第一，信息集中，即分析员可以在一张桌子上获取所有应该知悉的信息，而不用去不同的地方搜索、查找；第二，信息过滤，信息泛滥是信息时代分析员面临的最大问题，如何确保分析员只得到需要的信息，是信息管理中的难题；第三，信息分类，以便迅速查找。在美国情报共同体内，信息集中和信息分类不是大问题，最大的问题就是信息过滤。

信息集中是建立战略情报机构的初衷之一，因而从中情局建立之日起就是重点工作之一。中央情报局的图书馆建立于中央情报组时期，最初名称为“收集和分发司”（the Office of Collection & Dissemination，OCD），负责信息的收集、储存、归类，后变为中情局自己的图书馆。1954 年，国务院把外国档案采购任务交给中情局，其他所有的音像信息收集也归中情局图书馆。1955 年中情局图书馆正式更名为“中央资料司”（the Office of Central Reference，OCR），1967 年改名为中央资料部（the Central Reference Service，CRS），从中情局图书馆成为情报共同体的图书馆。

20 世纪 80 年代初信息技术出现后，信息集中超越图书馆的范围，各机构主要依赖共同信息平台分享信息。80 年代中期，情报部分析员开始使用电子邮件，相互之间的沟通变得非常便捷。同时，情报部购买了一些全文线上资料库，向分析员提供集中信息，大大减轻了分析员的收集负担，如 LEXIS/NEXIS 和 DIALOG。

---

① Richards J. Heuer. JR，“Do You Really Need More Information?” in H. Bradford Westerfield, ed.，*Inside CIA's Private World*：*Declassified Articles from the Agency's Internal Journal*，New Haven，CT：Yale University Press，1995，p. 223.

不仅如此，在互联网技术推动下，20 世纪 80 年代初各情报机构之间已经能同时分享信息。例如，陆军情报分析员除可以进入本部图书馆、各室的文件档案和数据库外，还能通过互联网进入“陆军威胁情报产品系统”（the Army Threat Intelligence Production System，ATIPS），快速、有效地找到本中心的材料，同时还与自动数据网（the Automatic Digital Network，AUTODIN）、情报数据处理系统（the Intelligence Data handling System，IDHS）分享信息，也可以进入陆上武器人员模型（the Land Armament Manpower Model）、信号情报在线信息系统（SIGINT On-Line Information System，SOLIS）、国家图像翻译中心数据系统（NPIC Data System，NDS）和国防情报局在线系统、情报共同体网络系统（the Defense Intelligence Agency On-Line System/Community Intelligence Network System，DIA-OLS/COINS）。[①] 1997 年中情局副局长加努恩（John C. Gannon）谈到情报共同体的信息集中时说，1986 年中情局就建立了“电子有线处理系统”（SAFE），最近又建立了“联合信息获取和储存系统”（Corporate Information Retrieval and Storage system，CIRAS），把不同的网站和信息来源集中在一起，使因特网使用起来更有效。CIRAS 是联合知识基地的一个基础，通过因特网不仅能找到中情局的信息，而且要把一切存在的知识都存在上面。在信息集中方面，中情局的原则是：“如果它不在我们的网上，它就是不存在的，如果它存在，就应该在我们的网上”，“每个分析人员都能将秘密和公开材料在同一张桌子上结合起来”。[②] 这说明，在电子化处理中，信息的集中并不是特别难。

信息集中之后，必须按某种规则进行分类才有意义。信息分类的意义不仅仅是便于查找，而且能从连续事件、同类事件中发现新知识。把性质相同的信息放在一起，有时会自动显示新发现。一个材料如果不与其他相

① Ruth H. Phelps，Judith A. Englert，and Sharon A. Mutter，*Application of a Cognitive Model for Army Training*：*Handbook for Strategic Intelligence Analysis*，U. S. Army Research Institute for the Behavioral and Social Sciences，October 1984，p. 3.

② John C. Gannon，“Managing Information in the Directorate of Intelligence”，in Advanced Information Processing and Aanlysis Symposium，March 27，1997.

关材料联系起来，就没有多大意义，通过对比才能发现它的重要性。

1960 年，中央情报局图书馆每周新存情报文件数千件，公开出版物 20 万件。其中，公开出版物按国会图书馆的分类方法管理。秘密情报管理则困难较大，它们的类型、质量、密级都不一样。约有 50% 的秘密情报被认为未来可能用得着，用穿孔卡片按地区分类管理，也使用微缩胶片、自动数据处理。① 按地区分门别类储存的信息，在某些时候能发挥意想不到的效果。1962 年的一天深夜，肯尼迪忽然想起苏联可能把导弹藏在古巴的山洞里，就打电话给中情局负责情报部的副局长雷·克莱恩，问苏联是否会把导弹藏在古巴山洞里。因为情报部分析员把所有关于古巴山洞的卡片资料都分为一个类别，每个山洞的大小、入口、适合隐藏武器的容量都有记载。第二天这些材料就被送到白宫，结论是只有极少的导弹能藏进山洞中。② 到 20 世纪 70 年代末期，由于计算机搜索技术提高，中情局建立了完整的数据库，按主题（subject）分类，如恐怖主义、毒品、中美关系、外国情报机构等。③

信息管理中的难题是如何有效实施信息过滤。在信息爆炸时代，分析员如何从信息大潮中找到自己需要的信息，如何从大量垃圾信息中筛选出珍珠。中情局助理局长艾伦 2000 年指出，目前情报部门的困境是收集能力远大于分析和处理能力，缺乏大量分析员、语言学家，大量数据堆在仓库里。④ 艾伦指的主要是信息加工，即把不可读的信息翻译成分析员可理解的信息。即使信息加工完成后，分析员如何面对成几何级数增长的信息，也是一个令人头痛的问题。2001 年主管情报的中情局副局长麦克劳林说，

① Harry Howe Ransom, *The Intelligence Establishment*, Harvard University Press, 1970, p. 39.

② Ray S. Cline, "The CIA: Reality VS. Myth", in G. Matthew Bonham and Michael J. Shapiro, *Thought and Action in Foreign Policy: Proceeding of the London Conference on Cognitive Process Models of Foreign Policy*, March 1973, p. 230.

③ Angelo Codevilla, *Informing Statecraft: Intelligence for a New Century*, New York: The Free Press, 1992, p. 211.

④ Seminar on Intelligence, Command, and Control, Intelligence: Cult, Craft, or Business, Charles E. Allen (assistant director of central intelligence for collection), Guest Presentations, Spring 2000.

“五年之后，多来源分析员处理的公开、秘密来源信息，将是现在的 10 倍。”① 据调查，一个分析员平均只能阅读收到信息的 1/10。② 如何才能保证分析员没有时间阅读的 9/10 是没有价值的信息呢？

传统上，中情局过滤信息的方法是增加信息处理层次，让处于金字塔尖的分析员收到较少信息。首先，大部分信息在收集部门过滤掉。单一来源分析员接到收集到的信息后，从自己的观点决定哪些是相关的，哪些是不相关的，然后写成分析产品，放到数据库中，与情报共同体的全体分析员分享。这样，只有一小部分收集到的信息能让多来源分析员看到。其次，情报分析机构为减轻分析员的信息负担，会组织一个小组来处理原始情报。但是这样做的负面影响显而易见，肯特 1964 年指出：这个小组人员的水平和观念不可能完全一致，他们在选取材料时的标准也就不一样。这些人在评估信息时会受自己观念的影响，会忽略一些有重要意义的信息，也会根据自己的希望重视一些信息。③

中情局早已经认识到旧办法不能解决新问题，为了及早应对这个困境，正积极投入人力、物力，试图用现代技术减轻分析员负担。1997 年中情局科技部（the Directorate of Science and Technology）内成立“现代分析工具司”（the Advanced Analytic Tools Office），利用新信息技术实施信息过滤。该机构有 100 多位工作人员，由情报部和科技部两家联合管理，负责信息提取、数据解读和机器翻译。新机构将建设一个类似于实验室的环境，让分析员和企业中的专业信息人员面对面交流，分析员指出自己需要解决的问题，专业信息人员负责为这些问题寻找办法。“现代分析工具司”已经与企业签定的几个合同显示，已有的信息技术能大大减轻分析员的负担。一种办法是用智能软件自动系统（smart software automated agents）筛

---

① John E. McLaughlin, “The Changing Nature of CIA Analysis in the Post-Soviet World”, Remarks of the Deputy Director of Central Intelligence at the Conference on CIA’s Analysis of the Soviet Union, 1947—1991, Princeton University, 9 March 2001.

② Center for the Study of Intelligence Roundtable Report, *Intelligence and Policy: The Evolving Relationship*, 10 November 2003, Georgetown University, Washington, D. C, p. 8.

③ Sherman Kent, “A Crucial Estimate Relived”, http://www.cia.gov/csi/books/shermankent/9crucial.html.

选信息，建立数据库。另一种是信息提取技术（information extract advance），这个新工具可以扫描一篇文章，提取出分析员想要存入数据库的词和事件。利用智能软件自动提取系统采集数据可以达到这样的效果：对于分析员的提问，它可以回答："这两件事从来没有同时出现过，或这两件事总是同时出现。"这是一门新兴技术，特别是它能自动形成模型，不用关键词就能从模型中提取数据。对于信息提取技术，中情局要求准确率达到90%，人工的准确率是85%。[①]

无论采取传统信息处理方式，还是借助于现代信息技术，信息过滤的目标是一样的。中情局副局长加努恩谈到，情报部在未来几年的目标是：确保分析员得到全部但不是过多的信息。[②]"全部但不是过多的信息"，这就是信息处理的目标。

三、分析信息、形成正式假设

信息收集、分类完成后，信息处理阶段结束，进入信息分析阶段，这一阶段的任务是判断信息是否真实、可靠，并形成正式假设。原始情报的真实性、可靠性包括两部分，一是来源的可靠性，二是内容的真实性。在人力情报中，来源（origin）可靠性包括线人的可靠性、能力和接触信息的程度，以及获取途径（acquisition）的可靠性。信息内容的真实性指信息本身是否与事实相符。一般认为，对线人或代理人（source）的评估应独立于特定的报告。线人的可靠性被认为是一个相对稳定因素，一个C类线人要经过长时间考验才能上升到B类，一旦他获得这个级别，除非经过长时间证明他的可靠性下降，否则不能更改他的级别。这是一种方便、实用的方法，但在具体应用时可能会出错。一个线人在某个领域可靠，可能在另外一个领域就不那么可靠，或是因为没能力，或是无接触渠道，或是因为没有意愿。这意味着收集人必须时刻对线人可靠性的变化保持警惕，根据

① Clarence A Robinson Jr, "Intelligence Agency Adjusts As Mission Possible Unfolds", *signal*, Oct 1998, p. 19.

② John C. Gannon, "Managing Information in the Directorate of Intelligence", in Advanced Information Processing and Aanlysis Symposium, March 27, 1997.

其对信息的接触程度、动机、意愿等修改级别。

评估来源可靠性还需要了解情报获取环境（circumstance），对获取环境的描述也是外国特工报告的组成部分。当线人报告的事件是他直接参与的事情，例如他是一起政变的领导者之一，这样的获取环境是最可靠的，可以直接评估信息内容的真实性。但是，当线人得到的是二手信息时，线人能否真实获取详情就非常关键，在很大程度上决定着来源的可靠性。多数特工有固定的活动模式，这些相对稳定的特工定期就某一领域提供报告，获取环境长时间不变。但是，当某地区形势趋于紧张，或线人安全处境恶化时，获取环境就很重要，并且每一个报告的环境都可能不一样。①

在中情局，信息可靠性鉴定工作属于特工部，分析员看到的是经特工部加工后的二手材料。在特工部收到的报告中包括驻外特工自己的评价（field comment），一线特工对自己上报情报的描述，这种描述很少涉及上报信息的价值，这些价值隐含在信息之中。判定一份报告价值的工作留给特工部通报员。与特工相比，总部更有资格判断报告的可靠性和真实性，他可以将此报与其他报相比较，与华盛顿的决策者可以直接阅读的材料做比较。一些战术性的情报信息，如关于毒品的情报，由前线特工直接传送给执行相关任务的单位，在这些事例中，特工的评价可以直接抵达消费者。② 特工部（the directorate of operations）通报员（the reports of office）负责接收国外特工报来的信息，并对其可靠性和真实性鉴定后发送给分析员。根据曾在中情局担任通报员的麦基（W. J. Mckee）描述，通报员提供收集要求（collection requirement）、目标建议（targeting advice）和具体活动要求（specific requirement of activities）。通报员评估、发送行动部收集到

① Bruce l. Pechan, "The Collector's Role in Evaluation", in H. Bradford Westerfield, ed., *Inside CIA's Private World: Declassified Articles from the Agency's Internal Journal*, New Haven, CT: Yale University Press, 1995.

② Fenton Babacock, "Assessing DDO Human Source Reporting", in H. Bradford Westerfield, ed., *Inside CIA's Private World: Declassified Articles from the Agency's Internal Journal*, New Haven, CT: Yale University Press, 1995.

的信息，是收集者和消费者之间的中间人。[1] 中间人就是特工部的单一来源分析部门，他们评估来源的可靠性、内容的准确程度，然后再送给多来源分析员。中间人存在的唯一理由就是保护情报来源，只有他能知道情报来源和情报获取方法，并根据这些知识判断可靠性、准确度。

根据严格要求，中间人的工作语言非常有限，仅根据 A、B、C、D 来给信息来源评级，用 1、2、3、4 来为内容打分。来源可靠性根据下述标准分类：A 级，没受操控的可靠信息，也称为“硬证据”（hard evidence），证据真实反映敌人情况，敌人也没意识到我方能拥有这样的信息，因此不可能实施欺骗（deception），如截听到的信息、拿到的真实文件；B 级，可靠但可能受操控的信息，来源的公正性和涉密程度不容置疑，但是敌人知道我方能得到这样的信息，因而可以据此改变行动或进行欺骗的，例如卫星拍到军队调动的图片，军队调动是事实，但敌人可能故意调动来迷惑我方；C 级，不可靠或部分可靠的信息，通常是来源有问题的，主观的、没有机会接触相关事实的来源。相当一部分人力情报和公开信息属于这一类；D 级，受操控的信息。情报内容真实性分四个类别：第一级，被证明的事实，已经知道存在的或已经发生的事；第二级，信息，报告、研究的内容有助于评估某件事情是否存在，主要指对方的机密文件、讲话等；第三级，直接信息，因来源是直接的，内容可以判断为真实的，主要指技术情报，如图片、截听内容；第四级，间接信息，可能是真实的，也可能不是真实的，主要指人力情报、公开情报。如评为“A—1”的信息，就是来自直接当事人，内容也十分可靠。如果这个信息恰好是来自文件、报纸，中间人会直接标明为“文件”（documentary）。实际上，中间人的工作不止这些，他们编辑、压缩、解读信息，最终到达消费者手上时已经是一个半成品。[2] 但是，中间人的危害是明显的，他既不参加国外工作人员的行动，

---

① W. J. Mckee, “The Report Office: Issues of Quality”, in H. Bradford Westerfield, ed., *Inside CIA's Private World: Declassified Articles from the Agency's Internal Journal*, New Haven, CT: Yale University Press, 1995, p. 108.

② Sherman Kent, *Strategic Intelligence for American World Policy*, Princeton, New York, New Jersey: Princeton University Press, Second Printing, 1971, p. 173.

也不参加国内研究人员的研究，在判断消息来源的可靠性上不如国外人员，在判断内容真实性上不如研究人员。此外，在社会科学中用简单的数字定级也不合理。1943 年一封定级为“A—3”的情报讲，美国未能成功地关注阿尔及利亚奥兰居民的情况。来源定为 A 是因为中间人知道这个来源熟悉情况，内容定为不可靠是因为中间人知道奥兰的情况没那么差。一位有系统知识的专业人员对这个来报很迷惑，直到他知道来源是一位重要法国官员，内容来自他未记录的讲话。这位官员是知情者，他自己就参与了当地的行动，但他说的内容其实并不重要，重要性在于这位美国重要盟友如此批评美国的动机。这份报的真正价值完全被中间人的定级掩盖了。实际上，中间人的评价应多写几句，在不损害来源的情况下把事情说清楚。①

表 5—4　美国原始情报评估表

来源可靠性	信息准确度
A. 绝对可靠	1. 已经证实
B. 大部分时候可靠	2. 很可能是真的
C. 一般可靠	3. 可能是真的
D. 偶然可靠	4. 真实性可疑
E. 不可靠	5. 不可能是真的
F. 不能确定	6. 不能确定

资料来源：Harry Howe Ransom，The Intelligence Establishment，Harvard University Press，1970，p. 40.

信息分析的目标是将真实可靠的信息从无关的、虚假的信息中挑选出来，在这些真实信息基础上形成正式假设。二战后研究珍珠港事件的沃尔斯泰特将原始情报分为“信号”（signal）和“噪音”（noise）。“信号”是指向特定危险和敌人意图的线索、迹象和证据；“噪音”指不相关的、不

① Sherman Kent，*Strategic Intelligence for American World Policy*，Princeton，New York，New Jersey：Princeton University Press，Second Printing，1971，p. 173.

连续的信号背景，指向错误方向的信号，或者是干扰指向正确方向的信号。[①] 根据沃尔斯泰特的分类，信息分析就是将信号与噪音区分开来。

在情报分析中要特别注意对象国故意发出的“欺骗”（deception）信息，这是情报分析中特有的现象。欺骗（deception）是指有意误导事实，以获取竞争优势。欺骗包括三个层次，从简单地掩盖事实真相、撒谎到阴谋三个层次。掩盖事实真相是被动的欺骗行为，撒谎或撒布谎言上升为主动出击，阴谋涉及设计谎言的背景，以诱引对方上当。[②] 战略欺骗至少要有几个程序的完美结合才能成功，如对方情报机构正确接收到信号，并且没有被分析机构删除掉，然后被决策机构采纳。从程序上看，似乎任何一个环节都可以使欺骗失败。但是，一项研究在分析了 1914 年至 1973 年 93 个战略欺骗（strategic deception）的案例后发现，同时采用两种阴谋的欺骗成功率达 88%，采用三种的达 100%。[③]

四、验证假设，发送情报

正式假设形成后，分析员要应用多来源信息验证假设，选择较可靠的假设做为结论。关于假设的验证将在下一节专门论。情报结论出来后，将由情报机构送给决策者，这是情报分析的最后一个节环，却不是最不重要的环节。杜勒斯担任中情局副局长和局长长达 11 年，作为情报分析员与决策者之间的桥梁，对两者间的关系深有体会。他认为情报的发送必须做到“及时、清楚和可理解的形式”（promptly and in clear，intelligible form）。[④] 及时指送达的时机，不是过早也不是太晚。如果情报送达早于决策程序，

---

① Ephraim Kam，*Surprise Attack：The Victim's Perspective*，Cambridge，Massachusett：Harvard University Press，1988，p. 51.

② Katherine L. Herbig and Donald C. Daniel，“Strategic Military Deception”，in Douglas H. Dearth and Royal Thomas Goodden，edited，*Strategic Intelligence：Theory and Application*，Defense Intelligence Agency，1995，p. 263.

③ Ronald G. Sherwin and Barton Whaley，“Understanding Strategic Deception：An Analysis of 93 Cases，” in Daniel and Herbig，*Strategic Military Deception*，pp. 188，quoted in Douglas H. Dearth and Royal Thomas Goodden，edited，*Strategic Intelligence：Theory and Application*，Defense Intelligence Agency，1995，p. 271.

④ Allen Dulles，*The Craft of Intelligence*，Harper & Row，1963，p. 154.

决策者的注意力尚未转移到这件事上，情报便不能引起决策者注意。相反，如果决策过程已经结束，送达的情报就没有任何意义。德国一位情报官说："即使是最好的结论，如果晚于消费者的要求，就是情报机构的悲剧。"①

情报送达的方式很多，只要是能满足杜勒斯所提的要求即可。美国情报共同体送达情报的方式可分为三类：口头简报、书面报告、随团情报顾问。口头简报指分析员当面解答消费者提出的问题，包括会议简报和个人简报。

从中情局成立第一天起，中情局高级官员就担负着向国家安全委员会各类会议做情报简报的任务。1947 年 9 月 26 日，国家安全委员会建立后第一次会议上，中情局长希伦科特对国际重要事件进行了简短评述。从此，在高层决策者讨论问题时，首先要听取中情局情报简报。中情局长定期出席国家安全会议，成为国家安全会议的情报顾问。② 此外，中情局长还出席国家安全委员会副内阁级会议或小组委员会，亲自或由下属专家做情报简报。1978 年 11 月，因情报共同体未能预测到伊朗政变，卡特总统批示"我对政治情报不满意"，并送中情局长、国防部长和国务卿参阅。为此，国家安全委员会下设副内阁级"政治情报工作委员会"（The Political Intelligence Working group），由涉及国家安全的各单位派副内阁级官员为代表，每周开会一次，进行情报简报和下达情报任务。在联邦各部的情报联络员，也会在各种决策会议上做情报简报。

口头简报的另外一种形式是分析员面对面回答某一位决策者提出的问题。1981 年里根总统决定，每天早晨的《总统每日简报》由中情局官员亲手送给少数高层决策者，情报官员站在决策者身边，与决策者共同阅读《总统每日简报》，听取决策者意见，回答决策者提问。情报官员在决策者阅读后，再把文件带回。其中，中情局长负责解答总统的问题，情报部资

---

① David Kahn, "An History Theory of Intelligence", *Intelligence and National Security*, Vol. 16, No. 3, Autumn 2001, p. 89.

② Harry Howe Ransom, *The Intelligence Establishment*, Harvard University Press, 1970, pp. 2 – 3.

深分析员分别面见副总统、国务卿、国防部长、参谋长联席会议主席和总统国家安全事务助理。① 这种送达方式结合了口头简报和书面报告的优点，既能让决策者看到完整的书面报告，也能及时解答决策者的疑问。此外，“国家情报评估”也由国家情报官亲自送给重要人物。不仅高层决策官员可以享受情报官员口头简报，国家安全委员会、国务院、国防部等决策部门的中下层官员也可以随时得到口头简报。曾任国家安全委员会欧洲与苏联部高级主任（Special Assistant to the President and Senior Director for European and Soviet Affair）的布莱克威尔（Robert D. Blackwill）说，作为一名国家安全委员会中层官员，我常常得到中情局的口头简报，每当我有什么事情要问，情报部总会派分析员来我的办公室报告。在我出访欧洲期间，中情局情报部主管欧洲的处室每天早上都送给我一份电报，通知重要事件的发展。② 仅在 1994 年 3 月，情报部为助理部长帮办级别以上的官员简报 647 次，其中 552 次是应要求做的。③ 目前，口头简报工作主要由情报部政策支持司（the Office of Policy Support，OPS）负责。

中情局每天送给决策者的书面情报主要是时事情报，1997 年中情局副局长麦克劳林指出，中情局每天送出的时事情报包括“总统每日简报”（President's Daily brief）、“国家情报日报”（the National Intelligence Daily）、“经济主管简报”（the Economic Executives' Intelligence brief）等载体。为了及时解答每个人的问题，“总统每日简报”上附有 5 个左右个性化备忘录，有时多达 20 个甚至更多，来满足白宫、国防部和国务院等接受简报单位的需求。对于主管某一方面事务的官员，中情局还上报某位情报人员的评估、原始情报材料和国外媒体的评论等。④ 除正式情报报告外，一些高

① Robert M. Gates，“The CIA and American Foreign Policy”，*Foreign Affairs*，Winter 1987/1988，pp. 217 -218.

② Robert D. Blackwill and Jack Davis，“A Policymaker's Perspective on Intelligence Analysis”，in Lock K. Johnson and James J. Wirtz，ed，*Strategic Intelligence*：*Windows Into A Secret World an anthology*，Roxbury Publishing Company，2003，p. 123.

③ Douglas J. MacEachin，“The Tradecraft of Analysis：Challenge and Change in the CIA”，*Working Group on Intelligence Reform Papers*，1994，p. 9.

④ John McLaughlin，“New challenges and Priorities for Analysis，” Opening Address for the Conference on Information Technology，27 March 1997.

级情报官员还向决策者送出私人报告，这些报告不经过单位正式协调，仅代表情报官员自己的意见。一位中情局行动部官员每周给对口管理的助理国务卿送一个信封，里面装着十条最重要的信息。

情报发送由中情局情报部内的一个单位执行，该部门按“使用者名单”发送报告。大部分时候，情报发送的范围超出实际需要，甚至情报还送给已经死了或已经调离岗位的人。① 历史上总统曾多次下令减少“国家情报评估”的发行量，以免泄密。发送最少的“国家情报评估”是1952年的“试图推翻阿尔巴尼亚政权的后果”，发行量只有一份。② 情报一般由中情局派车送到决策部门的邮件室（mail rooms），工作人员分发到每个人邮箱里，由秘书取走。现在，情报的电子传送增多了。③ 一般来说，中情局负责华盛顿的发行，海外司令部的发行则由国防情报局执行。

随团情报顾问是重要代表团出国访问或者进行决策时，情报官员作为代表团一员随时提供服务。当中低级决策官员赴国外工作时，情报单位会通过保密网络为他们发送情报，让他们随时得到情报支持。在高级别国际会议中，中情局会向美国代表团派出情报联络组随团出行，提供情报支持。肯特说，所谓情报支持就是让总统及主要官员随时知道世界上的重要情况，并在情报共同体协助下满足代表团需要。肯特曾回忆其作为随团情报顾问的做法：

> 1960年5月16日，美、法、英、苏四国首脑会晤将在巴黎举行，中情局派出情报支持小组，由“国家评估理事会”主席肯特率领三位专家和两位秘书组成。情报支持小组提前几天达到巴黎，不住在使馆，每天早晨5:30赶到使馆，等待各地发来的情报。在中情局本部，时事情报司司长谢尔顿（Huntington Shel-

---

① Douglas J. MacEachin, “The Tradecraft of Analysis: Challenge and Change in the CIA”, *Working Group on Intelligence Reform Papers*, 1994, p. 5.

② Sherman Kent, “The Law and Custom of the National Intelligence Estimate”, in Harold P. Ford, *Sherman Kent and the Board of National Estimates: Collected Essays*, the Study of intelligence center, 1994, www. cia. gov/csi/books/shermankent/toc. html.

③ Arthur S. Hulnick, “Managing Intelligence Analysis: Strategies for Playing the End Game”, The *International Journal of Intelligence and Counterintelligence*, 1998, p. 337.

don）负责综合每天的多来源情报，发往巴黎。除总部发来的情报外，情报支持小组还收到世界各地特工站直接发来的敏感信息，国外广播信息处（the Foreign Broadcast Information Service，FBIS）伦敦站送来的世界各地的相关报道。三位专家就组成临时分析小组，把这些多来源的情报分析、综合、编辑，有时还会写编者按，然后交给两位秘书打印。每天早晨7：30，一位专家赶到总统工作地点，向总统助理送交当天的情报，必要时做口头评论，并询问是否有需要情报支持的地方。①

上述三种形式是中情局情报送达的主要途径，但不是全部途径。情报送达的特征是不拘泥于形式，任何消费者愿接受的方式都可行。约翰逊当总统时，不喜欢早晨看“总统每日简报”，喜欢晚上躺在床上看。于是中情局便在晚上6点截稿，在约翰逊睡觉前送达。②

第四节　分析方法

肯特在1964年的一篇文章中说，当“国家情报评估”（NIE）形成时，包括三种信息：第一，无可争辩的事实；第二，可以知道但我们还不知道的事实；第三，任何人都不可能知道的事实。③ 后两种信息都有一定的不确定性，包含着预测成分。第一种信息是推断后两种信息的基础，情报分析的目的是知道后两种信息。1994年盖茨把情报知识分为两类：秘密和

---

① Sherman Kent，“The Summit Conference of 1960：An Intelligence Officer's View”，in Harold P. Ford，Sherman *Kent and the Board of National Estimates*：*Collected Essays*，the Study of intelligence center，1994，www. cia. gov/csi/books/shermankent/toc. html.

② Ray S. Cline，“The CIA：Reality VS. Myth”，in G. Matthew Bonham and Michael J. Shapiro，*Thought and Action in Foreign Policy*：*Proceeding of the London Conference on Cognitive Process Models of Foreign Policy*，March 1973，p. 224.

③ Sherman Kent：A Crucial Estimate Relived，http：//www. cia. gov/csi/books/shermankent/9crucial. html.

谜。秘密是间谍可以偷来的或技术设备可以分辨出来的信息，如苏联 SS—18 导弹的数量；谜是一个抽象难题，没有人能知道确切答案，如叶利钦能否在一年后控制通货膨胀，这个谜底谁也偷不到，叶利钦自己也不知道。[①] 对比肯特与盖茨两人对情报知识的定义，盖茨定义的“秘密”就是肯特所说的“可以知道但还不知道的事实”，但是盖茨所指的“谜”范围比“任何人都不能知道的事实”更广。在肯特的分类中，任何人都不能知道的事实指未来的事情，也就是需要情报预测的事情。盖茨所指的“谜”是一个抽象难题，既可能是未来的，也可能是过去的。例如，叶利钦一年后能否控制通货是一个谜，古罗马帝国为什么衰落也是一个谜。相比之下，盖茨的分类更深刻、更全面。

情报分析的目标是寻找隐藏的秘密和解读没有确切答案的“谜”，也就是从已知事实走向未知领域。理解和预测未知领域，既需要预测性情报，也需要解释性情报。著名理论家亨佩尔（Carl Hempel）指出，对于解释而言，就是事件已经发生，众所周知，需要寻找促使事件发生的决定性因素；对于预测而言，情形正好相反，最初的条件已知，但它们的影响和结果尚未发生，还有待决定。[②] 同一切科学研究一样，情报分析方法有三个关键点：描述问题、建立假设、验证假设。在情报分析方面，缺乏完整的理论方法，但是半个多世纪的实践积累了一些有益的知识。描述事物、分解问题，收集证据、建立假设，使用证据、佐证假设，这些方法极大地促进了对问题的理解与预测。对于情报分析初学者来说，不必从头开始，因为已经存在一些有助于分析的术语和实践经验。

一、描述事物

任何研究工作都必须从认识研究对象开始，描述就是认识研究对象的过程，是解释和预测情报的基础。描述通过记录、分析、概述、总结等方

---

① Joseph S. Nye, Jr.，“Peering into the Future”，*Foreign Affairs*，73/4，July/August，1994，p. 88.

② See Carl G. Hempil，“The Function of General Laws in History”，in Herbert Feigl and Wilfrid Sellers，eds，*Reading in Philosophical Analysis*，New York：Appleton-Century-Crofts，1949，p. 462.

法表现事物的本质特征，因此描述的核心是本质特征准确。就像画素描一样，关键线条必需找对，能体现出基本特征。一般印象中，描述就是客观记录事实，并不需要理论和方法。实际上，描述首先是一种判断和选择，对任何事物的描述只能从特定角度出发，任何一种描述方式都是片面的、简化的，不可能绝对全面、客观。哈耶克说，人认识的只是一个事物的部分，人根本不可能认识事物的全部。① 从这个意义上说，描述从一个特定的角度提供叙述，传达对特定事件、经历或感情的印象。

描述的首要步骤是研究事物的本质特征。一个事物的本质特征不止一个，往往会有物理特征、化学特征、社会特征等，例如，一个书桌的物理特征是静止的平面支撑物，化学特征是有机合成物，社会特征是学习工具。对于情报分析员而言，在确认“情报需求”时必须弄清消费者需要什么样的事物特征。例如，国防部、国务院同时要求中情局提交关于A国实力的基础情报，国防部可能更关心A国的军事特征，国务院则更关心A国的政治、外交特征。再如，国防部要求国防情报局提供关于一种特定型号战斗机的信息，如果交办单位是参谋长联席会议办公室，国防情报局就会提供战斗机的实力特征，如果交办单位是国防研究与工程局（Defense Research and Engineering），国防情报局则会重点提供战斗机的技术特征。学术研究是寻找真理的过程，研究者有权选择描述一种事物的某种特征，情报是报务于决策的一种知识，分析员需要依据决策者需要确定描述事物的哪一种特征。

分析员写完“调查范围”后，应当知道自己要回答的问题是什么了。例如，国防部要求国防情报局评估A国陆军的实力。分析员此时要做的不是收集所有关于A国陆军的数据，诸如军队人数、结构、士气，武器质量、类型，战略方针等，而是要研究A国军队的实力特征，特别是相对于美国军事实力而言，A国军事实力的主要决定因素是什么。或许对B国而言，A国实力主要体现在军队人数的优势上，但对美国而言，A国军事实

---

① ［英］弗里德里希·A. 哈耶克：《科学的反革命》，冯克利译，译林出版社，2003年版，第72页。

力主要体现在地理优势方面。换言之，分析员要确定研究对象本质特征的决定性因素，这个过程需要做出判断，包含着风险。在相当多情况下，分析员很难确定到底是哪一个因素发挥关键作用。

确定关键因素是描述中最核心的技术，往往能体现一个分析员的研究能力和水平。例如，相对于美国的军事实力，A 国军事实力的决定性因素是什么。分析员首先要精通军事学，知道在普遍意义上一个国家的军事实力由哪些因素决定，同时研究 A 国的历史、政治、地理位置和军事，根据 A 国具体情况分析出其军事实力的决定性因素。最终，分析员还必须研究美国战略、战术、武器装备等因素，相对于美国的情况，A 国军事实力的决策性因素是什么。可见，确认关键因素至少包括三个步骤：第一，根据理论或普遍规律，分析决定某个特征的因素有哪些；第二，结合具体研究对象的实际情况，分析出决定因素；第三，对比本国的情况，分析哪些决定因素对本国有影响力。美国军事情报分析员普拉特举过这样一个例子，问题为“某国高校毕业的工程师的质量如何?”分析员要回答这个问题，首先要回答几个问题，工程师质量指什么？是研究发展能力，还是教学能力？这些能力要分别考察吗？不同类别的工程，如机械、电力，是否要分别研究？如果不与别国对比，能否单独说清某国的质量？即使我们通过特别手段对某国工程师情况很熟悉，怎么来衡量它的质量？假如我们对某国的情况有所了解，在现有的材料基础上，如何设计衡量标准?①

描述最大的陷井就是主次不分、面面俱到，这样的情报不仅决策者看后不知所云，分析员自已也不知道结论是什么。假设分析员将与 A 国军事相关的一切情况都描述一遍，即使决策者有耐心看完报告，也不可能知道 A 国的实力到底怎么样。一般认为，描述的关键是材料充足，一个客观的描述要展示所有材料。实际上，描述只需要一小部分相关材料，描述不是展示所有材料，而是一种判断。数据从来不会自己说话，这些数据从什么背景中取来的，以什么样的方法排列成一个整体的，往往决定着描述对象

---

① Washington Platt, *Strategic Intelligence Production*: *Basic Principles*, New York, N. Y.: Frederick A. Praeger, 1957, pp. 93 – 95.

的模样。经常发生的情况是，分析员选择特定的材料，以特定的方式组合，描述出自己想象中的事物模样。特别是在这个信息爆炸的时代，分析员面临相关信息过多的情况下，如何选择有代表性的、决定性的因素更显重要。只有找到关键因素，才能知道哪些数据能代表描述对象，哪些数据是有用的，哪些数据没有用。关键因素就是寻找和筛选信息的图纸。

描述的第二个步骤是找到描述决定因素或描述事物的方法。有些决定因素是可以直接观察的，如 A 国军队所处的地理位置；有些因素可以观察，但不能直接观察，如 A 国陆军的人数，分析员没有办法去现场清点；有些因素不能观察，只能通过推理、想象来验证，如 A 国陆军战斗人员对美国的敌视程度。针对上述三种不同情况，分析员需要找到一种科学方法，可以描述“不能直接观察的因素”和“不能观察的因素”。在科学研究中，分析有两种解释，一种是把一个复杂整体分成几块，分别研究各个小块及相互之间的关系；另一种是通过假设的逻辑关系来推理，假设的逻辑关系与事实越接近，分析结果的可信度就越高。在描述中，上述两种分析方法都可使用，可分别称为“问题分解法”和“逻辑推理法”，在少数非常简单的描述中单独使用其中一种方法，多数情况下两种方法交替应用。

有的情报问题可以直接观察，或者因为对方保密的原因，分析员无法接近观察目标，或者因为观察的难度太大，实际上不具有可操作性。这样的对象描述起来相对简单，仅通过间接的逻辑推理法就可以解决。例如，诺贝尔物理学奖获得者费米（Enrico Fermi）推荐的科学研究方法，就是用逻辑推理解决那些看似不能回答的问题。费米举了这样一个例子，问题为“芝加哥市有多少钢琴调音师”。可以通过下述方法来解答问题，芝加哥市有多少家庭，多少个家庭拥有一架钢琴，一个调音师一年能调多少架钢琴。回答这个问题需要知悉下述假设逻辑关系：家庭数量与钢琴数量的关系，钢琴数量与调音师人数的关系。[1] 分析员无法直接清点调音师人数，

---

① William M. Nolte, “Intelligence Reform after the Intelligence Reform Act of 2004”, *Defense Intelligence Journal*, Volume 14, No 1, 2005, p. 130.

但是如果知道两个假设逻辑关系和芝加哥市家庭数量这个间接证据，也可以根据逻辑关系推导出答案。

使用“逻辑推理法”有两个前提，第一，确信假设逻辑与现实相符，例如，假设逻辑关系认为芝加哥市平均五个家庭拥有一架钢琴；第二，间接事实一定要准确，例如，芝加哥市有多少个家庭。如果两个前提条件中的任何一个条件不确定，结果就会南辕北辙。越南战争期间，中情局情报部和国防部驻越司令部军事情报机构都在评估在南越的北越战斗人员数量。中情局的亚当斯（Sam Adams）得到一个北越文件，根据它计算出在南越一个省的北越战斗人员，并以此为样板计算在南越全境的战斗人员。亚当斯的结论认为当时的北越战斗人员为60万。国防部驻越司令部军事情报机构（the Military Assistance Command，Vietnam，MACV）用另外一种方法分别计算每个省的战斗人员，1968 年 1 月 31 日得出的结论认为北越战斗人员为225346 人。1968 年 1 月 30 日新年攻势（Tet Offensive）开始后，北越动员的所有战斗人员 8.5 万人，把后勤人员估算在内，人数应当在 18 万到25 万之间。虽然，中情局和国防部的计算预测都有问题，但亚当斯方法的问题更大。① 亚当斯方法的逻辑假设是所有省的情况都一样，正是这个假设与实际情况不符。

更多的情报问题是一个复杂的“谜”，不可能直接观察，如国际关系中的结构、领导人的心理等。这些因素都在起作用，但不可能直接观察，只能分解为多个可观察的小问题，再通过直接观察或逻辑推理回答各个小问题，最后综合各个答案解决大问题。此法可称为“问题分解法”。

在分解复杂问题时，需要有一些先验假设和归纳结论作指导，这些假设和结论是学术研究、情报分析中积累起来的宝贵财富。例如，中情局情报部在分析苏联官员与苏共总书记的关系时，将之分解为四个指标或四个小问题：职位或亲信、政策立场、在重要场合的露面次数及排名、在公开

---

① James J. Wirtz，“Intelligence to Please? The Order of Battle Controversy During The Vietnam War”，in Lock K. Johnson and James J. Wirtz，ed，*Strategic Intelligence*：*Windows Into A Secret World an anthology*，Roxbury Publishing Company，2003，p. 189.

讲话提到总书记的次数或语气。[①]

应用“问题分解法”时，最大的挑战是分解问题的逻辑是否与现实逻辑一致，这是决定方法成功的关键。以色列特拉维夫大学教授艾弗雷·卡姆（Ephraim Kam）指出，评估一个国家的意图可分为三个层次：第一，基本目标和期望，不考虑国内外制约因素；第二，计划和设计，考虑到了国内外制约因素；第三，采取行动的决心。三个问题彼此相联，依次向前推进。[②] 这实际是提出了分解问题的假设逻辑，假设是：对方的战略目标受国内外因素制约、受自己决心的影响。这个逻辑是否符合现实逻辑，对方如何看待这种逻辑关系，还需要进一步观察、研究，不能把它当作普遍真理。

因此卡姆进一步指出，评估一个国家的意图仅靠逻辑是不够的，必须了解逻辑运行的环境，即对方的思维体系（conceptual framework）和参照系（frame of reference）。对手用自己的思维方式来评估实力对比，权衡利益。同时，还必须了解对方的行为方式（operational code）。[③]

当一个复杂问题被分解成碎片后，分析员要描述每一块碎片的特征，这一步骤又经常采取“逻辑推理法”。例如，要评价一个国家内社会对军事动员的适应能力，可以分解为：人们如何看待配额制，人们如何看待人员伤亡，人们如何看待生活水平下降。这些假设性问题无法用直接事实说明，只能使用间接办法来推断。如观察该国政府调整经济政策后，报纸上有没有报道黑市的情况，人民遵守政策的程度，以此分析该国国民是否愿为国家整体利益牺牲个人利益。这种间接方法的制定，正式术语叫做“方法制定”（formulation of the method），是情报活动中非常重要的一部分。[④]

描述情报的方法可大可小，可简可繁，完全视描述对象而定。例如，

---

① Harry Howe Ransom, *Strategic Intelligence*, General Learning Press, 1973, p. 105.

② Ephraim Kam, *Surprise Attack: The Victim's Perspective*, Cambridge, Massachusetts: Harvard University Press, 1988, p. 59.

③ Ephraim Kam, *Surprise Attack: The Victim's Perspective*, Cambridge, Massachusetts: Harvard University Press, 1988, p. 66.

④ Sherman Kent, *Strategic Intelligence for American World Policy*, Princeton, New York, New Jersey: Princeton University Press, Second Printing, 1971, p. 58.

20世纪50年代，计算苏联的国民生产总值（GNP）是中情局面临的一个大问题，不仅仅因为关于苏联经济的数据难以收集，更重要的是卢布是不能自由对换的，卢布的实际价值无从考查。先后在哥伦比亚大学和哈佛大学任教的伯格森（Abram Bergson）教授提出了“调整要素成本”方法（Adjusted Factor Cost），这种计算苏联GNP的方法极其繁杂，需要动用成百上千的人参与。

通常来说，一个情报问题可以有多种描述方法。选择哪一种方法，依据分析员的知识和掌握的证据确定。例如，分析员认为哪一种假设逻辑关系更可靠，哪一个间接证据更可信。在上述计算钢琴调音师的例子中，如果分析员知道芝加哥市的钢琴商店数量，而对全市家庭数量不确切，就可以用商店数量来推导调音师数量。如果时间允许、事件重大，可以采用不同的方法相互验证。为了向分析员提供专业方法，中情局情报部和科技部都设立专门的方法论研究部门。方法论专家选择一种或多种程序加工和研究数据，确定研究模型、选择范例的方法和数据分析的工具。他们不关心研究的内容，只关注研究方法，例如，分析员想研究“酗酒对社会的影响”，方法论专家会提供一种有效统计分析方法。据中情局分析人员总结，有近200种社会科学分析方法可用于情报分析，但极少有情报分析专用的方法，必须经过方法论专家的修改才能使用。

描述性情报既可以作为一种独立的成品情报发给消费者，也可以作为解释性情报和预测情报的基础，描述情报的结果很多时候是其他两种情报的假设或原因。在实际操作中，描述、解释和预测的界线并不是绝对清晰，解释、预测情报中往往把描述作为基础部分。

二、建立假设

预测未来的方法包括理论推导、专家判断和趋势延续等，因为情报分析本身的不确定性而不能采用经验实证方法，所以任何一种预测方法都不能得出情报结论，而只能作为情报假设，等待进一步佐证。预测性情报分析作为科学方法的核心就是建立假设和佐证假设，尽管情境构建方法也在分析中广泛应用，但迄今为止还没有成为一种独立方法。在预测性情报分析中，假设用来预测事物发展方向，是对分析员想象力的考验。分析员想象到的假设有可能被否决，但是分析员没有想象到的假设绝不能被证实。苏联解体前，中情局分析员没有人提出“苏联解体作为两极对立结束方式”的假设，也就不可能预测到苏联解体。可见，假设是预测性情报的基础，如果这一步出现差错，结果必然是错误的。

预警情报的性质与预测性情报基本相同，但对假设的应用略有不同。预警情报分析的对象比预测性情报窄，主要针对军事行动、恐怖主义活动等可观察的行为。对军事行动的预警是国家安全的重要保证，预警情报的假设采用“最坏情况”分析方法，假设对方要采取军事行动。

解释性情报是在知道结果的情况下分析原因。情报重视预测未来，因而解释性情报在情报机构中的地位历来不受重视。其实，解释性情报是预测性情报的基础，只有知道一件事的背后推动力，才能预测它的未来。更重要的是，解释性情报作为一种单独的成品情报，价值亦十分可观。越南战争期间，美国情报共同体对越南内战的性质有两种解释，一种观点认为越南内战是苏联、中国支持下的共产主义扩张战争，虽然北越共产党也有反殖民、争取民族统一的意愿，但不是战争的主要特征，这是一场共产主义与反共产主义的战争；另一观点认为，追求国家统一和民族独立是战争的根本性质，这是一场寻求国家统一的内战。根据第一种解释，共产主义与反共产主义战争涉及美国重要战略利益，需要美国全力参与，国务卿腊斯克说：“即使我们失败，也要给共产主义一个教训，让他们知道这样的攻击代价沉重。”根据第二种观点，肯尼迪指出，这看起来是越南人自己的战争，我们可以帮助他们，但必须由他们自己赢得战争。”① 可见，解释性情报不仅可以单独作为成品情报，而且能对国家决策发挥关键影响。

在描述情报、解释情报、预测情报和预警情报等四种情报类型中，除

① Roger Hilsman, “International Environment, the State, and Intelligence”, in Alfred C. Maurer, Marion D. Tunstall and James M. keagle, *Intelligence*: *Policy and Process*, Boulder and London: Westview Press, 1985, p. 21.

描述情报外，解释情报、预警情报和预测情报实质上都是寻找因果关系，建立假设和佐证假设是它们共同的分析方法。

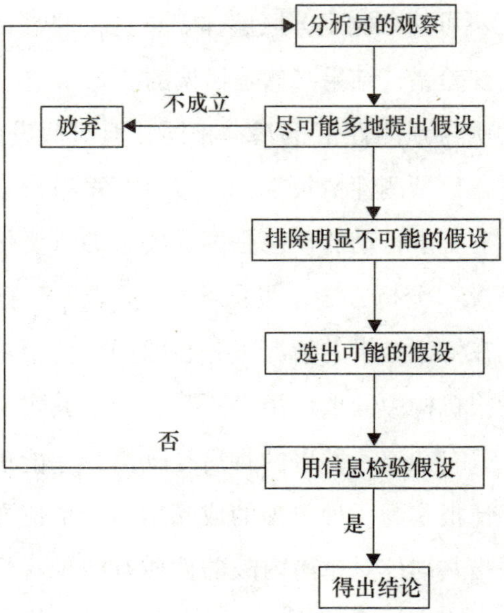

图 5—3　情报分析中的假设和验证

资料来源：Erome K. Clauser and Sandra M. Weir，Intelligence Research Methodology：An Introduction to Techniques and Procedures for Conducting Research in Defense Intelligence，HRB-Singer，Inc.，1976，p. 75.

假设（hypothesis）是一个可测试的论断，或者说是一个试探性的陈述，提出不同因素之间的因果关系。[①] 在情报分析中，当一个因果关系中的一个变量已经知道，需要寻找另外一个变量时就要建立假设。当一个因果关系的结果已经知道，需要找到这种现象的原因。例如，情报分析的问题是“1972 年尼克松访华的动机是什么”，结果是“尼克松访华”，情报分析需要寻找访华的原因，可以建立这样的假设“尼克松访华的动机是联

① James B. Conant，*On Understanding Science*：*An Historical Approach*，New York：The New American Library，1951，p. 38；Pauline V. Young，*Scientific Social Surveys and Research*，Englewood Cliffs，New Jersey：Prentice-Hall，Inc.，1966，p. 19.

华制苏”，也可以建立这样的假设“尼克松访华是为了尽快从越战脱身”。当一个因果关系中的原因或背景已经知道，需要预测原因可能引发的后果。例如，情报分析的问题是“尼克松政府希望改善对华关系，可能采取什么措施”，原因是“尼克松政府要改善对华关系”，情报分析需要预测结果，可以建立这样的假设“尼克松可能派密使与中国沟通”，也可以建立这样的假设“尼克松可能支持中国重返联合国”。在决策部门交办的情报分析任务中，已经明确了因果关系的一个变量，分析员建立假设的起点已经存在。在分析员自选题目里，假设的起点也需要分析员自己观察。在美国情报共同体，假设的起点或情报问题的提出一般源于新情况出现。例如，某国领导人死了、某国货币币值突然下降，这些新情况或者是因果关系的起点，或者为终点。

建立假设是一种创造性思维，假设的形成同灵感的形成一样神秘，没有人知道假设形成的方法和路径。但是，假设形成需要一些必要条件，没有这些条件，不可能形成假设，有了这些条件并不一定能形成假设。也就是说，这些条件是一个分析员形成假设的必要条件，而非充分条件。

首先，主流思想、国家身份认同是建立假设的基础。分析员是社会的一员，是一名知识分子，是一名国家公务员，他的思维离不开社会主流意识形态，离不开国家对本国国际地位的定位。在美国情报共同体，有一个“基本假设名单”（a list of basic assumptions and hypotheses），大家在这个名单上有共识，用来指导分析和收集。在绝大多数问题上，主流意识是正确的，诸如：哪些国家是美国的盟国，哪些国家可能攻击美国，美国国内各界及情报共同体内部有基本共识。美国情报分析员不会建立这样的假设：加拿大最近的行为显示，加拿大可能发动对美战争。这样的假设不符合美国主流意识，也与美国的国家战略定位相悖。如果加拿大真的发动对美突袭，美国情报机构没有事先预测到，问题不是情报分析员的假设错了，而是整个国家共识的错误。事实上，国家或情报分析员极少犯此类错误。以色列学者卡姆研究从第二次世界大战开始到 1973 年之间世界上著名的 11 个战略意外突袭案例发现，在所有案例中分析员都意识到遭受袭击的可能性存在，突袭之所以能成功是其他方面出了问题。① 卡姆把意外突袭分为根本意外（fundamental surprise）和策略意外（situation surprise），根本意外指突发事件出乎整体国家意识之外，分析员根本没想到建立这样的假设，如前文提到的“加拿大袭击美国”；策略意外指突发事件的具体细节出乎意料，如“日本竟然袭击美国本土”。② 一般而言，出现根本意外的可能性极小，分析员忽略此类假设的可能性也几乎不存在。正因如此，这样的假设是路人皆知的事实，在这个层次上建立的假设可以作为前提，通常不需要验证。在假设前提的基础上，分析员需要建立更精细的假设。例如，在珍珠港事件前，分析员分析日本行动的假设前提是“日本可能攻击美军”，这个前提不需要验证。分析员可以进一步假设，“如果日本要攻击美国本土，最可能的地点是珍珠港”。此类假设的建立仅凭社会主流意识不可能完成，而需要分析员具备专业军事知识和政治知识。

其次，有思想、有见地的假设建立在专业知识之上。主流意识、国家身份认同是大部分公民都拥有的公共知识，如珍珠港事件前大部分美国人都意识到日本可能对美采取敌对行动。情报分析员作为一名专业人士，建立假设的水平当然要超越公共知识，在专业理论知识之上建立更具体的假设。1953年3月5日斯大林去世后，美国担心苏联领导人更替会引发战争，中情局长杜勒斯迅速向世界各地的特工发出收集要求。“这些收集要求是建立在一个精致的情报理论基础上，情报理论就是由一系列的指标组成。”③ 这里所说的情报理论，就是苏联发动战争前会出现哪些迹象，收集要求就是据此演绎出来的。再如，A国突然大幅度增加国防预算，根据国际关系中的“安全困境”理论，美国情报分析员可以假设“原因是A国的邻国去年增加了军事预算”；根据政治学中的“政党政治”理论，美国情报分析员可以假设“原因

① Ephraim Kam, *Surprise Attack: The Victim's Perspective*, Cambridge, Massachusetts: Harvard University Press, 1988, p. 7.

② Ephraim Kam, *Surprise Attack: The Victim's Perspective*, Cambridge, Massachusetts: Harvard University Press, 1988, p. 8.

③ Harry Howe Ransom, *The Intelligence Establishment*, Harvard University Press, 1970, p. 156.

是该国执政党为寻求军方支持”；根据军事学知识，分析员可以假设“原因是该国为适应军事技术突破而需要更新大量武器”；根据经济学知识，分析员可以假设“原因是该国去年财政赢余过多”。对于“A 国突然大幅度增加军事预算”结果，分析员分别从国际政治学、政治学、军事学和经济学角度提出不同假设。建立这样的假设需要分析员有丰富的专业知识积累。例如，分析员假设“A 国大幅度增加军事开支的原因是该国去年财政赢余过多”，分析员必须了解历史上该国军事增长占财政赢余的比例，对比今年军事预算占财政赢余的比例，才能知道“财政赢余”是不是一个合理假设。

第三，灵感是建立假设必不可少的条件。分析员拥有广博的知识，掌握丰富的时事信息后，假设是否会自然形成呢。肯特说，那些与达尔文、凯恩斯、马汉等人生活在同一时代的人，之所以没有做出同样发现，不是因为他们不拥有相同的知识，而是他们缺乏深入、灵活的思维能力和对学术的责任感。重大发现总是归于第一流聪明人，而不是众多第二流聪明人。把智商是 5 的 20 个人放到一个屋里，肯定比不上一个智商是 100 的人。知识并不是创造性假设的充分条件，创造性思维依赖于灵感的出现。① 灵感是如何出现的，根据肯特的上述说明，他相信灵感最重要的基础是天才。大部分科学家都认为，灵感的出现没有规律可循，如匈牙利数学家波利亚（George Polya）说“发现的第一守则是聪明和运气，第二守则是安静坐着直到有个好主意来了”。②

在什么情况下，形成假设的灵感会出现呢？美国科学家曾做过一个试验，访问自然科学的研究工作者，受访者认为最佳时机是在家和实验室之间上下班的路上，早晨醒后在床上的时间，或晚上在家里的时间，或听音乐时，有人说“对灵感最有害的就是按时上班”。所有回答的共性是身体、心理上放松，思维上不受干扰。③ 但是，这样的放松是暂时的，只有经过

① Sherman Kent, *Strategic Intelligence for American World Policy*, Princeton, New York, New Jersey: Princeton University Press, Second Printing, 1971, p. 174.

② George Polya, *How to Solve it*, Garden City, New York: Doubleday & Company, Anchor Books, 1957, p. 172, quoted by Sherman Kent, *Strategic Intelligence for American World Policy*, Princeton, New York, New Jersey: Princeton University Press, Second Printing, 1971, p. 176.

③ Washington Platt, *Strategic Intelligence Production: Basic Principles*, New York, N. Y.: Frederick A. Praeger, 1957, pp. 115 – 117.

长时期密集思考之后，灵感才可能在短暂放松时出现。灵感出现的前提条件是：第一，必须对这个问题及其解决有深厚兴趣。第二，没有其他更紧迫的问题排挤这个问题。第三，头脑中必须储存有大量的相关信息。第四，头脑中的信息是经过系统整理的。没有整理的信息就像是没有索引的图书一样，无法有效利用。第五，要有打破常规的个性。①

总之，假设是基础知识积累和灵感结合的产物。分析员一旦建立了假设，以叙述变量之间的关系，就是建立了一个因果关系模型。简单地说，模型就是真实世界的抽象或代表。模型可以预测未来或解释过去。

分析员在建立假设时，要从不同学科、不同观点尽可能发挥想象力，包括一切可能的因果关系。一位美国外交政策分析家说："先生们，我总是观察到敌人有三种选择，结果它常采取第四种"。② 中情局分析员胡叶建议，建立假设可以采取"头脑风暴"的方法。心理研究表明，人在建立假设时，很难想象出所有可能性。为了激发想象力、创造力，可以把一群不同背景、不同专业的专家请到一起，让他们没有任何顾虑地提出一切可能性。当所有假设都提出来后，再删除掉明显不可能的假设，以免浪费时间。③ 当然，假设越多，分析员收集信息、验证假设所需的精力就越多。如果假设无限制地多下去，分析员就需要收集所有信息，同没有假设一样了。在情报分析中，多少个假设是恰当的、可接受的呢。中情局局长特别助理博维（Robert Bovey）指出，如果一个问题只有一个可行的、合理的假设，那个这个问题就没有研究、分析的价值，因为它的结论在研究之前就知道了。大量的工作经验表明，3—5 个假设是比较理想的，少于 3 个假设，很难包括主要的可能性，多于 5 个假设，分析员没有能力控制。④

---

① Washington Platt, *Strategic Intelligence Production: Basic Principles*, New York, N. Y.: Frederick A. Praeger, 1957, p. 113.

② Nicholas Schweitzer, "Bayesian Analysis: Estimating the Probability of Middle east Conflict", Richards J. Heuer, Jr., edited, *Quantitative Approaches to Political Intelligence: The CIA Experience*, Boulder, Colorado: Westview Press, 1978, p. 20.

③ Richard J. Heuer, Jr., *Psychology of Intelligence Analysis*, Center for the Study of Intelligence, Central Intelligence Agency, 1999, p. 98.

④ Robert Bovey, "The quality of Intelligence Analysis", *American Intelligence Journal* Winter 1980—1981, p. 9.

三、佐证假设

假设形成后，必须对假设进行演绎，假设才能有意义。例如，情报分析员观察到美国一个航空母舰战斗群开往海湾，可能会建立这样的假设：美军将要进攻伊拉克。如果分析员不能进一步演绎假设，这个假设仅仅是一个猜想，对情报分析没有任何意义。因此，假设形成后分析员要列出支持和反对假设的所有关键证据和论点。这里的证据不仅是可观察的事物，而且包括所有可能影响分析员判断的因素，如分析员的逻辑推理。例如，2004 年初美国向伊拉克发出最后通牒后，分析员可能认为萨达姆为了脸面一定不能答应，这也是影响判断的因素。这时候，分析员会发现不同的假设要求提出不同的问题。分析员根据自己掌握的理论知识、经验等演绎假设，例如，美国要发动对伊战争，分析员会看到什么，不应该看到什么，如果你不能看到这些证据，是因为对方故意隐藏起来了，还是因为收集能力有限。此外，美国还会采取哪些行动、有哪些动机、国内会有什么动作。在演绎之后，才能寻找这些证据是否存在，才能验证假设是否成立。因此，演绎假设是验证或佐证假设的第一步。

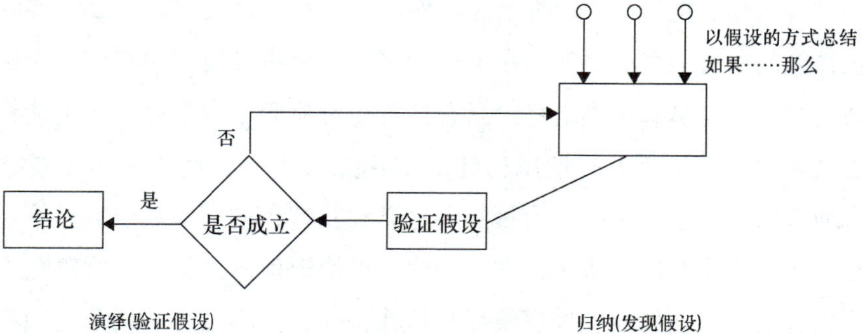

图 5—4　归纳与演绎的关系

资料来源：Erome K. Clauser and Sandra M. Weir，Intelligence Research Methodology：An Introduction to Techniques and Procedures for Conducting Research in Defense Intelligence，HRB-Singer，Inc.，1976，p. 86.

情报分析主要有两种方法：情境构建法和演绎佐证法，这两种方法的区别不仅体现在佐证假设过程中，也体现在演绎假设过程中。

情景构建法是演绎假设中最常用的方法，其逻辑前提是：每件事都是独一无二的。分析员把每一个现象都当作新现象观察，在观察和分析时不应用任何现存理论，仅仅在一般常识基础上理解研究对象。情境构建法认为，每个观察对象都是独特的和有它自己的逻辑，试图解释普遍规律的理论不具有任何意义。对于每一个现象，分析员都要建立单独情境，这个假设中的情境就是对假设的演绎。例如，假设是“美国将要攻打伊拉克”，分析员需要构建的情境是“2003 年美国要攻打伊拉克将会采取哪些行动”。分析员将仔细研究 2003 年美国、伊拉克两国的政治、经济、军事等情况，虚拟一个美国进攻伊拉克的环境。例如，针对 2003 年美伊两军的实力特征，美国进攻伊拉克将首先使用空军还是海军，针对 2003 年美国国内两党力量对比，美国总统布什要发动对伊拉克战争必须做的国内动员工作是什么。分析员将所有这些条件网络化，形成美国攻打伊拉克的情境，就是对假设的演绎。在情境构建法中，分析员不是根据特定政治学、军事学理论来推断美国的行为，而主要是研究美国、伊拉克的特定环境，根据常识判断美国需要采取的行为。

情境构建法把每个假设都当作特例研究，在演绎假设时几乎需要收集假设涉及的所有信息。例如，在上述例子中，分析员要收集美国、伊拉克的所有政治、经济和军事信息，只有拥有尽可能详尽的信息，才可能构建接近现实的情境。因此，情境构建法的优点是不受任何先入为主观念影响，研究每个现象的特征，为每件事建立独具特色的环境。然而，情境构建法的优点也是其缺点所在，它拒绝使用理论知识，实际上“背对”人类社会的历史经验。任何一种现象都有其独特性，但不可否认现象之间有一定的共性。例如，2003 年美国攻打伊拉克尽管有自己的特殊性，但是它也有所有战争所具有的共性，军事学就是总结战争规律的。同 1990 年美国第一次攻打伊拉克一样，甚至同第二次世界大战以来的美国对外战争一样，美国在战争前既要在国际上寻找盟国参加，也要在国内寻找民众支持。这些规律不仅可以帮助分析员有效地演绎出假设所需要的条件，而且还能找到情境逻辑无法找到的条件。有些现象是不可观察的，只能依靠理论推导。例如，2003 年美国攻打伊拉克的动机是什么，分析员不可能通过观察知道，只能依靠逻辑推理。正因为情境逻辑拒绝理论，所以分析员了解假设的一切情况，不仅了解假设所处的物质环境，而且要了解人的心理。例如，分析员不仅要了解美国、伊拉克的政治、经济和军事情况，而且还要了解美国、伊拉克决策者的心理活动，这样才能演绎出美国、伊拉克可能采取的行动。胡叶说，“分析员要像外国领导人一样理解他们所拥有的选择，必须理解他们的价值观、思维模式，甚至还必须理解他们的误判和误解。没有这种洞察力，理解外国领导人的决定或预测他们未来的决定，只不过是在信息不完整情况下的猜测。外国领导人的行为常常看起来不理性、不符合自己的利益，这种结论反应出分析员把美国人的价值观和思维模式强加到外国领导人或外国社会头上，而不是理解他们所处环境的逻辑。”[①] 由于情报本身具有冲突性，分析员很难获得研究对象的一切信息。这种方法接近诺贝尔经济学奖获得者托马斯·谢林（Thomas Schelling）提出的“体验他人解决方法”（Vicarious problem solving）。[②]

在演绎佐证法中，对假设的演绎主要通过理论推导进行。例如，理论认为“反腐败能否成功取决于宪法机制、执法机制和民众意识三个层次”。如果分析的假设是“A 国目前的反腐败运动不可能取得预期效果”，分析员演绎这个假设时不需要了解关于 A 国政治、经济和社会的所有情况，而是根据上述理论关注“宪法”、“反腐败执法机构”和“民众意识”三个方面。可见，理论演绎的优点是简洁、高效、深刻，分析员仅需要关注理论指出的变量，而且变量之间的逻辑关系在理论上也是清楚的。不仅如此，理论演绎还可以找到情境构建法无法找到的变量，这些变量隐藏在现象之下，是背后的、潜在的推动力。例如，理论认为“从专制向民主转型的国家容易出现政局动荡”，分析员不管实际情况是什么，都会关注该国

---

① Richard J. Heuer, Jr., *Psychology of Intelligence Analysis*, Center for the Study of Intelligence, Central Intelligence Agency, 1999, p. 33.

② Thomas Schelling, *The Strategy of Conflict*, New York, 1960.

的政局情况。但是根据情境构建法，分析员从政治、经济、社会和军事等方面分析，可能没有发现该国出现政局动荡的迹象，因而不会把政局不稳作为一个变量。

当然，理论演绎也有自己的致命伤，理论和现实之间总是有距离的，任何一种理论都是片面的、有条件的，应用到实践中总会有各种各样的误差。在应用科学中，理论不是普遍规律，仅仅是“类律”和“理想规则”，因此理论演绎可能将分析员引向错误变量。例如，理论认为“一个拥有足够军事实力的独裁政权不会垮台”，分析员根据理论演绎集中精力关注独裁者对军队的控制，忽略独裁者本人的思想变化。正如上文提到的，任何一个理论都是片面的，都与事实存在一定的差距，所以应用理论演绎总是不能找到足够多的变量。

中情局分析员胡叶认为，建立假设和演绎假设有三种方法：情境逻辑（situational logic）、理论应用（application of theory）和对比（comparison）。[①] 也就是说，美国情报机构除使用情境构建法和演绎佐证法外，还应用类比演绎假设。类比就是把目前的现象与历史现象和其他不同类型现象相比较，把相近现象的变量作为假设的变量。类比的前提是分析两件事情的实质，确认两件事件的实质相似，具有可比性。最常见的类比就是历史类比，分析历史上同类事件的变量，作为当前事件的变量。例如，1990年美国攻打伊拉克时先取得制空权，然后才派出地面部队，分析员会根据类比推断，2003 年美国攻打伊拉克时还会先进行空中打击。类比分析介于情境构建法与演绎佐证法之间，与情境分析相比，类比分析较有规则，它有明确的分析框架，即与历史事件对比的框架；与理论演绎相比，类比分析又比较随意，它以一个或几个历史事件为参照，还没有形成普遍规律。

类比分析的假设是历史上发生的事件，今天还会照旧发生，历史上有效的措施今天仍有效。类比分析的缺陷是明显的，正如理论和现实之间有差距一样，历史事件和现实事件也不同。没有完全相同的两件事，类比总

---

① Richard J. Heuer, Jr., *Psychology of Intelligence Analysis*, Center for the Study of Intelligence, Central Intelligence Agency, 1999, p. 32.

是有风险的。哈佛大学教授梅（Ernest May）说，由于使用类比分析，美国对外决策总是落后于时代。[①] 胡叶指出，只有在没有数据进行情境分析、没有条件进行理论分析的情况下，分析员才会选择类比分析，或者就是为了赶时间。[②] 其实，类比分析的缺陷同理论演绎相似——历史上没有完全相同的两件事，也是理论演绎的软肋。理论演绎存在的原因是同类事件之间总存在一定的共性，类比分析存在的理由也是历史事件之间也有相似之处。普拉特在谈到历史经验对情报分析的作用时说，首先，历史不会完全重演，特别是情报分析关注的具体案例，不能完全照搬以前的经验；其次，历史学家几乎不可能掌握历史规律或模式，因为没有任何模型能如此清晰和细致；第三，相似历史事件之间存在一些共同因素，能否发现这些因素就是专业人员同非专业人员的区别所在。[③]

2001 年“9·11”事件发生后，反恐成为美国情报机构重要任务，然而情境构建法、演绎佐证法都不能满足反恐情报分析需要。恐怖活动多数由小团体或个别人执行，几乎每个案件都不同，不可能适用演绎佐证法。同时，由于情报机构对恐怖组织和个人的了解也非常有限，情境构建法也难以发挥作用。美国“兰德公司”（the RAND Corporation）为了寻找恐怖活动的迹象，采取历史类比法，将历史上的恐怖活动作为研究对象，寻找那些以前未曾注意的迹象，分析这些迹象和恐怖活动之间的关系，这个项目叫“非典型信号分析与加工”（Atypical Signal Analysis and Processing, ASAP)。根据过去的案例建立模式，指出哪种情况下哪些行为是异常的，哪些是正常的。例如，2002 年肯尼亚爆炸案前在一辆越野车中发现 10 部手机，这就是异常情况。然后，获取被认为与恐怖活动有关的人物、地点、事件和金融流通的信息，全部输入电脑跟模型对比，由计算机自动找出异常“点”，再由软件把这些异常“点”连在一起。这时，需要分析专

---

① Ernest May, *Lessons of the Past*: *The Use and Misuse of History in American Foreign Policy*, New York: Oxford University Press, 1973.

② Richard J. Heuer, Jr., *Psychology of Intelligence Analysis*, Center for the Study of Intelligence, Central Intelligence Agency, 1999, p. 38.

③ Washington Platt, *Strategic Intelligence Production*: *Basic Principles*, New York, N. Y.: Frederick A. Praeger, 1957, pp. 147 – 150.

家来解释这些连在一起的点。[①]

情境构建法、演绎佐证法和类比法在实际应用中并不是界线分明，情境分析法并不能完全排除理论与历史经验，只不过对理论的应用是零碎的、不明显的。演绎佐证法和类比法更离不开具体事件分析，只有掌握具体事件的本质，才能确定应用什么样的理论和类比对象。三种方法各有自己的优缺点，没有一种方法能推导出假设的充分条件，都是对假设的试探性演绎。在情报分析中，为了增加演绎的可靠性，如果时间允许，应该对比三种方法，找出更合理的变量。

与预测性情报、解释性情报相比，预警情报对假设的演绎最正式、最明确。1948 年中情局内部建立一个三个人小组，这是美国情报机构最早的预警情报分析单位。这个小组建立后的第一件事就是在英国情报机构帮助下，建立“迹象清单”（indicator list）。“迹象清单”是对假设的演绎，假设是“苏联将对西方采取军事行动”，对假设的演绎为“苏联要采取敌对军事行动要做哪些准备工作”，把这些设想的变量列在单子上。[②] 后来，随着美苏冷战加剧，20 世纪 70 年代初期美国情报机构建立系统而庞大的“迹象和警告”（indicators and warnings）系统，通过理论推断、类比和情境设想列出军事行动的迹象。例如，假设苏联要对西德发动突然袭击，将有哪些迹象和行动。根据这个假设，制定一个详细的迹象和警告名单，这是一个简单、高效的办法。分析员可以照着清单上的变量分析信息。亨德尔（Michael I. Handel）说：“重要的是，当危机发生时往往有大量的信息进来，这个办法帮助分析者从大量模糊的、冲突的信息中挑选重要信息。”建立“迹象和警告”最关键的事情是弄清哪些变量是真正的迹象，亨德尔建议每个变量都要经受三个问题的考验：第一，这是对方必须采取的行动吗？第二，它的目标是确定的吗？第三，我们有能力获得它吗？这

---

① Michael A. Gips，“Predicting Terror Attacks”，*Security Management*，Vol. 49，No. 2，February 2005，p. 16.

② Cynthia M. Grabo，“The Watch Committee and the National Indications Center：The Evolution of U. S. Strategic Warning 1950—1975”，*International Journal of Intelligence and Counter Intelligence*，Vol. 3，No. 3，p. 365.

三个条件非常关键，前两个条件结合在一起就是一件事情发生的充分必要条件，后一个条件的意义在于，如果我方没有能力获取这些充分必要条件，却仍然将其列在“迹象和警告”清单上，就永远也不可能预测到事件的发生。预警迹象可以包括：取消一切休假、周边国家同时异动、无线电通信突然增加或减少、外国军事顾问撤离、弹药的发放、预备役的动员、民用或其他掩体的开放、雷区或特定路段的清理、易燃品工厂清空等。①

“迹象和警告”清单中，还应该指出哪些变量是关键迹象（major indicator），哪些变量是次要迹象（minor indicator），关键迹象是采取某项行动特有的迹象，次要迹象是多项行动中都会出现的迹象。也就是说，关键因素是充分条件，次要迹象是必要条件。

预警情报通过演绎假设建立了清晰的迹象清单，减轻了分析员的个人责任，分析员只要注意观察清单上所列迹象是否出现就可以了。1956 年 10 月 27 日，在苏伊士运河战争爆发前 36 小时，美国情报共同体“值班委员会”（The Watch Committee）通过分析接收到的迹象，成功地预测到英法以的联合进攻行动。② 因为预警情报分析员的工作相对简单，所以美国情报共同体内甚至不认为预警分析需要太多学术能力，甚至于分析员都不愿在预警分析部门工作。“国家迹象中心”（the National Indication Center, NIC）成立后拥有工作人员 28—31 人，分析员从未超过 13 人，大部分人从原单位来这里轮岗三到四年。分析员认为迹象情报分析是一门艺术，而不是科学，因此大部分分析员不愿到这里来工作。③ “值班委员会”（The Watch Committee）成员在协调预警情报时，有权利把自己的不同意见写成“脚注”，但由于预警情报分析相对简单、直观，很少发生这样的情况，在

① Michael I. Handel, “Intelligence and the Problem of Strategic Surprise”, in *Paradoxes of Strategic Intelligence*, Edited by Richard K. Betts and Thomas G. Mahnken, London, Portland, OR: Frank Cass, 2003.

② Cynthia M. Grabo, “The Watch Committee and the National Indications Center: The Evolution of U. S. Strategic Warning 1950—1975”, *International Journal of Intelligence and Counter Intelligence*, Vol. 3, No. 3, p. 370.

③ Ibid., p. 373.

重要的预警问题上从来没有过根本分歧。

这种方法使迹象分析简单、高效的同时，潜藏着危险。预警情报分析的前提是任何突然行动都必须有事先准备工作，这些准备工作是可以观察到的。例如，苏联要发动突然军事行动，必然会有人员和设备的转移、轮船或飞机的流动、通信频率的增加等，通过分析这些必要信号可以预测到苏联的行动。然而，现实的突发性军事行动并不总是能满足上述前提条件。情报分析员凯瑞特（Shlomo Gazit）指出，根据预警清单分析情报有三个弱点：第一，一个集权政府单方面做出一个决定，既不需要在国内讨论、动员，也不需要与外界协商，很少有迹象；第二，一个政治决定没有可观察的迹象，只有少数几个人知道，没有军队的转移；第三，政策决定做出后，决策与行动之间的间隔太短，没有给侦察、分析留下时间。① 例如，1961 年 8 月 13 日早晨，苏联和东德突然用铁丝网围住西柏林，开始修筑柏林墙。美国情报共同体“值班委员会”因未预测到此事受到批评，事实上值班委员会密切关注此事，仔细研究所有迹象，但没有发现任何迹象。②

对假设的演绎完成后，因果关系中的因变量和自变量都明确了，至少在理论上已经知道满足哪些前提条件，就会出现什么结果。下一步分析员需要分析因果关系的自变量是否存在，这个阶段的工作可称为“证据诊断”。证据诊断指一个证据在多大程度上能决定竞争性假设。③ 证据诊断是从医学中借用的术语，就是确定证据的诊断价值。例如，当医生发现一个人发高烧，“高烧”这个证据对判断一个人是否有病很有诊断价值，从“高烧”可以判断一个人有病。但是，对于诊断一个人有什么病，这个证据基本没有诊断价值，因为很多病都会发烧。同样，在情报分析中，如果

---

① Shlomo Gazit, “Estimates and Fortunse-Telling in Intelligence Work”, *International Security*, Vol. 4, No. 4, Spring, 1980, p. 50.

② Cynthia M. Grabo, “The Watch Committee and the National Indications Center: The Evolution of U. S. Strategic Warning 1950—1975”, *International Journal of Intelligence and Counter Intelligence*, Vol. 3, No. 3, p. 371.

③ Richard J. Heuer, Jr. , *Psychology of Intelligence Analysis*, Center for the Study of Intelligence, Central Intelligence Agency, 1999, p. 45.

一个证据几乎支持所有假设，就基本没有诊断价值。胡叶指出，普遍经验证明最支持假设的证据往往没有诊断价值，因为同一个证据总是还支持其他假设。因此，证据对假设的支持力度，并不等于证据的诊断价值。只有拥有诊断价值的证据才是有意义的证据，也是需要认真检验的证据。①

表 5—5　诊断信息价值表

信息	假设一			假设二			信息价值
	支持	反对	不支持也不反对	支持	反对	不支持也不反对	
A							
B							
C							

注：如果一个信息同时支持两个假设或同时反对两个假设，价值为 0；如果一个信息支持一个假设，反对另外一个假设，价值为 2；任何其他组合，价值为 1。

在情报分析中，分析员遇到的问题是证据太多，总是有许多证据支持一个假设，但是真正有诊断价值的证据却极少。情报分析员格罗博（Cynthia M. Grabo）指出，在不知道对方意图的情况下，大部分证据都支持三种假设。1968 年，苏联入侵捷克斯洛伐克前，“国家迹象中心”（the National Indication Center，NIC）观察、分析了许多苏联军事动员的证据，这些都是可以观察到的、可触摸的证据，但是在分析苏联意图时，据参与其事的分析员解释，当时认为苏联更重视与美国缓和等原因，故不会发动进攻。因此，在苏联入侵捷克三周前，“值班报告”（the Watch Report）的结论是：“苏联完全具备了入侵能力”。② 但是，苏联到底像它自己宣布的一样是在演习，还是要入侵，“国家迹象中心”没有任何具有诊断价值的证据。尽管那是第二次世界大战以来苏联最大的军事动员，但由于没有证据，分析员还是接受了苏联进行“华沙条约组织军事演习”的说法。1973

① Richard J. Heuer，Jr.，*Psychology of Intelligence Analysis*，Center for the Study of Intelligence，Central Intelligence Agency，1999，p. 102.

② Cynthia M. Grabo，“The Watch Committee and the National Indications Center：The Evolution of U. S. Strategic Warning 1950—1975”，*International Journal of Intelligence and Counter Intelligence*，Vol. 3，No. 3，p. 379.

年10月6日，阿以战争已经开始后，“值班委员会”在紧急会议上的评估结论仍认为，这仅是一次边境冲突，不是全面战争。①

可见，证据的诊断价值是证据的生命力所在，如何判断证据的诊断价值呢。哈佛大学教授卡姆（Ephraim Kam）认为证据诊断价值取决于两个因素：第一，证据的清晰度，证据是正确的、清晰的、突出的，还是隐藏的、含糊的、有噪音的；第二，证据与假设的相关程度，证据证明对象的范围越大，诊断价值越小。② 例如，人力情报指出敌人要进攻了，证据的指向范围很小，就是敌人要进攻了，但清晰度不够，何时来，从哪来，不知道；如果卫星照片显示，敌军一个师正在开来，清晰度很高，时间、地点、人物都清楚，但指向范围太大，敌人来干什么，可能是演习，也可能是路过。

美国情报共同体根据证据诊断力将证据分为“硬证据”和“软证据”，证据诊断的目的就是尽可能发掘“硬证据”。例如，第二次世界大战期间，英国之所以比苏联更准确地预测到德军对苏联的突然袭击，就是因为英国破译了德国密码，获取了“硬证据”。破译密码清楚显示，进攻时间是在1941年6月14—22日之间。再如，1962年10月，当美国驻联合国大使把U—2飞机在古巴拍摄到的苏联部署导弹照片拿出来后，原先拒不承认此事的苏联大使哑口无言。这是“铁证”或“硬证据”的经典案例，但中情局分析员伯克维茨（Bruce Berkowitz）认为这是一个误导案例。伯克维茨说，在情报分析中，分析员总认为只要找到铁证问题就解决了。然而，情报总是充满不确定性，在情报工作中能够一证定案的铁证就像鸡长牙一样少见。③

证据诊断完成后，分析员可以根据诊断结果删除一部分证据和假设，以减轻后续工作的复杂程度。一方面，分析员应当将没有诊断价值的证据

---

① Cynthia M. Grabo，“The Watch Committee and the National Indications Center：The Evolution of U. S. Strategic Warning 1950—1975”，*International Journal of Intelligence and Counter Intelligence*，Vol. 3，No. 3，p. 385.

② Ephraim Kam，*Surprise Attack：The Victim's Perspective*，Cambridge，Massachusetts：Harvard University Press，1988，pp. 39 – 40.

③ Bruce Berkowitz，“The Big Difference Between Intelligence and Evidence”，*The Washington Post*，February 2，2003，B1.

删掉，这就意味着大部分证据从此不再是证据了，分析员下一阶段只需要分析极少一部分证据。另一方面，分析员可以根据证据诊断价值重新调整假设。胡叶认为，如果没有任何证据显示两个假设的区别，就应该把两个假设合并为一个假设；如果某个证据支持假设的一部分，反对假设的另一部分，就应该把这个假设分成两个假设。① 一般情况下，经过初步调整后，分析员手中还有若干等待处理的假设。理论上，分析员应当验证每一个假设，进行"竞争性假设分析"（Analysis of Competing Hypotheses，ACH），最终选出可信度相对高的假设作为结果。"竞争性假设分析"是中情局方法论专家胡叶提出来的情报分析方法，是认知心理学、决策分析和科学方法的结合，据悉经过中情局多年试验证明是非常有效的，目前是美国情报共同体的培训内容。

然而，在情报实践中，分析员往往不愿花时间验证每一个假设，"竞争性假设分析"仅适用于有争议的、复杂的重大议题。胡叶说，根据他在中情局的工作经验和采访得知，大部分情报分析员选择假设时采用"满意模式"（satisficing model）。根据"满意模式"，在众多假设中分析员只选择自己最满意的假设进行验证，而放弃其他所有假设。分析员选择一个似乎最可能的假设，寻找支持这个假设的证据和数据，如果有一定数量的证据支持这个假设，就将这个假设确定为结果。比较谨慎的分析员，还会回头看一下其他假设和不支持这个假设的证据，以免有重要事情失落。② 同情报分析中的诸多悖论一样，仅仅分析一个假设简洁而高效，但是出现误判的可能性很大。

经过假设和证据调整阶段后，分析员选出的假设就是正式假设，需要逐个验证。在学术研究中，验证一个假设的方法分为归纳验证和演绎验证两种。归纳是"证实"，即所有的证据都支持一个假设；演绎是"证伪"，没有被证伪的假设就是正确的。情报分析中检验假设的方法是独特的，即不能完全依赖"证实"方法，也不能完全借助"证伪"方法。因为情报分

---

① Richard J. Heuer, Jr., *Psychology of Intelligence Analysis*, Center for the Study of Intelligence, Central Intelligence Agency, 1999, p. 44.

② Ibid., p. 44.

析本身的不确定性，一个情报假设既不可能被完全证实，也不可能被完全证伪，或者说一个情报假设能同时被证实和证伪。以色列军方曾在一批中级军官中做过这样一个试验：让他们定义战争、演习和随机行动三种军事行为，分别指出这三种行为的指标，最后确定的指标有46个。然后把收集到的日本袭击美国珍珠港的指标交给他们分析。结果26%的人认为是演习，18%认为是随机行动，56%认为是战争。① 从这里可以看出，许多变量在三种选择之间是重叠的。绝大数假设都有支持证据和反对证据，因而只能采取佐证法。一个假设得到的佐证越多，反证越少，它成立的可能性越大。相反，一个假设得到的反证越多，佐证越少，它不成立的可能性就越大。

表5—6　调查结果

指标	演习	随机行动	战争
特定区域的行动	2	2	0
隐蔽地区的行动	1	0	0
不可理解的行为方式	1	2	0
在未预想到的地区行动	1	0	0
在不同地区集结	3	2	5
军队离开军营	1	1	1
向边境移动	0	1	11
向相反方向移动	3	0	0
在非边境地区移动	1	0	0
在已知区域移动	1	0	0
行动中通信消失	2	0	0
行动中仍有通信	0	1	0
有限的行程表	4	3	1
频繁出动	0	1	1
长时期的行动	0	0	1
很少行动	0	0	1

① Ytzhak Katz and Ygal Vardi, "Strategies for Data Gathering and Evaluation in the Intelligence Community", *International Journal of Intelligence and Counterintelligence* 5, No 3, 1991, p. 327.

续表

指标	演习	随机行动	战争
持续的夜间行动	1	0	1
有层次的活动	3	0	0
各军种同时行动	5	0	13
动员部分军队	7	5	0
初步知识	5	1	2
隐蔽部分企图	2	0	0
改变常规行动	2	2	2
长时间的准备期	6	0	3
没有基础数据	0	2	0
联合行动	0	1	0
动员预备役	2	0	6
取消休假	0	0	1
启动应急计划	0	0	1
提高戒备级别	0	0	2
戒备非军事区	0	0	4
快速的非控制反应	0	3	2
依据已知理论行动	7	3	4
精确定义的目标	1	0	0
较短的准备期	0	2	1
高级军官视察	4	0	1
政治活动	0	0	2
有伤亡情况	0	1	1
启动武器系统	9	4	14
不带武器的行军	3	1	0
先进装备	0	0	1
使用新通信设备	0	0	2
通信信号消失	0	0	1
启动通信系统	2	1	1
启动空中力量	2	1	3
装备军队	1	0	2

资料来源：Ytzhak Katz and Ygal Vardi，Strategies for Data Gathering and Evaluation in the Intelligence Community，International Journal of Intelligence and Counterintelligence 5，No 3，1991，p. 327.

尽管情报分析不能完全依赖任何一种验证方法，但多数情报专家认为，“证伪”方法比“证实”方法更有效、更优先。自从波普尔提出“演绎证伪”方法后，“证伪”成为科学研究的根本原则，科学家只接受那些没有被证伪的假设。一个假设不管有多少证据支持，都不能证明它是正确的，因为这些证据还可能支持别的假设。相反，一个假设只要有一个反对证据，就能证明这个假设不成立。唯一不同的是，在情报分析中，不能因为有一个反对证据，就证明假设不成立。正如杰维斯所言，证伪科学方法的价值被夸大了，不能因为科学理论不能解释一件特定的事，就否定其价值。① 在情报分析中，反对证据最少的假设可能性最大，支持证据最多的假设则不一定是最可能的假设。因此，“证伪”方法仍然优于“证实”方法，但根据心理学家的实验，人总是倾向于寻求证实假设的事例，而不习惯于寻找证伪的事例。② 所以“证伪”方法需要分析员刻意去使用。

美国国防情报学院在情报分析教材中指出，假设可以从以下几个方面得到佐证：

> 第一，假设的结果被检测到，也就是说假设事件发生了。例如，假设“某国导弹可能进入发射阶段”，而监测发现该国正在修建发射设备；
>
> 第二，通过其他途径验证。例如，发现该国新闻发言人谈到发射导弹的合理性；
>
> 第三，得到与假设结论相关的证据。例如，发现发射地区交通管制；
>
> 第四，出现新的证据；

---

① Robert Jervis, “Minimizing Misperception”, in G. Matthew Bonham and Michael J. Shapiro, *Thought and Action in Foreign Policy: Proceeding of the London Conference on Cognitive Process Models of Foreign Policy*, March 1973, p. 162.

② Harold M. Weiss and Patrick A. Knight, “The Utility of Humility: Self-Esteem, Information Search, and Problem-Solving Efficiency,” *Organizational Behavior and Human Performance*, Vol. 25, No. 2 April 1980, pp. 216 – 223, quoted by Richard J. Heuer, Jr., *Psychology of Intelligence Analysis*, Center for the Study of Intelligence, Central Intelligence Agency, 1999. p. 47.

第五，与假设相反的证据得到排除。例如，发现交通管制不是因为领导人出行；

第六，假设符合其他可靠的结论。例如，该国发射导弹的时间顺序与其他国家相近；

第七，当证据可以有两种解释时，较简单的解释可能性大。①

在假设验证中，有两种极端情况：一种是直接从假设演绎得出结论，另一种是假设的事件发生，假设得到验证。例如，第二次世界大战期间，美军利用演绎方法成功预测出日本驻菲律宾巴因那木（Betis）的守军人数。美国从俘虏手中得到日本陆军手册，手册规定陆军人均应拥有的卫生设施。通过人数与厕所之间的比例模型，美军观察日军在礁湖上的厕所计算出日军人数——4715 人的总数中误差只有 64 人。再如，一位上幼儿园的小朋友发现，每个小朋友在进教室之前会把一个水杯放到室外的柜格中，通过这个人数与水杯的模型，这位小朋友在进教室之前就能预测出当天来班里的小朋友人数。这两个例子都是由假设直接演绎出结果，这种方法在情报分析中很少用。演绎从大前提、小前提得出结论，比较适合在封闭系统（closed system）内应用，但情报分析从来不是一个封闭的系统，总有意外因素介入，总有故意误导的因素存在，因此演绎推理非常罕见。对于第二种情况，当情报预测的事件发生后，假设当然得到验证，情报分析过程也因此而结束。

在验证假设过程中，不能用建立假设的信息验证假设，而必须用新的信息去验证，否则就成了同义反复。

除上述两种极端情况外，多数假设既不能得到完全验证，也难以被绝对否定。具有如此诊断力的证据极为罕见，即便有这样的“硬证据”也不能得到确定结果。因为预测是说明未来的事，决策者已经决定的事情亦可以随时改变，更何况大部分决策都留有余地，把选择权保持到最后一刻。例如，

---

① Erome K. Clauser and Sandra M. Weir, *Intelligence Research Methodology: An Introduction to Techniques and Procedures for Conducting Research in Defense Intelligence*, HRB-Singer, Inc., 1976, pp. 177 – 178.

1941 年 11 月 26 日日本海军中将南云忠一（Chuichi Nagumo）率领六艘航空母舰向珍珠港开进，但他得到的仍是有条件授权，要求同时满足两个条件的情况下才能进攻珍珠港：一是美国舰队在港里，二是美国没有觉察。如果美国海军在进攻前 24 小时觉察，他就宣布这只是一次演习。如果美国情报部门当时掌握了日本海军的行动，根据“硬证据”得出日本将进攻珍珠港的结论，日本就会宣布是演习而退回去，结果证明这次预警是失败的。① 1973 年 10 月 6 日下午两点，以色列接到情报，埃及、叙利亚将在同一天进攻以色列，但是埃及总统萨达特仍主张，如果及时知道以色列已经预测到此次进攻，将会推迟或取消进攻。② 上述两个案例显示，在假设验证中没有所谓的“硬证据”能够完全证实一个假设，未来的事情随时都可能发生变化。一位学者研究的 67 次战略突袭中，按原计划进行的只有 26 次。③ 这些案例警示情报分析员，无论拥有如何完美的证据，也不能得出绝对的、单一的结论。

冷战时期，美国一直企图对苏联行为做出“是”或“否”的明确预警，然而 1968 年美国没有预测到苏联出兵捷克斯洛伐克，1973 年美国没有预测到阿以战争，随后情报共同体一方面建立更完善的“迹象与预警体系”（indications and warning system），扩大迹象的范围，把苏联政治、军事、经济行为列为预警迹象；另一方面将“是”或“否”的预测方法改为概率预测。④ 预警的目的是让军队在正确的时间到达正确的地点，只有“是”或“否”的预警方式能做到这一点，概率预警只能让军队在可能的时间到达可能的地点。但是，因为单一结果的预警方式风险太大，美国情报部门认为概率预警的代价值得承担。20 世纪 90 年代后的情报分析规则要求，如果存在多种假设成立的可能，分析员必须指出各种可能性，并且

---

① Richard Brody, “The Limits of Warning”, In Douglas H. Dearth and Royal Thomas Goodden, edited, *Strategic Intelligence: Theory and Application*, Defense Intelligence Agency, 1995, p. 290.

② Ephraim Kam, *Surprise Attack: The Victim's Perspective*, Cambridge, Massachusetts: Harvard University Press, 1988, p. 41.

③ Barton Whaley, *Strategem: Deception and Surprise in War*. Cambridge, Mass.: M. I. T. Center for International Studies, 1969, p. 17, quoted by Ephraim Kam, *Surprise Attack: The Victim's Perspective*, Cambridge, Massachusetts: Harvard University Press, 1988, p. 15.

④ Richard Brody, “The Limits of Warning”, In Douglas H. Dearth and Royal Thomas Goodden, edited, *Strategic Intelligence: Theory and Application*, Defense Intelligence Agency, 1995, p. 288.

说明未来哪种变量出现后，哪一种假设将变成事实。①

在假设验证中还会出现一种情况，既没有证据支持一个假设，也没有证据否定一个假设。根据证伪原则，在反证足够多的情况下可以证明一个假设不成立。但是没有证据支持的假设，是否就是不成立的呢？没有证据的假设并不一定都不成立，中情局分析员戴维斯（Jack Davis）提出检验此类假设的九个步骤。例如，假设是“某国拥有核武器”，但分析员没有找到证据。可以分以下九步检验：

> 第一，确定3—5个证据，如果某国有核武器，这几个证据都会出现的；第二，评估某国隐蔽这些证据的能力（Denial and Deception，D & D）；第三，除了某国隐蔽外，列出收集部门没能发现这些证据的所有可能；第四，评估美国收集这些证据的能力，把隐藏的可能性也考虑进去；第五，如果这个项目存在，分析员没有获得其中一个重要证据的可能性有多大；第六，如果这个项目存在，分析员没有收集到任何一个证据的可能性有多大；第七，由评估组成员列出所有异常信息，这些信息被认为是不真实或没有价值的，分析它们被否定的原因；第八，建立一个“魔鬼挑战”组，分析核武器项目存在的可能性；第九，在上述八个步骤基础上，分析某国核武器是否存在。②

上述九个步骤的意图在于确认证据是真的不存在，还是由于对方隐藏或本国收集能力不足没有收集到，或者是分析员没有意识到什么是真正的证据。

四、综合判断

验证假设的基本原则是支持证据越多，反对证据越少的假设可能性越

① Douglas J. MacEachin，“The Tradecraft of Analysis：Challenge and Change in the CIA”，*Working Group on Intelligence Reform Papers*，1994，p. 17.

② Jack Davis，“Tensions in Analyst-Policymaker Relations：Opinions，Facts，and Evidence”，The Sherman Kent Center for Intelligence Analysis，*Occasional Papers*，Vol. 2，No. 2，p. 13.

大，但是每个证据的重要性不一样，不能简单地用数量判断。美国情报部门有时将每个证据的诊断价值量化，得分最高的假设最可能。然而，量化的前提条件是数学逻辑与现实逻辑相符，但是科学家、分析员并不知道多变量互相影响的现实逻辑是什么。因此，情报分析中的综合判断是最大难题。

综合判断是战略情报分析的难点，也是社会科学感到头痛的问题，原因在于社会科学理论无法知道多变量相互作用的规律。加迪斯在分析国际关系理论的缺陷时说，理论家可以理解一个特定领域，但是没有或很少理论能建立在不同领域的相互作用之上。① 尽管最近几十年出现不少交叉学科，例如政治经济学、语言心理学，但这些学科仅仅是将两个学科交叉，没有一个学科研究政治、经济、军事、文化、心理等所有变量之间的关系，而现实生活恰恰是所有变量交互作用的结果。综合性对情报分析非常重要，特别是在高层次的战略情报分析上。战略情报关注具体事件，是用于实践的知识，必须对一件事做出综合判断，仅专注于一个方面往往会造成分析失误。例如，对军事情报的分析不可能在政治、经济真空中进行。亨德尔说，大部分战略意外的事例表明，事先缺乏政治、外交和军事情报的综合分析，重大失误往往是因偏重某一个方面。②

世界是复杂多变的，每个专家的专业是固定、狭窄的，每个专家所分析的情报只是世界的一小部分，最终这些小块必须被综合起来。在理论科学没有成果可以应用的情况下，情报分析只能借助于一些技巧勉强为之。迄今为止，情报分析机构对付综合判断的途径主要有两条：第一，采取多学科专家合作研究的方式；第二，利用情境构建法。

为了从多学科角度研究综合性难题，从情报机构建立之日起，分析员们自觉地采用委员会或小组制度。情报分析机构或者以多学科课题组的形

---

① John Lewis Gaddis, "International Relation Theory and The End of The Cold War", *International Security*, Vol. 17, No. 3, Winter, 1992—1993, p. 44.

② Michael I. Handel, "Intelligence and the Problem of Strategic Surprise", in *Paradoxes of Strategic Intelligence*, Edited by Richard K. Betts and Thomas G. Mahnken, London, Portland, OR: Frank Cass, 2003, pp. 34 – 35.

式，或者以计算机综合的形式或者以官僚机构合作的形式来进行综合研究，但是多学科专家在一起研究并不等于他们能掌握多变量相互作用的规律。对于多学科小组分析，哈耶克指出：

> 这种自觉协调的做法，只是把个人头脑的工作转移另一个舞台上，而最终责任仍然要由参与协调的头脑来承担。为了方便交流而建立的委员会之类的机构，在协助个人尽可能了解情况方面是很出色的工具。能够以这种方式加以自觉协调的知识，仍然局限于个人头脑所能实际吸收和消化的知识。凡是有委员会经验的人都知道，它的效用限于其中最优秀的头脑所能掌握的事情；如果讨论的结果没有被个人的头脑最终变成一个统一的整体，则它很可能还不如孤立的个人头脑所产生的结果。①

根据哈耶克的观点，多学科研究最终还必须有一个大脑理解多学科是如何相互作用的，否则效果非常有限，但现在人类还没有一个如此聪明的头脑。

情境构建法对综合性分析也有一定助益，分析员假设自己是对象国的决策者，构建出详尽无比的决策环境，如政治、经济、军事、传统、意识形态等因素，并且了解决策人的性格、习惯、思维方式。总之，站在对方的位置，用对方的眼睛看，用对方的头脑思考，预测对方会做出什么决定。当决策者面临一个综合性决策环境时，分析员可以采用情境构建法，预测出决策者对综合环境的反应。但是，情境构建法只适合预测领导人决策，对综合性因素如何推动社会、政府、政治团体的行为无能为力。哈耶克指出，“人类历史是不计其数的人类头脑相互作用的结果。”② 情境构建法无法想象无数个头脑相互作用的结果。

---

① ［英］弗里德里希·A. 哈耶克：《科学的反革命》，冯克利译，译林出版社，2003 年版，第 91 页。

② 同上，第 72—74 页。

美国情报共同体对情报分析方法历来讳莫如深，即使是解密的情报也会涂黑方法论部分，让外界无法知道情报分析方法的具体细节。2004 年，美国情报共同体“国家情报委员会”公开一份“预测全球未来”（Mapping the Global Future）的报告，简单叙述其综合性分析、判断的方法。“国家情报委员会”邀请25 位各领域、不同背景的专家，同中情局的分析员共同工作，首先寻找决定未来世界的关键因素。为了寻找关键因素，委员会先召开数十个小组会议，分别讨论中东、东亚、非洲、美洲等世界上关键地区未来的发展趋势，同时也研究全球化、关键技术、道德、种族冲突、宗教等问题的发展趋势。

但是，正如报告中所言“这种直线式预测对于建立未来场景的基本点是有帮助的，它们关注未来世界的某一个方面。但是世界不是东亚、非洲等各地区的相加，也不是技术、道德等各因素相加的总和，未来世界是这些因素相互作用的结果，一种场景。”于是，“国家情报委员会”分析各个地区小组的研究成果，挑选出有全球影响的重要趋势，从全球角度出发指出跨地区趋势，作为预测全球的原材料。确认各种趋势之间的相互关系是最难的，报告称此为“跳跃”，委员会专门成立“场景指导小组”（Scenario Steering Group），来研究如何使各个因素互相作用，得出一个综合性结论。在总结现在研究方法的基础上，小组形成了“自己独特的方法，把趋势分析与场景结合起来”，这是最关键的部分，也是最难的部分。最终，形成了八种可能性前景，后来压缩成四种。①

可见，上述情报分析的基本分析阶段有四个：第一，确认因果关系，即假设阶段；第二，分析关键因素，即假设演绎；第三，指出关键因素的影响，即假设验证；第四，寻找各个变量相互作用的结果，即综合判断阶段。但是，报告仅指出找到了“独特方法”，并未透露是什么方法。

① The National Intelligence Council, *Mapping the Global Future*: *Report of the National Intelligence Council's* 2020 *Project*, December 2004, http://www.foia.cia.gov/2020/2020.pdf.

第五节　定量分析

16 世纪文艺复兴运动后，科学、理性长期享有崇高地位，用自然科学方法研究解决社会问题成为一种非常流行的主张。这种趋势促进了社会问题研究科学化，成为社会科学诞生的重要推动力，但对自然科学方法的神化也使社会科学研究误入歧途。例如，19 世纪初法国思想家圣西门（St. Simon）提出一个“牛顿委员会计划”，提名 3 个数学家、3 个物理学家、3 个化学家、3 个生理学家、3 个文学家、3 个画家和 3 个音乐学家。这 21 名学者和艺术家是由全人类选出，并选出得票最多的数学家为领导，他们同心协力充当上帝在人间的代表，他们将剥夺教皇、红衣主教、大主教和给他们办事的教士的权力，因为这些人不理解上帝赋予他们的能把人间再次变为天堂的神圣科学。[①] 显然。圣西门认为社会规律与自然规律并无差别，数学家领导下的科学委员可以掌握人类社会发展规律，因而能成为最佳统治者。20 世纪 50 年代后期，国际关系理论中出现所谓理论大辩论，即传统研究方法和行为主义的辩论，60 年代行为主义逐渐在国际关系研究中占据主导地位，国际关系学者转向自然科学和较“硬”的社会科学去寻找方法论指导。定量分析就是行为主义浪潮中的代表方法之一。定量分析是一种比演绎实证方法更接近于自然科学的方法，曾在美国风靡一时，并对情报分析产生过一定影响，特别是对军事情报的分析。

一、定量分析方法

定量分析就是用数学模型代表或描述一个实际问题。其结果的可靠性取决于两个因素：一是数学分析（Mathematical Analysis）的准确程度；二是数学模

① ［英］弗里德里希·A. 哈耶克：《科学的反革命》，冯克利译，译林出版社，2003 年版，第 136 页。

型与现实问题的相符程度，即数学模型是否代表了实际问题的本质特征。[①] 一个量化分析要取得成功，首先是这个数学模型能真实而准确地代表现实问题的因果关系或逻辑关系，其次，这个数学模型自己的逻辑过程是正确的。

只有适合量化的现实问题，才能将现实逻辑转化为数学模型，才能使用量化分析。根据适合量化的程度，现实问题可以分为“可精确量化的题目”、“适合量化的题目”和“难以量化的题目”。对于“可精确量化的题目”，数学模型的结构和逻辑完全等同于现实问题的结构和逻辑，是最适合量化分析的题目。常见的“可精确量化的问题”发生在物理学和统计学中，在物理学中实际事物之间的关系经常用数学公式表达，人们常用它们来解决实际问题。牛顿第二定律 F = MA，F 是力，M 是质量，A 是加速度。这就是用数学公式表示力与物体质量的关系。这是一个完全可以量化的问题。[②] 人们已经非常习惯用数学模型推演物理世界的关系，完全把物理逻辑等同于数学逻辑，以至于根本不会想到这是一种量化分析方法。“适合量化分析的题目”是现实逻辑与数学模型有差距的议题，但经过转换可以将现实逻辑转换为数学模型。例如，贫富差距越大的国家，社会越不稳定，这个题目虽然不能直接应用数学模型，但可以把贫富差距和社会动荡转化为数量表达。“难以量化的题目”是不能应用量化分析的题目，这类题目的变量无法用数字描述。例如，古巴对美国的厌恶程度如何影响美国对古巴的厌恶程度。涉及感情、心理、非理性方面的变量很难量化，哈耶克曾嘲笑在这些方面量化，就像柏拉图的如下断言：正义的统治者比非正义的统治者幸福 729 倍。[③]

一般来说，技术性、物质性的问题可以清楚表述，比较适合量化，而政治的、行为性的问题是模糊的，量化难度较大，最好使用定性分析。1990 年中情局情报部因未能预测到苏联经济衰退而受到猛烈批评，批评者

---

① Ralph Strauch, “A Critical Assessment of Quantitative Methodology As a Policy Analysis Tool”, in *Mathematics of Conflict*, edited by Martin Shubik, North-Holland, 1983, p. 33.

② Ralph Strauch, A Critical Assessment of Quantitative Methodology As a Policy Analysis Tool, in *Mathematics of Conflict*, edited by Martin Shubik, North-Holland, 1983, p. 33 – 34.

③ ［英］弗里德里希·A. 哈耶克：《科学的反革命》，冯克利译，译林出版社，2003 年版，第 48 页。

指责情报部仅计算苏联产品数量，不关注苏联产品质量，经济情报分析员施罗德（Gertrude Schroeder）回应说，产品质量其实是消费者满意度或幸福度，中情局从来不评估这个变量，中情局只评估消费数量，满意度不是经济学所能解决的，更不是量化分析所能解决的。满意度或幸福度这样的变量不适合量化分析，只能用定性分析方法。北卡罗莱纳大学经济学家罗斯菲尔德（Steven Rosefielde）说："西方经济学家的观点是观察幸福度并进行评估是一件很难的事，最好在文章中对此有所提示，而不要试图显示你的结论有多么精确，中情局一直就是这样做的。"在外界批评之下，1990年成为中情局情报部经济情报分析的转折点，在这一年的苏联经济分析中，"定性分析比定量分析更突出"。①

在情报分析中，大部分情报问题含糊而难以准确量化，用定量分析的优势很少。只有极少一部分题目可以精确量化，比较适合使用量化分析。另有一小部分是可以"合理量化的"题目，需要经过转换过程才能量化。例如，中情局曾对苏联的粮食产量和石油产量进行过量化分析，取得了很大的成功，其结果比苏联自己的统计还准确。对于大部分社会问题，必须把实际问题转化为适合数学模型的问题，也就是可精确量化的问题。这样中间多了一个层次，这个层次是用数学语言来解读实际问题。也就是把实际问题（Substantial Problem）转化为规范问题（Formal Problem），规范问题虽然还不是数学表述，但更接近数学表述。

例如，某国的威胁有多大，这是一个实际问题。转化成规范问题是，某国的实力和进攻意图有多大，数学模型为：威胁 = 实力 × 意图。

今天，社会科学对定量分析的热情消退，态度趋于客观。哈耶克批评：

> 在大约一百二十年的时间里，模仿科学的方法而不是其精神实质的抱负虽然一直主宰着社会研究，它对我们理解社会现象却

① David M. Kennedy, Sunshine and Shadow: The CIA and the Soviet Economy, Kennedy School of Government Case Program, Harvard University, p. 28.

贡献甚微。它不断给社会科学的工作制造麻烦混乱，使其失去信誉，而朝着这个方向进一步努力的要求，仍然被当作最新的革命性创举向我们炫耀。我们指的不是客观探索的一般精神，而是对科学的方法和语言的奴性十足的模仿。①

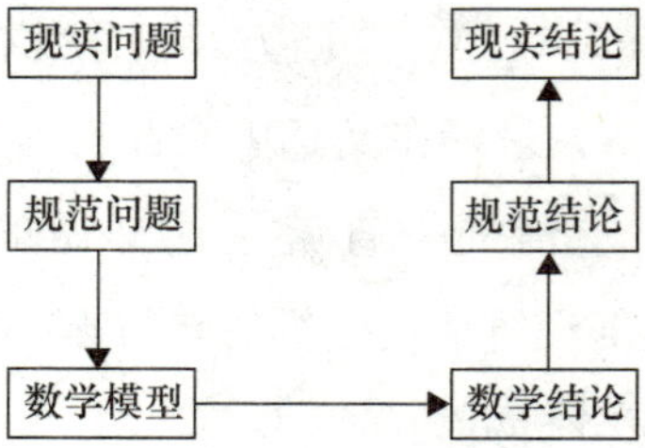

图 5—5　量化分析方法示意图

资料来源：Ralph Strauch, A Critical Assessment of Quantitative Methodology As a Policy Analysis Tool, in Mathematics of Conflict, edited by Martin Shubik, North-Holland, 1983, p. 37.

二、以“贝叶斯方法”和“政治咨询方法”为例

中情局分析员施韦策（Nicholas Schweitzer）和兹洛特尼克（Jack Zlotnick）分别于1978年和1972年在不同的文章中描述贝叶斯理论在情报分析中的作用。不同的是，兹洛特尼克（Jack Zlotnick）当时以个人的身份建议在情报分析中使用该方法，而6年后施韦策（Nicholas Schweitzer）是以中情局情报部分析员身份介绍贝叶斯方法在情报分析中的使用情况。因此，可以判断施韦策介绍的贝叶斯方法内容更接近于中情局实际使用情况。本书案例介绍主要以施韦策介绍的方法为主。②

中情局在使用贝叶斯方法时，把改进后的贝叶斯方法与改进后的德尔

① ［英］弗里德里希·A. 哈耶克：《科学的反革命》，冯克利译，译林出版社，2003年版，第4页。

② Nicholas Schweitzer, “Bayesian Analysis: Estimating the Probability of Middle east Conflict”, Richards J. Heuer, Jr., edited, *Quantitative Approaches to Political Intelligence: The CIA Experience*, Boulder, Colorado: Westview Press, 1978. Jack Zlotnick, “Bayes' Theorem for Intelligence Analysis”, in H. Bradford Westerfield, ed., *Inside CIA's Private World: Declassified Articles from the Agency's Internal Journal*, New Haven, CT: Yale University Press, 1995.

菲方法相结合，使之成为一个以贝叶斯方法为主体、较适合情报分析的新方法。

用最简单方式表述，贝叶斯理论是一个等式：R = PL

R 是一个假设的最新概率或可能性，P 是假设原先的概率，也就是在新事实出现前的概率，L 是对新事实判断后得到的数字，即这件新事实对假设的支持度。

使用贝叶斯理论判断概率最大的好处就是分析员可以不断对新出现的事实碎片做出判断，分析新事实是否支持假设，支持力度有多大，然后不断调整概率。这种方法的心理学前提是：人善于就单一事实做出判断，而不善于就多个事实做出综合判断。

这个方法最适合的应用领域还是方便量化的事件。例如，在美国学术界，贝叶斯方法的经典案例是确定 12 篇有争议的联邦党人文集（the Federalist Papers）的作者是谁。研究者计算联邦党人文集中每千个单词使用连词的频率，如 upon，also，though，although while，然后研究汉密尔顿和麦迪逊著作中使用这些连词的频率，利用贝叶斯推理，成功地推断出麦迪逊是作者。①

德尔菲方法（Delphi）是兰德公司 1940 年底创造的系统研究方法，主要用来综合和寻求不同专家的观点。主要步骤为：第一，按量化要求形成问题；第二，通过意向问卷调查或访谈调查专家意见；第三，重复进行，结论定期以统计形式上交。② 这个方法的好处是可以集中大批专家，打破学科界线，最大程度利用专家的主观判断和专业知识，各个专业之间可以相互制约平衡，避免得出极端结论。

贝叶斯方法的第一步是把新出现的证据量化。在中情局，这个量化是由分析员主观决定的，采用改进后的德尔菲方法。在政治分析中，几乎没有可以精确量化的事物，对于那些模糊的变量，就交给专家来量化。例

① Nicholas Schweitzer，“Bayesian Analysis：Estimating the Probability of Middle east Conflict”，Richards J. heuer，Jr.，edited，*Quantitative Approaches to Political Intelligence*：*The CIA Experience*，Boulder，Colorado：Westview Press，1978，p. 12.

② Ibid.，p. 15.

如，中国领导人在某日说“中国希望美国不要向台独发出错误信息”，一个月后又说：“中国要求美国信守‘三个公报’中的‘一个中国原则’”，那么这两个评论，量的区别有多大，是表明中国领导人对美对台政策较满意了，还是更不满意了呢，这种细微差别只有专业人员能体会出来，并进行量化。中情局把这个责任交给了中国问题分析专家，让他们做出“科学猜测”（educated guess）。[①]

对变量的量化是定期进行的。每一次，各位专家把上一轮以来自己认为与假设有关的新证据拿出来，这样的证据往往是一句话，如：以色列战争部长2月11日参观海军时，要求官兵继续保持警惕，随时做好战争准备。这样的信息交给协调者，协调者对信息简单处理，使其简化、明了，然后第二天把所有的信息给专家每人一份，让其以量化方式打分。然后收上来，做成图表，就是情报报告。利用不同专家的好处是：第一，各类专家、各部门专家都有代表，有阿拉伯问题专家、以色列问题专家，有政治、经济、军事专家，可以减少部门的偏见、个人的偏见；第二，重要战略问题总是受非常复杂的变量影响，在这个方法中，选取什么变量完全是专家自己决定的，可以尽可能多地吸收变量。[②]

贝叶斯方法另外一个特点是最后报告以图表形式表示趋势和概率，或者是很简单的趋势报告，而不用像其他叙述报告一样，做长篇大论。

总之，贝叶斯方法提供一个平台，把证据、评估和预测储存起来，逐渐修改。施韦策评价说，总体而言这个方法能成功预测“什么事情不会发生”，并且能比分析员的直觉早预测到这一点。但是，贝叶斯方法能否准确预测“什么事情会发生”还不清楚，要等到某件预测的事情发生了，才能真正看清这个方法的效果。[③] 从使用过程和使用者的评价来看，贝叶斯方法可以让更多证据进入思考范围，更多假设进入分析员视野，帮助分析

① Nicholas Schweitzer, “Bayesian Analysis: Estimating the Probability of Middle east Conflict”, Richards J. heuer, Jr., edited, *Quantitative Approaches to Political Intelligence: The CIA Experience*, Boulder, Colorado: Westview Press, 1978, p. 14.

② Ibid., p. 17.

③ Ibid., p. 23.

员更好地判断。

两篇文章都用一定篇幅说明贝叶斯方法的局限性，指出其适用范围。如，第一，只适用于能用“是”与“否”回答的问题，不能有中间状态；第二，数据选择上，专家选择的随意性大，证据的可靠性没计算在里面，只能由专家心里思考；第三，专家可能根据自己的偏见操控数据。①

1987年中情局分析员费德（Stanley A. Feder）在内部刊物《情报研究》（Studies in Intelligence）上发表一篇文章，介绍情报部在政治情报分析中使用定量分析模型的情况。据介绍，政治咨询（Policon）是一种政治预测的分析方法，是政治咨询公司（Policon Corp）发明的，从1982年至1986年中情局依据合同使用该方法。另外一种方法“派系”（Factions）是中情局科技部（Directorate of Science and Technology）的研究与发展司（office of Research and Development）自己研发的，两者基本原理相同。

政治咨询（Policon）方法的理论基础是社会选择理论（the Theory of Social Choice）。社会选择理论关注各种政治势力参与决策的过程和结果，该理论的应用有赖于对政治势力的强弱、目标、支持的候选人等变量有充分了解，国别问题专家对这些变量有较强的直觉能力。这个理论使用收益—成本（cost/benefit）、优先次序（order of preference）的概念，前者在于推论个人在政治决策中（如投票）做何选择，后者在于推论候选人为拉票如何摆放自己的政治立场。

Policon 的核心是两个模型，这里只介绍一个，这个模型用来预测政策结果，来自于社会选择理论中所说的“投票的空间理论”（spatial theory of voting)，空间理论关注各个活动者就某个议题的政治立场的位置及相互距离。空间理论的系统是单维的（unidimensional)，也就是这个议题的结果可以在一条线上表示出来，有的议题是多维的（multidimensional)，不适用于这个方法来分析。

---

① Nicholas Schweitzer, "Bayesian Analysis: Estimating the Probability of Middle east Conflict", Richards J. Heuer, Jr., edited, *Quantitative Approaches to Political Intelligence: The CIA Experience*, Boulder, Colorado: Westview Press, 1978, pp. 28–29.

其基本程序是：计算政治参与者在该议题上的位置→拥有的力量→在该议题上愿意投入的力量→计算出每个位置或观点所拥有的相对力量→判断各个参与者合纵连横的选择。

参与者			
Ministry of Budget	BUD	Christian Democrats	CDM
Socialists	SOC	Communist	COM
Empliyers's Association	COC	Unions-Socialist	UNS
Unions-Communist	UNC	Unions-Christian Democrats	UND
Financial Press	FIN	Political Press	POL
Bank ofItaly	BAN	Treasury Ministry	TRE
Pertini	PRI	Spadolini	SPA

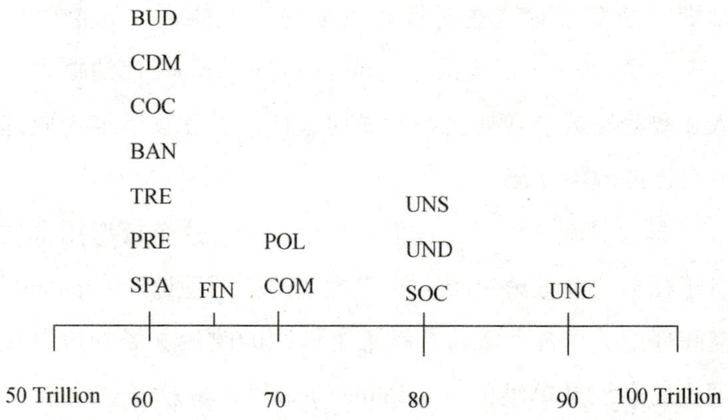

图 5—6　中情局欧洲分析室 1983 年预测意大利议会对预算赤字的允许额

资料来源：Stanley A. Feder：Factions and Policon：New Ways to Analyze Politics，in H. Bradford Westerfield，ed.，Inside CIA's Private World：Declassified Articles from the Agency's Internal Journal，New Haven，CT：Yale University Press，1995，pp. 274 – 292.

首先，确定该选举或政策决策的参与者。其次，确立他们的位置，两个极端的观点在两端。第三，注意位置之间的距离要与分析者评估的政策差距成比例，因为最后要以这个距离来计算政策差距。第四，最强大的参与者设定为100，以此设定每个参与者的力量，然后再以100为基数，确定该议题对每个参与者的相关程度。所有这些变量的值都由情报分析员根据自己的判断得出。最后，算出每个参与者能从其他参与者得到的支持，得到支持最多者，其观点最有力，最可能成为政策。A能给予B的支持 = A的力量 × A的相关程度 × A对B的可用价值。这样，通过计算机模型算出每个参与者或其集团的能量。

政治情报分析的困难是变量多、变量之间的关系不明确。“政治咨询”方法的逻辑是：不管变量有多少，不管变量关系如何，最终政策是人制定的，政策是不同人、部门、势力合力促成的，而人是有理性、有目标的，会根据自己的利益进行选择。在这个分析方法中，一切变量都要通过人发挥作用，变量关系取决于人的观点。例如，意大利预算赤字的决定取决于经济、政治和社会各个变量，而这些变量要发挥作用必须通过特定人或组织。因此，对变量的观察转化为对人的观察。人和组织的观点、力量、意愿是什么，如何量化，这两个难题都交给分析员的主观判断。

从1982年10月开始，情报部和国家情报委员会分析组（the National Intelligence Council's Analytic Group）的专家和方法论专家组成小组，对30多个国家的政策和不稳定因素进行分析。这个试验项目证实，使用“政治咨询”方法能避免分析陷井，能通过预测具体政策结果和指出背后推动力而提高分析质量。1982年10月到1985年10月，使用“政治咨询”方法的情报分析有60%得到具体结果，而相比之下，同一时期根据传统方法的情报部报告只有33%预测出具体结果；使用“政治咨询”方法的研究，超过60%的报告指出了事件的背后推动因素，而使用传统办法的报告中只有35%。两种办法的预测准确率都是90%，但是由于新方法能预测更具体而领先。[①] 两种方法预测的准确率相同，原因在于对关键变量的判断都是由分析员自己决定的。

上述两个案例是中情局情报部使用量化分析的典型案例，从中可以看出情报部在使用量化分析时的一些特点：

首先，情报分析员对社会科学中的量化分析模型修改、合并，找出适合情报分析的方法。中情局所应用的贝叶斯分析是把改进后的贝叶斯方法与改进后的德尔菲方法相结合，主要目的是从证据中提取更多信息，鼓励分析员考虑更多假设，应用正式的概率评估程序。施韦策说，情报分析在用这个方法时经过了大量改进，纯理论和应用之间总是有冲突，尽管我们试图两边都满足，但更倾向于应用。[②] 中情局方法论研究机构成立后，对当时社会科学研究方法进行筛选，发现几乎没有现成研究方法和证明有效的模型可以使用。于是，中情局分析员对种种方法进行挑选、合并、修正，根据情报分析的特征重新设计。[③]

其次，不可量化的因素也受到重视。概率分析在政治情报分析中的应用一直不受重视，传统政治情报分析主要依靠主观的概率评估（subjective Probability estimates）而不是统计概率（statistical probabilities）。[④] 传统统计方法要求分析者放弃具体案例的特性，而注重于大批案例的共性。但情报分析则要求尽可能多地掌握具体案例的个性，如某国的文化、领导人性格、社会结构等。这使得分析员不敢用传统统计方法，而贝叶斯分析应用了主观概率分析，这是它适用于情报分析的重要原因。传统方法和“政治咨询”方法预测的准确率相同，原因在于定量分析中做出判断的是分析

---

① Stanley A. Feder, “Factions and Policon: New Ways to Analyze Politics”, in H. Bradford Westerfield, ed., *Inside CIA's Private World: Declassified Articles from the Agency's Internal Journal*, New Haven, CT: Yale University Press, 1995, p. 275.

② Nicholas Schweitzer, “Bayesian Analysis: Estimating the Probability of Middle east Conflict”, Richards J. Heuer, Jr., edited, *Quantitative Approaches to Political Intelligence: The CIA Experience*, Boulder, ColoradoWestview Press, 1978, p. 16.

③ Richards J. Heuer, Jr., “Adapting Academic Methods and Models to Governmental Needs”, in Richards J. heuer, Jr., edited, *Quantitative Approaches to Political Intelligence: The CIA Experience*, Boulder, Colorado: Westview Press, 1978, p. 3.

④ Ibid., p. 6.

员，选择变量的也是分析员。

第三，量化分析主要是为调动分析员的各种潜能，而不是用数学逻辑取代分析员的思考。在社会科学中，定量分析数据大多是对客观事物的测量，如投票人数、工资收入、物价等。在情报分析中，大部分数据都是分析员的主观测量。因此，在情报分析中，许多项目都要找一批专家来做出定量判断，即确定权数，对信息的价值、级别进行量化。胡叶说，“我们的目的不是用所谓的客观数据取代专家的主观智慧，而是用严格的方法来突出和进一步利用专家的洞察力和判断。”① 这种谨慎的态度把定量分析在情报中的应用与社会科学中的定量分析区分开来，情报分析仍把注意力放在问题研究上，社会科学中的定量分析重在排除研究者的主观偏见。例如，1972 年国际政治学者辛格在密歇根大学创立了战争关系研究项目（the Correlates of War Project at the University of Michigan），就是要完全排除人的主观因素，依靠收集大量的数据来分析战争的原因。②

三、情报分析中的定量方法

上述两个案例是公开资料显示中情局使用定量方法进行政治情报分析的，当然还有一些别的量化研究方法被公开，但从各种文献分析，定量分析在政治情报分析中并不普遍。

经济情报分析应用定量分析比较普遍，中情局“经济研究司”主要利用经济学家传统的办法，即国民收入、生产核算（national accounting）和国际收支平衡（balance of payment），来分析经济走势和经济结构。20 世纪 50 年代，分析员用先进的统计分析方法分析苏联工业设备和武器产量。60 年代初，初级“自动数据处理”（automated data processing，ADP）系统得以开发，主要用来处理一些特定问题，如计算苏联工业产量的数据、社

---

① Richards J. heuer, Jr., “Adapting Academic Methods and Models to Governmental Needs”, in Richards J. heuer, Jr., edited, *Quantitative Approaches to Political Intelligence: The CIA Experience*, Boulder, Colorado: Westview Press, 1978, p. 7.

② John Lewis Gaddis, “International Relation Theory and The End of The Cold War”, *International Security*, Vol. 17, No. 3, Winter, 1992—1993.

会主义国家对第三世界的援助等。1969 年，“经济研究司”建立了经济研究司系统开发组（OER Systems Development Staff），专门为分析人员提供高质量的自动数据处理系统和方法支持。后来，他们的服务功能不断扩大，包括建立数据库、解决方法问题、就某个问题开发模型。再后来这个小组发展为“开发与分析中心”（development and analysis center），到 70 年代末，“经济研究司”拥有世界上最复杂的计量经济研究模型。“经济研究司”利用已有的外国经济计量模型，通过外贸将主要国家联系起来，建立了世界经济计量模型，可以模拟国家经济政策变化或经济衰退对国际经济的影响。这套国家经济计量模型和世界经济计量模型后来被证明非常有效，可以回答政府各部门官员“如果发生什么，结果会怎样的”问题（what if）。到 70 年代末，“经济研究司”的大部分人都能应用“自动数据处理”（ADP）系统工作，相当多的人还可以利用计量经济模型作为分析工具。此外，“经济研究司”还利用工程和农业经济模型（engineering and agronomic simulations），模拟庄稼的长势及湿度等天气变化对庄稼的影响，以此作为一种重要方法研究苏联粮食产量。①

除经济情报外，国防部曾一度热衷于把定量分析应用到军事计划中。麦克纳马拉（Robert McNamara）担任国防部长后，力主使用定量分析，在国防计划中使用系统分析（Systems Analysis）、项目—预算分析（Program Budgeting）、成本—效益分析（Cost-Benefit Analysis），随后定量分析进入了整个政府部门，成为政府部门工作的重要组成部分。最突出的例子是，1960 年麦克纳马拉（Robert McNamara）在国防部建立“分析与评估项目司”（Program Analysis and Evaluation Office，PA&E），这是一个非常重视定量分析的机构。据说，这个机构最标准的分析判断是：对于打一场大规模战争来说，1964 年美国拥有既不是太多、也是不太少、也不是正好数量的迫击炮，而是拥有正好数量的 270%。从 1960 年开始，国防部通过计算机

① Maurice C. Ernst，“Economic Intelligence in CIA”，in H. Bradford Westerfield，ed.，*Inside CIA's Private World：Declassified Articles from the Agency's Internal Journal*，New Haven，CT：Yale University Press，1995，p. 320.

评估一切事情，从武器系统的组成到程序到整个战争。[1] 对于量化在情报分析与政策分析中的作用，兰德公司研究员斯特劳彻（Ralph Strauch）说，定量分析效果有时是好的，有时是坏的，它在政府工作中的相对效果（Net Effect）复杂而难以确定。[2]

麦克纳马拉在国防部建立自己的政策分析机构，采用量化分析方法，但没有信息表明国防部的情报分析机构采用量化分析方法。在中情局，一直到20世纪70年代初量化分析才引起重视，明显晚于国际关系研究领域对量化分析的应用。从1967年开始，中情局开始对战略预警分析中的量化分析方法进行研究，其中《情报报告》（Intelligence Report）曾发表两篇文章——《预警情报中的数学模型》和《朝鲜战争分析中的贝叶斯理论》。《情报报告》是中情局内部的学术交流刊物，分析员在上面探讨一些最新的、有争议的研究方法和问题。[3]

1973年夏、秋，根据中情局长科尔比的命令，中情局要应用非传统方法分析情报，在两个负责政治情报分析的部门下设立研究定量分析方法论的单位，1976年12月这两个方法论研究单位被它们的上级单位合并为“地区和政治分析司方法和预测处”（the Methods and Forecasting Division of the office of Regional and Political analysis，ORPA）。这个机构的任务是挑选学术界和企业中应用的方法，进行测试、修改、选择，以便在政治情报分析中使用，主要针对目标是定量分析方法。[4] 胡叶的叙述表明，尽管在1960年底已经有分析员开始讨论定量分析方法，但中情局决策层20世纪70年代初才开始关注定量分析。曾任职于国防部“国防现代研究项目局”

---

① Angelo Codvilla, *Informing Statecraft: Intelligence for a New Century*, New York: The Free Press, 1992. p. 200.

② Ralph Strauch, “A Critical Assessment of Quantitative Methodology As a Policy Analysis Tool”, in *Mathematics of Conflict*, edited by Martin Shubik, North-Holland, 1983.

③ Jack Zlotnick, “Bayes' Theorem for Intelligence Analysis”, in H. Bradford Westerfield, ed., *Inside CIA's Private World: Declassified Articles from the Agency's Internal Journal*, New Haven, CT: Yale University Press, 1995.

④ Richards J. Heuer, Jr., “Adapting Academic Methods and Models to Governmental Needs”, in Richards J. heuer, Jr., edited, *Quantitative Approaches to Political Intelligence: The CIA Experience*, Boulder, Colorado: Westview Press, 1978, p. 1.

(the Office of the Defense Advanced Research Projects Agency）的安德罗雷(Stephen J. Andriole）1986 年指出，在情报共同体内任何一个地方，都能发现关于定性分析与定量分析孰优孰劣的辩论，在过去十年各情报机构都建立专门办公室，研究在情报分析和生产中应用新的定性和定量分析方法的可行性。[①] 安德罗雷和胡叶的文章都表明，美国情报界 1970 年开始重视定量分析。

中情局“地区和政治分析司方法和预测处”首任处长胡叶说，中情局应用的第一个定量分析方法就是贝叶斯统计方法（Bayesian Statistics)，这是中情局长科比尔亲自指定、方法论专家和国别问题专家共同修订的。分析员对新方法的典型态度是从怀疑到敌视，但方法应用后他们的典型态度是认为有意思和值得应用。

1973 年中情局成立方法论研究机构时，国务院情报与研究局（the Bureau of Intelligence and Research）也对定量分析产生了兴趣。情报与研究局(INR)“外部力量研究室”（the External Research Section）采用合同承包形式，由外部学者执行一个名为“分析与预测中的定量技术研究”（the Demonstration Studies in Quantitative Techniques of Estimation and Forecasting, Project QUEST）的项目，研究比较政治和国际关系中的定量研究方法在国务院的情报分析中的潜力和局限性。课题组分析了“情报与研究局”1972 财政年度密级不高于“机密”的全部 545 份报告，来确定该情报机构应用定量分析的情况。在所有报告中，引用数据的报告有 148 篇，占 26%，但只是引用原始数据，只有一个数据是经过改进的，没一个数据来说明两个变量之间的关系，也就是没有定量分析。[②] 这份研究报告说明，在 20 世纪 70 年代中期以前，定量分析没有被国务院的政治情报分析员采用。

研究报告还指出，情报分析处理的变量是多变量（multivariate state-

---

① Stephen J. Andriole, “Basic Intelligence”, in Gerald W. Hopple and Bruce W. Watson, *The Military Intelligence Community*, edited, Boulder and London: Westview Press, 1986, p. 106.

② Michael K. O’Leary, William D. Coplin, Howard B. Shapiro, and Dale Dean, “The Quest for Relevance: Quantitative International Relations Research and Government Foreign Affairs Analysis”, *International Studies Quarterly*, Vol. 18, No. 2, Jun. 1974, p. 213.

ments)、不连续变量（discrete variables)、非直线关系变量（nonlinear variables）和滞后变量（lagged variables)，而学术研究处理的多是双变量（bivariate statements)、连续量变（continuous variables)、直线关系变量（linear variables）和非滞后变量（nonlagged variables)。显然，情报分析难度更大。[①] 报告结论对于情报分析中使用国际关系理论中的定量分析方法表示悲观。胡叶也指出，定量分析在中情局的情报分析中只占很小比例，并且在未来也会是这样，只要情报是用来回答复杂问题的，诸如铁托后的南斯拉夫会成为什么样子，叙述性（narrative essay）的文章仍然是情报评估的主要形式。[②]

无论是什么分析方法，都只是一个工具，就像画家手中的画笔，不能说某一个画笔就能画出好的画，能不能画出好的画，关键在于画家，只不过不同的画家可能会选择不同的笔。不能说定量分析的结论就客观，定量分析同样要依靠大量主观判断。胡叶说：

> 因为情报分析与学术研究的差别，他倾向于政治情报和国际关系分析较少从定量分析中获取灵感，而较多从未来研究和管理科学中获取灵感。
>
> 到目前为止，我们的工作发现，什么样的分析方法对情报分析帮助最大呢？有助于弄清主观判断的逻辑关系，拓展分析员思维能力，迫使分析员清楚认识到自己的假设，帮助管理复杂变量的分析方法最有用。[③]

在定量分析中，一旦选定假设模型，给模型输入数字，就可以演绎出

---

① Michael K. O' Leary, William D. Coplin, Howard B. Shapiro, and Dale Dean, "The Quest for Relevance: Quantitative International Relations Research and Government Foreign Affairs Analysis", *International Studies Quarterly*, Vol. 18, No. 2, Jun. 1974, pp. 228 – 230.

② Richards J. Heuer, Jr., "Adapting Academic Methods and Models to Governmental Needs", in Richards J. heuer, Jr., edited, *Quantitative Approaches to Political Intelligence: The CIA Experience*, Boulder, Colorado: Westview Press, 1978, p. 8.

③ Ibid., p. 8.

结论。由于情报分析具有的不确定性，这种社会科学应用的经验实证方法在情报分析中效果非常有限。不仅如此，国际关系理论中的理论或量化模型本身就非常不可靠。1974 年的一个研究表明，20 世纪 60 年代国际关系学者使用定量方法研究出来的 7368 个相关变量中，其中 79.2% 的变量在统计学上没有意义，或者说相关性低于 0.33。① 如果这些成果被引进情报分析，并直接用来演绎结果，是非常危险的。

① Vasquez, J. A., "The Power of Paradigms: an Empirical Evaluation of International Relations Inquiry." Ph. D. Dissertation, Syracuse University, 1974, p. 235.

第六章

认知过程

作为一个科学过程，情报分析应用科学方法处理数据、做出判断。但是，分析员在科学过程中并不是一个恒量。一切科学研究的主体都是人，是人对不同客体的认识过程，因而科学研究过程也是一个认知过程。自然科学中，人的认知对象是自然实体，认知过程相对客观。社会科学中，人既是认识的主体，也是认识的客体，认知过程中的主观因素更明显、更突出。在情报分析中，因情报固有的“不确定性”和预测功能，认知问题尤其重要。情报分析过程并不是专家的专业知识作用于事实而得出结论，而是有第三者参与，这就是专家的认知模式。分析错误并不一定都是专业知识不够或实事不清，可能是陷入认知错误。

第一节　认知模式

社会科学研究人和自然界的社会性，人既是研究的主体，也是研究的客体，研究者的精神、思维、感情在其中有较大发挥空间。自然科学研究人和自然界的自然性，研究者的价值观虽然有一定影响，但不像社会科学那么显著。研究过程是否足够“中立”、“客观”是社会科学与自然科学的重要区别之一，哈耶克说，“在描述自然科学和社会科学方法之间的这种差异时，我们最好还是把前者称为“客观的”，把后者称为“主观的”。[①] 所谓“主观的”，就是研究者自己的观念、感情、偏见、喜好会对研究过程和研究结果产生影响，研究者个性不同，研究结果也不一样。当然，自然科学和社会科学同样面临研究者的主观因素问题，只不过社会科学更严重一些罢了。在解释人类活动时，我们不假思索地把可能没有任何共性的大量自然事实中的任何一个，归类为相同客体。[②]

情报分析作为一门应用社会科学，因其本身固有的“不确定性”，研究者的主观意识影响更大。情报分析的起点往往是不完整、不可靠的信息，终点则是“不知道”或“不可能知道的事情”。肯特说：“当你不知道时，才做评估。”[③] 情报就是从不确定中抽取出确定性，从不连贯的环境中帮助做出连贯性的决策。本来，在分析过程中，科学方法是寻找确定性的路径。但是，在相当多的情况下，情报分析的材料不可靠、不完整，所应用的理论是“类律”或“理想法则”而非“定律”或“规律”，对假设的验证是“佐证”而非“实证”。情报分析面对的数据和事实是不完整的（incomplete）、模糊的（ambiguous），这引起在方法和认识上的一些特殊问题。也就是说，情报分析虽然采用了科学研究中普遍使用的经验实证方法，但分析过程中的观察、假设和验证三个重要环节都有重大缺陷，这些缺陷只能靠研究者的主观思想、经验、偏见补足。这种情况下，分析员要充分调动自己的想象力，发挥主观能动性，做出“最佳猜测”。与生俱来的不确定性使情报分析带有很强的主观色彩，正如杰维斯所言，模糊度越高，先入为主的观点（preoccupation）影响就越大。[④] 当模糊度很高时，评估的准确度和评估的重要性成反比，越高越没有价值。

---

① ［英］弗里德里希·A. 哈耶克：《科学的反革命》，冯克利译，译林出版社，2003 年版，第 20 页。

② ［英］弗里德里希·A. 哈耶克：《科学的反革命》，冯克利译，译林出版社，2003 年版，第 41—43 页。

③ Richard K. Betts, “Analysis, War, and Decision: Why Intelligence Failures Are Inevitable”, *World Politics*, 00043 – 88/78, p. 69.

④ Robert Jervis, *The Logic of Images in International Relations* (Princeton: Princeton University Press 1970), p. 132, quoted by Richard K. Betts, “Analysis, War, and Decision: Why Intelligence Failures Are Inevitable”, *World Politics*, 00043 – 88/78, p. 70.

在20世纪60、70年代行为主义盛行时期，社会科学研究力图根除研究者的主观影响。情报分析员相信自己的观点和结论是建立在证据基础上的，而不是根据已经有的观点来选择和分析证据。但是，随着心理学的发展及心理学在国际政治研究中的应用，人们越来越意识到分析者主观意识不可避免。70年代之前，中情局分析员都在努力寻找客观分析，很少有人讨论认知问题。认知问题在情报分析中的出现，同心理学在国际政治研究中的应用是同步的。1979年中情局方法论专家胡叶在《情报研究》上指出，情报分析主要是一个认识过程。提高认知水平，即提高思维模式的水平是提高分析水平的根本办法。① 从此，认知缺陷成为分析员值得关注的议题。同年，陆军情报部门也开始研究情报分析中的认知问题。1979年"运筹系统公司"（Operational System Inc.，OSI）在美国陆军情报部门进行的一项大规模研究表明，"情报分析更像是受概念驱动，而不是数据驱动的。重要的不仅是收集到的数据，还有分析员的储备知识中的思维模式，分析员通过思维模式解读数据，并增加附加值。"②

这些主观因素是人类认识过程中必不可少的，评价其好或者坏没有实质意义。可以说，大多数时候它们发挥积极意义，哈耶克说，"主观主义"、"个人主义"是发达的社会学研究的理论品格。大概可以毫不夸张地说，过去一百年里经历的每一项重大进步，都是向着不断采用主观主义的方向前进了一步。③

那么，认知因素是如何影响情报分析的呢。人在认识事物时，是先有事实还是先有观念，这是认识论中的一个根本问题。17世纪的哲学家培根说，人不能用偏见、先入为主的观点和解释来接收事物，人若这样理解事

---

① Richards J. Heuer. Jr, "Do You Really Need More Information? " in H. Bradford Westerfield, ed. , *Inside CIA's Private World: Declassified Articles from the Agency's Internal Journal*, New Haven, CT: Yale University Press, 1995.

② Stephane Lefebver, "A Look at Intelligence Analysis", *International Journal of Intelligence and Counterintelligence* , 2004, p. 240.

③ ［英］弗里德里希·A. 哈耶克：《科学的反革命》，冯克利译，译林出版社，2003年版，第24页。

物会形成曲解。[①] 根据培根的观点，人可以不通过自己的观点直接观察事物。20 世纪的哲学家波普尔说，事实总是在人原有的观念中被看到，没有解释就没有事实，人们总是用已有的理论、假设和解释来测验事实。[②] 按波普尔的理解，实际上存在两个世界，一个是外部的客观世界，一个是经人解读后的主观世界。

美国学者西蒙（Herbert Simon）第一个提出“有限理性”（Bounded or Limited rationality），指出人思维能力有限，不可能认识复杂的现实世界，要建立一种对现实世界进行简化的思维模式。[③]“有限理性”理论认为，人不能完全认识客观世界，只能通过思维模式认识简化后的世界。人不仅没有能力认识客观世界，而且对客观世界的认识有选择性，也就是说人还存在愿不愿意认识客观世界的问题。心理学家指出，人与认知对象之间的关系是人主动选择的过程，而不是人被动接受刺激的过程。[④] 一方面，人认识能力有限，只能认识简化后的世界；另一方面，人只认识自己愿意认识的世界。

由于人思维能力有限，不能直接处理复杂的物质世界和社会环境，必须形成对世界的简化的、有结构的知识体系。人在接受外部事物时，就是通过这个简化的知识体系或认知地图（cognitive map）。人感知外界的过程是一个复杂的心理过程，哪些信息参与这个过程、如何组织这些信息、这些信息的意义是什么，受一个人过去的经验、教育、文化价值、职业需要、组织观念的影响。形象而言，就是人通过一个镜头看世界，这个镜头被称为思维模式、偏见、分析假设等。思维模式（conceptual framework）是指一系列的预想，人们通它来看世界。分析员和决策者通过过去的事情

---

① Ytzhak Katz and Ygal Vardi, “Strategies for Data Gathering and Evaluation in the Intelligence Community”, *International Journal of Intelligence and Counterintelligence* , No 3, 1991, p. 314.

② Ibid. , p. 315.

③ Herbert Simon, “Models of man”, 1957, quoted by Richard J. Heuer, Jr. , *Psychology of Intelligence Analysis*, Center for the Study of Intelligence, Central Intelligence Agency, 1999, p. 3.

④ G. Matthew Bonham and Michael J. Shapiro, “Thought and Action in Foreign Policy”, in G. Matthew Bonham and Michael J. Shapiro, *Thought and Action in Foreign Policy: Proceeding of the London Conference on Cognitive Process Models of Foreign Policy*, March 1973, p. 7.

形成这些预想，如重要国际现象之间的关系、国家的行为模式，领导人的动机等。[1] 思维模式的优点是能有效、快速地理解事物，缺点是有可能曲解事物。

分析员的思维模式要么来自个人经验，要么源于学校学到的理论，包括信仰、理论、见解和思维方式等。因此思维模式实际上吸收了人类迄今以来的文明成果，是情报分析最珍贵的财富，其贡献于日常分析工作，使分析工作得以展开，使分析员能有效地接受信息。思维模式处于变化之中，分析员每天都处于一个学习过程，他的思维模式随着新信息、新观念的加入在不断发生变化。然而，思维模式受感情、文化传统、个人性格影响，有时并不能准确、客观地反映真实世界。

人必须根据自己已经有的知识认识和理解新事物，也就是必须借助于思维模式才能认识世界。研究表明，很多时候，判断中有相当高比例的信息是从分析员的记忆中增加上去的。[2] 例如，天上飞来一架飞机，从来没有见过、听说过、想象过飞机的人就会说："这是一个翅膀不动的大鸟"，见过飞机的人则会说："这是一架飞机"。对于情报分析的专业人员来说，头脑中都有或多或少的分析对象的意图、能力、军事理论等知识、观点，这些观点、信息体系、理论和印象组成一个框架，这个框架可能是具体的、抽象的、新的、旧的、僵硬的、灵活的、静态的、动态的，正是在这个框架之上分析者吸收信息、分析、预测。

一般而言，思维模式可以让人把接收到的信息迅速归类。这个知识体系决定着分析员处理的每个信息，哪个信息受到关注、如何组织它、如何储存和利用、如何解读含义。人与人之间思维模式的差异很大，体现在丰富程度、复杂程度上。知识体系丰富的人，对事物的观点可能有好几种，遇到信息时，他会比较头脑中的几种观点，看哪种解释力更强；也会有意识地形成模式，在什么情况下用什么观念。从这个角度看，这就是人们所

---

① Roger Z. George, "Fixing the Problem of Analytical Mind-Sets: Alternative Analysis", *International Journal of Intelligence and Counterintelligence*, 2004, pp. 386 – 387.

② Stephane Lefebver, "A Look at Intelligence Analysis", *International Journal of Intelligence and Counterintelligence*, 2004, p. 241.

说的厚积薄发，分析员有厚重的积累，才有可能接近客观现实，才有可能接近真理。

情报是在观察中发现问题，一般而言分析员观察到新的发展、变化，就会将此当作问题提出来。何为“新”、何为“旧”，就是由认知模式决定的。美国陆军情报部门20世纪80年代初的一个课题组历时四年的研究表明，每个单独的分析人员都有自己思考、组织和解读的框架，并利用这个框架来工作。① 任何人的头脑中都有一个认知模式，专业人员有专业认知模式，普通人有普通认知模式。

对于专业情报分析员而言，不论是模糊的还是清晰的，其头脑中都会有研究对象的一个图像。在美国情报共同体中，这个图像被称为马赛克或拼图（jigsaw puzzle），即情报马赛克理论（the mosaic theory），情报就是收集不同的信息，作为小块，最后拼成一个马赛克。人在拼图或拼马赛克之前，或者旁边有一张图纸，或者心中有一个概念。情报分析员的观察就是在不断寻找恰当的小块，放到适当的位置。例如，在情报分析员的观念中或马赛克里，美国现役10艘航空母舰在特定时间有一定的活动范围和规律，因而情报观察和分析的任务就是确定这些航母都在其应该在的位置上。2004年美国在代号为“夏季脉动”的演习中动用7个航空母舰战斗群在全球海域演习，立刻引起观察家注意，“7个航空母舰战斗群参与演习”这块碎片在马赛克图像中没有位置，分析员可以微调原有的观念，把新的事实碎片放进去。如分析员可以这样解释，此次演习同往年夏天的演习没有区别，只不过是规模更大一点，没有值得特别注意的地方。否则，分析员就要改变原有观点，形成新假设。如，分析员会认为这次演习不是往常的例行演习，而是标志着美国军事战略的新变化。原有的马赛克图片打乱了，新图片形成，新的问题提出来，新的假设形成。新图片的出现，有时是量的变化，有时是质的变化。对原有的认知模式进行微调反映的是量

① Ruth H. Phelps, Judith A. Englert, and Sharon A. Mutter, *Application of a Cognitive Model for Army Training: Handbook for Strategic Intelligence Analysis*, U. S. Army Research Institute for the Behavioral and Social Sciences, October 1984, p. 2.

变，重新建立认知模式反映的是质变。

认知模式不是一成不变的，而是随着人的知识、阅历增加而不断调整，这也是科学能够向前发展的原因。社会科学和自然科学一样，宗旨都是修正人们对研究对象所形成的流行观念，或是用更恰当的概念取代它们。杰维斯指出，思维模式有很强的生命力，在两种情形下会改变，一是收接到明确的对立信息，二是看到事实变化。[①] 相反事实出现是改变思维模式最有效的方式，是观念在事实面前"撞了南墙"。在对立信息对思维模式的影响中，只有出现与当初建立思维模式的信息完全相反的信息，思维模式才会受到较大冲击。1973 年十月战争前，以色列各部门有一个先入为主的观点，认为埃及如果不能取胜就不会发动战争，而埃及如不能摧毁以色列空中力量就不能取胜，埃及要摧毁以色列空军必须拥有 SUKHOI 轰炸机和 SCUD 导弹。这种观点是埃及决策高层的想法，是一位高级线人 1967 年提供给以色列情报部门的。在这种思维模式下，以色列情报部门判断，埃及要到 1975 年才能掌握这两项技术。然而，早在 1972 年 10 月埃及总统萨达特（SADAT）就改变了想法，认为埃及军队可以打赢战争，为此他撤换了持不同意见的战争部长。但是，以色列情报部门没有收到最新信息，一直坚持以前的思维模式。

如果没有明显冲突的信息出现，针对与思维模式略有不符的信息，分析员一般只会微调自己的思维模式，以接纳和适应新信息。只有在冲突信息源源不断，微调不能满足的情况下，分析员才会实质性调整思维模式，根据新信息建立新思维模式。1973 年 10 月，埃及、叙利亚同时进行军事调动，以色列情报部门仍坚持全面战争不可能爆发的观点，将埃及军事行动解释为例行演习，叙利亚军事调动被认为不重要，因为没有埃及协作，叙利亚不敢单独发动进攻。但是，叙利亚将苏恺—7 型飞机调往靠近边境的机场，明显有进攻意图，以色列情报机构无法解释。于是，情报分析员就小幅调整自己的观念，认为叙利亚可能想发动有限空袭，占领戈兰高地

---

① Robert Jervis, *Perception and Misperception in International Politics*, Princeton University Press, 1976, p. 116.

的两、三个定居点。[1] 里根总统的国务卿舒尔茨（George P. Shultz）说，中情局先入为主的观点认为苏共总书记戈尔巴乔夫不会真改革，戈尔巴乔夫刚当权时，中情局认为“他只是说说而已，又想骗我们”；当证据不可抗拒时，中情局改口说“戈尔巴乔夫是想改革，但苏联的体系太强大，改革不能成功”；当苏联确实发生变化时，中情局再次改变自己的说法“苏联是变化了，但这种变化没什么意义”。[2]

第二节 认知偏见

因为思维模式或固有观念是人认识过程中不可缺少的组成部分，绝大部分时候它发挥正确的、好的作用，能帮助人准确、快速地认识事物，少数情况下它会产生负面作用，能阻碍人做出正确判断，这时人们就称其为“认知偏见”。偏见是人性的一部分，属于人性的弱点，认知偏见是认识过程的固有部分。认知偏见是战略情报失误的一个重要原因。

认知偏见是人思考的固有特征，既存在于人们回忆已有的知识过程中，也存在于人们对新信息的加工中。对情报分析员来说，减少认知偏见的首要步骤是认识到偏见的类型及它们对情报分析的潜在影响。

从20世纪70年代后期开始，中情局开始重视情报分析中的认知偏见问题，不断有研究报告、文章讨论这个问题。1984年陆军情报部门在《战略情报分析手册》、2003年中情局分析员约翰斯顿（Rob Johnston）在《情报研究》上的一篇文章以及胡叶在《情报分析心理学》中，都较详细地列举了情报分析中的认知偏见问题。在这些文献中，虽然对认知偏见的分类不同，但内容基本相同，从中可以归纳出美国情报学界意识到的认知偏见。

---

① Ephraim Kam, *Surprise Attack: The Victim's Perspective*, Harvard University Press, Cambridge, Massachusetts, 1988, p. 105.

② George P. Shultz, *Turmoil and Triumph: My Years as Secretary of State*, NY: Scribner's, 1993, p. 864.

在陆军情报部门的“战略情报分析手册”中，有如下几类认知偏见。

选择偏见（selectivity bias），当你回忆的时候，并不是平等地回忆每件事。一般来说，第一印象、亲身经历在记忆中较清晰，这些对你的思考产生的影响就大，而这些或许并不是最重要的。情报分析员一般接触的都是第二手资料，但如果一个情报分析员恰巧在某国住过，那么印象就很深刻，影响就大。这既可能是出彩的地方，也可能是出错的地方。

可供应性偏见（availability bias），当你评估一件事情发生的概率时，这样的事最近是否发生过，你是否亲身参加过，当时是否是一件重要的事情，细节是否清楚，这些都会影响你的判断，但这些都与事件发生的概率没有关系。

缺乏证据偏见（absence of evidence bias），主要证据缺乏在情报分析中是常事，而不应该是“看不见的，就不用考虑”（out of sight，out of mind），分析员在主要证据缺乏时，一是应该分析主要证据的相关变量，在此基础上考虑修改假设，二是考虑主要证据缺乏是否是异常行为或不采取行动的指标。

证明偏见（proof bias），人总想证明自己已经相信的东西，这会在两个方面产生影响，一是只看到同自己观点相符的证据，二是从各种证据中都能解读出同自己观念相同的意义来。

过度自信偏见（over-confidence bias），人总是倾向于过度相信自己的判断力，这样容易导致拒绝收集更多的信息、过早做出判断。

对连续性的过度敏感（over-sensitivity to consistency bias），证据的连续性是重要的，但有时却具有欺骗性。有时，可能是因为分析员处理的信息来自一个地方，根本不具有代表性。

可靠性偏见（reliability bias），人们总是从信息的表面来看它的价值，而很少关注它的可靠性，如它的代表性，一个分析员很难精确地从各方面来计算它的价值。

错误证据偏见（discredited evidence bias），一个分析员从线

人那里得到信息，得出一个好的结论。如果后来证明这个线人已经被对方控制，那么分析员也不愿相信这个信息是假的，而宁愿相信可能是反间部门出错了。

指导偏见（anchoring），一个人如果是以某个观点作为研究工作的起点，不论这个起点是自己的还是继承前任的，都不容易改变。①

根据上述认知偏见的根源和特征，可以将之归纳为三个大类：一是人的自恋情结，如人的自负、文化种族优越感、专业优越感；二是人的驼鸟心态，只能看见愿意看见的，只能听到愿意听到的，与“闻过则喜”的古训相反；三是人的惰性，也称为路径依赖，对已经形成的观点不易变，对于现状不愿变。

一、人的自恋情结

人的自恋情节主要体现在人类过高相信自己理解自然和社会的能力、文化种族优越感、专业优越感、研究人员的自负等。

人对自己理解、控制自然、社会的能力总是过于自信，社会科学家相信自己能找到所有社会现象的因果关系，因而能够理解、掌握社会规律。实际上，有许多社会现象是随机发生的，根本没有因果关系，有的社会现象纵然有因果关系，凭人类目前的理解能力，也很难掌握。总之，人类的自负是造成认知偏见的原因之一。

因果关系是科学研究中的核心问题，情报分析也不例外。因果关系是情报分析员理解、预测社会现象的工具和路径，为了简洁地理解复杂世界，分析员往往急于寻求因果关系，而把偶然的、随机的关系当作了必然的因果关系。对于纷繁复杂的现实世界，社会科学采取演绎实证方法论证社会现象的一个特定方面，例如政治学研究权力、经济学研究物质生产，

---

① Ruth H. Phelps, Judith A. Englert, and Sharon A. Mutter, *Application of a Cognitive Model for Army Training: Handbook for Strategic Intelligence Analysis*, U. S. Army Research Institute for the Behavioral and Social Sciences, October 1984, pp. 4 – 7.

情报分析则假设研究对象是众多变量连结成的一个整体，寻找一种主导性的概念、思想或因果关系，以此来解释、预测社会现象。通过想象中的因果关系叙述一个社会现象，以使消费者感觉到其合理性。然而，由于社会现象的变量太多、关系太复杂，这种假设的因果关系无法得以验证。即使情报预测的事件最终发生了，一般情况下原因肯定不止一个，分析员很难证明哪一个原因是真正重要的，因而也不能验证因果关系。

情报分析的主要职责是解释和预测，在分析员看来任何事情都有因果关系，没有无因的果，也没有无果的因。在解释社会现象时，分析员偏爱因果关系逻辑，不愿意承认许多事情是随机的、不可预测的，或者超出了人类的理解能力。简言之，他们拒绝承认人类理性的缺陷，认为人可以理解社会上发生的一切现象，这种心理被哈耶克称为“致命的自负”。随机的事情看起来总像是有一定的规律或因果关系，因而人们总是容易在一系列随机的事件中，发现规律和因果关系。例如，在试验中，同时抛出6个硬币，会有32种结果，事实上很少结果看起来是随机的。[①] 硬币落地是随机的，但结果看起来似乎是有规律的，这很易诱导人发现本来不存在的规律。再如，第二次世界大战时期，伦敦人对德军的轰炸时间和地点总结出很多规律，并据此规律来躲避轰炸。但战争结束后对德军作战计划的研究表明，德军虽然试图进行有计划轰炸，但从来没能落实，轰炸基本上是随机的。[②]

情报史上有不计其数的案例说明，分析员总是能找到不存在的规律。例如，某国领导人一时兴起做出一个随意决定，对方情报分析员总是能找到其战略意图。分析员总是认为别国的行为是有计划的、有意图的、中央控制的，而较少考虑是事故、随意性、巧合、小原因引出大结果。其实，社会上不少事件是由偶然的、巧合的、不可理解的原因造成的，但是分析员的职责是让世界变的有序、可以理解、可以预测，因而不愿意承认世界

① Daniel Kahneman and Amos Tversky, “Subjective Probability: A Judgment of Representativeness,” *Cognitive Psychology*, 3, 1972, 430-454, quoted by Richard J. Heuer, Jr., *Psychology of Intelligence Analysis*, Center for the Study of Intelligence, Central Intelligence Agency, 1999, p. 130.

② Richard J. Heuer, Jr., *Psychology of Intelligence Analysis*, Center for the Study of Intelligence, Central Intelligence Agency, 1999, p. 130.

具有不可理解的一面。为了理解人类不能理解的现象或者说人类目前尚没有能力理解的现象，人们往往会想象出一些牵强附会的因果关系，或者总结出表面的、虚假的因果关系。例如，在人们的印象中，越重的东西落地越快，重大事故必然由重大原因引起，经济后果必然由经济原因引起。

哲学家和心理学家早就指出，人对自己的判断能力总是过度自信，信心超越人的实际能力。人们对自己做出判断的知识、信息、假设和推理缺乏足够的批评精神。专家和普通人一样，都容易犯过于自信的毛病。人们总是对自己的记忆很有信心，认为记忆忠实地反映了自己的经验。大量的研究表明，人的记忆并不仅仅是一个复印过程，如果人不能认识到记忆是一个再造过程，就会对自己过于自信。①

心理学家做过各种试验，结果均表明人对自己的判断能力总是过于自信。加利福尼亚大学伯克利分校教授特拉克（Philip Tetlock）在 20 世纪 80 年代末 90 年代初访谈 189 位专家，他们分别是苏联、南非、中东领域的专业人士，有教授、情报分析员、记者、政策分析员和研究生，特拉克精心制作了一份问卷，让他们对未来 1—5 年的事情做预测。5 年后发现，预测结果令人失望，预测准确率略高于概率。然而，专家对自己判断的自信心却很高，例如专家认为发生可能性在 80% 以上的事件，最后只有 45% 成为事实，专家认为可能性在 90% 以上的事件，真实发生的只有 59%，认为 100% 的可能性，最终发生的是 70%。②

美国情报共同体的经验也表明，人们总是过高地估计自己的能力，而贬低其他人的能力和贡献，这并不是一个品德问题，而是一个认知问题。胡叶指出情报评估中容易出现三种偏见：第一，分析员过高地评价自己做出的判断；第二，消费者过低地评估情报报告；第三，对情报失误进行评

---

① Baruch Fishhoff, Paul Slovic and Sarah Lichtenstein, "Knowing with Certainty: The Appropriateness of Extreme Confidence", *Journal of Experimental Psychology: Human Perception and Performance*, 1977, 3 (4), pp. 552 – 564, quoted by Ephraim Kam, *Surprise Attack: The Victim's Perspective*, Cambridge, Massachusetts: Harvard University Press, 1988, p. 113.

② Philip E. Tetlock, "Theory-Driven Reasoning about Plausible Paste and Probable Futures in World Politics: Are We Prisoners of Our Preconceptions?" *American Journal of Politics Science*, Vol. 43, 1999, pp. 335 – 366.

估的监督人员过度认为预测能更容易做出来。① 在集体合作中，分析员总是认为自己的行为是成功的原因，但并不认为自己的行为是失败的原因。

更有甚者，一旦人对自己的过度自信形成，即使知道它是不对的，也宁愿找到各种理由强化坚持错误的信心。例如，在一次心理试验中，被测试对象受到一些他们不易觉察的暗示，很容易找到答案，最终得出他们智商高的结论。当测试结束后，主持人告诉他们，他们的智商高是不真实的，是在操纵下得出来的，大部分人都不愿意接受这个结果。② 他们更愿意相信以前的错误结论，并且很快能找到新的论据证明错误的结论是正确的。在情报分析中，每当有新证据表明分析员的判断错误时，分析员常常不能轻易接受这个事实，却首先想到这个证据是不可靠的。

除了人类的自负、个人的自负外，情报分析员作为专业人员还有专业自负。分析员总是认为自己所从事的专业影响较大，在一个综合性事件中发挥主导作用。人物分析专家认为个人在历史进程中的作用关键，政治分析家认为政治是重头，经济分析家认为经济是基础，这不仅是自身职业生存的需要或一种有意识的扭曲，更是一种难以改变的认知偏见。杰维斯曾接受一项政府委托项目，研究人物情报分析出错的原因，他在结论中说："在他所审阅过的机密人物分析中，大都倾向于夸大个人的权力和稳定性，低估环境变量的作用。"③ 杰维斯的结论显示，人物情报分析员会不可避免地夸大领袖人物在社会中的作用，也就是夸大人物情报分析的重要性。

专业人员除夸大自己专业的重要性外，还无意识地扩大专业知识的使用范围。中情局分析员约翰斯顿（Rob Johnston）指出，当分析员碰到一个专业知识范围以外的数据时，他可能做出的选择有：

> 一是将该数据归纳到自己已经建立的专业知识模型中；二是承认此数据不在其知识范围内，转而用自己的专业推理去解释

---

① Richard J. Heuer, Jr., *Psychology of Intelligence Analysis*, Center for the Study of Intelligence, Central Intelligence Agency, 1999, p. 161.

② Ibid., p. 125.

③ Thomas Omestad, *Psychology and the CIA: Leaders on the Couch*, *Foreign Policy*, p. 120.

它；三是承认在自己的知识范围之内，作为异类弃而不用；四是向别的专家求教。

例如，一个经济学家发现某国投资于技术设施、化学领域，他可能会将此归入已经建立的模型，或选择其他三种办法。但是，除了向别的专家请教外，前三种方法都要求经济学家依赖自己的经济知识来处理这个数据。假设一个经济学家一天之内可能碰到上百个跨专业数据，如上述的涉及经济和化学两个领域的，他要么需要向多个专家求教，要么自己知晓数十个领域。这两者都超出了经济学家的承受能力，现实的选择只能是前三种，即经济学家利用自己的知识处理这些数据，这是分析错误的一个重要根源。①

心理学、文化学和人类学对人类错误观念的研究得出一个共同结论，就是人类观念总是倾向种族优越论的。人们总是从自己的内部往外看，一般易低估别国的文化、技术、思想等。根据布思（Kenneth Booth）的说法，这叫作“部落综合症”（hamlet syndrome），在某些程度上是不可避免的，并且有一定的积极作用，能鼓舞士气、提升凝聚力。② 例如，美国人总是认为日本人技术上不如自己，没有美国人那样有决心。中国人总是认为美国人没有集体主义精神，不能承受大的生命损失。杰维斯说，一个国家在认识自己和别国时总是采取双重标准，对自己的评价高，对别国评价低。③

二、人的驼鸟心态

人不是被动地接受新信息的刺激，而是主动接收、选择新信息，但选择的过程却不是完全客观公正的。由于思维模式的影响，在选取信息时，分析员往往忽视不符合本人思维模式的证据，对符合思维模式的证据却非常敏

① Rob Johnston, “Reducing Analytical Error: Integrating Methodologists into Teams of Substantive Experts”, *Studies in Intelligence*, Vol. 47, No. 1, 2003, www. cia. gov/csi/studies/vol47no1/.

② Michael I. Handel, “Intelligence and the Problem of Strategic Surprise”, in *Paradoxes of Strategic Intelligence*, Edited by Richard K. Betts and Thomas G. Mahnken, London, Portland, OR: Frank Cass, 2003, p. 23.

③ Robert Jervis, “Intelligence and Foreign Policy”, *International Security*, Winter 1986—87, Vol. 11, No. 3, 1999, pp. 159 – 160.

锐，这种现象被称为“期望思维”（wishful thinking）。在中情局历史上，由于分析员的意识形态影响了证据选择，人物情报分析曾出过很大差错，最明显的例子就是对胡志明的分析。当时的分析员过度强调胡志明是一个共产主义者，而不重视他的民族主义思想，胡志明在演说中明显露出统一越南的意愿，强烈要求将越南从外来控制中解放出来，但分析员受反共意识形态影响，对这些证据视而不见。[①] 珍珠港事件的研究者沃尔斯泰特（Roberta Wohlstetter）指出，因为参与者的失误，个人或集体造成了珍珠港事件从来不具有说服力。一系列事件表明，人的本性就是更注意证明自己期望的证据。[②]

“期望思维”使分析员、决策者对“好消息”更敏锐、更乐于接受，对“坏消息”则看不见、看不清。“好消息”是证明自己正确的消息或证明自己期望结果的消息，“坏消息”是证明自己错误或不支持自己愿看到结果的消息。第一次世界大战前，德国总参谋长阿尔弗雷德·冯·施里芬（Alfred von Schlieffen）说：“高级指挥官总是自己头脑中有一幅好人和坏人的画，他们依照自己的期望形成这样的观念。当报告符合这幅图画时，会被欣然接受，当报告与这张图冲突时，被当作错误的而扔掉。”[③] 第二次世界大战期间，尽管斯大林在德国进攻苏联前曾收到 84 个相互独立的警告，但没有一条信息被认为是可靠的。[④] 上述两件事虽然说的是决策者的认知偏见，但同样适用于情报分析员，决策者把不符合自己“愿望”的信息当作错误的扔掉，分析员则把不符合自己“期望”的证据当作“不可靠证据”弃之不用。更何况，大部分信息往往能从几个方面解释，分析员总是从符合自己观点的角度解释。

特别是面对判断时，人更不愿相信“坏”判断。人们对好事的预测总是高于客观概率，对坏事的预测总是低于客观概率。当人面对未来灾难

---

① Thomas Omestad, “Psychology and the CIA: Leaders on the Couch”, *Foreign Policy*, p. 118.

② Roberta Wohlstetter, *Pearl Harbor: Warning and Decision*, Stanford University Press, 1962, p. 392.

③ David Kahn, “An History Theory of Intelligence”, *Intelligence and National Security*, Vol. 16, No. 3, Autumn 2001, p. 88.

④ B. Whaley, *Codeword Barbarossa*, Cambridge, Mass.: MIT Press, 1973, Chapter 3 – 5, quoted by Michael Herman, *Intelligence Power in Peace and War*, Cambridge University Press, 1996, p. 222.

时，通常反应总是不担心，或多或少地认为灾难不会真的发生，或者不会影响到自己。甚至在迫在眉睫的危险中，人还是倾向于认为奇迹会发生，灾难会自然中止。在现实生活中，尽管买彩票中奖的概率比在街头被车撞死的概率还小，但绝大部分人相信自己会中奖而不是被车撞死。哥伦比亚大学教授贝茨（Richard K. Betts）在谈到情报与决策的关系时说，显示胜利的支离破碎的迹象总是能压倒综合性的、谨慎的战略评估。① 在1969年两位学者研究68个战略互动的案例中，发现79%的欺骗是成功地使对方相信他所希望的事情。② 可见，进行战略欺骗的一方正是利用了人的认知偏见。

分析员因“看不见”反驳自己愿望的证据，只吸收支持自己观点的证据，直接后果就是思维模式得不到更新，形成僵化的、落后于现实的思维模式。肯特在谈到中情局对苏联意图的评估时说：“我们对苏联的评估比苏联政策更僵化，即使苏联公开说政策变了，或者迹象分析显示出政策可能在变化，我们也不会看，消费者也不会看。”如何才能让分析员“看见”他们不愿意看到的证据，肯特持悲观立场：“有任何补救措施吗？我表示怀疑，这是我们人类智能的局限性。”③

三、人的惰性

人性固有的惰性使人在认识事物时愿意重视、相信较简单的、直线的方法，而不愿投入精力避免陷井。例如，当处理不可靠或不准确信息时，分析员习惯简化不确定性，要么作为不可靠信息不用，要么作为可靠信息利用，实际上把不确定性确定化。如把可靠性只有80%的信息当作100%可靠来应用，把可靠性有30%的信息作为可靠性为零的信息抛弃。

---

① Richard K. Betts, “Analysis, War, and Decision: Why Intelligence Failures Are Inevitable”, *World Politics*, 00043-88/78, p. 64.

② Katherine L. Herbig and Donald C. Daniel, “Strategic Military Deception”, in Douglas H. Dearth and Royal Thomas Goodden, edited, *Strategic Intelligence: Theory and Application*, *Defense Intelligence Agency*, 1995, p. 271.

③ Jack Davis, “Sherman Kent's Final Thought on Analyst-Policymaker Relations”, The Sherman Kent Center for Intelligence Analysis, *Occasional Papers*, Vol. 2, No. 3, 2004, pp. 9-10.

首先，人脑储存、提取信息的依据并不完全是信息价值，而是受方便、直观、印象深刻等因素影响。在心理学中，被称为“逼真原则”（the vividness criterion）和“可供应性原则”（availability rule）。逼真的、具体的、印象深刻的、亲身经历的信息比暗淡的、抽象的信息对人的思维影响更大，尽管可能后者价值更大。逼真的信息更有可能被储存起来，在分析问题时产生影响。情报分析员应用更多的是二手信息，要么是特工报来的，要么是技术手段收集来的，或者是公开渠道报道的，很少通过自己亲身看到、听到。如果情报分析员偶然短暂出国，亲身观察到对象国的情况，印象就特别深。当第二手材料与亲身看到的印象冲突时，分析员往往会牺牲第二手材料。其实，第二手材料一般更可靠，因个人的经历往往不具有代表性。从这个意义来说，眼见不一定为实。例如，概率与个别案例相比，概率显然更科学，但人们却更容易相信身边发生的案例。假设根据概率分析，某品牌电视机的返修率是1%，但一个人的邻居家买的这个牌子的电视机坏了，这个人更容易相信该品牌电视返修率高于1%。

心理学家指出，人在评估概率时受两个暗示的影响，一是能很容易记起的类似事件，二是能记起的类似事件数量。① 最容易记起来的事同概率可能无关，这件事可能是你亲身体验过的、形象逼真的、最近发生的，却不是概率最高的事件。“一朝被蛇咬，十年怕井绳”就是指这种认知心理，尽管一个人只被蛇咬过一次，但是因为记忆太深刻了，就自然而然地夸大被蛇咬的概率。1941 年 12 月 7 日早晨 7 点 20 分，美国雷达观察到 132 公里处有大量的飞机正向夏威夷方向开来，信息员立刻报告到飞机预警信息中心（the aircraft information center），信息中心的一位陆军中尉接了电话，并告诉雷达操作员不要在意这件事。他的判断是，这些飞机要么是海上巡逻的，要么是其他基地的，要么就是从美国本土来的 B—17 机群，这些飞

① Amos Tversky and Daniel Kahneman, “Availability: A Heuristic for Judging Frequency and Probability,” *Cognitive Psychology*, 5, 1973, pp. 207 – 232, quoted by Richard J. Heuer, Jr., *Psychology of Intelligence Analysis*, Center for the Study of Intelligence, Central Intelligence Agency, 1999, p. 147.

机预定当天早晨到达。[1] 根据战争预警知识，当不明机群出现时，这位陆军中尉首先应当想到的是战争，但由于他亲眼看到的都是美国飞机在该区域巡逻、访问，他想象到的也就是巡逻或访问，而不是战争。

其次，人们经常依据简单的“代表性”原则做出判断，容易轻视事件的个性。心理学家卡恩曼（Daniel Kahneman）和特沃斯基（Amos Tversky）发现人在判断时依赖“代表性”（representativeness）启发式，用对一件事的判断取代对另外一件事的判断，用对部分的判断取代对整体的判断。在情报分析中“代表性”启发包括两种情况：一是两件事情整体上重要特征相似，相似程度越高，“代表性”启发判断的可靠性越大；二是局部对全局的代表性，如果局部事件对整体的代表性很高，就可以从局部判断全局。例如，A 袋子中有 10 个红球、5 个黑球，B 袋子中有 10 个黑球、5 个红球，人们认为从 A 袋子中取出 2 红 1 黑的概率大于从 B 袋中取出 2 红 1 黑的概率，因为红多黑少是 A 袋与取球比例的共同特征。[2]

“代表性”判断有助于人们做出快速判断，但也会引起认知问题。一方面，分析员太注重寻找有代表性的证据，而忘记了其他原则，如证据的可靠性、有效性和数量。另一方面分析员不关注代表性的样本有多大。例如，在分析员记忆中有这样两件事，当美国出现财政赤字时就发行国债，“财政赤字”因而被认为对“发行国债”具有代表性。然而，分析员可能不知道，更多情况下当代表证据出现时并没有出现同样结果，这种现象被称为“小样本法则”（law of small number），指人们从很小的样本得出普遍规律。二战时期，德国在攻打奥地利、捷克斯洛伐克、波兰前，都发出了最后通牒。于是挪威外交部长科特（Halvdan Koht）据此认为，德国在进攻挪威之前，必然先有谈判，或者最后通牒，结果受到德国突然袭击。

第三，人喜欢固守旧的思维模式，不愿意适时调整，以致形成思维定

---

① Amos Tversky and Daniel Kahneman, “Judgment under Uncertainty: Heuristics and Biases”, *Science*, 1974, 185: 1124 - 1131, quoted by Ephraim Kam, *Surprise Attack: The Victim's Perspective*, Cambridge, Massachusetts: Harvard University Press, 1988, p. 108.

② Amos Tversky and Daniel Kahneman, “Judgment under Uncertainty: Heuristics and Biases”, *Science*, 1974, 185: 1124 - 1131, quoted by Ephraim Kam, *Surprise Attack: The Victim's Perspective*, Cambridge, Massachusetts: Harvard University Press, 1988, p. 110.

势。在多数情况下，固守思维模式是一种正确选择，概率总是偏爱维持现状。最稳定的国家将会持续稳定，最贫穷的国家将会持续贫穷。但是，情报分析就是要预测“变化”的情况，固守思维定势成为情报失误的重要原因。几乎所有关于情报失误的研究均表明，在足够的相反证据出现时，思维模式没有及时调整。1983 年 12 月 16 日，中情局“高级评价小组”（the Senior Review Panel）选定 12 个情报失误案例，研究过去 20 年重大情报失误的原因。案例包括古巴导弹危机、中苏分裂、中国试爆原子弹等。在 12 个案例中，情报失误的一个共同性因素是“历史的非连续性”，如在中苏分裂、卡扎菲在利比亚执政、OPEC 油价上涨、苏联入侵阿富汗等都是在原先基础上的质变。“高级评价小组”认为，分析员的根本问题是没有认识到从量变到质变的转化，不知道什么时候调整自己的思维模式。①

心理学家发现，人更容易因不改变思维模式而犯错误，而不是因为太快改变思维模式而犯错误。以色列学者研究了五个未能预测到突然袭击的情报分析案例，发现当思维模式与证据冲突时，五个案例中分析员都未改变其思维模式。② 卡恩曼和特沃斯基提出的“调整和锚定”（adjustment and anchoring）启发式认为，人根据最初的支撑点形成思维模式之后，不能按新证据的适当比例调整思维模式。③ 越是专家，头脑中的定势就越深刻，看到异常事件所需时间越长。

在理论上来说，当分析员观察到与自己的思维模式不相符的数据或证据，并且这样的证据足够多时，就应当改变自己的观点。实际上，分析员调整思维模式时会遇到大问题，思维模式调整往往落后于现实变化，形成所谓的思维定势。在思维定势的影响下，在验证假设时会歪曲证据。分析

---

① Willis C. Armstrong, William Leonhart, William J. Mccaffery, Herbert C. Rothenberg: “The Hazard of Single-Outcome Forecasting”, in H. Bradford Westerfield, ed., *Inside CIA's Private World: Declassified Articles from the Agency's Internal Journal*, New Haven, CT: Yale University Press, 1995.

② Abraham Ben Zvi, “hindsight and Foresight: A Conceptual Framework for the Analysis of Surprise Attacks,” *World Politics*, April 1976, p. 73.

③ Amos Tversky and Daniel Kahneman, “Judgment under Uncertainty: Heuristics and Biases”, *Science*, 1974, 185: 1124 - 1131, quoted by Ephraim Kam, *Surprise Attack: The Victim's Perspective*, Cambridge, Massachusetts: Harvard University Press, 1988, p. 112.

员更容易注意到符合其思维的证据，更容易重视符合其思维定势的证据。当一个含糊不清的证据出现时，分析员可以从多个方面解释它，这时候分析员总是将它作为支持思维模式的证据。杰维斯指出，“一个有疑点的解释用来支持一个观点，而这个观点又用来证实其他可疑的解释，这在判断其他国家意图时特别危险，对过去事件的解释，很快会被神圣化。”① 当反对思维模式的证据出现时，分析员倾向于否认该证据的可靠性、否认其价值或对此视而不见，或者从其他方面解释。1941 年 9—10 月，美国截获东京发给日本驻夏威夷领事的信息，指示弄清所有美军驻夏威夷船只的具体方位。当时，美国军方对这个信息未予重视。战争结束后，海军作战部司令哈伯（Harold Harbor）说：“我们知道日本人习惯无止尽地寻找各方面的细节，这个任务可能是他们追求细节的又一个例证。”② 在当时美日关系非常紧张的形势下，日本详细调查美军港口的情况，应当是一个有意义的证据，但美军不愿建立新的思维模式，而宁愿从其他方面解释。当新信息与思维模式的冲突太明显，分析员既不能将其纳入思维模式，也无法忽视其存在时，就设法尽可能小地调整思维模式以接纳这个信息，但接纳的分量远低于信息的真实价值。因此，思维模式一旦形成，改变它所需要的反对信息要多于形成它所需要的证明信息。情报分析是日复一日的观察分析，这种“渐进式分析”最容易把信息吸收到思维定势中。

在 1971 年、1972 年、1973 年里，以色列曾三次接到埃及将要进攻的消息，情报部门均认为可能性小。但是，国防部长达扬（Moshe Dayan）不相信情报部门的分析，命令军队进入部分动员状态，结果造成 1300 万至 1800 万美元的浪费。这次失误使以色列各决策部门的思维模式加强，相信埃及确实没有能力进攻以色列。1973 年 9 月中旬开始，从以色列接到第一个埃及、叙利亚可能发动战争的预警信息开始，情报部门共接到 11

---

① Robert Jervis, *Perception and Misperception in International Politics*, Princeton: Princeton University Press, 1976, p. 308.

② Ephraim Kam, *Surprise Attack: The Victim's Perspective*, Cambridge, Massachusetts: Harvard University Press, 1988, p. 102.

条预警信息，但其中矛盾甚多。后来，埃及军队向苏伊士运河集结，以色列解释为军事演习；叙利亚军队也同时在集结，以色列解释是为报复前些时候以色列击落叙利亚 12 架战斗机。在各种来源情报不断增加的情况下，情报分析部门在 10 月 5 日早晨的内阁会议上改变了看法，认为埃及、叙利亚已经做好攻击的准备，但意图不明，能够避免战争的可能性更大。6 日，又有新消息传来时，情报部门仍然认为战争可以避免，国防部也命令只做防御性准备，没有批准参谋部先发制人的计划。到此时，以色列的判断是战争将发生，但不确定。6 日中午战争爆发。① 由此可见，以色列情报分析员在改变自己的思维模式时是多么不情愿和缓慢。

第四，人习惯于用自己的思维方式或价值体系理解别人，这就是情报分析中的镜像（Mirror Image）。镜像产生的原因可能是缺乏材料，在没有任何信息的情况下，镜像是推理的唯一方法。例如，当分析员对某一个地方一无所知时，只能假设他们的思维方式跟我们相同。镜像也可能产生于认知中的惰性或偏见，想当然认为对方的思维方式与自己相同。然而，由于文化、种族、宗教和政治的影响，在分析员看来合情合理的事，当事者并不一定这样认为。例如，伊拉克入侵科威特前，西方分析家认为伊拉克入侵科威特明显不合逻辑，相信伊军事调动仅是为威胁科威特和沙特遵守欧佩克（OPEC）的配额，以提高油价。1976 年中情局试行 A—B 组分析时，外部专家组成的 B 组认为，A 组对苏联战略意图的理解建立在三个假设之上：美国的商业文化（追求和平与利润）、民主政治（两党斗争与妥协）和免受外来威胁的历史。但是，苏联的历史、文化与美国完全不同，并不是根据美国分析员的思维模式思考问题。②

---

① Ephraim kahana, "Early Warning Versus Concept: The Case of The Yom Kippur War 1973", in Lock K. Johnson and James J. Wirtz, ed, *Strategic Intelligence: Windows Into A Secret World an anthology*, Roxbury Publishing Company, 2003, pp. 153 - 162.

② Report of Team "B", Intelligence Community Experiment in Competitive Analysis: Soviet Strategic Objectives: an Alternative View, December 1976, p. 11.

第三节　应对之策

认知偏见是人认知过程本身的缺陷造成的，与文化偏见、种族偏见、性别偏见本质不同，不是来源于人的感情、历史、利益，而是来源于认知过程。认知偏见无处不在，存在于情报分析的各阶段，对情报分析的负面影响非常深。如何才能减少认知偏见，人能在多大程度上减少认知偏见，这是20世纪70年代以来美国情报机构内心理学家研究的重点课题。几乎所有的学者都承认，认知偏见不可能根除。思维模式是人认识事物的前提和途径，通过消除思维模式减少认知偏见的方法不可行。大部分学者也承认，即使人能意识到认知偏见的存在，也无法依靠自己的力量减少或避免。① 迄今为止，学者们对减少认知偏见持悲观态度。胡叶说，情报分析员大多对认知理论不感兴趣，因为这些理论指出认知模式后，并没有办法改变人的认识方法，对实际分析没有用处。②

为了减少认知偏见，中情局从组织管理和分析方法上做过一些尝试，主要采取批评与自我批评两种方法。自我批评就是分析员通过特定的程序和方法审查自己的思维过程，批评就是让其他人审查、挑战分析员的思维过程。这些方法均未取得明显效果，大多数方法引起的新问题比解决的问题还多。

一、自我批评

第一，明确思维模式、推理过程。认知心理学发现，人类大脑的思维

---

① See Klaus Knorr, "Failure in National Intelligence Estimates: The Case of the Cuban Missiles," *World Politics*, XVI: 3, April 1964, pp. 461 – 462; Robert Jervis, Richard Ned Lebow, Janice Gross Stein, eds., *Psychology & Deterrence*, 1985, pp. 1 – 33; Richard K. Betts, "analysis, War, and Decision: Why Intelligence Failures are Inevitable", *World Politics*, XXXI: 1, October 1978.

② Richard J. Heuer, Jr., Psychology of Intelligence Analysis, Center for the Study of Intelligence, Central Intelligence Agency, 1999.

过程大部分是无意识的，人的观念、记忆和信息处理多在无意识状态下发生。人意识到的只是思考结果，而不是思考过程。因此，有的时候不仅读者不理解情报结果是如何得出来的，甚至分析员自己都不明白，没有意识到自己思考的逻辑前提。19世纪英国大部分外交政策基于这样的假设，一个敌对大国可能控制尼罗河上游，筑坝拦截尼罗河，令埃及经济陷入困境，迫使英国撤出埃及，从而切断英国通往印度的道路。从来没有人问过，尼罗河是否能被切断。[①] 在20世纪80年代，美国在评估萨达姆制造核武器时，一个想当然的假设是萨达姆只能利用最先进和最有效的技术，但情报部门没有想到巴格达是利用40年代被美国放弃的电磁同位素分离技术。[②] 分析员不知道自己头脑中的哪些知识、哪些观点发挥了作用，就不可能知道这些观点是否过时。无论心理学家对减少认知偏见的效果持什么怀疑态度，都不得不承认，认清思维模式是减少认知偏见的基本前提。过去10年，中情局情报部分析方法改革的重点就是要分析员把自己的思维模式写出来，分清事实、观点和推理之间的关系。

1990年中情局未能预测到伊拉克入侵科威特，中情局主管情报的副局长麦克伊金事后观察到，在伊拉克入侵前一年里，情报机构数次预测伊拉克不可能发动战争，其假设前提是伊拉克需要几年时间从两伊战争中恢复。恢复是第一位的，这个假设前提从来没有明确提出来，因而既没受到质疑，也没得到承认。因此，麦克伊金在其任职期间，大力推动情报分析方法改革，要求分析员明确地说明假设前提，测试假设前提。目前，这些方法成为肯特学校的培训内容之一。[③] 将思维模式或假设前提写出来至少有两个好处：一方面只有明确写出来，人们才能意识到它，才能检查它是否成立；另一方面，由于人的观点变化的滞后性，当环境和条件变化后，

---

① Robert Jervis, "Minimizing Misperception", in G. Matthew Bonham and Michael J. Shapiro, *Thought and Action in Foreign Policy: Proceeding of the London Conference on Cognitive Process Models of Foreign Policy*, March 1973, p. 156.

② Joseph S. Nye, Jr., "Peering into the Future", *Foreign Affairs*, 73/4, July/August, 1994, p. 90.

③ Jack Davis, "Improving CIA Analytic Performance: Strategic Warning", The Sherman Kent Center for Intelligence Analysis, *Occasional Papers*, Vol. 1, No. 1, pp. 4－5.

人的观点或假设常常不能同时变化，只有写明了，才能看见假设与环境已经不相符了。

但是，由于人的短时记忆（working memory）的有限性，分析员如何才能意识到哪些因素在其思考过程中发挥了作用呢。胡叶建议，分析员处理复杂问题时可采取两个步骤：分解（decomposition）和外表化（externalization）。[①] 分解就是把一个问题分解成几个组成部分，对这些相对简单问题分析后，用逻辑关系把它们联系起来。外表化，就是把分解后的问题记录下来，用简化的方法把主要变量、参数、相互间关系记录在纸上或电脑屏幕上。分析员一边思考一边记录，可以弥补短时记忆的有限性。

第二，验证思维模式或假设前提。人在思考问题时，通常把思维模式当作假设前提使用，既意识不到其存在，也不验证其可靠性。中情局要求分析员写出自己的思维模式后，还鼓励分析员研究思维模式，指出哪些关键变量决定思维模式的命运，分析这些变量是否存在。例如，日本袭击珍珠港事件中，美国最初的假设前提是日本不愿与美国开战，然后推断日本不会袭击珍珠港。但是，收到越来越多的信息后，美国判断日本将袭击菲律宾，而袭击菲律宾就意味着与美国开战，因而假设前提已经不存在了。但是，美国并没有推翻其假设前提，而是继续认为日本不会袭击珍珠港，而是要袭击菲律宾。[②] 这个案例说明，不及时验证假设前提，分析员就会继续相信已经过时的事情。但是，任何一个情报分析都包括不计其数的假设前提，分析员不可能验证全部假设前提，只能根据自己的经验选择一些关键的、可能变化的前提。例如，分析员要研究“2006 年布什政府对华政策”，这个题目至少包括以下假设：2006 年中国和美国仍然都是主权独立国家，2006 年布什仍然是美国总统，对于这些不易变化的假设前提分析员不用逐个验证。但是，若分析中假设“2006 年人民币升值问题仍是布什政

---

① Richard J. Heuer, Jr., *Psychology of Intelligence Analysis*, Center for the Study of Intelligence, Central Intelligence Agency, 1999, p. 86.

② Robert Jervis, “Minimizing Misperception”, in G. Matthew Bonham and Michael J. Shapiro, *Thought and Action in Foreign Policy: Proceeding of the London Conference on Cognitive Process Models of Foreign Policy*, March 1973, p. 158.

府的关注重点”，这个假设前提就需要验证。

第三，刺激创造性思维，减少思维定势。思维定势的对立物是创造性思维，创造性思维是对旧观念的挑战。有研究表示，人的智商对创造力没有影响，组织环境却能发挥重要作用。

密歇根大学教授安德鲁斯（Frank M. Andrews）对115名科学家的调查研究显示，下述几种组织环境有利于科学家的创造性思维：

> 一是科学家感觉自己对创新有责任；二是科学家对所研究计划有足够的控制权；三是科学家对自己的职业地位感到安全和满意；四是行政管理者不介入科学工作；五是项目相对小；六是科学家同时还从事其他活动，或短暂离开工作。①

由此可见，一种宽松的管理环境是创造性思维的基础，但是情报分析机构既是学术研究机构又是行政机构，其研究环境的宽松程度肯定不及大学。鼓励创造性思维意味着所有异端观点都必须受到同等尊重，任何持不同观点者不能受到歧视。美国情报共同体要兼顾学术自由和行政效率，常在自由与管理之间摇摆。

第四，竞争性假设分析方法（Analysis of Competing Hypotheses，ACH）。竞争性假设分析方法是中情局分析员胡叶创立的，被情报共同体证明是一个能有效避免认知偏见的方法，已经被情报共同体各单位列为分析培训内容之一。竞争性假设分析要求分析员确认出所有可能的假设，让每个假设都接受证据检验，而不是只检验最可能的一个假设。心理学研究表明，当只有一个假设时，更容易证明是对的。② 竞争性假设分析方法的优点是验证每一种可能性，缺点是浪费时间、精力，因此中情局只要求遇

---

① Frank M. Andrews，“Social and Psychological Factors Which Influence the Creative Process.” In Irving A. Taylor and Jacob W. Getzels，eds.，*Perspectives in Creativity*，Chicago，Aldine Publishing，1975.

② Robert Jervis，“Minimizing Misperception”，in G. Matthew Bonham and Michael J. Shapiro，*Thought and Action in Foreign Policy*：*Proceeding of the London Conference on Cognitive Process Models of Foreign Policy*，March 1973，p. 162.

到重大、复杂问题时应用它。

第五，替代性分析（alternative analysis，AA）。传统分析方法的假设建立在证据之上，替代性分析利用一些特定的程序和技术，利用人的想象力提出没有证据的假设。1998 年中情局长任命的杰理迈亚（David Jeremiah）委员会、国会成立的拉姆斯菲尔德（Donald H. Rumsfeld）委员会、中情局检察长报告同时指出，未能进行"替代性分析"是情报分析失误的一个重要原因。这三份报告，促使中情局开始重视替代性分析。[①] 冷战结束后，特别是肯特学院建立后，中情局的分析方法变化很大，鼓励替代性分析，要求分析员挑战自己。

第六，改变单一结果预测，采用多结果预测。情报分析在预测未来时，因为许多变量仍在变化之中，所以结果常常不确定。传统上，情报机构仅仅列出最可能的预测结果，称为单一结果预测。研究表明，单一结果预测加重了认知偏见，如偏爱现状和持续性、镜像、倾向于情报共识等。在英国这叫作复语病（perseveration），指在事物发展的早期阶段做出一个判断，就会影响后来的决断，即使出现了改变这个判断的新证据，原先的判断也不易改变。显然，单一结果预测加剧了这些问题。[②] 20 世纪 80 年代以来，中情局要求在重大问题上采用多结果预测，不仅列出多种可能性，而且要说明在某一变量出现的情况下会出现哪种可能性。曾任国家情报委员会主席的约瑟夫·奈说，国家情报委员会通过几个办法来对付不确定性，最主要的方法是增加预测结果的选项，而不能搞单一结果预测。[③]

二、外部批评

中情局除了强化分析员的自我批评意识外，也组织外部力量批评审查

---

① Jack Davis, "Improving CIA Analytic Performance: Strategic Warning", The Sherman Kent Center for Intelligence Analysis, *Occasional Papers*, Vol. 1, No. 1, p. 393.

② Willis C. Armstrong, William Leonhart, William J. Mccaffery, Herbert C. Rothenberg, "The Hazard of Single-Outcome Forecasting", in H. Bradford Westerfield, ed., *Inside CIA's Private World: Declassified Articles from the Agency's Internal Journal*, New Haven, CT: Yale University Press, 1995.

③ Joseph S. Nye, Jr., "Peering into the Future", *Foreign Affairs*, 73/4, July/August, 1994.

分析员的思维模式，主要方法是竞争性情报分析（Competitive Intelligence Analysis）。

第一，内外竞争。中情局从建立之初，就重视利用外部专家挑战局内的集体思维，甚至个别时候采取竞争性分析。1976 年中情局在分析苏联战略力量时，让外部专家和内部分析员分别组成 A、B 两组，实施竞争性分析。1977 年中情局解密了一些石油评估报告，引起社会上学者对中情局思维模式的讨论、批评，有助于中情局提高自己的思维模式。

第二，外部审查。1978 年国家对外评估中心（the National Foreign Assessment Center）成立“审查小组”（Review Panel），由三个分别来自国务院、军方和学界的退休高级官员组成，希望他们能带来外面的观点，以使中情局的思维模式不至于过于偏颇。每个研究报告都要这个小组审查，这三个人没有这方面的专业知识，但他们却是成功的分析员，能指出结论背后的假设和其他可供选择的可能性，并能判断分析员是否成功地支持了其结论。①

第三，魔鬼建议（devil’s advocate）。魔鬼建议不仅是允许个人自由表达最不受欢迎的、异端的观点，让决策者接触不同观点，而且是安排专门的人或机构担当持不同意见者。这些人专门研究相反结果存在的可能性，分析员的报告必须经受这些人的挑战。尽管提出魔鬼建议的人不一定支持这个意见，但被选择来代表这种可能性。

第四，红队分析（red-team analysis）。根据2004 年通过的情报改革法，情报共同体的所有单位对信息和结论都要进行红队分析。红队分析在中情局已经进行多年，在中情局情报部是常设机制，专职批评分析产品。红队提出不同意见和批评后，原作者必须回答这些批评。② 红队分析是安排一组分析员模拟对象国的领导人，制定针对美国的政策。这些分析员都是国别问题专家，他们熟悉对方的文化、历史、领导人性格，通过模拟决策者使自己完全摆脱分析员角色，力图摆脱“美国的战略逻辑”，反映对方的思维模式。

---

① Richard J. Heuer, Jr., *Psychology of Intelligence Analysis*, Center for the Study of Intelligence, Central Intelligence Agency, 1999, p. 70.

② Walter Pincus, “New Law to Spread the Use of CIA’s Analysis Approach”, *The Washington Post*, December 20, 2004, A21.

第七章

情报产品

战略情报是服务于国家决策的一种特定知识，同一般社会科学知识相比，在载体、形式、写作、评价上都有自己的特性。情报产品的载体多种多样，格式、语言自成一体。情报成果的评估难度极高，至今未形成有效评价机制。

第一节　成品情报

成品情报（Finished Intelligence）是情报循环的最终产品，经过信息获取、情报加工、情报分析后成为可向决策者提供的材料。原始情报（Raw Intelligence）是单一来源的、快速评估后的信息，一般不能直接向消费者提供，只有时效性强、特别关键时才能作为报告送给消费者。在战略情报分析中，成品情报通常建立在对多来源原始情报的分析之上，经过更充分的评估和分析。一般而言，信息是指一切来源的原始数据，可能是零碎的、矛盾的、不可靠的、具有迷惑性的和错误的；情报指收集、综合、评估、分析和解读后的信息；成品情报是指情报周期的最后产品，可以提交给决策者的情报。

自从1949年肯特在《为美国世界政策服务的战略情报》中将成品情报分为基础情报、时事情报和预测情报三个类别后，这个分类就成为情报学中的经典。肯特将战略情报分为基础描述形式（the basic descriptive form）、时事报告形式（the current reportorial form）和预测评估形式（the speculative evaluation form），后来简称为基础情报、时事情报和预测情报。① 现在，中情局网站上将成品情报分为五种类型：时事情报（current intelligence）、评估情报（estimate intelligence）、预警情报（warning intelligence）、研究情报（research intelligence）、科技情报（scientific and technical intelligence）。时事情报是关于当前事态及近期发展的情报，评估情报是长远的、综合性的评估，预警情报是就可能发生的事情提出警告，研究情报是大型的、深入的研究报告，常常结合基础情报、时事情报和预测情报的特征和内容，具体又可分基础情报（Basic Intelligence）和支持行动情报（Intelligence for Operational Intelligence），科技情报是关于外国技术发展、实力、特点的情报。② 在中情局官方的分类中增加了预警情报、研究情报和科技情报，预警情报应当是时事情报的一种，是关于动态的情报，事实上在中情局的历史上，预警情报工作与时事情报工作也是分分合合。但是，因为预警情报在分析过程中有自己的规律和特点，因而单独列出来也是有道理的。另外一种分类方法在情报界也相当流行，例如，战略情报的组成有 8 个部分：科技情报，地理情报，交通情报（包括通信），经济情报，军事情报，社会情报，政治情报，人物情报。③ 第一种分类是基于情报产品的特点，因而在情报学研究中采用第一种分类更方便，第二种分类基于专业知识的划分，在实际工作中仍有人使用。本书结合肯特的分类与中情局当前的情报分类，将成品情报分为基础情报、时事情报、预测情报和预警情报。

一、基础情报

基础情报（Basic Intelligence）是其他情报产品的基础，既能作为一种

① Sherman Kent, *Strategic Intelligence for American World Policy*, Princeton, New York, New Jersey: Princeton University Press, Second Printing, 1971.

② www. intelligence. gov/2 – business_ cycles5. shtml.

③ Washington Platt, *Strategic Intelligence Production: Basic Principles*, New York , N. Y. : Frederick A. Praeger, 1957, p. 9.

独立的情报成品，也经常当作时事情报和预测情报的组成部分。作为最终产品，基础情报为决策提供背景情况和基本事实、概念、数据；作为半成品，基础情报是情报研究、政策分析的基本材料。美国战略情报史表明，基础情报既是情报部门最根本的支撑，也是最受决策者青睐的产品。早在第二次世界大战期间，各交战国就编辑了相关国家的百科全书，或者以文件夹的形式，或者以书的形式。英国称之为情报研究（intelligence studies）、专题（monographs）；美国称为战略概况（strategic survey）、地形情报研究（topographical intelligence studies）、战地专题（field monographs）；德国叫作军事—地理信息概要（summaries of military-geographical information）或海军地理信息概要（summaries of naval-geographical information）。①

美国基础情报工作大约经历过三个时期：一是陆海军联合情报研究（the Joint Army Navy Intelligence Studies，JANIS）；二是国家情报调查（the National Intelligence Survey，NIS）；三是世界情况（The World Factbook）。目前，非保密版的《世界情况》在中情局网站上就可以看到。

在战略情报工作的起始阶段，受收集能力和分析能力限制，大多数情报机构都将基础情报作为主打产品。战略服务局作为美国第一个战略情报机构，最主要的功能就是提供相关战区的基础情报。曾任战略服务局"研究与分析部"主管的蒙塔古（Ludwell Lee Montague）说，"研究和分析部"提供的不是评估，更多是学术研究，描述多过评估，更像国家情报调查（NIS），而不是国家情报评估（NIE）。②

第二次世界大战初期，美国各军事部门、外交部门都曾出版与美国国家利益相关的各个地方的基础情报，包括地图、基本概况、人物介绍等。陆军情报部门曾出版过许多国家和地区的地理概况，诸如《地理调查军事

---

① Sherman Kent, *Strategic Intelligence for American World Policy*, Princeton, New York, New Jersey: Princeton University Press, Second Printing, 1971, p. 11.

② William R. Johnson, "Clandestinity and Current Intelligence", in H. Bradford Westerfield, ed., *Inside CIA's Private World: Declassified Articles from the Agency's Internal Journal*, New Haven, CT: Yale University Press, 1995, pp. 118 - 185.

地理部分：台湾地形情报概述》、《战略情报摘要：加拿大》。[①] 后来，情报消费者认识到，政府各部门独立从事基础情报工作，造成重复和冲突信息。珍珠港事件后，国会和行政部门都主张统合情报工作，1943 年 4 月 27 日决定成立联合情报研究出版委员会（Joint Intelligence Study Publishing Board），综合、编辑、协调和出版《陆海军联合情报研究》。JANIS 成为第一种跨部门基础情报，从 1943 年 4 月到 1947 年 7 月，委员会共发表 47 个 JANIS。1947 年 7 月 26 日中央情报局建立，1948 年 1 月 13 日国家安全委员会发布情报第 3 号令（Intelligence Directive No. 3），用《国家情报调查》正式取代 JANIS 。《国家情报调查》介绍每个国家的情况，从人物到道路、机场、历史，甚至这个国家为什么不喜欢美国。1962 年 8 月，保密版的《世界情况》出版，作为对基础情报的年度更新。1963 年情报部中央资料司（the Office of Central Reference）开始出版月刊《外国政府国家首脑和内阁成员》（Chiefs of State and Cabinet Members of Foreign Governments）。1971 年《世界情况》公开出版发行，1975 年《国家情报调查》结束其使命，只保留了《世界情况》、地图和地名词典部分。1975 年《世界情况》首次向公众出售。

目前能公开查阅到的中情局基础情报产品有：《地区评估》（Regional Review）、《恐怖主义评估》（Terrorism Review）、《毒品监督》（The Narcotics Monitors）、《扩散摘要》（Proliferation Digest）、《国际武器贸易报告》（The International Arms Trade Report）、《世界情况》、《外国政府国家首脑及内阁成员》（Chiefs of State and Cabinet Members of Foreign Governments）。

基础情报的特点是量大、详尽、读者多而杂。基础情报的内容不仅包括基础资料，更重要的是包括对形势、事件的描述与判断，因此才能称之为成品情报。不能简单地把基础情报等同于基本资料，基础情报中广泛应用理论、模型等，力图准确地描述一个事物。例如，为了描述一个国家的

---

① Geological Survey（U. S.），Military Geology Branch，*Formosa*（*Taiwan*），*Terrain Intelligence*：*Summary*，Washington，D. C.：Army Map Service，U. S. Army，1944；*Strategic Intelligence Digest*：*Canada*，Washington，D. C.：Intelligence Division，W. D. G. S.，War Dept.，1947—1950.

经济结构和水平，基础情报可能需要建立复杂的模型，进行非常专业的分类、分析、归纳、总结。从难度上看，不应该认为基础情报的科学含量和创造性低于时事情报和预测情报。在中情局内，最重要的基础情报“国家情报调查”曾经一度由国家评估司（ONE）撰写，这个司是情报共同体内分析水平最高、人才最集中的地方，反映出基础情报曾经备受重视。基础情报的主要目标是让决策者在需要时，能及时得到关于世界上任何一个地方的核心信息。

在美国战略情报史上，基础情报曾经长期面临一个巨大难题。基础情报的量非常大而且内容杂，需要对世界上的每件事、每个地方、每个人物都有所准备，而且是越细越好，这样基础情报的量如何控制是一个难题。对于基础情报分析员而言，他们从来不可能准确预测到世界上哪个地方会发生事情，也不可能知道决策者哪天会提出什么要求，最好的办法是有备无患。基础情报与其他情报不同，其他情报可以在决策者提出情报要求后才开始收集、分析，基础情报必须像一个数据库一样，决策者希望随时能从中取东西。因此，基础情报的内容必须广泛而详细，基础情报的范围要广到什么程度呢，《国家情报文献》要目曾多达9000条，可以说是应有尽有。基础情报的内容要详细到什么程度，按肯特的要求，以交通而言，公路部分先从一张公路网的地图开始，然后主干线要有每一公里的记录，观察路面、宽度、等级、弯道、容量、交叉路口、桥梁；然后是对所有路线的观察；所有这些详尽的数据将给决策者或交通人员做出如下计算提供帮助：在公路上从A到B，最大的、最重的交通工具的最高时速能达到多少，在道路被毁之前有多少辆这样的交通工具可以通过。同样，以此种方式来完成对铁路、港口、机场的描述。① 当然，这也不是说基础情报要包括一切内容，而是尽可能设想决策者可能用到的。

与此同时，基础情报的读者很杂，从情报分析员、政策研究人员、基层官员到决策高层官员都是读者，从非常专业的人士到门外汉都有，这样

---

① Sherman Kent, *Strategic Intelligence for American World Policy*, Princeton, New York, New Jersey: Princeton University Press, Second Printing, 1971, pp. 12 – 14.

就出现了众口难调的问题。专业人士可能只需要某一个具体的数据，门外汉则对具体的数据不感兴趣，而需要大概介绍。如何在一个报告或一本书里满足所有的需要，让所有人用起来简捷、方便，这曾经是一个无解的困境。但是，计算机出现后，这些问题迎刃而解。基础情报的量可以无限大，读者可以轻而易举地按分类寻找到自己需要的信息，想看简版和全文版的人也可以随便选择。1949 年肯特曾建议，将基础情报分为三类：一是百科全书式的（encyclopedias），内容广泛，但比较简单，主要用于非专业人士了解情况；二是深入的、具体点的研究（the narrow and deep study），就某一个专题进行深入描述；三是点滴信息（spot information），指日常工作中一些零碎的小知识，如在日本行人靠右走吗。现在，信息技术解决了这个问题。

电脑意想不到地解决了长期以来困扰基础情报分析的一大难题，但是对于另外一个问题来说，恐怕还只能靠人脑来解决。基础情报需要在大量事实基础上做出综合判断，在很多时候是一个多学科合作的项目。一般的年鉴和百科全书都是对公开事实的描述和数据的记载，但作为战略情报机关的基础情报，必须以国家安全利益为出发点，利用收集到的军事、政治方面的秘密材料，分析判断对手的军队士气、忠诚度等。不仅如此，基础情报有的时候要描述和判断非常庞大的题目，如一个国家的综合国力。这不仅需要复杂的模型，而且必须有各个学科专业人士通力合作，所需时间、人力、物力也令人难以想象。如国家情报调查（the National Intelligence Survey，NIS），是多个情报部门合作的产物，如陆军情报部门负责地形，空军负责机场，海军负责港口。这个对各国基本形势的报告，内容量非常大，是大英百科全书（Encyclopedia Britannica）的十倍多。①

在体例上，基础情报的基本要求是必须有系统性。作为一种参考资料，读者需要从古到今的系统数据，既要看到连续不断的最新情况，也要能查到过去的数据，这样才便于比较，有利于发现变化。从体例上来说，读者的要求是快速找到自己需要的信息。这要求基础情报的编写体例平

① Harry Howe Ransom, *Strategic Intelligence*, General Learning Press, 1973, p. 5.

实、便捷、符合大众使用习惯，而不是强调引人入胜等。因此，基础情报的要求是时间上有连续性、体例上有统一的标准，使用上能随时找到纸面或电子版。现在，《世界情况》因采取计算机处理，可以灵活地利用各种分类方式。

从现在公开的资料分析，基础情报生产单位至少包括两类，一类是中央资料司，也就是专业处理资料的图书馆，目前仍生产《外国政府国家首脑和内阁成员》，另一类是专业情报分析机构。1961 年前国务院情报与研究局（the Bureau of Intelligence and Research）是其主要生产单位，后来局长希尔斯曼（Roger Hilsman）认为，国家情报调查（National Intelligence Survey）不是国务院情报与研究局的任务，国务院情报与研究局的主要任务是为国务卿及其高级助理服务。最终，国家情报调查的任务落到了中情局基础情报司（Office of Basic Intelligence），国务院的一些经济情报分析人员也相应调入。稍后，国家情报调查的任务又被转到了研究与报告司（ORR）。根据中情局网站介绍，《世界情况》是由中情局为决策者准备的，下列单位参与此项工作：国家科学基金会南极信息项目（Antarctic Information Program National Science Foundation）、商务部人口普查局（Bureau of the Census Department of Commerce）、劳工部劳工统计局（Bureau of Labor Statistics Department of Labor）、中央情报局（Central Intelligence Agency）、国家南极项目管理人委员会（Council of Managers of National Antarctic Programs）、国防部国防情报局（Defense Intelligence Agency Department of Defense）、国务院（Department of State）、内政部渔业和野生动物局（Fish and Wildlife Service Department of the Interior）、国防部国家地理空间情报局（National Geospatial-Intelligence Agency Department of Defense）、内政部海岛事务局（Office of Insular Affairs Department of the Interior）、内政部美国地理名称理事会（US Board on Geographic Names Department of the Interior）。

二、时事情报

时事情报对当前发生的事件进行描述、解释和短期预测，给基础情报增加了新鲜信息，也是通向预测情报的桥梁。时事情报的主要特点是现实感和时效性，关注政治、经济、军事或当前危机的发展变化，必须以最快的速度收集，高频率更新、淘汰，因而是最易过时的情报产品。同所有情报一样，时事情报以事实或证据开头，然后以我们不知道的或不可能知道的事实结尾。例如，时事情报经常做出这样的判断：萨达姆昨天又严厉谴责美国政府，他似乎想在华盛顿和巴黎之间打进一个楔子。①

时事情报尽管从诞生以来一直备受争议，却在争议中日益壮大，成为情报最重要的组成部分。战略情报部门应当以具有纵深感的战略情报为主，还是要服务于决策者日常事务，提供大量的时事情报呢？中情局副局长杰克逊（William H. Jackson）痛感战略情报机构提供时事情报是浪费资源，曾试图取消时事情报。然而，取消时事情报的企图从未得逞，不仅战略情报部门自始自终提供时事情报，而且时事情报在战略情报中的地位很高。

当多诺万（William Joseph Donovan）在珍珠港事件前担任协调官（coordinator of Information）时，为了引起总统对情报工作的重视，经常以私人信件的方式将情报备忘录送给总统，这是最早的时事情报之一。这些情报备忘录让总统对国际上的人和事有一个简单了解，其他内阁部门报来的材料虽充分、研究深入，但不够简洁。1941 年 8 月，多诺万开始定期甚至每天为总统送简报，事情涉及方方面面，有的是“研究与分析部”的研究成果，有的则是特工报回来的原材料，所有这些都是为吸引总统的注意力、说明其关注的问题。

多诺万建立中央情报部门的意图是进行战略情报分析，但是他知道时事情报的市场价值，因而在“研究与分析部”下面设立一个由雷·克莱恩领导的小组，专职提供时事情报。后来，多诺万把私人信件式的情报备忘录变成了每天一封的《每日摘要》（Daily Digest），每天早晨由局长带到白宫供总统阅读，杜鲁门称这是他每天做的第一件事。《每日摘要》类似于报纸，有标题、连载等，类似于今天的《总统每日简报》。1945 年 9 月 20

① Joseph S. Nye, Jr., “Peering into the Future”, *Foreign Affairs*, 73/4, July/August, 1994, p. 81.

日，杜鲁门签发的9621号行政命令决定解散战略服务局。1946年1月，中央情报组成立几天后，杜鲁门总统要求向他提供一份综合所有情报信息的日报。于是，中央情报组成立的第一个机构是“中央报告机构”（the Central Report Staff），从国务院、战争部、海军部抽调人员，专门提供时事情报。1946年2月15日，在杜鲁门提出要求的两周后，第一期“每日摘要”（the Daily Summary）出版。当时，报告没有人力情报、技术情报内容，完全根据公开来源和其他部门提供的报告编写。当时，通过秘密渠道收集的通信情报（COMINT）通过“时局概要”（the Situation Summary）上报，是由“特殊服务司”（the Office of Special Service）直接上报中情局长。1946年6月，“每周摘要”（the Weekly Summary）也开始发行。[①] 中情局成立后，原先中央情报组“研究与评估司”（The Office of Research and Estimates，ORE）的一小部分人组成一个机构负责《每日摘要》。后来，他们加入了一个小小的信息情报单位（COMINT），这个小单位于1951年1月12日被重新命名为“时事情报司”（OCI）。时事情报正式成为情报部内的一个司级单位，这种情况一直持续到今天。1951年2月28日，中情局长史密斯将“每日摘要”改为“时事情报公报”（the Current Intelligence Bulletin），由新成立的“时事情报司”负责。时事情报把原来“特殊服务司”的通信情报合并起来，成为一个多来源情报产品。“时事情报司”下面设一个处，称为“出版理事会”（Publication Board），负责时事情报编辑工作。这份日报仍采用摘要和评论相结合的方式，不过评论是由时事情报司的人完成的，而不是中情局全局的观点。

艾森豪威尔时期，总统派专人综合各情报机构报来的时事情报，由古德帕斯特（Andrew Goodpaster）将军和约翰·艾森豪威尔（John Eisenhower）负责，后者是总统的儿子。直到1957年3月，总统对外情报活动顾问理事会（the President's Board of Consultants on Foreign Intelligence Activities）在评估苏伊士运河事件时指出，时事情报缺乏综合。于是，决定把时事情

---

① Michael Douglas Smith，“CIA Publications：Serving the President with Daily Intelligence”，*International Journal of Intelligence and Counterintelligence*，Vol. 12，No. 2.

报办成各情报机构协调后的产品，新名称叫“中央情报公报”（the Central Intelligence Bulletin），由跨部门协调小组每天开会一次，共同决定上报内容。星期六除外，因为星期天不出版。1958 年 1 月 14 日第一份“中央情报公报”出版，一周内发行量就达到 100 多份。

猪湾事件后，肯尼迪总统不喜欢中央情报公报，不再阅读它。中情局局长为了满足肯尼迪的需求，特地为总统定做了一份“总统情报清单”（the President's Intelligence Checklist，PICKL），增加了以前公报中所没有的敏感材料，只报总统一人。1961 年 6 月 17 日，第一期“总统情报清单”发行。半年后，总统授权将这份日报同时送国防部长和国务卿，但不送副总统约翰逊（Lyndon Johnson）。1964 年这份报告改名为“总统每日简报”（the President's Daily Brief，PDB），一直用到今天。“中央情报公报”仍然向其他官员提供，并开始向美国的海外人员提供，当时发行量为 200 份。

“中央情报公报”的消费者是没有权利阅读“总统每日简报”的高级官员，消费者数量大，众口难调。1968 年，情报共同体把“中央情报公报”分为黑、红和白三个版本，密级和读者群都不相同。黑版密级最高，有以前的公报所不能包含的内容，读者约有 30 人，红版密级和以前的公报接近，读者有 140 人，白版限于机密级的材料，读者 1000 人。

1974 年，中情局长科尔比用“国家情报日报”（the National Intelligence Daily，NID）取代了黑版，在格式上改为报纸形式，而不采取以前的小册子形式，发行量增加到 90 人，主要是供专业人员阅读。红版改为“国家情报公报”（the National Intelligence Bulletin），读者有 300 多人。1976 年，“国家情报公报”取消，“国家情报日报”又改为小册子的形式。[①]

时事情报的最大特点就是“快”和“短”，争取第一时间让决策者了解核心信息。多年来，人们一直认为时事情报要快于国务院的简报，唯一出路就是采取国务院的做法，即外交官报告直接送给华盛顿的消费者，不经过国务院审查。但是，这个办法在情报机构内行不通，出于安全需要，

① Michael Douglas Smith，“CIA Publications：Serving the President with Daily Intelligence”，*International Journal of Intelligence and Counterintelligence*，Vol. 12，No. 2.

特工部总部必须审查原始情报。因为情报来源保密问题，特工报告必须经过总部评价，这使时事情报生产多了一个环节，浪费了时间，在时效性竞争上落后于国务院和媒体。1989 年 12 月，美国入侵巴拿马后，布什总统的办公室主任（Chief of Staff）苏拿纳（John Sununu）对媒体说，CNN 的报道比《总统每日简报》更有价值。① 时事情报的最大特点就是快，这件事对时事情报的打击非常大。

在中情局的时事情报历史上，为加快时事情报的上报速度，时事情报的通报、编辑方式曾经有过两次大变革。②

一是创立“英特尔格式电报”（INTEL Format Cable）。1952 年，时事情报司（OCI）要求“驻外情报工作站通过电缆将重要信息传回华盛顿”。这样，很多情况下，时事情报司（OCI）通过电报最早收到特工报告，可以在其他官员收到特工报告之前发出评估报告。这种方法在时事情报生产中成绩显著，很快得到推广，特工报告的电报发送（Telegraphic Dissemination of the Clandestine Services，TDCS）成了规矩。1957 年 10 月英特尔格式电报产生，就是建立一个标准格式，由特工按表格报告：所针对的国家、信息的日期、主题、获得信息的地点及时间、报告的标志及报告编号、来源可靠性、信息内容、发送范围。在报告的顶端和底端照例有密级和控制范围。这个格式保证，总部收到的电报情报基本上是可印发的。

在一个时期内，从工作站到消费者之间的时段被缩短为几天、甚至几个小时，起初平均为 36 个小时。后来通信技术改进后，这个时段缩减为 18 小时，包括编辑、审查和修改的时间。

二是建立情报值班员小组（Intelligence Watch Officers）。1959 年 3 月 1 日，建立情报值班小组的建议获得通过。值班员 24 小时负责立即处理和印发电报情报。最初，这个小组由主任、行政副主任、情报副主任和 6 名值

① Angelo Codvilla, *Informing Statecraft*: *Intelligence for a New Century*, New York: The Free Press, 1992, p. 213.

② See William R. Johnson, “Clandestinity and Current Intelligence”, in H. Bradford Westerfield, ed., *Inside CIA' s Private World*: *Declassified Articles from the Agency's Internal Journal*, New Haven, CT: Yale University Press, 1995.

班员组成，仅在下班时间工作。最初的任务是处理“立即”（IMMEDIATE）和“优先”（PRIORITY）级别的电报情报。到1960年5月2日，情报值班员小组（the Intelligence Watch Officers Group，IWOG）审查所有通过英特尔格式电报收到的报告，1970年印发近4/5的情报电报。

各个时期，中情局除呈送给总统的固定的日报和周报外，还依据形势发展报送形式多样的时事情报。危机时期，会以《总统备忘录》（Memoranda for the President）形式出版特定题目的时事情报，例如，朝鲜战争期间出版“每日朝鲜简报”（Daily Korean Bulletin）；1973年石油危机后，中情局“经济研究司”出版的《国际石油发展》周报（International Oil Developments），1973年12月改名为《国际能源周报》（International Energy Weekly）。

目前，最重要的时事情报是“总统每日简报”（the President's Daily Brief，PDB），目的是提供总统处理国家安全事务所需的最重要之情报产品，只向总统、副总统及总统指定的其他官员发送。根据前中情局官员迈耶（Cord Meyer）介绍，“总统可以在每个工作日开始时的10—15分钟读完，它不是重复前24小时的媒体报道，而是根据秘密报告总结对当前世界发展有重要影响的东西”。[①] 前中情局长盖茨1989年说：

> 从上一届总统到下一届总统，总统每日简报（PDB）几乎没什么变化，内容有：几个（三到六个）国务院和中情局特别重要的电报；偶然有中情局、国防情报局、国安会的一个敏感情报报告；从通讯社选出的消息；如果有海外危机，国防情报局或中情局驻外站点的报告（极少两家同时都上的）；通常有中情局和国防情报局的早上电报概要。[②]

发行范围较广的时事情报是“高级官员情报简报”（Senior Executive

① Codr Meyer, *Facing Reality: From World Federation to the CIA*, New York: Harper and Row, 1980, p. 362.

② Robet Gates, “An Opportunity Unfulfilled: The Use and Perception of Intelligence at the White House”, *The Washington Quartely* 12, no. 1, Winter 1989, p. 37.

Intelligence Brief，SEIB），它取代了从前的“国家情报日报”（National Intelligence Daily）。这份报告是中情局与其他情报部门协商编写的，报告重要的时事情报事件，服务于政府内部负责国家安全事务的高级官员。克林顿时期重视经济情报，创立了“经济官员情报简报”（Economic Executives' Intelligence Brief，EEIB），报告经济官员关注的问题，如外贸、非法金融、国际能源等。“国家情报日报”（the National Intelligence Daily，NID）是有20多页的报纸，每天晚上印400多份，每个工作日一份，由中情局送给华盛顿的1000位高官。“国家情报日报”报道的事件都是情报界有共识的，中情局的编辑会向决策官员征求意见，如果他决定报道某个题目，就会向各个情报部门寻求它们的观点，然后编写成报道，长度从一页到五页不等。因为这是各情报机构协调的产品，所以很少报道有争议或有很高价值的东西。一般来说，读者可以在上面看到一些卫星图片，一切秘密的国际交往，或是一些几天后才会见报的事件。

各研究司都有自己的时事情报刊物，如：经济研究司的定期刊物有两份，一个是关于能源的“国际能源周报”（International Energy Weekly），另一个是“经济情报周报”（Economic Intelligence Weekly）。这两个刊物基本是关于最近一些问题的背景及分析，后一个刊物有一些时事情报。同时，在重大国际经济政策的讨论会期间，中情局也会准备文件，也会就某些事情提出预警。

此外，国防情报局、国务院情报与研究局也有各种日报式的时事情报，主要提供给自己的主管部门。例如，国务院每日出版“晨报”（the Daily Secretary's Morning Summary），比中情局的“国家情报日报”（National Intelligence Daily）更受消费者欢迎。[①]

三、预警情报

预警情报向决策者报告敌人可能采取的行动，让决策者有足够的时间采取反制行动，以抵消敌人因采取意外行动而获得的优势。预警情报本来

① John A. Gentry, *A Framework for Reform of the U. S. Intelligence Community*, 6 June 1995, www. fas. org/irp/gentry/index. html.

是时事情报的一种，也是对当前事件的报告和短期预测。因为冷战时期美苏军事关系十分紧张，战略预警事关国家命运，所以美国各情报机构在时事情报之外都单独设立预警情报。冷战时期，美国的预警情报主要针对苏联军事行动，目前重点关注恐怖活动。1978 年伊朗革命后，美国曾想建立类似于军事预警的政治预警机制，但因政治行为太复杂、预测难度很大而放弃。①

预警情报的特点是简短、时效性强，有时需要把主管官员从睡梦中叫醒，一般以“预警备忘录”（alert memos）、“局势报告”（situation reports）或其他简短的报告出现。

1948 年中情局内建立一个由三个人组成的预警情报小组，召集小型的、非正式的跨部门会议，每月两次与陆军、海军、空军和国务院分析员讨论预警情报迹象，这个小组被称为“值班委员会”（The Watch Committee）。同年，陆军也开始关注预警情报问题，建立专门机构撰写“情报迹象报告”（the Intelligence Indications File，IIF），朝鲜战争爆发后这个机构改为“联合情报迹象委员会”（the Joint Intelligence Indications Committee，JIIC），参加协调的单位有海军、空军、中情局、联邦调查局等，每周碰头一次，会议后写一份预警报告。1951 年 1 月，情报顾问委员会（the Intelligence Advisory Committee，IAC）把中情局和陆军的预警机构合并，成立情报顾问委员会（IAC）直属的值班委员会（The Watch Committee）。从 1950 年 8 月第一份“情报迹象报告”（IIF）到 1975 年 2 月 25 日最后一份值班报告，情报共同体共发行预警情报 1279 份。②

1954 年情报顾问委员会（IAC）决定在值班委员会（The Watch Committee）下设常设机构，就是“国家迹象中心”（the National Indication Center，NIC），值班委员会主席由中情局高级官员担任，国家迹象中心的主任

① Abram N. Shulsky，Gary J. Schmitt，*Silent Warfare*：*Understanding the World of Intelligence*，the third edition，Washington，D. C.：Brassey's，Inc，2002.

② Cynthia M. Grabo，“The Watch Committee and the National Indications Center：The Evolution of U. S. Strategic Warning 1950 – 1975”，*International Journal of Intelligence and Counter Intelligence*，Vol. 3，No. 3，p. 369.

也由中情局派人担任。但是，“国家迹象中心”的办公地点仍在国防部，分析员由各单位派来的人员组成。值班委员会每周三上午10点开会，各机构代表讨论一般持续几个小时，然后由分析员在大家发言、讨论基础上，结合自己的研究当天晚上写成报告。第二天早晨，初稿送给各机构协调、修改，定稿在下午打印后送往白宫。

20世纪70年代，几乎每个情报机构都建立了自己的值班室，“国家迹象中心”的作用越来越小。同时，时事情报与预警情报职能上的重叠也越来越明显，预警情报分析员格拉博（Cynthia M. Grabo）说：“时事情报正确的，值班报告也正确，时事情报错误的，值班报告也错，很多时候语言都是一样的。”① 1975年3月，“值班委员会”和“国家迹象中心”同时解散，“国家迹象中心”的一部分人员转到国防情报局从事长期战略预警，后来有些人员成为负责预警的国家情报官（National Intelligence Officer for Warning）下属工作人员。

四、预测情报

预测情报对国际形势、国外局势或一些特定事件进行长远的、综合性预测。肯特认为，这是战略情报中最重要、最复杂的部分，也是最有潜力的部分。在完美的大战略中，没有任何一件事发生在意料之外。②

1950年10月20日，中情局局长史密斯创立“国家情报评估”（the National Intelligence Estimates，NIE），成为情报共同体最重要的预测情报，这个刊名一直未变，成为情报共同体的金字招牌。刊名中之所以专门使用“评估”一词，是想把它与其他综合报告和研究区别开来，专门从事预测情报研究。刊名中有“国家”一词，意即服务于最高层次的国家安全决策，又体现要集中情报共同体内的所有智慧。

---

① Cynthia M. Grabo，“The Watch Committee and the National Indications Center：The Evolution of U. S. Strategic Warning 1950 - 1975”，*International Journal of Intelligence and Counter Intelligence*，Vol. 3，No. 3，p. 383.

② Sherman Kent，*Strategic Intelligence for American World Policy*，*Princeton*，New York，New Jersey：Princeton University Press，Second Printing，1971，p. 40.

“国家情报评估”的特点是战略性、权威性，战略性在于其关注、分析对美国国家利益有重要影响的大事，权威性在于它代表情报共同体的最终判断。在古巴导弹危机、十月战争、伊朗革命、2003 年美国攻打伊拉克等重大国际事件中，“国家情报评估”因其在决策中的重要地位总是成为关注焦点。古巴导弹危机、2003 年美伊战争后，情报机构为接受调查，都曾公开当时的“国家情报评估”报告。

与其他几个情报刊物相比，“国家情报评估”是不定期刊物，有年初计划好的题目，有决策者临时交办的题目，也有应对突发事件的题目，写作周期也因题而异。有的报告需要一年，一般经过数周，紧急情况时只需要一晚上。1956 年苏伊士运河危机期间，也是美国大选时期，中情局长杜勒斯回到他的投票点纽约州。投票当晚，杜勒斯接到中情局打来的电话，保加利亚威胁伦敦和巴黎，除非这两个国家撤出埃及，否则就用导弹攻击。杜勒斯迅速飞回华盛顿召开情报理事会会议，第二天早晨就向总统拿出了关于苏联意图和可能行动的“国家情报评估”。①

最初的“国家情报评估”内容简短，只提供判断，没有支持判断的证据。评估的题目比较小，往往关注一个具体问题，预测近几个月的事，消费者只是国家安全委员会的几个成员。到 20 世纪 70 年代，上述这些特征逐渐发生变化，综合性题目出现了，长期预测多了，有对 10 年、20 年以后事件的预测。消费者人数也大大增加，中低层官员也能看到。“国家情报评估”的数量每年约在 50—100 篇之间，1950—1973 年之间共有 1500 份。

预测情报除“国家情报评估”（NIEs）外，还有“特别国家情报评估”（SNIEs）、“跨部门情报备忘录”（Interagency Intelligence Memoranda, IIMs）、“特别跨部门情报备忘录”（Special IIMs）和“个人备忘录”（Memoranda to Holders）。1951 年，有一份题为“在南韩保持滩头堡的国际影响”的“国家情报评估”，因为评估美国军事行动的后果，军事部门的人特别敏感，希望能缩小发行范围，但又不能让平时收到评估的人发现中

① Allen Dulles, *The Craft of Intelligence*, Harper & Row, 1963, p. 159.

间断号，于是就想出办法发行特刊，称为“特别评估”（Special Estimate，SE）。后来，“特别评估”主要针对涉及美国政策的，或者是专业性强的，不需要大范围发行的事件。当时，还有一种报告叫“特别情报评估”（the Special Intelligence Estimate，SIE）是出于保密需要而发行的，因为一些通信情报高度敏感，即使是情报共同体的普通代表也不能看到，从头到尾保密性极高。后来，这两种报告都不发行了，凡因特殊原因而需要单列的，都以“特别国家情报评估”（the Special National Intelligence Estimates，SNIEs）发行，编号也与正常的“国家情报评估”相连，但发行范围受限制。①

同时，国家情报委员会还有“国家情报委员会打印备忘录”（MIC typescript memoranda）。各情报机构都有不需要经过部门协调的预测情报，例如，国防情报局的预测情报包括：国防情报评估（Defense Intelligence Estimate，DIE）、特别国防情报评估（Special Defense Intelligence Estimate，SDIE）、国防情报评估备忘录（Defense Intelligence Estimate Memorandum，DIEM）、国防情报评估参考备忘录（Defense Intelligence Estimates Staff Memorandum，DIESM）国防评估简报（Defense Estimative Brief，DEB）、国防情报计划项目（Defense Intelligence Projection for Planning，DIPP）等。

第二节　情报产品之间的竞争

1947年《国家安全法》规定，中情局提供“与国家安全相关的情报”，这是战略情报机构的法定职责。但是，哪些情报“与国家安全相关”一直是美国情报界争论不休的话题。肯特及其支持者认为战略情报要重点预测重要战略动向，指出特定战略行为的可能性，以消除决策过程中的战

① Sherman Kent，“The Law and Custom of the National Intelligence Estimate”，in Harold P. Ford，*Sherman Kent and the Board of National Estimates*：*Collected Essays*，the Study of intelligence center，1994，www. cia. gov/csi/books/shermankent/toc. html.

略意外（strategic surprise），但是战略情报不能预测特定事件的时间、地点、发生方法等细节；战略情报也不关注行政部门处理的日常外交、国防事务，这既不是战略情报部门的职责，也不在战略情报部门的能力范围内。这些人反对战略情报部门在时事情报上投入太多精力，要求战略情报部门专注于重要战略报告。

在肯特的《为美国世界政策服务的战略情报》一书出版后，另一位情报分析员肯戴尔（Willmoore Kendall）于 1949 年 7 月在《世界政治》（World Politics）上发表批评文章。肯戴尔（Willmoore Kendall）代表着反对肯特观点的另一部分人，他们认为战略情报不能太着迷于学者式的战略分析，而是要满足决策者每天的信息需要，提供决策者可以随时用电话询问的最新情报。肯戴尔的论点显示，这一派更重视时事情报。

1948 年杜勒斯委员会在调查报告（Dulles-Jackson-Correa Survey）中就批评，中情局“研究与评估司”（The Office of Research and Estimates, ORE）完全沦落为一个时事情报生产单位。1975 年，丘奇委员会（Church Committee）将对时事情报的迷恋称为“时事综合症”（the current events syndrome）。这份报告指出，时事情报占用了情报部（directorate of intelligence）的大部分资源，决策者总是要求报告更多时事，因此情报部必须把大部分研究力量用于时事，而没有兴趣和力量进行有深度的、对决策者有长远意义的研究。① 这样，情报部门不得不与外交部门、媒体在时事报道方面竞争。早在 1976 年，曾在行动部（DO）工作 28 年的威廉·约翰逊（William R. Johnson）就在《情报研究》上发表长文，认为将珍贵的特工资源用于时事情报是浪费。②

时事情报尽管受到各方面批评，它在战略情报中的地位却越来越巩固。中情局作为战略情报主要责任单位，原本比国防情报局和国务院情报

---

① U. S. Sanet, Select Committee to Study Governmental Operations with Respect to Intelligence Activities (hereafter Church Committee), Final Report, Book 1: *Foreign and military Intelligence*, 94th Cong. 2ed sess., pp. 272 – 273.

② William R. Johnson, "Clandestinity and Current Intelligence", in H. Bradford Westerfield, ed., *Inside CIA's Private World: Declassified Articles from the Agency's Internal Journal*, New Haven, CT: Yale University Press, 1995.

与研究局更重视战略问题，情报部曾预测过20年以后的事情。但是，自从20世纪80年代改革之后，情报部开始高度重视战术问题，围绕决策者关注的时事议题转。1994年8月，情报部“欧洲分析司”（the Office of European Analysis，EURA）一位官员说，10年以前“欧洲分析司”75%的精力放在战略研究上，25%的精力从事战术研究，现在全部精力都是战术研究。[①] 1996年，中情局情报85%的分析工作是为了回答消费者提出的具体问题，单就国会方面来说，情报部每年要为议员及有机密接触证的人员简报600多次。[②] 不仅如此，决策部门甚至认为时事情报都不够及时、快速，要求直接消费原始情报。肯尼迪总统时期，总统和国安会都要求直接看原始情报，建立了“白宫情况室”（the White House Situation Room），国务院、国家安全局、国防部和中情局都向“白宫情况室”以电子形式提供未评估的原始情报。直到今天，有时原始情报已经到了总统手里，情报分析部门还未接到。

时事情报能够顶住批评不断发展壮大的首要原因是消费者需求大。决策官员喜欢对其手头工作有助益的情报，认为这样的情报比较实用。美国联邦行政部门的主要负责人都是选举产生或政治任命的，他们只能考虑其任期内的事情，对于长远的战略规划既没有能力也没有兴趣。在美国，一个助理国务卿的平均任职时间大约为21个月，对他来说关注21个月以后的事情没有意义。在这种情况下，即使中情局有意让决策者关注长远问题，大部分努力也归于失败。[③] 与此同时，决策官员对情报机构的战略预测持不信任态度。多年来，在决策层中的历次调查都表明，决策者更重视时事情报，而不是“国家情报评估”。[④] 基础情报在决策者心目中的信誉最

---

① John A. Gentry, *A Framework for Reform of the U. S. Intelligence Community*, 6 June 1995, www. fas. org/irp/gentry/index. html.

② John McLaughlin, “New challenges and Priorities for Analysis,” Opening Address for the Conference on Information Technology, 27 March 1997.

③ Robert M. Gates, “The CIA and American Foreign Policy”, *Foreign Affairs*, Winter 1987/1988, p. 226.

④ Harold P. Ford, *Estimative Intelligence: The Purpose and Problems of National Intelligence Estimating*, University Press of America, 1993, p. 176.

高，肯特说：“毫无疑问，基础情报信誉最高，十次当中有九次消费者热情称赞我们知识广而深，我们处理问题的速度快。”时事情报的信誉不如基础情报，因为决策者拿它与新闻报道比较，觉得有些是相同的。预测情报信誉最低，因为在决策者心里，他需要事实，而不需要猜想。[1] 既然消费者有需求，情报部门也乐于从事时事情报分析。时事情报易于出成果，能吸引眼球，有助于情报机构保障自己的生存权和发展权。如果中情局把每天收集、分析的时事情报仅作为重大战略报告的基础材料，也是对情报资源的浪费。

不仅仅是消费者需求推动时事情报发展，时事情报能力增强也是战略情报发展的必然结果。战略情报机构发展到一定阶段，情报收集能力、分析能力达到一定水平之后，对特定事件的预测、解释能力增加，时事情报分析的能力上升，自然会生产更多的时事情报。前中情局情报部“经济情报司司长”厄恩斯特（Maurice C. Ernst）回忆，中情局经济情报分析工作走过了三个阶段，从初步熟悉（primary orientation）到基础研究（basic research）再到近中期政策支持（short-to medium-term policy support），20 世纪 50、60 年代，成果多为长篇研究报告，1970 年代经过基础研究的积累后，开始有能力对现实问题提出意见，平均每周有三次决策者交办的具体分析任务。基于此，60 年代末“经济情报司”基本放弃了年初的选题工作，因为选题计划大多执行不了，分析题目都是当时发生的事情。这一时期，长篇的情报备忘录还在做，主要是为专家提供研究材料。学术研究也在搞，但学术研究与其他情报产品的界线分明，学术研究事先计划好，一般要好几年，如关于苏联经济增长和结构的研究做了 5 年多，与此同时，其他方面的基础研究也在做，如别国的经济结构等。[2]

---

① Sherman Kent, *Estimates and Influence*, *in Harold P. Ford*, *Sherman Kent and the Board of National Estimates*: *Collected Essays*, the Study of intelligence center, 1994, www.cia.gov/csi/books/shermankent/toc.html.

② Maurice C. Ernst, "Economic Intelligence in CIA", in H. Bradford Westerfield, ed., *Inside CIA's Private World*: *Declassified Articles from the Agency's Internal Journal*, New Haven, CT: Yale University Press, 1995.

虽然决策者对时事情报有需求，情报机构也有能力执行时事情报分析，但是战略情报机构在时事情报上投入太多，会有诸多负面效应。

第一，容易引起战略情报分析员心理不平衡。时事情报是情报产品中的快餐，生产快，过程简单，见效快。一个时事情报分析员总是容易出更多成果，能够吸引更多注意力，相对而言，战略情报分析员一年只能出一两个报告，且不易有“惊人发现”，不容易吸引决策者注意。目前，中情局分析员做长期战略研究的人大大减少，精力都集中在“总统每日简报”和“高级官员情报简报”（Senior Executive Intelligence Briefs）上。过去分析员一年做一个或两个大的研究报告是正常的，如今分析员很少有时间做长期研究了。① 为避免分析员向时事情报“一边倒”的情况，必须通过管理方法调动其积极性。30 多年前，中情局分析员威廉·约翰逊就提出，对于时事情报和战略情报的管理奖赏应当不同，因为前者易出成果，后者是长线投资。②

第二，浪费情报资源。时事情报的竞争者是 CNN 这样的媒体，动用情报力量从事一些公开渠道可以得到的信息，使用情报分析员去替代新闻观察员，是对情报资源的一种浪费。威廉·约翰逊（William R. Johnson）批评说，特工一周工作 60—75 小时，收集大量的软目标（soft target）信息，这些信息大多是新闻记者可以得到的，如采访官员、学者，但是需要攻坚的难点（Denied Areas）却受人冷落。美国资深外交官约斯特（Charles W. Yost）认为，只有 10% 的政治情报需要通过秘密渠道才能获得，而熟悉情报事务的其他官员说，这个数量只有 1%。③ 时事情报不仅浪费秘密情报资源，而且对大量原始情报视而不见。2003 年 11 月 30 日，中情局情报研究中心举行的一次研讨会上，部分与会学者提出，如果只专注于时事情报，那么只使用了 10% 的信息，90% 的信息都浪费了，90% 的信息与眼前

① The AFCEA Intelligence Committee, “Making Analysis Relevant: More Than Connecting the Dots”, *Defense Intelligence Journal*, 14 - I, 2005, p. 30.

② William R. Johnson, “Clandestinity and Current Intelligence”, in H. Bradford Westerfield, ed., *Inside CIA's Private World*: *Declassified Articles from the Agency's Internal Journal*, New Haven, CT: Yale University Press, 1995.

③ Ibid.

的事无关。[1] 更可惜的是，情报机构动员庞大资源收集、分析时事情报，却竞争不过 CNN 这样的媒体和国务院的“晨报”（Morning Summary）。[2]

第三，时事情报不一定真的对决策有助益。决策者作为国际问题的外行，很难区分哪些问题是真正关键的，只要出现问题就寻求情报支持。情报机构有责任研究哪些问题需要持久关注，不能仅仅围绕决策议题转。决策者处理桌面上的事情，情报更应该看到桌面下的问题。如果情报机构过度跟着政策走，就没有尽到自己的职责。1976 年 6 月 16 日，国务卿基辛格对一批情报官员说，政府最大的情报需求在预测、讨论和思考未来发展，而不是当前情况。50% 的外交问题可以不治而愈，这 50% 通常包括在时事情报中，政府通常工作于这错误的 50% 。[3] 如果情报机构不研究长远问题，情报与决策将相互增加错误观念。

时事情报有其存在的合理性，预测情报、基础情报更是战略情报不可缺少的组成部分，情报机构只能在各种情报产品之间寻求某种平衡。任何一个国家都面临情报产品过多、消费者没时间看的问题，美国情报的出口类型包括手册、威胁评估、日报、周报、报告、备忘录、论文、目录、清单、简报、电报等形式。[4] 因此，情报产品平衡不能通过增加情报数量的方法，只能在总量不增加的情况下分享配额，甚至必须在总量减少的形势下寻求平衡。1991 年盖茨当中情局长后，提出了“少而精”（less and better）的原则，以控制情报数量。[5]

1997 年中情局副局长麦克劳林谈到中情局转型问题时指出，提供时事

① Center for the Study of Intelligence Roundtable Report, *Intelligence and Policy: The Evolving Relationship*, 10 November 2003, Georgetown University, Washington, D. C.

② John A. Gentry, *A Framework for Reform of the U. S. Intelligence Community*, 6 June 1995, www. fas. org/irp/gentry/index. html.

③ William R. Johnson, “Clandestinity and Current Intelligence”, in H. Bradford Westerfield, ed. , *Inside CIA's Private World: Declassified Articles from the Agency's Internal Journal*, New Haven, CT: Yale University Press, 1995, p. 180.

④ David A. Brinkley and Andrew W. Hull, Estimate Intelligence: A Textbook on the History, Products, Uses and Writing of Intelligence Estimates, Prepared for the Defense Intelligence School, August 1979, p. 9.

⑤ Jack Davis, *The Challenge of Opportunity Analysis*, Center for the Study of Intelligence, July 1992, p. 1.

服务与独立的、长远建议之间必须寻找平衡。① 2004 年，“中情局长战略规划”（DCI's Strategic Direction）中规定，情报分析要有 30% 是进行长期的基础学术成果研究。②

第三节 情报知识与政策知识的界限

情报与决策分离是美国战略情报最重要的原则之一。对这个原则，无论情报界还是政策层都无可争议，但是情报作为一种知识产品与决策知识的界线在哪里，却不是那么容易划清的。情报不能介入决策，情报中绝对不能包含“政策建议”成分，这是红线。然而对情报分析而言，卷入决策是一个巨大诱惑。亨德尔警告分析员：

> 在结束简报后，一位高官问：“很好，这是你的分析，那我们应该怎么做?”对于一个情报官员来说这个诱惑是非常大的，但他的回答应该是：“对不起，先生，那是你的工作”，即便他可能有一个非常清晰的对策。③

尽管有这条红线，但情报知识与政策知识之间仍有大块灰色地带。20 世纪 80 年代以来，中情局为提高本机构的生存能力，开始大胆向灰色地带进军。

一、机遇分析和可操作情报

1949 年肯戴尔将预测性情报分为绝对预测（Absolute Prediction）和有

---

① John McLaughlin, “New challenges and Priorities for Analysis,” Opening Address for the Conference on Information Technology, 27 March 1997.

② Jami Miscik, DDI's State of Analysis Speech, All-Hands Meeting, CIA Auditorium, 11 February 2004.

③ Michael I. Handel, “Intelligence and the Problem of Strategic Surprise”, in *Paradoxes of Strategic Intelligence*, Edited by Richard K. Betts and Thomas G. Mahnken, Frank Cass, 2003.

条件预测（Contingent Prediction），并指出和平时期更需要有条件预测。绝对预测的结论是确定的，例如，“日本将在某月某日某时袭击珍珠港”；有条件预测的结果是可以控制的，例如，“下列因素将决定戴高乐是否能当选，或何种外部力量能影响法国大选”。[①] 肯戴尔首次要求情报指出美国对外政策的机遇在哪里，如美国如何能影响戴高乐当选，而不仅是分析戴高乐当选的前提条件和可能性。这是美国情报分析员首次提出“机遇分析”。

由于中情局早期将情报与决策分离作为最高准则，肯戴尔提出的“机遇分析”未受重视。但是，中情局在决策部门要求下，曾进行过少量的“政策后果预测”，评估“如果美国在某地采取某项政策，能产生什么后果”。“政策后果预测”与“机遇分析”的区别在于，“政策后果预测”由决策者提出假设政策，应决策者要求进行的，“机遇分析”是情报分析员主动猜测可能政策，并指出政策的机遇。显然，相比之下，“机遇分析”对决策的涉足更深。即使是“政策后果预测”，中情局要求必须在决策部门指示下才能进行，数量非常少。1952 年，情报部曾撰写题为“试图推翻阿尔巴尼亚政权的后果”的国家情报评估，发行量仅有一份。[②] 1954 年，中情局被要求对美国在越南使用核武器的反应做出估计，评估于 1954 年 6 月 15 日呈送总统。20 世纪 70 年代美国政府强调加强东西方经济相互依赖程度，情报分析员开始分析美苏贸易合作的机遇。“分析员干得最多的事不是写报告和简报决策者，而是向首席执行官（CEO）们建议是否能在苏联卖可乐等”。[③] 从这些案例可以看出，80 年代以前，中情局只在决策要求的情况下进行少量的“政策后果预测”和“政策机遇分析”，这些分析还不是后来所说的“机遇分析”。应当说，此类分析虽然离决策很近，但尚未介入决策，因为决策者明确告诉分析员他想执行的政策是什么，分析

---

① Willmoore Kendall, The Function of Intelligence, World Politics, Vol. 1, No. 4, Jul, 1949, p. 549.

② Sherman Kent, “The Law and Custom of the National Intelligence Estimate”, in Harold P. Ford, *Sherman Kent and the Board of National Estimates: Collected Essays*, the Study of intelligence center, 1994, www. cia. gov/csi/books/shermankent/toc. html.

③ David M. Kennedy, “Sunshine and Shadow: The CIA and the Soviet Economy”, *Kennedy School of Government Case Program*, Harvard University, p. 112.

员只评估该政策会有什么后果。

传统情报分析只指出外国的情况是什么，并不涉及美国的政策。“机遇分析”不仅指出国外的情况是什么，而且分析美国可以利用的机遇和弱点，以及可能损害美国政策的危险。也就是说，“机遇分析”提出什么样的美国政策能在国外某种特定环境下产生作用，实际上已经介入决策。“机遇分析”一词是由国防部官员德格拉弗雷德（Kenneth deGraffenreid）于1986年提出来的，[①] 但当时未得到主流思想认可。1985年盖茨曾想让中情局情报部分析伊朗向西方开放的可能性，也就是美伊关系是否有突破的机遇，这是典型的“机遇分析”。根据1990年国会听证会中的证词，盖茨的想法因受到分析员抵制，不能公开推行，而只能私下里进行。[②] 这说明，直到1985年身为中情局主管情报部的副局长，盖茨仍不能公开推行“机遇分析”。

20世纪90年代初，盖茨成为中情局局长后，“机遇分析”逐渐登堂入室，成为情报分析的重要原则。盖茨要求所有情报判断都要指出对美国政策的意义，每个判断都要写明对美国是什么机遇，是什么挑战。[③] 特别是中情局的反恐、反毒品、反情报和反扩散四大中心建立后，情报分析员与决策人员、政策执行人员合署办公，情报与决策很难分离。

尽管如此，“机遇分析”仍然非常具有争议性，情报分析员和情报管理者在这个问题上分歧很大。支持者认为，情报只有迈出这一步才能提供对决策者有用的情报。反对者相信：“机遇分析”一方面使情报与决策太近，情报不再是一个独立机构，而变成决策者的附属机构，情报具有的独立、深刻和战略性将消失；另一方面“机遇分析”迫使分析员从事非专业行为，采取什么样的政策是决策者的事情。

随着“机遇分析”的风行，情报共同体还出现了“可操作情报”（ac-

---

① “Intelligence and the Oval Office,” in Roy Godson, ed., Intelligence Requirements for the 1980s: Intelligence and Policy, Free Press, Oct 1985, p. 28.

② H. Bradford Westerfield, “Inside Ivory Bunkers: CIA Analysis Resist Managers' ‘Pandering’”, in Lock K. Johnson and James J. Wirtz, ed, *Strategic Intelligence: Windows Into A Secret World an anthology*, Roxbury Publishing Company, 2003, p. 207.

③ Jack Davis, “The Kent-Kendall Debate of 1949: Analysis and Policy”, *Studies in Intelligence*, 1992, p. 99.

tionable intelligence）一词。“可操作情报”原本是一个军事情报术语，指情报能准确、及时地提供可拦截目标。“可操作情报”能提供清晰的、完整的数据，决策者能据此做出决策。情报不能仅仅满足于指出可能性，不能充满不确定性，让决策者为难。显然，决策者欢迎这样的情报。但是，不确定性是情报的本质，决策者使用情报时必须自己做出政治判断，不能将这种判断转嫁给情报分析员。如果决策者要等到清晰情报出现后才采取行动，情报的价值往往也没有了。中情局分析员波克维兹（Bruce Berkowitz）提出，应该用“推理情报”（inferential intelligence）取代“可操作情报”，用逻辑和推理得出结论，而不是依靠铁证。①

2003年11月30日，中情局情报研究中心举行题为“可操作情报与政策建议：红线在哪里?”研讨会，与会者有一个共识，就是决策和情报之间有一个灰色地带，而不是两者之间的一条线。②

毫无疑问，“机遇分析”和“可操作情报”是情报与决策之间的灰色地带，共同特征是减少决策者的负担，情报迈入这块灰色地带能吸引决策者的眼球，但情报客观性会受到挑战。

二、对比分析

国家情报评估可分为：事实评估（straight estimate）、综合评估（general estimate）和对比评估（net estimate）。事实评估是评估国外的实力和意图及政策发展趋势，只评估对象国的情况。综合评估不仅评估对象国的情况，而且评估对美国政策的影响。对比评估是评估美国与对象国的相对力量。传统上，对于综合评估中情局不主动提议，只有在政策部门要求的情况下才进行。对于对比评估，则不由情报部门单独完成，而是在国家安全委员会体系内的其他机制下进行，情报单位作为参与者之一，提供关于对象国的情报，也就是事实评估。目前，机遇分析和可操作性情报已经确

---

① Bruce Berkowitz, “The Big Difference Between Intelligence and Evidence”, *The Washington Post*, February 2, 2003, B1.

② Center for the Study of Intelligence Roundtable Report, Intelligence and Policy: The Evolving Relationship, 10 November 2003, Georgetown University, Washington, D. C., p. 13.

立自己的合法地位，但对比分析还是政策部门自己的事情。

“国家情报评估”有一个传统，就是只独立评估外国军事实力和意图，而不与美国的实力和意图对比。他们认为对比评估需要接触高度机密的美国战略计划文件，应当是国防部的事情。但是，白宫感兴趣的是敌我力量的对比，只有通过对比评估才能看到美国的优势和弱点。艾森豪威尔抱怨他所收到的情报没有提出美苏之间的实力对比，他要求了解相对实力，即军方所谓的“司令官的估价”，这种估价要求把一个问题的一切已知方面都写出来，对每个要素进行平衡抵消，然后在仍然存在不明确性的领域进行最佳的猜测估量。①

在国家安全委会的推动下，1954 年中情局与参谋长联席会议合作，写出第一份对比评估（net estimate），是关于美苏军事力量对比的。这份对比评估向艾森豪威尔总统简报时，总统要求国防部所有高级官员都参加简报会。这个评估持续几年后停止了。② 在白宫的要求下，20 世纪 70 年代中期，中情局把美国军事力量作为附件印在报告后面。在卡特执政时期，实行红蓝（red-blue comparison）对比，苏联是红，美国是蓝，美国力量也写入了正文。这种方法是一种妥协，中情局仅把美国力量附在后面，并不进行对比评估。

对比评估一直由国防部、中情局和其他机构共同完成，以“总统评估备忘录（Presidential review Memorandum）的名义上报。③ 20 世纪 90 年代总统特别助理（Special Assistant to the President of the United States）塞德曼（Ellen Seidman）谈到，情报对她处理的议题没有帮助，因为情报机构不允许对国内问题，包括经济竞争进行战略评估。④ 可见，直到今天中情局仍

---

① ［美］约翰·兰尼拉格：《中央情报局》，潘世强、范道丰、李中、黄景让译，范道丰校，中国社会科学出版社，1990 年版，第 503 页。

② Ray S. Cline，“The CIA：Reality VS. Myth”，in G. Matthew Bonham and Michael J. Shapiro，*Thought and Action in Foreign Policy*：*Proceeding of the London Conference on Cognitive Process Models of Foreign Policy*，March 1973，p. 163.

③ Richard K. Betts，“Strategic Intelligence Estimates：Let's Make Them Useful”，*Parameters*，Journal of the US Army War College.

④ Robert David Steele，“Private Enterprise Intelligence：Its Potential Contribution to National Security”，in David A. Charters，A. Stuart Farson and Glenn P. Hastedt，*Intelligence Analysis and Assessment*，Frank Cass，1996.

然不从事对比评估。

第四节 情报评价

科学研究成果通过某种载体面世后，要经受来自各方面的评价，包括表扬、验证、批评和评论，正是通过研究→评价→再研究的过程，科学才能不断进步。情报的读者群是国家安全决策者，载体是秘密文件，并且相当一部分内容没有明确结论，这三个特点决定情报评价不同于一般社会科学知识的评价。因为读者群是高层决策者，情报很少收到读者反馈；因为载体是秘密文件，情报几乎不经过同行专家评议；因为大部分内容没有明确结论，很难判断情报的对或错。社会知识评价本来就比自然科学难，情报知识评价比社会科学更难。过去半个多世纪中，美国情报机构不断探索情报评价问题，直到今天仍然没有找到可行的评价方法。通常情况下，只有出现重大情报失误时，情报机构才被迫评估情报质量，情报缺乏系统、连续的质量评估体系。

一、情报的价值难以确定

情报是一种应用知识，其价值首先取决于它是否得到应用，其次还要看应用的效果如何，有助于国家安全还是损害了国家安全。但是，这两个标准在情报评价中都不具有可操作性，原因是两个标准都卷入了另外一个变量，这个变量就是决策者。情报是否得到应用，不仅取决于情报质量，更是由决策者需要决定的。情报应用的后果如何，情报质量仅是其中一个因素，正确决策更重要。即使是高质量的情报，决策者弃之不用也是常见的事情。决策者应用了高质量情报，但未取得预期政策结果也是常有的，因为情报不是对外决策中最重要的因素，国家实力、决策者智慧、政策机遇等都发挥影响。贝茨说，在众所周知的情报失误案例中，原始信息（raw information）收集人员极少犯重大失误，情报分析员偶尔犯过错误，绝大部分错误是作为情报消费者的决策人员犯的。[①] 情报与其应用效果的关系像一个三角形，三个角分别是情报、实力和决策，只有情报正确，实力存在，决策正确，才能产生预期的效果，三者缺一不可。中情局资深分析员柯克帕特里克说：

> 在多数情况下，情报在决策中的确切作用难以认定。在总统及其顾问的所有重大决策中，除情报外还有很多决定因素。说情报引起某项政策失误是极端的，说情报对总统决策没有影响也是错误的。情报在决策中的影响因事而异，难以准确认定。[②]

显而易见，情报正确，有助于作出正确决策，实力可能倍增，会产生良好的政策效果；情报失误，客观上对正确决策产生一种误导作用，实力有可能减值，政策效果受损。从这个直线角度看，可以看出情报与政策效果有直接联系。但是，反过来看，要从政策效果判断情报价值，难度就非常大，并且完全可能出现误判。某项政策的效果是好的，完全有可能情报是错误的，或者决策者根本没有看情报。由此可见，由于决策应用效果的因素不只情报一个，从应用及应用的效果角度评价情报，难以准确判断情报的价值。

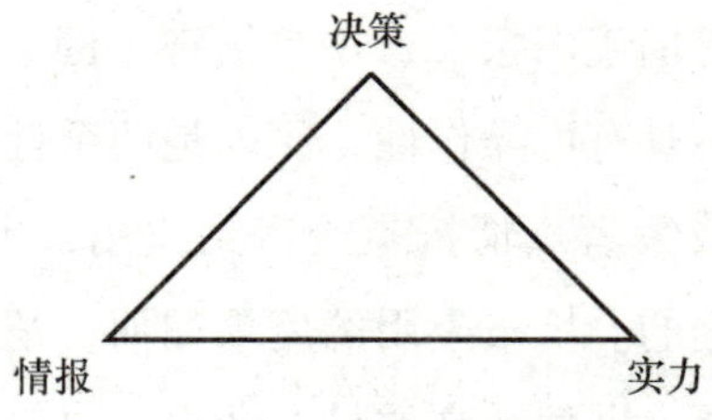

图 7—1　情报应用效果的决定因素

---

① Richard K. Betts, "Analysis, War, and Decision: Why Intelligence Failures Are Inevitable", *World Politics*, 00043 - 88/78, p. 61.

② Lyman B. Kirkpatrick, Jr., *U. S. Intelligence Community: Foreign Policy and domestic Activities*, New York: Hill and Wang, 1973, p. 82.

情报是对特定事件的判断，那么，是否可以从预测结果是否得到应验来评价情报呢？首先，大部分情报产品没有明确结论，仅是对某件事情的解释说明，这类情报无法用“是否应验”来评价。即使排除此类情报，有明确判断的预警情报能否应用这个评价方法呢？因为情报本身所具有的冲突性，情报分析是一个双方博弈的过程，结果“是否应验”有的时候不能反映情报价值。情报判断是正确的，预测结果可能没有发生；情报判断是错误的，预测结果可能发生了。例如，进攻者计划进攻，防御者得到情报开始动员，进攻者知道计划泄露停止动员。这是一个自我否定的预言（self negating prophecy）：收到敌人将进攻的信息后进行了反动员，反动员迫使敌人取消了计划。在这种情况下，即使是事后回忆，要知道动员是否值得也变得极端困难。[①] 实质上，在这种情况下，情报机构预测及时、准确，决策部门措施得当，才避免了敌人的进攻，这是情报的一大功劳。但是，由于两个国家之间的敌对性，事后很难知道敌人本来是军事演习，还是因为计划泄露而将战争改变为军事演习。如果根据结果“是否应验”评价情报，这类最终阻止了敌人进攻的情报都是错误的。1940 年 5 月 10 日，希特勒在进攻西线前，好几次计划发动进攻，但由于英法得到准确情报而取消了。最后一次，英法认为以前的情报都是错误的，而对情报来源失去信心，未能正确预警。

情报来源是错误的、分析程序是错误的，最后也可以得到正确的结论。特别是，在分析“是与否”的问题时，很简单的道理就是“负负得正”。

还有一种情况，预警情报“未应验”不一定就是情报部门的过错，而是敌人决策出错。例如，1962 年 9 月 25 日美国情报共同体在“国家情报评估”中得出结论，认为苏联不会在古巴部署进攻性导弹。根据分析员评估，苏联没有做好准备与美国对抗。事实是，因为苏联错误估计形势，最终在古巴部署了导弹，最后又撤了出去。根据结果评价，情报部门的预测错了，却是因为正确的原因：赫鲁晓夫错误估计了形势。一个美国高级情

---

① Michael I. Handel，“Intelligence and the Problem of Strategic Surprise”，in *Paradoxes of Strategic Intelligence*，Edited by Richard K. Betts and Thomas G. Mahnken，Frank Cass，2003，p. 9.

报官员说："预测正确当然是最高目标，但是因正确的原因而错误总比因错误的原因而正确好。"①

1956年春天，情报顾问委员会想知道"国家情报评估"的正确率到底有多高，就下令评估所有出版过的评估报告，要根据预测结果是否得到验证评价情报。"国家评估司"为执行这个命令，花了三年时间检查一百多份评估报告。对于有量化结果的评估报告，比较容易判断好坏，如某年某个国家的国民生产总值是多少，但对于不可量化的结论，难以评价其好坏。更重要的是，即使对评估报告内容可以评判好坏，对于分析人员的表现更难评价，不能以现在掌握的情况来评论当时的表现。最终，评价不了了之。②

在情报学中有一个臭名昭著的法则，说明根据结果"是否应验"评价情报是可笑的。当前局势连续性法则（the Continuation of Present Trends formula）："只要不是运气太坏，一个分析人员只要收集材料，然后得出'当前趋势仍会继续'，那就会在其职业生涯中成绩优良"。③ 因为，局势出现突变的概率很小，预测连续性的情况正确率总是更大。一位于1903—1950年供职于英国外交部门的研究人员退休后，自豪地说："年复一年，忧心忡忡的人把关于战争的可怕预测送给我时，我总是拒绝它们。一生中我只错过两次。"④ 如果情报机构采取"是否应验"来评估情报质量，从职业升迁角度考虑，分析员不预警是最保险的。同样，在其他评估中，维持现状的预测也是最保险的。

既然根据结果"是否应验"评价情报价值存在上述诸多困难，情报机构便经常以消费者反馈评价情报质量。从理论上来说，情报是为消费者服

---

① W. D. Howells, "Intelligence in Crises", in Gregory R Copley ed, Defense' 83, Washington DC: D and F Conferences, Inc., 1983, p. 351.

② Sherman Kent, "The Law and Custom of the National Intelligence Estimate", in Harold P. Ford, *Sherman Kent and the Board of National Estimates: Collected Essays*, the Study of intelligence center, 1994, www.cia.gov/csi/books/shermankent/toc.html.

③ Charles D. Cremeans, "Basic Psychology for Intelligence Analysts", in H. Bradford Westerfield, ed., *Inside CIA's Private World: Declassified Articles from the Agency's Internal Journal*, New Haven, CT: Yale University Press, 1995.

④ Thomas L. Hughes, "The Fate of Facts in a World of Men: Foreign Policy and Intelligence Making", *Headline Series*, No. 233, December 1976, p. 48.

务的，消费者是否满意确实是衡量情报质量的一个标准。但是，美国情报机构普遍认为消费者反馈不真实、不客观、不完整、不及时，消费者反馈常常具有随意性、偶然性，并且他们总是从自己的好恶出发评价情报。中情局局长盖茨说："决策者对于他们不同意的情报分析，不是无视它的存在，就是说它反映了中情局的偏见，是中情局编造的（cooked）"，"在我21年的情报生涯中，从未听过决策者批评与他们意见一致的情报"。[①]

二、情报数量不足为凭

由于评价情报质量的难度大，中情局长期以来用情报数量考核分析员的工作业绩。同质量评价方法相比，数量评价方法简单易行，至少表面上具有客观性、可操作性。

在中情局情报部，一般而言，难度大的、大部头的正式刊物的评价权重高，短评类的文章不受重视。在1981年情报部改组之前，一位资深分析员一年的工作量大约是：一篇或两篇较大的出版报告；5篇左右打字机写成的备忘录；几篇时事情报。[②] 其中，"情报评估"（Intelligence Assessment，IA）既长又有分析，最受重视；"研究报告"（Research Paper，RP）也很长，但内容重描述轻判断，次之；"最不值钱"的是简短的备忘录。[③] 这种评价方法重视分析员工作的难度系数和数量，当然有一定的合理性。例如，"情报评估"对分析员最富挑战性，"难度"最高，因而权重也最高。但是，该评价体系不关注情报的"效用"，不关心情报对消费者的适用程度。"情报评估"最受情报机构重视，但消费者却更喜欢简短的备忘录。在数量评价体系下，分析员职业成功的标准就是出版报告的数量，出版多少由审稿人员把关。分析员要出版报告，必须经过审稿程序，至少有

---

① Robert M. Gates，"The CIA and American Foreign Policy"，*Foreign Affairs*，Winter 1987/1988，p. 227.

② David W. Overton，"The DI 10 Years After Reorganization：Stress，Success，and the Future"，*Studies in Intelligence*，1992，p. 49.

③ Douglas J. MacEachin，*The Tradecraft of Analysis*：*Challenge and Change in the CIA*，Working Group on Intelligence Reform Papers，1994，p. 5.

四道以上的程序。不是每个报告都能经受住这个挑战的，那些没有出版的报告在奖励和晋升机制中无效。①

对情报分析员的工作业绩采用数量评价标准，其弊端是显而易见的。质量是任何一种产品的生命所在，情报更是如此。因此，单从数量方面评价分析员的工作业绩是不合理、不公正的。20 世纪 80 年代开始，数量评价机制开始改变。1982 年 1 月，盖茨被任命为中情局分管情报部的副局长后，把高级分析员召集到会议室，警告他们不要纠缠于内部斗争，要更多关注现实世界，学习语言、专业。更重要的是，他要把分析员的产品留档，在他们升职的时候拿出来看，他们的预测和现实事件有多大距离。②1992 年盖茨设立“产品工作组”（the Production Task Force）后，情报部放弃对数量的要求，要求从情报质量和影响方面评价情报。这项改革的目标就是要把研究与出版分开，评价标准是“研究是否增加了知识价值”，而不论是否出版或出版数量。分析员只需要把研究成果写成书面报告，至于是否出版是另外一个决定，是根据决策者需要决定的。在质量评价体系中，一个研究结果可以用数种方式发行，长报告可以发给情报共同体的同行或有研究职能的行政部门，几页纸的情报备忘录发给高级官员，一页纸的版本可以发给内阁级官员。其他研究报告可以成为其中一个，或成为资料。③

当然，质量评估体系是最佳评价体系，同时也是最不具可操作性的体系。情报稿件的质量既然不能以应用效果决定，也不能依靠消费者反馈，有决定权的只能是情报管理者。情报管理者的主要职能是行政管理，而不是学术评价，难怪盖茨时期分析员与管理者矛盾恶化，质量评价体系草草收场。

---

① Douglas J. MacEachin, *The Tradecraft of Analysis*: *Challenge and Change in the CIA*, Working Group on Intelligence Reform Papers, 1994, p. 5.

② Angelo Codvilla, *Informing Statecraft*: *Intelligence for a New Century*, New York: The Free Press, 1992, p. 237.

③ Douglas J. MacEachin, “The Tradecraft of Analysis: Challenge and Change in the CIA”, *Working Group on Intelligence Reform Papers*, 1994, p. 8.

三、“程序正确、方法正确”的评价方法

既然情报的应用效果、情报的质量和情报数量都不能成为情报评价标准，中情局多年来一直探索通过“程序正确、方法正确”来评价情报。当然，迄今为止以“效果、质量或数量”评价情报的企图从未停止过，而且仍然极具诱惑力。

盖茨及其支持者离开中情局后，质量评估方法也随之寿终正寝。目前中情局是否有情报评价体系，是以什么标准评价。2000 年中情局助理局长艾伦谈到，中情局对情报的评估要问以下一些问题：

> （1）分析的理论假设是什么，选择理论假设时是否存在偏见？假设的优先次序是什么，这种安排是否存在偏见？
>
> （2）是否理解哪些可观察到的证据能验证假设，是否要求收集这些可观察到的证据？
>
> （3）是否考虑过当时所拥有的一切信息、数据，这些信息是如何评估的，可信度如何？
>
> （4）欺骗的可能性是否考虑过，并被计算在内？
>
> （5）分析程序在逻辑上是否正确，是否评价过最后判断的可信度？如这样做了，且可信度较低，是否提出继续收集的要求？
>
> （6）最后结果是否及时、送达方式是否适当？
>
> （7）收集是否符合要求且及时？①

根据 2004 年通过的情报改革法（Intelligence Reform and Terrorism Prevention Act of 2004），国家情报局长将设立情报质量评估机构，定期就某一个议题评估成品情报质量，由国家情报局长派专人负责。评价成品情报

---

① Seminar on Intelligence, Command, and Control, Intelligence: Cult, Craft, or Business, Charles E. Allen (assistant director of central intelligence for collection), Guest Presentations, Spring 2000.

“是否及时、客观、包含政治意图、应用多来源信息、采用正确分析规则”，“来源是否准确、可靠”，“正确区分情报、假设和判断”。这种评估机制在中情局已经建立多年，现在要推向整个情报共同体。①

上述两个材料显示，“程序正确、方法正确”是目前美国情报共同体评价情报的一种方法，即便尚不能证明是主要方法。这种评估方法的优点是客观、公正、专业，不以成败论英雄，不以数量论能力，缺点是太复杂，仅能偶尔用之，特别是在出现情报失误时使用，不可作为一种日常评价机制。

无论采取什么评估体系，决策者、情报管理者对情报失误都要有平常心。情报评估是离开已知事实，通过类比、推理、逻辑和判断进入未知领域的，是一个风险行业。中情局情报分析员沃特纳伯（Frank Watanabe）说，“如果大部分时间你是对的，你就干得很好，如果你总是对的，那你干的就不是情报分析。”②

情报评价、情报分析员业绩评估机制必须具有客观、公正、系统、可操作等特点，从中情局的历史经验看，到目前为止还没有找到这样一种公认的方法。可以说，情报评价是情报生产中最薄弱的环节。

由于情报本身具有的复杂性，情报的应用价值、质量、数量都在情报评价中有一定的作用，但是又都不能作为唯一的评价标准。基础情报、时事情报和预测情报的评价标准应当各有特色。

第五节　情报写作

情报的读者是高层决策者，他们大多不是国际问题专家，却是日理万机的人物，时间非常有限。情报的特殊读者群和特定用途决定情报的格式、语言不同于学术文章，一般具有简短、朴实、准确、格式化等特点。

---

① Walter Pincus，“New Law to Spread the Use of CIA’s Analysis Approach”，*The Washington Post*，December 20，2004，A21.

② Frank Watanabe，“How To Succeed in the DI：Fifteen Axioms for Intelligence Analysis”，*Studies In Intelligence*，Vol. 1，No. 1，1997.

一、语言

情报的任务就是将分析员的分析和判断传输给决策者。情报语言一方面要适合消费者的理解能力，避免学术化，尽量采用通俗表达方式；另一方面要力求准确，避免理解偏差。在这里，学术上的精确让位于通俗易懂，文采没有准确性重要。肯特说，绝大部分国家情报评估是正确的、有用的，通常是不引人入胜的。①

情报语言的第一要求就是准确（precision）、清楚（clarity）。一方面，准确指文字表达恰如其分地反映客观现象和分析员判断，清楚指消费者能准确地感知分析员所要传达的信息，没有想象、歧见或不同解读的空间。可见，准确是基础，清楚建立在准确之上，不能为清楚而扩大准确。如果情报信息描绘出的是一幅复杂、模糊的图片，它也应当如实反映给决策者，而不能为了清楚而牺牲准确。情报文字一定要准确反映分析员的判断，当分析员不能确定其判断可靠性时，也必须如实反映，而不能夸大确定性，“有多大把握说多大话”。

情报语言非常准确，但是不清楚，消费者不明白分析员想传达的信息。为避免这种情报，情报语言要尽量不使用模棱两可、似是而非、永远不会错的判断词。美国情报共同体把模棱两可的情报语言称为特尔菲神谕（Delphic Oracle），这种判断能使分析员永远处于不败之地，却对决策没有任何意义。特尔菲神谕是古希腊著名神话中的故事，女祭师皮提亚（Pythia）在特尔菲城的阿波罗神庙里，进入一种通神状态后，由别人提问题，而由皮提亚传达阿波罗神的神谕。后世用以指隐晦的、模棱两可的、似是而非的、双关语式的预测。沃尔斯泰特指出，珍珠港事件发生前，美国情报机构的预警语言含糊不清，发出的预警是“对任何方向的突然袭击都是可能的”、“任何时候都可能采取敌对行动”，任何方向、任何时间都是情

① Sherman Kent，“The Law and Custom of the National Intelligence Estimate”，in Harold P. Ford，*Sherman Kent and the Board of National Estimates：Collected Essays*，the Study of Intelligence Center，1994，www. cia. gov/csi/books/shermankent/toc. html.

报中使用的典型语言，但指代不明，没有实际意义。[①] 例如，1941 年 11 月 27 日，战争部发给太平洋舰队司令（the Commander in Chief of the Pacific Fleet）凯米尔（Husband Kimmel）的警告为："对日谈判已经破裂，敌对行动随时可能发生"。12 月 3 日，海军作战部又给夏威夷送来文件，"接到非常可靠的信息，无条件执行的紧急指示于昨天送往日本驻香港、新加坡、巴达维亚、马尼拉、华盛顿和伦敦的使领馆，摧毁大部分密码和密码机，销毁其他的秘密和机密文件。"凯米尔认为，这不是战争警告，他当时认为这说明日本要进攻泰国。[②] 战争部认为送此件给夏威夷就是警告它做好准备，但情报消费者并不这样认为。这里涉及两个问题，一是语言含糊的问题，二是不同背景、不同职位的人对相同语言有不同的解释。

为避免消费者和分析员在关键语言上的理解偏差，美国情报共同体在重要报告中先定义关键词。例如，1999 年 8 月 1 日美国国家情报委员会（National Intelligence Council）发表一份题为"全球人道主义灾难的趋势和走向，1999—2000"的情报，首先将"人道主义灾难"定义为：30 万以上的居民需要国际人道救援以避免饥饿和死亡的情形，包括需要保护才能获取救援的人。[③] 普拉特指出，经验表明，对某个词、意思，特别是那些用在标题、范围和结论中的词明确定义非常关键。[④] 定义能避免误解，促进清楚思考，在战略情报中特别重要。战略情报中经常应用的"能力"、"弱点"、"意图"、"近期"、"非常规战争"等，专业人员和非专业人员对这些词的理解有很大差别。

情报结论的表述既要求简单、清楚，又不能引起误解，这需要情报人员有很高的技巧。分析员对于概率的主观表述，一般采用可能、相信、很

---

① Roberta Wohlstetter, *Pearl Harbor*: *Warning and Decision*, Stanford University Press, 1962, p. 395.

② Ephraim Kam, *Surprise Attack*: *The Victim's Perspective*, Cambridge, Massachusetts: Harvard University Press, 1988, pp. 26 – 27.

③ Global Humanitarian Emergencies: Trends and Projections, 1999—2000.

④ Washington Platt, *Strategic Intelligence Production*: *Basic Principles*, New York, N. Y.: Frederick A. Praeger, 1957, pp. 42 – 44.

可能、有可能，不排除可能性、可以确定等词语，这样容易引起异义，从1%—99%都是可能性，消费者难以准确理解分析员的判断。情报机构曾以25位经常阅读情报的北约军事官员为实验对象，给他们一些特定的表达概率的词，放在图表的左侧，让他们说出所代表的数字概率，一个点表示一个人的意见。从图7—2中可以看出，消费者理解的概率与分析员所要表达的概率相差甚远。

为准确表达情报判断，从20世纪50年代开始肯特就建议采取量化的数字表达方法，如非常可能指80%以上。根据肯特的设想，如果分析员做不到在情报中用数字表达可能性，至少应该在情报中附一个文字表达与数字表达的对应表。今天，情报共同体明确要求将关键判断量化。1995年一份题为“外国导弹威胁：国家情报评估（95—19）的分析正确性”的调查报告指出，报告的弱点之一是关键判断的确定性没有量化。① 这说明，尽管情报判断量化仍然未得到有效执行，但至少已经成为大家公认的一个准则。

量化表达方式最大限度地满足了“清楚”的要求，可以有效避免消费者出现理解误差，但是夸大了情报的准确度，因而多年来未能有效推行。国家情报委员会主席奈说，这确实很难执行，无法解释为什么可能性是80%，而不是83%。② 部分情报分析员主张，即使有扩大准确性之嫌，也应当防止情报被误读。中情局情报分析方法论专家戴维斯（Jack Davis）就认为，既使有的时候使用更准确的语言有夸大准确性之谦，也值得去冒这个险。例如，情报判断可以这样写：我们判断这个机会很小，不会超过1/5。③

① Foreign Missile Threats：Analytic Soundness of National Intelligence Estimate 95 - 19，” Statement of Richard Davis，Director，National Security Analysis，National Security and International Affairs Division，GAO，Before the Select Committee on Intelligence U. S. Senate，p. 1.

② Joseph S. Nye，Jr.，Peering into the Future，Foreign Affairs，73/4，July/August，1994.

③ Jack Davis，“Tensions in Analyst-Policymaker Relations：Opinion，Facts，and Evidence”，*Occasional Papers*：volume 2，Number 2，Jan ’ 03，p. 11.

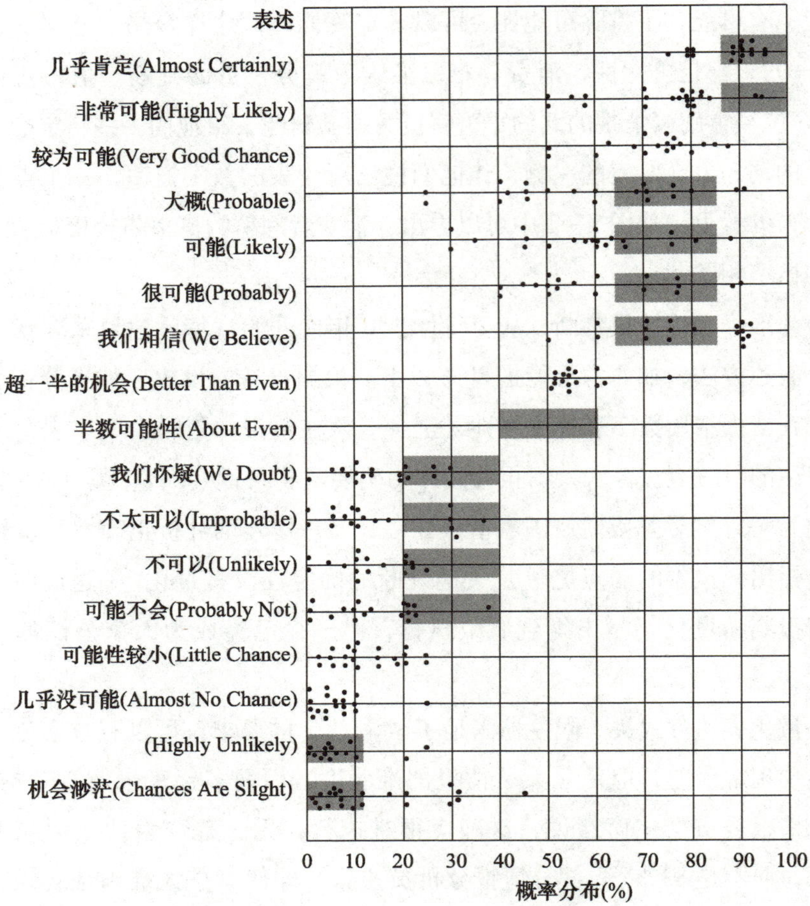

图 7—2　对不确定性感知的测量

资料来源：Richard J. Heuer，Jr.，Psychology of Intelligence Analysis，Center for the Study of Intelligence，Central Intelligence Agency，1999，p. 155.

情报语言的第二个要求是通俗。情报分析与学术研究的服务对象不同，学术文章的服务对象是学者，要求推理越严谨、用词越严格越好，最好是多用专业术语，而情报分析的服务对象是决策人物，要求观点鲜明易懂，要在严谨、准确和通俗易懂之间做出妥协。1974 年国务院情报与研究局的一个研究小组分析 1972 财年机密级以下的情报产品后发现，情报分析中没有“变量”（variable）一词，在学术研究中这是一个关键词。研究小组发现，替代变量一词的是原因（causes）、因素（factors）、条件（conditions）和事件（events）这些通俗表达。① 冷战时期，隶属于国家情报委员会的联合原子能情报委员会（Joint Atomic Energy Intelligence Committee）是一个跨部门的核能研究机构。1953 年之前，它监督各国的原子能研究，并撰写“国家情报评估”作为最终产品交给中情局长。1953 年杜勒斯当局长后，命令联合原子能委会员把报告提交给“国家评估理事会”，由他们编辑修改。因为联合原子能委员会的专业性太强，而“国家情报评估”的读者都是非专业人士，所以“国家评估理事会”要替他们撰写通俗易懂的提要和结论。② 在行文上，情报文章多用主动语气，少用助词、副词。

情报语言的第三个要求是可读性和说服力。为了表达准确，情报语言要避免使用形容、类比等文学方法，但也要求有可读性（readability）和说服力（convince quality），这不单是语言流畅、行文准确就能做到的。在第二次世界大战期间，美国指挥官们总是爱看英国的情报甚过美国情报，其实美国情报的质量与英国情报一样，但美国情报正式、太长、笨重，而英国情报非正式、短小、人性化。英国情报官员琼斯（R. V. Jones）说，“好情报的标准不仅仅你是正确的，你还要说服决策者或研究人员采取正确的行动。”③

为增加情报的可读性，中情局从一开始就重视报告的形象化，报告中要用大量图表、地图、照片等，尽量做到图文并茂、直观、生动、形象，现在的“国家情报评估”中还有大量彩色图片。中情局情报部“政策支持司”拥有数据组织专家（data organization specialist）、直观展示专家（visual display experts），专门负责分析报告的包装。

---

① Michael K. O’Leary, William D. Coplin, Howard B. Shapiro, and Dale Dean, “The Quest for Relevance: Quantitative International Relations Research and Government Foreign Affairs Analysis”, *International Studies Quarterly*, Vol. 18, No. 2, Jun., 1974, p. 224.

② Sherman Kent, “The Law and Custom of the National Intelligence Estimate”, in Harold P. Ford, *Sherman Kent and the Board of National Estimates: Collected Essays*, the Study of intelligence center, 1994, www. cia. gov/csi/books/shermankent/toc. html.

③ Washington Platt, *Strategic Intelligence Production: Basic Principles*, New York, N. Y.: Frederick A. Praeger, 1957, p. 34.

二、格式

情报格式以消费者可理解、愿接受为基本原则，任何符合这两个原则的格式都是允许的。可理解指消费者能准确地理解情报的内容，愿接受指消费者愿意接受这种传达信息的方式。情报的形式非常多样，有的时候有卫星图片，有的时候有录音、录像。曾经是电影演员的里根总统喜欢直观的东西，于是中情局会送来录像带、照片等，并以录像作为“总统每日简报”的形式，有时的简报就是卡通录像。中情局长期以来制作外国领导人的录像简介，分析部门的人说，这样可以让美国决策者在首脑会晤前熟悉对手。①

对于书面情报格式，各情报机构都规定有固定格式。国防情报局评估部（the Directorate of Estimates）制定了“组织和行动手册”（the Organization and Operational Manual），明确规定了国防情报评估（defense Intelligence Estimates，DIE）、特别国防情报评估（Special Defense Intelligence Estimates，SDIE）、国防情报评估备忘录（the Defense Intelligence Estimates Memorandum，DIEM）、国防情报评估人员备忘录（the Defense Intelligence Estimates Staff Memorandum，DIESM）的格式。②

国防情报局各类评估报告都有一个统一模式，分为四部分：第一，范围说明，一般在首页的标题下面，说明报告的内容和写作原因；第二，概要和结论，就是把主要结论写在前面，因为有的消费者只看前面的结论；第三，讨论，一般分为三部分，问题的背景，可能的几种解释，最可能的结论，此外，分析员还要在这部分提出证据，这部分的功能就是让消费者看到，证据充分、逻辑、判断正确；第四，前景，这部分有时与前面第二部分的结论相同，唯一的区别是这部分只有结论，没有概要。国防情报局要求，在比较短的报告中，可以在第二部分和第四部分中取消一部分，大

---

① James A. Barry，Jack Davis，David D，Gries and Joseph Sullivan，“Bridging the Intelligence-Policy Divide：A Progress Report”，*Studies in Intelligence*，1994，p. 5.

② Erome K. Clauser and Sandra M. Weir，*Intelligence Research Methodology：An Introduction to Techniques and Procedures for Conducting Research in Defense Intelligence*，HRB-Singer，Inc.，1976，p. 342.

部分分析员选择取消第四部分。①

“国家情报评估”的结构与“国防情报评估”类似，可以分为下面几个组成部分。

第一，封面。大报告的封面一般包括标题、期号、出版单位、说明等，其中封面说明虽然只有一两行字，但作用非常关键。1962 年，在题为“美国在老挝行动的后果”评估报告进入国家情报理事会审查阶段时，国务院情报与研究局局长希尔斯曼（Roger Hilsman）在会上提出，他不同意撰写此份报告。原因是前些天他在白宫与肯尼迪总统谈到美国在老挝的行动，他认为写这个报告不仅是不合时宜的，而且是对总统的攻击。最终，希尔斯曼保留了异义权，这份“国家情报评估”的封面上写了这样一行说明：“中情局局长提交，得到美国情报理事会同意，除国务院情报与研究局局长之外。”② 1967 年在一份对北越战斗力量的特别情报评估（SNIE 14—3—67）中，中情局和军方的观点冲突，赫尔姆斯在前面附了一个备忘录说明：

> 这份新评估是经过严密评估过程得出来的，包括由我的私人代表带队的华盛顿情报共同体代表团前往驻越使馆、驻越司令部协商……，新评估是敏感的、有潜在争议的，主要是关于北越战斗人数与以前不同。以前对共产党在越南战斗力量的评估数据不可靠，被证明偏低。我们没有找到可靠办法来重建共产党力量的数据，以提供一年前的共产党力量与现在的力量对比。③

可见，封面说明字数虽少，却说明报告的优缺点，对消费者理解和应

① David A. Brinkley and Andrew W. Hull, *Estimate Intelligence: A Textbook on the History, Products, Uses and Writing of Intelligence Estimates*, Prepared for the Defense Intelligence School, August 1979, p. 123.

② Sherman Kent, “The Law and Custom of the National Intelligence Estimate”, in Harold P. Ford, *Sherman Kent and the Board of National Estimates: Collected Essays*, the Study of intelligence center, 1994, www. cia. gov/csi/books/shermankent/toc. html.

③ James J. Wirtz, “Intelligence to Please? The Order of Battle Controversy During The Vietnam War”, in Lock K. Johnson and James J. Wirtz, ed, *Strategic Intelligence: Windows Into A Secret World an anthology*, Roxbury Publishing Company, 2003, p. 190.

用情报作用很大。

情报编号的规律和原则经常变化，“国家情报评估”使用时间最长的编号方式产生于1954年初。当时，中情局受国家安全委员会文件编号的启发，确立了“国家情报评估”的编号新方式。如NIE 10—3—56，前面的两位数指代地理范围，后面的两位数指发行年代，中间的数字指本年度内该地区发行“国家情报评估”的数量。有的期号如NIE 10—3/2—56，中间的斜线及下面的数字表示本报告更新的次数。当时，10代表苏联，11—19指共产党国家，中国是13，20—30是西欧国家，30—40是中东国家。①

第二，范围说明。报告的第一部分是“范围说明”（Scope Note），说明撰写报告的原因，报告的主题、范围等。例如，1998年在一份题为“越南在美国战俘和失踪人员问题上的意图、能力和表现”的“国家情报评估”中，“范围说明”首先指出写这个报告的原因，“应总统国家安全事务助理伯杰（Samuel R. Berger）和参院情报特别委员会的共同要求写作”，然后指出报告主要解决两个问题，一是1987年以来越南社会主义共和国对解决越战期间美军失踪人员的态度，二是情报机构对1205和735两份苏联档案的评估。

第三，概要。几乎所有大的情报分析都有内容概要，其作用就是为日理万机的国家领导人节省时间，有的领导人没时间看报告全文，只读报告的概要，有的领导人读完概要后才决定是否有必要看全文，以及看全文的哪一部分。学术文章的摘要是把文章的主要内容和观点摘出来，情报概要则不同，主要包括三个内容：一是新的证据、判断；二是决策者未预期到的信息；三是对决策选择重要的信息。情报概要并不是概述报告的主要内容，而是把最有争议的观点和数据摆出来，因而可以说是概要的概要。情报概要还称为“关键判断”（Key Judgments），内容可以包括“关键不同”，指与以前判断不同的地方，“关键争论”指有争议的地方。②

---

① Sherman Kent，“The Law and Custom of the National Intelligence Estimate”，in Harold P. Ford，*Sherman Kent and the Board of National Estimates*：*Collected Essays*，the Study of intelligence center，1994，www. cia. gov/csi/books/shermankent/toc. html.

② Richard K. Betts，“Policymakers and Intelligence Analysts：Love，Hate or Indifference?” *Intelligence and national Security* 3，No. 3，Fall 2004，p. 186.

对于情报概要的长短各单位规定不一，有的分析单位规定概要不能超过一页，大部分“国家情报评估”超过一页，有的甚至有十几页。消费者对概要的需求也因人而异，约翰逊要求“国家情报评估”有一页纸的提要，卡特则能读15页纸。①

第四，内容。学术文章的内容包括事实、推理、判断等三部分，情报分析作为一种科学研究也理应包括这三部分，但是情报的服务对象与学术研究不同，情报内容包括哪些主要由消费者需要决定。当然，消费者人数众多、层次参差不齐，对情报的要求不一样，有的消费者只希望看到观点，有的消费者则只希望看到证据和事实。根据消费需求的不同，美国情报消费者可以分为四类：

> 第一类，自己有较强专业能力，把情报看作一本百科全书，只从其中选择有用的数据，而不看其整体观点；第二类，新手或对本领域不熟悉的人，把情报当作培训教材，吸收基本观点和看法；第三类，把情报作为工作的重要信息来源，如制定国防预算、规划军队结构的人；第四类，重视情报在决策中的价值，或支持自己的政策选择，或指出了自己政策选择的后果。②

可以看出，这四类消费者对情报内容的需求差别很大，一份情报要满足多层次需求很难。中情局从建立以来，一直在探索最大限度满足各阶层的消费需求。从20世纪50年代开始，几乎所有的调查、访谈都表明，消费者更重视事实和证据，而不喜欢情报中的观点判断。即使对事实，消费者的喜好也不同，卡特想要细节，约翰逊想要趣闻，尼克松想要绝密的东

---

① Victoria S. Price, *The DCI's Role in Producing Strategic Intelligence Estimates*, January 1980, the United States Naval War College, p. 36.

② David A. Brinkley and Andrew W. Hull, *Estimate Intelligence: A Textbook on the History, Products, Uses and Writing of Intelligence Estimates*, Prepared for the Defense Intelligence School, August 1979, p. 115.

西，里根希望有令人惊奇的事。[1]

曾任国务院情报与研究局局长的希尔曼斯1950年采访大量决策者后得出结论，决策者真正想要的是事实，而不是分析预测。决策者希望提供事实，由他们自己做出判断。[2] 老布什总统的国家安全事务助理斯考克罗夫特（Bent Scowcroft）将情报分为三类：事实、事实加解读和预测。他说，决策者对情报的信心依类逐渐下降。他们最相信情报提供的事实，照单全收。对解读的信心小一点，但因为它与事实密切相关，专家对背景更了解，所以还可以。对于预测，这是决策者怀疑的部分。[3] 20世纪90年代后期，中情局主管情报部的副局长麦克伊金说，情报分析员认为自己最大的贡献是判断，但决策者却认为最实用的是情报提供的事实。[4]

消费者对事实的热爱胜过观点，但是情报分析的职责就是从事实得出观点，情报不可能只提供事实，不提供观点。从解密的情报成品看，多年来情报既提供事实，也提供观点。按照中情局情报部的不成文规定，每隔几段事实叙述后就有一个小的结论和总结，也就是段落观点。[5]

第五，结论。结论部分的内容常常与概要重复，因此国防情报局情报写作手册中规定，分析员可以只写其中一个。过去半个世纪以来，情报结论最大的变化就是从单一结论、绝对结论转向多项选择结论、有条件结论。多数情报分析最后难以得到确定答案，如果提供单一结论，分析员必须承担风险，把自己认为最可能的结论告诉决策者。1973年十月战争前，以色列军事情报机关首脑埃尔拉（Eli Zeira）认为他应该给决策"是"与

---

① Angelo Codvilla, *Informing Statecraft: Intelligence for a New Century*, New York: The Free Press, 1992, p. 212.

② Roger Hilsman, *Strategic Intelligence and National Decision*, Glenco, IL: The Free Press, 1956, p. 60.

③ General Brent Scowcraft, remarks given at the conference on ' US Intelligence and the End of the Cold War', Panel V, "The Use of Intelligence by Policymakers", 20 November 1999, Texas A&M University.

④ Douglas J. MacEachin, *The Tradecraft of Analysis: Challenge and Change in the CIA*, Working Group on Intelligence Reform Papers, 1994, p. 10.

⑤ Sherman Kent, "The Law and Custom of the National Intelligence Estimate", in Harold P. Ford, *Sherman Kent and the Board of National Estimates: Collected Essays*, the Study of Intelligence Center, 1994, www. cia. gov/csi/books/shermankent/toc. html.

“否”的答案，尽管当时情报机构判断，发生战争的可能性是45%，不发生战争的可能性是55%，埃尔拉决定自己承担责任，将“不会发生战争的结论”报告政府。① 以色列情报机构的失误成为全世界情报机构引以为戒的教训，各机构纷纷以多项选择结论取代单一结论。即使是可能性不大，但一旦发生将产生严重后果的可能性也要指出来。但是，多项选择结果不是情报分析员避险的途径，而是分析员把分析结论的不确定性如实报告给决策者。分析员不仅要把多种可能性如实告诉决策者，而且还要说明哪种可能性在什么条件下能成为事实。2004 年中情局主管情报的副局长米希克在分析员大会上要求，分析员必须给予决策者完全的透明性，让他们了解你对判断的信心，告诉他们我们知道什么，我们不知道什么，什么是我们的判断，偶然也要说我们不知道但我们的直觉是什么。②

第六，方法说明。20 世纪 90 年代以后，中情局认为情报只提供事实和判断不足以令决策者信服，事实和判断仅是问题的起点和终点，没有中间的路线图不具有说服力。因此，情报部明确要求评估报告增加分析方法说明部分。方法说明部分具体包括什么，目前还不能从解密情报中看出来，在解密版本中，不仅方法说明部分全部删除，而且连目录也一概涂黑。在 1998 年的一份“国家情报评估”中，方法说明部分只提到“已经掌握的信息、情报差距和得出判断的推理”。③ 据此可以推断，方法说明至少包括三个部分：做出判断的证据、信息差距和推理方法。

1. 指出判断所依据的关键变量（Linchpin）。这是前中情局副局长麦克伊金在 20 世纪 90 年代早期倡议的一种方法，“关键因素”一词是他从标准学术语言改编过来的，关键变量是结果的驱动力。找出关键变量是推理的前提，也是说服决策者或验证分析结论的主要依据。当这些变量都出现时，结论出现的可能性就很大，当这些变量发生变化时，结论也将发生变

① Michael I. Handel, “Intelligence and the Problem of Strategic Surprise”, in *Paradoxes of Strategic Intelligence*, Edited by Richard K. Betts and Thomas G. Mahnken, Frank Cass, 2003, p. 35.

② Jami Miscik, DDI's State of Analysis Speech, All-Hands Meeting, CIA Auditorium, 11 February 2004.

③ NIE 98 – 03, Vietnamese Intentions, Capabilities, and Performance Concerning the POW/MIA Issue (U).

化。几乎所有重大情报失误都是因为关键变量判断出了问题。麦克伊金说，在每次情报失误中至少有一个关键因素没有发挥作用，例如，苏联不会出兵捷克，因为它不愿承担政治代价，萨达姆至少需要两年的时间才能从两伊战争中恢复，因而两年内不会进攻科威特。①

2. 说明报告中提供的关键变量哪些是事实、哪些是假设、哪些是观点，指出各种信息的来源。任何一个分析都必须建立在假设前提之上，这些前提不是通过观察事实得出来的，而是分析员认为可以当作事实的假设。分析员要告诉决策者，关键变量中哪些是未经事实检验的假设前提，如果这个假设错误，潜在影响有多大。② 假设、事实和观点的可靠性不一样，但是它们在推理中发挥的作用却相同，都等同于事实的功能。因此，决策者要相信一个判断，必须清楚这个判断所依据的关键变量哪些是可靠的，哪些不可靠。有的关键变量是已知事实（fact）、有些是根据观察推断的（empirical evidence）、有些是逻辑推理（logic evidence）。中情局在分析手册中对“事实”、“信息”、“直接信息”、“间接信息”、“来源”和“数据”做出明确定义，使分析员知道它们之间的明确界线。多数情况下，这些信息包含在正文中。例如：根据特别情报（来源），陆军接到命令协助警察清除极端分子据点（直接信息）。③

3. 说明信息差距。分析员不仅区分事实、假设、推理，而且要向消费者报告哪些是情报机构不知道的，指出情报机构收集外国信息的缺陷和不足，这些不知道的信息对判断可能产生什么影响。当然，分析员总是报喜不报忧，不愿意显露报告的不可靠性。在中情局工作25年的情报官员塔普林（Winn L. Taplin）讲过一件他亲身经历的、没有报告信息差距的事件。

---

① Douglas J. MacEachin, *The Tradecraft of Analysis*: *Challenge and Change in the CIA*, Working Group on Intelligence Reform Papers, 1994, p. 12.

② Douglas J. MacEachin, *The Tradecraft of Analysis*: *Challenge and Change in the CIA*, Working Group on Intelligence Reform Papers, 1994, p. 13.

③ A Compendium of Analytic Tradecraft Notes), Central Intelligence Agency, *A Compendium of Analytic Tradecraft Notes*, Volume I－10, www. au. af. mil/au/awc/awcgate/cia/tradecraft_ notes/contents. htm.

一天，在中情局兰利总部，我的主管接到局长特纳（Stansfield Turner）电话。特纳要去参加一个宴会，一位中欧国家的外交官也将出席，他想知道这位官员是否是情报人员，要求在两分钟内告诉他。本来这是一件简单的事情，只要让东欧问题专家打开电脑就能查到，但是电脑坏了。东欧问题专家只好查找自己积累的卡片，结果没有找到这位外交官是情报人员的信息。当时，我和主管都知道卡片是不完整的，但并没有向局长报告这一点，仅报告没有材料显示此人是情报人员。①

4. 展示逻辑推理。分析员如何从观察到的事实得出结论，如何从问题的起点到终点，这个过程或路径图要告诉决策者。麦克伊金指出这包括，第一，某国平时的行为和状态是怎么样的，如武器购买、经济腐败、操纵选举；第二，什么是增加的、减少的、新的、不同的事实，如恐怖事件、军事投资变化、洗钱；第三，领导人的会议、演说与他行为之间的关系。②分析员要说明，哪些是新变化，哪些是新发现，如何从这些新变化、新发现推导出结论。

情报的篇幅和长短没有统一规定，依据情报种类、消费者类型确定。一般而言，基础情报、研究报告、评估报告和提供给专业人员的报告长，时事情报、预警情报和提供给高层决策者的情报短。消费者级别越高，报告越短。消费者每天阅读的时事情报也很短。调查显示，高级决策官员每天早晨花在时事情报上的时间不超过5—15分钟。在这么短时间内要看多个相关情报，情报的篇幅当然受限制，也不可能说清楚任何复杂问题。在时事情报中，情报部门仅能说明有这样一件事，如果决策者对这个问题有兴趣，情报部门期望他们能索取更详细的报告。③

---

① Winn L. Taplin, "Six General Principles of Intelligence", *International Journal of Intelligence and Counterintelligence* 3, no. 4, Winter 1989, p. 483.

② Douglas J. MacEachin, *The Tradecraft of Analysis: Challenge and Change in the CIA*, Working Group on Intelligence Reform Papers, 1994, p. 11.

③ Arthur S. Hulnick, "Managing Intelligence Analysis: Strategies for Playing the End Game", *The International Journal of Intelligence and counterintelligence*, 1998, p. 335.

“国家情报评估”是情报产品中的巨无霸，历来比较长。1950 年第一份“国家情报评估”是关于苏联的，只有 25 页。20 世纪 60 年代，战略性“国家情报评估”大约在 30 页左右，70 年代，篇幅增加到 100 页，有的甚至多达 125 页。到 70 年代末期，“国家情报评估”因为后面附录的数据太多，像书一样厚，长达 300—400 页，总统没有时间读，只有国务院、国防部和国家安全委员会的官员读。[①] 目前解密的 80 年代以后的“国家情报评估”，篇幅没有超过 35 页的，比 70 年代的近百页大大减少。

在“国家情报评估”瘦身的同时，中情局也在限制其他报告的篇幅，1995 年中情局主管情报的副局长加努恩说，10 年前中情局生产针对苏联的长篇分析报告，今天则生产简短而深刻的报告或多媒体产品。[②]

20 世纪 90 年代中期，中情局规定绝大部分报告都要限制在 3—7 页之间，包括图表在内。[③] 1994 年美国情报共同体参照英国联合情报委员会（Joint Intelligence Council）为内阁成员准备三页纸情报的做法，国家情报委员会出版了“总统概要”（President's Summary），把国家情报评估的内容摘给高级官员。[④]

---

① Richard K. Betts, “Strategic Intelligence Estimates: Let's Make Them Useful”, *Parameters*, Journal of the US Army War College, p. 20.

② *A Compendium of Analytic Tradecraft Notes*, Central Intelligence Agency, A Compendium of Analytic Tradecraft Notes, Volume I – 10, www. au. af. mil/au/awc/awcgate/cia/tradecraft _ notes/contents. htm.

③ Stephen Marrin, “CIA's Kent School: Improving Training for New Analysts”, *International Journal of Intelligence and Counterintelligence* 16, 2003, p. 627.

④ Joseph S. Nye, Jr., “Peering into the Future”, *Foreign Affairs*, 73/4, July/August, 1994, pp. 91 –92.

第八章

战略情报分析的困境

如果以1949年肯特的《为美国世界政策服务的战略情报》一书为开端，现代情报学已经走过了50多个春秋。令人遗憾的是，情报学研究通过分析情报失误提出了一系列问题和困惑，但几乎所有问题都未找到令人满意的答案，而是形成了情报分析中的诸多悖论。更令人遗憾的是，从目前社会科学的发展水平来看，这些悖论得以解决的希望非常小。

第一节　社会科学的预测功能

预测是人在理解现状的基础上，利用知识、推理，知道未来的事情。在社会科学中，人既不能完全理解社会现状，也没有完美的知识和科学方法，因而精确预测未来似乎是一项不能完成的使命。

首先，作为社会科学的研究对象，社会本身就是不能被完全理解的。目前的人类社会，包括各种制度、物品并不是某个人设计的，而是众多个人、组织在冲突、妥协、合作中自然生成的，其复杂性令人类难以想象。哈耶克说，“由于缺少一种有关社会现象的综合理论，无法理解众多个人的独立行为如何能够产生内部融洽的整体，亦即产生服务于人类的各种目标却并非为此目的设计的持久结构。”① 也就是说，人类可以从不同角度理

① ［英］弗里德里希·A. 哈耶克：《科学的反革命》，冯克利译，译林出版社，2003年版，第82页。

解、分析一个具体问题，但是一个特定问题的变量太多，任何人都不可能完全掌握这些变量及相互关系。

其次，人的知识和认知能力有限。人类知识是个人知识积累的总和，其总量远远大于个人所能理解的范围。特别是近现代以来，社会科学知识分工越来越细，所谓的专家只是某一个领域的专业人才，而一个社会现象总是由多个领域的变量决定的。例如，一个国家发生社会动乱，理解动乱的原因超出了所有经济学家、政治学家、法学家和社会学家的专业知识范围，没有一个人头脑中装着的知识足以完全理解一个社会现象。哈耶克说，指导任何人类群体的行为的具体知识，从来就不是作为一个稳定而严密的体系而存在的，它只以分散的、不完美的和不稳定的形式，存在于众多个人的头脑中，一切知识的分散性和不完美性，是社会科学必须首先面对的两个基本事实。①

第三，预测社会现象的困难。因为人不能完全认识社会现象，作为人类社会的关键变量的人又拥有自由意志，对社会现象的预测比自然现象更难。不仅如此，社会学家预测未来的科学方法从来就不是确定无疑的，而只是一些假设、类律和理想法则。因此，社会科学家不仅不能理解社会现象，而且缺乏预测所需的工具。中情局情报研究中心（Center for the Study of Intelligence）历史学家库恩斯说，认识论给我们的教训是，没有一种方法可以事先知道预测的正确与否，因此也没有一种确定的办法让情报失误得以避免。②

第二节　情报分析的困境

上面提及的是社会科学在预测中的困难，杰维斯曾悲观地预测，即使

① ［英］弗里德里希·A. 哈耶克：《科学的反革命》，冯克利译，译林出版社，2003 年版，第 22—23 页。

② Woodrow J. Kuhns, “Intelligence Failures: Forecasting and the Lessons of Epistemology”, in *Paradoxes of Strategic Intelligence*, Edited by Richard K. Betts and Thomas G. Mahnken, Frank Cass, 2003, p. 93.

社会科学已经发展成熟了，人的认知偏见也可以不考虑，情报预测仍很难。[①] 同社会科学研究相比，情报分析有自己特殊的难题。

正如杰维斯所言，假如社会科学已经发展成熟了，拥有众多的普遍规律，目前社会科学中的类律、理想法则都变成了自然科学规律一样的硬法则。同时，人的认知偏见也完全得到克服。即使如此，情报预测仍然有不可克服的困难。

首先，分析员不可能拥有针对具体社会现象的完美知识。如果社会科学理论成为了普遍规律，社会现象的自变量与因变量之间的关系是确定的，但情报要预测具体社会现象，还必须清楚了解这一社会现象的一切变量，然后才能把这些变量填进社会科学理论中。然而，由于情报本身具有的对抗性，情报分析员永远不可能拥有完美知识，如果分析员已经拥有完美知识，情报分析也就不必要了。影响一个社会现象的变量很多，有些变量是可以观察的，有些则不能直接观察，只能通过逻辑推理来理解。杰维斯指出，预测具体事件所需的一些信息只存在于敌对国家的一两个领导人脑子里，分析员不可能完全能得到。[②] 因为情报的对抗性，分析员不可能像社会科学研究者一样公开前往对象国，亲自接触、观察、理解对象国的情况，也没有机会亲自访谈当事人。情报分析所采用的所有材料几乎全部是二手的，而对方总是想尽一切办法阻碍情报分析员得到真实信息，这些二手信息是不完整的、不可靠的、可能具有欺骗性的。前中情局局长盖茨在谈到人物情报分析时说“我不相信你对一个从未谋面、远在5000公里之外的人能做出心理分析”。[③]

---

① Robert Jervis, “Improving The Influence Process: Information Norms and Incentives”, in Alfred C. Maurer, Marion D. Tunstall and James M. Keagle, edited, *Intelligence: Policy and Process*, Boulder and London: Westview Press, p. 114.

② Robert Jervis, “Improving The Influence Process: Information Norms and Incentives”, in Alfred C. Maurer, Marion D. Tunstall and James M. Keagle, edited, *Intelligence: Policy and Process*, Boulder and London: Westview Press, p. 114.

③ Thomas Omestad, “Psychology and the CIA: Leaders on the Couch”, *Foreign Policy*, Summer 1994, pp. 105 – 122.

更困难的是，情报分析员不仅要像对象国的决策者一样了解对象国，而且还要事无巨细地了解决策者。肯特说，情报机构只有了解对方的政治、社会、道德标准等，并且它所掌握的知识可以和该国外交部长掌握的相比，才能预测在特定情况下外长会采取什么行动。[①] 但是，肯特没有提到，分析员需要掌握的知识比对象国外长更多，因为他还要知道外长本人的性格、爱好、偏见、错误观点，才能预测外长将要采取的措施。例如，1962 年古巴导弹危机前，美情报分析员没有预测到苏共总书记赫鲁晓夫会做出错误决定，所以没能预测到苏联在古巴部署进攻性导弹。肯特说，没有任何评估过程能准确预测敌人什么时候做出错误决定，我们没预测到苏联部署导弹，是因为我们不相信苏联会犯错误。[②] 比对手更加了解对手，这对情报分析员来说几乎是不可能的事。

其次，情报分析存在“测不准定律”。情报分析是一个双方或多方博弈的过程，并不是主观对客观的认识过程。从斗争性来说，一国情报分析的失误就是对象国情报斗争的胜利。斗争双方为了取得博弈优势，往往会采取超出对方预期的行为。所谓胜败是兵家常事，那么情报失误也就是“情家常事”。情报分析员的目标是准确理解对手，而对手的行为处在变化中，且对手变化其行为的目标就是让分析员错误理解自己的行为。这类似于海森堡（Werner Heisenberg）提出的测不准定律（ Principle of Uncertainty）。德国物理学家海森堡 1927 年提出客体的位置和速度在理论上不能同时精确测定，同时具有精确位置和精确速度的概念在自然界是没有意义的。在这种博弈和运动过程中，情报分析变成一种智力游戏，例如，在战争中有 A 和 B 两个进攻点，A 点易攻，我想敌人会在 A 点进攻，但敌人想到我想到敌人会在 A 点进攻，所以敌人可能在 B 点进攻，然后我想到敌人会想到我想到敌人会在 A 点进攻，循环往复。从斗争性角度看，情报分析是一场斗争，

---

① Sherman Kent, *Strategic Intelligence for American World Policy*, Princeton, New York, New Jersey: Princeton University Press, Second Printing, 1971, p. 45.

② Sherman Kent, A Crucial Estimate Relived, http://www.cia.gov/csi/books/shermankent/9crucial.html.

是欺骗与被欺骗的博弈。在美国情报共同体流传甚广的情报法则（laws of intelligence）中有一个法则叫“肯特法则”：任何我听到过的政变最后都未发生。[①] 肯特法则就是情报悖论，如你已经知道政变消息了，那么政变肯定会因消息泄露而取消。

第三，情报分析的综合性。即使分析员已经知道关于具体社会现象的完美知识，已经测定了对手的一切信息，社会科学理论也像自然科学一样成为硬理论，如果没有综合性社会科学理论，分析员还是没有预测工具。社会现象的变量太多，比认识这些变量更难的是寻找变量之间的关系。克劳塞维茨在其著作中引用拿破仑的话说，评估其他国家能力和意图所需要的数学知识连牛顿都会感到害怕。[②] 例如，在战略力量评估中，多少空中优势可以抵消一定的陆军优势，物质力量和特定的战略、战术结合会产生多大效益，人员素质、士气等因素又能抵消多少物质力量，意外袭击会使敌人的力量增加多少倍，这些变量之间的关系都是未知数，所有这些变量相互作用的结果更无人知道。因此，以色列情报学者卡姆说，即使所有数据都有了，一个关键的问题是“质的因素让量的比较不具有决定性作用”。[③] 普林斯顿大学教授诺尔说，更重要的是，没有实用的方法确定这些变量间的关系。[④] 迄今为止，社会科学没有找到一种实用的方法，理解不同变量在一个特定社会现象中的相互关系，情报分析也就没有精确的方法得出综合性结论。

---

① Charles D. Cremeans, “Basic Psychology for Intelligence Analysts”, in H. Bradford Westerfield, ed. , *Inside CIA's Private World: Declassified Articles from the Agency's Internal Journal*, New Haven, CT: Yale University Press, 1995.

② Carl von Clausewitz, *On War*, trans, Michael Howard and Peter Paret (Princeton UP 1976), p. 586. Quoted by David Kahn, “An History Theory of Intelligence”, *Intelligence and National Security*, Vol. 16, No. 3, Autumn 2001, p. 87.

③ Ephraim Kam, *Surprise Attack: The Victim's Perspective*, Cambridge, Massachusetts: Harvard University Press, 1988, p. 75.

④ Klaus Knorr, *Military Power and Potential*, Lexington, Mass: D. C. Heath, p. 23, quoted by Ephraim Kam, *Surprise Attack: The Victim's Perspective*, Cambridge, Massachusetts: Harvard University Press, 1988. p. 76.

第三节　与错误共生

一、情报学的前景不乐观

情报分析到目前为止仍不是一门独立学科，其专业术语、研究方法大多数是从其他社会科学研究中借用的。克服情报分析的上述困境，既需要发达的社会科学，也需要有完善的情报学理论，只有情报学理论才能解决情报分析的特定难题。然而，情报学目前仍停留在描述、批评情报失误的阶段，远未进入理论构建阶段。哥伦比亚大学教授贝茨指出，情报学对情报失误案例研究颇多，但令学者沮丧的是没有情报学（a theory of intelligence），或者准确地说没有积极的或规范的（positive or normative）情报学，而批评性的或描述性的（negative or descriptive）理论发展很完备，即从经验角度理解情报失误原因。其间的根本区别是这些知识很少能在实践中促进情报分析，这些经验主义的事后分析仅在偶然情况下能改进情报工作，而不能成为规范理论。①

情报学之所以多年来停留在情报失误检讨阶段，而不能在证伪的基础上进行理论构建，还是由情报研究对象的复杂性和综合性决定的。现代社会科学是在客观、系统总结历史经验基础上，采取假设、验证、证伪的方法发展理论，但情报学对情报经验的总结却是零碎的、个人化的，客观、系统地评价情报目前还做不到。前“国家评估委员会”（the Board of National estimates）负责人史密斯（Abbot Smith）说：“似乎，一个人得到有关预测准确率的客观的、统计学的结论是可能的。翻阅所有文件，找出正确的判断和错误的判断，算出命中率。我曾经认为这是可以做到的，我尝试着做，结果证明是不可能的，原因是多方面的。”② 情报判断不仅受情报

---

① Richard K. Betts, “Analysis, War, and Decision: Why Intelligence Failures Are Inevitable”, *World Politics*, 00043－88/78, p. 62.

② Abbot Smith, “On the Accuracy of National Intelligence Estimates”, *Studies in Intelligence*, vol. 13, no. 3, Fall 1969, p. 8.

分析方法影响，还受证据质量的影响，因此要总结情报分析规律还必须验证成千上万的证据，这是社会科学研究中不存在的问题。即使排除信息来源可靠性问题，单单是对情报判断的检验也难以完成。据史密斯研究，分析员为了得到一个准确结论必须处理大量数据，每个“国家情报评估”都包含多个判断。他判断，要研究 20 年间美国情报共同体“国家情报评估”中的判断正确率，研究者需要检查不少于 2.5 万个判断的正确率。① 这再次涉及到情报研究对象的复杂性和综合性。于是，情报学研究只能选择性地研究案例，而选择性带来的直接后果就是非客观性。正如库恩斯所言，数量不足的案例只能得出不可靠的结论，情报学研究就是在这样的基础上展开的。②

通过对个别案例的研究，情报学得到了诸多没有答案的悖论：一个人对误导越警觉，就越可能成为误导的牺牲品；一个信息越是有价值，分析员越要警惕；信息越是好，特别是单一来源的信息，可信度就越低；风险越大，看起来越不可能，实际上它的风险可能更小；越大的风险，对手越认为不可能，那么成功的可能性就越大；情报机关的信誉越高，它的结论越无人质疑，从长远来看它超越自己的难度就越大；一个思维模式越是被证明成功，就会越少受到质疑，出错的可能就越大。③

二、情报体制改革潜力有限

过去半个世纪，情报分析的改革主要是组织管理方面的演进，其作用是有限的。美国历史上每次情报失误调查均认为，信息流通不畅是原因之一。大部分调查报告认为，原始情报充分共享、各机构分析员深入合作、情报与决策之间交流畅通可以减少或避免情报失误。从这个角度来看，解

---

① Abbot Smith, “On the Accuracy of National Intelligence Estimates”, *Studies in Intelligence*, vol. 13, no. 3, Fall 1969, pp. 15 –28.

② Woodrow J. Kuhns, “Intelligence Failures: Forecasting and the Lessons of Epistemology”, in *Paradoxes of Strategic Intelligence*, Edited by Richard K. Betts and Thomas G. Mahnken, Frank Cass, 2003.

③ Michael I. Handel, “Intelligence and the Problem of Strategic Surprise”, in *Paradoxes of Strategic Intelligence*, Edited by Richard K. Betts and Thomas G. Mahnken, Frank Cass, 2003

决情报失误就比较乐观，执行起来也比较容易，见效也相当快，只要通过调整组织管理来改善信息流通就可以了。从珍珠港事件到“9·11”事件，每次情报调查之后都有机构改革。据说，国防情报局最初十年改组四次。然而，过去五十年的经验表明，机构改革对情报分析影响不大，要么信息流通不是情报分析的关键因素，要么改革信息流通的潜力已经不大。哥伦比亚大学教授贝茨说，机构改组能小幅提高情报分析质量，但不会有突破性变化，真正的突破也是不可能的。① 人们之所以三番五次把重点集中在这里，是因为这个方面最容易改进。正如基辛格批评中情局未能预测到十月战争时所言：“错误不是管理方面的，而是学术方面的。”②

三、分析方法突破遥遥无期

历史可以预示未来。过去50年情报分析方法几乎一成未变，这让情报分析方法短期内突破的希望看起来非常渺茫。1976年丘奇委员会报告认为，原始情报的数量和质量均有大突破，但分析能力没有相应提高。结果大量原始情报直接成为成品情报，分析员只是综合原始情报，并把它们放到适当的背景中。③ 情报分析结果仅仅是建立在事实上的“最佳猜想”，既不能全信，也不能不信，甚至既不知道为什么对，也不知道为什么错。斯坦福大学教授布罗迪（Richard Brody）说，预警情报应当让军队在正确的时间（right time）到达正确的地点（right place），但是目前只能做到让军队在显现出的时间（indicated time）到达显现出来的地点（indicated place）。④ 显现出来的时间、地点有的时候与实际时间、地点有差距，有的

① Richard K. Betts，“Strategic Intelligence Estimates：Let's Make Them Useful”，*Parameters*，Journal of the US Army War College，p. 26.

② K. Kissinger，*Years of Upheaval*（London：Weidenfeld and Nicolson，Joseph，1982），p. 466，Quoted by Michael Herman，*Intelligence Power in Peace and War*，Cambridge University Press，1996，p. 228.

③ U. S.，Congress，Senate，94th Congress，2d Session，the Select Committee to Study Governmental Operations，*Foreign and Military Intelligence*，Final Report Book 1，U. S. Government Printing Office，1976，p. 18.

④ Richard Brody，“The Limits of Warning”，in Douglas H. Dearth and Royal Thomas Goodden，edited，*Strategic Intelligence：Theory and Application*，Defense Intelligence Agency，1995，p. 292.

时候没有区别，如何取舍完全依靠决策者的政治判断。甚至有的时候，情报预测事后证明是正确的，分析员也很难说清为什么是正确的。古巴导弹危机前，情报共同体的“国家情报评估”认为苏联不可能在古巴部署进攻性导弹，但中情局长麦康个人持不同意见，事实证明他的观点是正确的。但他说：“很清楚，在八月份没有足够证据支持我的观点，即苏联要在古巴部署进攻性导弹，这完全是一个判断问题。”①

面对情报分析的这种困境，前中情局长科尔比在1981年写道：“必须创立一门专门为情报分析设计的学科，其研究与发展的过程已经开始。它将通过新技术预测未来而不是解释过去，因而超越了学术分析（academic analysis）。这门新学科的经验不仅来源于官方情报机构，而且还包括信息科学研究中心、政治风险分析家、“罗马俱乐部”（the Club of Rome）项目、全球2000年研究及其他。② 可惜，20多年过去了，这样一门救情报分析于水火中的预测科学仍未出现。

研究珍珠港事件的学者沃尔斯泰特在其经典著作《珍珠港：预警与决策》的结尾说，我们必须接受不确定性，学习与其共存。③ 在可预见的将来，这恐怕是全世界所有情报分析机构和决策者必须面对的现实。

---

① Thomas L. Hughes, “The Fate of Facts in a World of Men: Foreign Policy and Intelligence Making”, *Headline Series*, No. 233, December 1976, p. 44.

② Willian Colby, “Intelligence in the 1980s”, *The Infromation Society* 1, no. 1 (1981), p. 59, quoted by Abram N. Shulsky, Gary J. Schmitt: *Silent Warfare: Understanding the World of Intelligence*, the third edition, Washington, D. C.: Brassey's Inc, 2002, p. 163.

③ Roberta Wohlstetter, *Pearl Harbor: Warning and Decision*, Stanford University Press, 1962, p. 401.

参考文献

[德] 狄尔泰：《对他人及其生命表现的理解》，何兆武主编：《历史理论与史学理论：近现代西方史学著作选》，商务印书馆，1999年版。

[美] 约翰·兰尼拉格：《中央情报局》，潘世强、范道丰、李中、黄景让译，范道丰校，中国社会科学出版社，1990年12月版。

[英] 弗里德里希·A. 哈耶克：《科学的反革命》，冯克利译，译林出版社，2003年版。

陈振明："当代西方社会科学发展的整体化趋势：成就、问题与启示"，《学术月刊》，1999年第11期。

秦亚青："第三种文化：国际关系研究中科学与人文的契合"，《世界经济与政治》2004年第一期。

Abbot Smith, "On the Accuracy of National Intelligence Estimates", *Studies in Intelligence*, vol. 13, no. 3, Fall 1969.

Abraham Ben Zvi, "Hindsight and Foresight: A Conceptual Framework for the Analysis of Surprise Attacks," *World Politics*, April, 1976.

Abram N. Shulsky, Gary J. Schmitt, *Silent Warfare: Understanding the World of Intelligence*, the third edition, Washington, D. C.: Brassey's Inc., 2002.

Abram N. Shulsky, Gary J. Schmitt: *Silent Warfare: Understanding the World of Intelligence*, the third edition, Washington, D. C.: Brassey's, Inc., 2002.

Adda B. Bozeman, *Strategic Intelligence*: *Selected Essays*, Washington, D. C. : Brassey's, 1992.

Alfred C. Maurer, Marion D. Tunstall and James M. Keagle, edited, *Intelligence*: *Policy and Process*, Boulder and London: Westview Press.

Alfred C. Maurer, Marion D. Tunstall and James M. Keagle, *Intelligence*: *Policy and Process*, Boulder and London: Westview Press, 1985.

Alfred C. Maurer, Marion D. Tunstall and James M. Keagle, *Intelligence*: *Policy and Process*, Boulder and London: Westview Press, 1985.

Allen Dulles, *The Craft of Intelligence*, Harper & Row, Publishers, 1963.

Andrew Rathmell, "Toward Postmodern Intelligence", *Intelligence and National Security*, Vol. 17, No. 3, Autumn 2002.

Angelo Codevilla, *Informing Statecraft*: *Intelligence for a New Century*, New York: The Free Press, 1992.

Angelo Codvilla, *Informing Statecraft*: *Intelligence for a New Century*, New York: The Free Press, 1992.

Anselm Strauss and Juliet M. Corbin, *Basics of Qualitative Research*, *Techniques and Procedures for Developing Grounded Theory*, Newbury Park: Sage Publications, 1990.

Arthur S. Hulnick, "Managing Intelligence Analysis: Strategies for Playing the End Game", *The International Journal of Intelligence and counterintelligence*, 1998.

Arthur S. Hulnick, *Fixing the Spy Machine*: *Preparing American Intelligence for the Twenty-first Century*, Westport, CT: Praeger, 1999.

Barry M. Katz, *Foreign Intelligence*: *Research and Analysis in the Office of Strategic Service*, 1942 – 1945, Cambridge, MA: Harvard University Press, 1989.

Barry M. Katz, *Foreign Intelligence*: *Research and Analysis in the Office of Strategic Service*, 1942 – 1945, Harvard University Press, 1989.

Bill Halpin, "Defense HUMINT: Yesterday, Today, and Tomorrow", *Defense Intelligence Journal*: 14 – I, 2005.

Bob Drogin, "Shool for New Brand of Spooks", *the Los Angeles Times*, July 21, 2000.

Bruce Berkowitz, "Failing to Keep Up With the Information Revolution", *Studies in Intelligence*, Vol. 47, No. 1, 2003, www. cia. gov/csi/studies/vol47no1/index. html.

Bruce Berkowitz, "The Big Difference Between Intelligence and Evidence", *The Washington Post*, February 2, 2003.

Bruce D. Berkowitz and Allan E. Goodman, *Strategic Intelligence for American National Security*, Princeton University, 1989.

Bruce W. Jentelson and Thomas G. Paterson, eds, *Encyclopedia of US Foreign Relations*, Volume 2, New York: Oxford University Press, 1997.

Bruce W. Watson, Susan M. Watson, and Gerald W. Wopple, eds. , *United States Intelligence: An Encyclopedia*, New York: Garland Publishing , Inc. , 1990.

Center for the Study of Intelligence Roundtable Report, *Intelligence and Policy: The Evolving Relationship*, 10 November 2003, Georgetown University, Washington, D. C.

Central Intelligence Agency, *A Compendium of Analytic Tradecraft Notes*, Volume I - 10, www. au. af. mil/au/awc/awcgate/cia/tradecraft _ notes/contents. htm.

Christopher M. Jones, "The CIA Under Clinton: Continuity and Change", *International Journal of Intelligence and Counterintelligence* 14, 2004.

Clarence A Robinson Jr, "Intelligence Agency Adjusts As Mission Possible Unfolds", *signal*, Oct 1998.

Codr Meyer, *Facing Reality: From World Federation to the CIA*, New York: Harper and Row, 1980.

Colin Dueck, "New Perspectives on American Grand Strategy: A Review Essay", *International Security*, Spring, 2004.

Commission on the Role and Capabilities of theUnited States Intelligence

Community, *Preparing for the 21st Century: An Appraisal of US Intelligence* (the "Brown-Aspin Report), Washington, DC: Government Printing Office, 1996.

Constantine Fitzgibbon, *Secret Intelligence in the Twentieth Century*, New York: Stein and Day, 1977.

Council on Foreign Relations [Richard N. Hass, project director], *Making Intelligence Smarter: Report of an Independent Task Force*, New York, NY: Council on Foreign Relations, 1996.

Cynthia M. Grabo, "The Watch Committee and the National Indications Center: The Evolution of U. S. Strategic Warning 1950 – 1975", *International Journal of Intelligence and Counter Intelligence*, Vol. 3, No. 3.

David A. Brinkley and Andrew W. Hull, *Estimate Intelligence: A Textbook on the History, Products, Uses and Writing of Intelligence Estimates*, Prepared for the Defense Intelligence School, August 1979.

David A. Charters, A. Stuart Farson and Glenn P. Hastedt, *Intelligence Analysis and Assessment*, Frank Cass, 1996.

David Kahn, "An History Theory of Intelligence", *Intelligence and National Security*, Vol. 16, No. 3, Autumn 2001.

David M. Kennedy, "Sunshine and Shadow: The CIA and the Soviet Economy", *Kennedy School of Government Case Program*, Harvard University.

David M. Kennedy, *Sunshine and Shadow: The CIA and the Soviet Economy*, Kennedy School of Government Case Program, Harvard University, .

David T. Resch, "Predictive Analysis: The Gap Between Academia and Practitioners", *Military Intelligence Professional Bulletin*, Apr-June 95, Vol. 21, Issue 2.

David W. Overton, "The DI 10 Years After Reorganization: Stress, Success, and the Future", *Studies in Intelligence*, 1992.

Douglas H. Dearth and Royal Thomas Goodden, edited, *Strategic Intelligence: Theory and Application*, Defense Intelligence Agency, 1995.

Douglas J. MacEachin, "The Tradecraft of Analysis: Challenge and Change in the CIA", *Working Group on Intelligence Reform Papers*, 1994.

Ephraim Kam, *Surprise Attack: The Victim's Perspective*, Cambridge, Massachusetts: Harvard University Press, 1988.

Ernest May, *Lessons of the Past: The Use and Misuse of History in American Foreign Policy*, New York: Oxford University Press, 1973.

Erome K. Clauser and Sandra M. Weir, *Intelligence Research Methodology: An Introduction to Techniques and Procedures for Conducting Research in Defense Intelligence*, HRB-Singer, Inc., 1976.

Evans, Allan, "Intelligence and Policy Formation," *World Politics*, 12, 1959.

Executive Order 12333, *United States Intelligence Activities*, December 4, 1981.

Foreign Missile Threats: Analytic Soundness of National Intelligence Estimate 95 – 19," Statement of Richard Davis, Director, National Security Analysis, National Security and International Affairs Division, GAO, Before the Select Committee on Intelligence U. S. Senate.

Frank Watanabe, "How To Succeed in the DI: Fifteen Axioms for Intelligence Analysis", *Studies In Intelligence*, Vol. 1, No. 1, 1997.

General Brent Scowcraft, remarks given at the conference on 'US Intelligence and the End of the Cold War', Panel V, "The Use of Intelligence by Policymakers", 20 November 1999, Texas A&M University.

Geological Survey (U. S.), Military Geology Branch, *Formosa (Taiwan), Terrain Intelligence: Summary*, Washington, D. C.: Army Map Service, U. S. Army, 1944.

George Lardner, Jr., and Walter Pincus, "Congress May Seek Review of All Intelligence Spending," *The Washington Post*, January 10, 1993.

George P. Shultz, *Turmoil and Triumph: My Years as Secretary of State*, NY: Scribner's 1993.

Gerald W. Hopple and Bruce W. Watson, eds., *The Military Intelligence*

Community, Boulder: Westview Press, 1986.

G. Matthew Bonham and Michael J. Shapiro, *Thought and Action in Foreign Policy: Proceeding of the London Conference on Cognitive Process Models of Foreign Policy*, March 1973.

Hans J. Morgenthau, *Truth and Power, essays of a decade*, 1960 – 70, Praeger Publishers, 1970.

Harold P. Ford, *Estimative Intelligence: The Purpose and Problems of National Intelligence Estimating*, University Press of America, 1993.

Harold P. Ford, *Sherman Kent and the Board of National Estimates: Collected Essays*, the Study of intelligence center, 1994. www. cia. gov/csi/books/shermankent/toc. html.

Harry Howe Ransom, *Strategic Intelligence*, General Learning Press, 1973.

Harry Howe Ransom, *The Intelligence Establishment*, Harvard University Press, 1970.

Herbert E. Meyer, Doing Intel Right, www. nationalreview. com/comment/meyer200504120757. asp.

H. Bradford Westerfield, ed. , *Inside CIA's Private World: Declassified Articles from the Agency's Internal Journal*, New Haven, CT: Yale University Press, 1995.

Irving A. Taylor and Jacob W. Getzels, eds. , *Perspectives in Creativity*, Chicago, Aldine Publishing, 1975.

Isaac Ben-Israel, "Philosophy and Methodology of Intelligence: The Logic of Estimate Process", *Intelligence and National Security*, 2003.

Jack Davis, "Improving CIA Analytic Performance: Analysis and the Policymaking Process", The Sherman Kent Center for Intelligence Analysis, *Occasional Papers*, Vol. 1, No. 2.

Jack Davis, "Improving CIA Analytic Performance: DI Analytic Priorities", *The Sherman Kent Center for Intelligence Analysis*, Occasional Papers, Vol. 1, No. 1.

Jack Davis, "Improving CIA Analytic Performance: Strategic Warning", The Sherman Kent Center for Intelligence Analysis, *Occasional Papers*, Vol. 1, No. 1.

Jack Davis, "Sherman Kent's Final Thought on Analyst-Policymaker Relations", The Sherman Kent Center for Intelligence Analysis, *Occasional Papers*, Vol. 2, No. 3, 2004.

Jack Davis, "Tensions in Analyst-Policymaker Relations: Opinion, Facts, and Evidence", *Occasional Papers*: Volume 2, Number 2, Jan 2003.

Jack Davis, "Tensions in Analyst-Policymaker Relations: Opinions, Facts, and Evidence", The Sherman Kent Center for Intelligence Analysis, *Occasional Papers*, Vol. 2, No. 2.

Jack Davis, "The Kent-Kendall Debate of 1949: Analysis and Policy", *Studies in Intelligence*, 1992.

Jack Davis, *The Challenge of Opportunity Analysis*, Center for the Study of Intelligence, July, 1992.

James A. Barry, Jack Davis, David D, Gries and Joseph Sullivan, "Bridging the Intelligence-Policy Divide: A Progress Report", *Studies in Intelligence*, 1994.

James B. Conant, *On Understanding Science: An Historical Approach*, New York: The New American Library, 1951.

James Finley, "Nobody Likes to be Surprised: Intelligence Failures," *Military Intelligence Professional Bulletin*, January-March, 1994.

Jami Miscik, DDI's State of Analysis Speech, All-Hands Meeting, CIA Auditorium, 11 February 2004.

JCS, Department of Defense Dictionary of Military and Associated Terms, 1994.

Jeffrey T. Richelson, *From Director of Central Intelligence to Director of National Intelligence*, National Security Archive Electronic Briefing Book No. 144, August 12, 2005, www. gwu. edu/^ nsarchiv/NSAEBB/NSAEBB144/index. htm.

John A. Gentry, *A Framework for Reform of the U. S. Intelligence Community*, 6 June 1995, www. fas. org/irp/gentry/index. html.

John C. Gannon, "Managing Information in the Directorate of Intelligence", in Advanced Information Processing and Aanlysis Symposium, March 27, 1997.

John C. Gannon, "Managing Information in the Directorate of Intelligence", in Advanced Information Processing and Aanlysis Symposium, March 27, 1997.

John E. McLaughlin, "The Changing Nature of CIA Analysis in the Post-Soviet World", Remarks of the Deputy Director of Central Intelligence at the Conference on CIA's Analysis of the Soviet Union, 1947 - 1991, Princeton University, 9 March 2001.

John Lewis Gaddis, "International Relation Theory and The End of The Cold War", *International Security*, Vol. 17, No. 3, Winter, 1992 - 1993.

John L. Peterson, "Forecasting : It's Not Possible," *Defense Intelligence Journal*, Fall 1994.

John Macartney, "How Do You Define Intelligence?", *Intelligencer* 6, no. 1, Jan. 1995.

John McLaughlin, "New challenges and Priorities for Analysis," Opening Address for the Conference on Information Technology, 27 March 1997.

John Prados, *The Soviet Estimate: U. S. Intelligence Analysis & Russian Military Strength*, New York: The Dial Press, 1982.

Joseph S. Nye, Jr. , "Peering into the Future", Foreign Affairs, 73/4, July/August, 1994.

Joseph S. Nye, Jr. , "Peering into the Future", *Foreign Affairs*, 73/4, July/August, 1994.

J. H. Hedley, *Checklist for the Future of Intelligence*, Georgetown: Institute for the Study of Diplomacy, 1995.

J. RansomClark, "New Boxes for Old Tools? Considerations on Reorganizing U. S. Intelligence," *Ohio Journal of Economic and Politics*, Vol 8, No. 1, Fall 1993.

Karl R. Popper, *Conjectures and Refutations: The Growth of Scientific Knowledge*, New York: Harper & Row, 1963.

Karren E. Scott, *Paradigm Shift: U. S. Strategic Intelligence in the* 1990's, An Individual Study Project, U. S. Army War College, 1993.

Klaus Knorr, "Failure in National Intelligence Estimates : The Case of the Cuban Missiles," *World Politics*, XVI: 3, April 1964.

Klaus Knorr, *Foreign Intelligence and the Social Science*, Center of International Studies, Woodrow Wilson Hall, Princeton University, Research Monograph, No. 17, June 1, 1964.

K. J. Holsti, *International Politics: A Framework for Analysis*, Prentice-Hall, Inc., 1983.

Lars Mjoset, "Understanding of Theory in the Social Sciences", *ARENA Working Papers*, WP 99/33, Department of Sociology and Human Geography, University of Oslo.

Len Scott and Peter Jackson, "The Study of Intelligence in Theory and Practice", *Intelligence and National Security*, Vol. 19, No. 2, Summer 2004.

Len Scott and Peter Jackson, "The Study of Intelligence in Theory and Practice", *Intelligence and National Security*, Vol. 19, No. 2, Summer 2004.

Lock K. Johnson and James J. Wirtz, ed, *Strategic Intelligence: Windows Into a Secret World an Anthology*, Roxbury Publishing Company, 2003.

Lyman B. Kirkpatrick, Jr., *The U. S. Intelligence Community: Foreign Policy and Domestic Activities*, New York: Hill and Wang; 1973.

Lyman B. Kirkpatrick, Jr., *U. S. Intelligence Community: Foreign Policy and domestic Activities*, New York: Hill and Wang, 1973.

Mark Burton, "Government Spying for Commercial Gain: Problems and Alternative", *Studies in Intelligence*, 1994.

Mark G. Marshall, "Teaching Intelligence Research", *Defense Intelligence Journal*, 14 - 1, 2005.

Mark Mazzetti, "Spymaster Tells Secret of Size of Spy Force", *The New York Times*, April 21, 2006.

Mark M. Lowenthal, *Intelligence: From Secret to Policy*, Washington, D. C. : CQ Press, 2003.

Mark M. Lowenthal, *Intelligence: From Secret to Policy*, Washington, D. C. : CQ Press, 2003.

Max Weber, *The Theory of Social and Economic Organization*, New York: Oxford University Press, 1947.

Michael A. Gips, " Predicting Terror Attacks ", *Security Management*, Vol. 49, No. 2, February, 2005.

Michael A. Turner, "A Distinctive U. S. Intelligence Identity", *International Journal of Intelligence and Counterintelligence* 17, 2004.

Michael Douglas Smith, " CIA Publications: Serving the President with Daily Intelligence", *International Journal of Intelligence and Counterintelligence*, Vol. 12, No. 2.

Michael Handel, " Intelligecne and Crisis Forecasting", *Orbis* , Winter 1983.

Michael Handel, "The Politics of Intelligence", *Intelligence and National Security*, Vol. 2, 1987.

Michael Herman, *Intelligence Power in Peace and War*, Cambridge University Press, 1996.

Michael I. Handel, *Perception, Deception and Surprise: The case of the Yom Kippur War*, Jerusalem: Hebrew University Press, 1975.

Michael K. O'Leary, William D. Coplin, Howard B. Shapiro, and Dale Dean, "The Quest for Relevance: Quantitative International Relations Research and Government Foreign Affairs Analysis", *International Studies Quarterly*, Vol. 18, No. 2, Jun. , 1974.

Michael Warner and J. Kenneth McDonald, *US Intelligence Community Re-*

form Studies Since 1947, Center for the Study of Intelligence, Washington, D. C. , April 2005. Executive Summary.

Michael Warner, "Wanted: A Definition of intelligence", *Studies in intelligence* 46, no. 3, 2002.

Michael Warner, *Central Intelligence: Origin and Evolution*, Center for the Study of Intelligence, Central Intelligence Agency, Washington, DC, 2001.

National Defense University and National War College, *Reforming Intelligence: Selling Change, The Interagency Process*, Seminar C, www. ndu. edu/library/n2/n02LandryReforming. docp.

Nicholas Bunnin and E. P. Tsui-James, eds, *The Blackwell Companion to Philosophy*, Oxford: Blackwell, 1996.

NIE 98 – 03, Vietnamese Intentions, Capabilities, and Performance Concerning the POW/MIA Issue (U) .

Office of the Director of National Intelligence, ODNI Announces Establishment ofOpen Source Center, November 8, 2005, News Release.

Pauline V. Young, *Scientific Social Surveys and Research*, Englewood Cliffs, New Jersey: Prentice-Hall, Inc. , 1966.

Philip E. Tetlock, "Theory-Driven Reasoning about Plausible Paste and Probable Futures in World Politics: Are We Prisoners of Our Preconceptions?" *American Journal of Politics Science*, Vol. 43, 1999.

Ray S. Cline, *The CIA: Reality VS. Myth*, Acropolis Books LTD. , 1982.

Report of Team "B", Intelligence Community Experiment in Competitive Analysis: Soviet Strategic Objectives: an Alternative View, December, 1976.

Rich E. Yannuzzi, "In – Q – Tel: A New Partnership Between the CIA and the Private Sector", *Defense Intelligence Journal*, Winter 2000.

Richard J. Heuer, Jr. , *Psychology of Intelligence Analysis*, Center for the Study of Intelligence, Central Intelligence Agency, 1999.

Richard K. Betts and Thomas G. Mahnken, *Paradoxes of Strategic Intelligence*, London, Portland, OR: Frank Cass, 2003.

Richard K. Betts, "Analysis, War, and Decision: Why Intelligence Failures Are Inevitable", *World Politics*, 00043 - 88/78.

Richard K. Betts, "Policymakers and Intelligence Analysts: Love, Hate or Indifference?" *Intelligence and national Security* 3, No. 3, Fall 2004.

Richard K. Betts, "Strategic Intelligence Estimates: Let's Make Them Useful", *Parameters*, Journal of the US Army War College.

Rob Johnston, "Reducing Analytical Error: Integrating Methodologists into Teams of Substantive Experts", *Studies in Intelligence*, Vol. 47, No. 1, 2003, www. cia. gov/csi/studies/vol47no1/article06. html.

Rob Johnston: "Developing a Taxonomy of Intelligence Analysis Variables", *Studies in Intelligence*, Vol. 47, No. 3, 2003.

Robert Bovey, "The quality of Intelligence Analysis", *American Intelligence Journal*, Winter, 1980 - 1981.

Robert D. Steele, "The National Security Act of 1992", *American Intelligence Journal*, Winter/Spring 1992.

Robert Jervis, "Intelligence and Foreign Policy", *International Security*, Vol. 11, No. 3, Winter 1986 - 87.

Robert Jervis, *Perception and Misperception in International Politics*, Princeton University Press, 1976.

Robert Jervis, *Perception and Misperception in International Politics*, Princeton: Princeton University Press, 1976.

Robert M. Gates, "An Opportunity Unfulfilled: The Use and Perceptions of Intelligence at the White House", *The Washington Quarterly*, Vol. 1, No. 12, Winter 1989.

Robert M. Gates, "Guarding Against Politicization : A Message to Analysts", *Studies in Intelligence.*

Robert M. Gates, "The CIA and American Foreign Policy", *Foreign Affairs*, Winter 1987/1988.

Roberta Wohlstetter, *Pearl Harbor: Warning and Decision*, Stanford University Press, 1962.

Robet Gates, "An Opportunity Unfulfilled: The Use and Perception of Intelligence at the White House", *The Washington Quartely*, no. 1, Winter 1989.

Robin W. Winks, *Cloak & Grown: Scholars in the Secret War*, 1939 – 1961, 2d ed., New Haven, CT: Yale Univ. Press, 1996.

Roger C. Hilsman, *Strategic Intelligence and National Decision*, Glencoe: The Free Press, 1956.

Roger Hilsman, *Strategic Intelligence and National Decision*, Glencoe, Illinois: The Free Press, 1956.

Roger Hilsman, *Strategic Intelligence and National Decision*, Glenco, IL: The Free Press, 1956.

Roger Z. George, "Fixing the Problem of Analytical Mind-Sets: Alternative Analysis", *International Journal of Intelligence and Counterintelligence*, 17, 2004.

Roy Godson, ed, *Intelligence Requirements for the* 1990*s*, Lexington, Massachusetts: Lexington Books, 1989.

Roy Godson, ed., *Intelligence Requirements for the* 1980*s*: *Intelligence and Policy*, Free Press, Oct 1985.

Roy Godson, Ernest R. May and Gary Schmitt, *U. S. Intelligence at the Crossroads*: *Agendas for Reform*, Washington: Brassey's, 1995.

Ruth H. Phelps, Judith A. Englert, and Sharon A. Mutter, *Application of a Cognitive Model for Army Training*: *Handbook for Strategic Intelligence Analysis*, U. S. Army Research Institute for the Behavioral and Social Sciences, October 1984.

R. James Woolsey, "National Security and the Future of the Central Intelligence Agency," speech delivered at the Center for Strategic and International Studies, Washington, D. C., July 18, 1994.

Seminar on Intelligence, Command, and Control, *Intelligence*: *Cult*, *Craft*, *or Business*, Charles E. Allen, Guest Presentations, Spring 2000.

Seminar on Intelligence, Command, and Control, *Intelligence: Cult, Craft, or Business*, Charles E. Allen, Guest Presentations, Spring 2000.

Sherman Kent, "The Summit Conference of 1960: An Intelligence Officer's View", www. cia. gov/csi/books/shermankent/toc. html.

Sherman Kent, *Strategic Intelligence for American World Policy*, *Princeton*, New York, New Jersey: Princeton University Press, Second Printing, 1971.

Sherman Kent: A Crucial Estimate Relived, http: //www. cia. gov/csi/books/shermankent/9crucial. html.

ShermanKent, "Estimates and Influence", www. cia. gov/csi/books/shermankent/toc. html.

ShermanKent, "The Law and Custom of the National Intelligence Estimate", www. cia. gov/csi/books/shermankent/toc. html.

Shlomo Gazit, "Estimates and Fortunse-Telling in Intelligence Work", *International Security*, Vol. 4, No. 4, Spring, 1980.

Stephane Lefebver, "A Look at Intelligence Analysis", *International Journal of Intelligence and Counterintelligence*, 17, 2004.

Stephen Losey, "Intelligence Budget is $44 Billion", November 8, 2005, www. Federaltimes. com/indes2. php? 5 = 1227613.

Stephen Marrin and Jonathan D. Clemente, "Improving Intelligence Analysis by Looking to the Medical Profession", *International Journal of Intelligence and Counterintelligence*, 18, 2005.

Stephen Marrin, "CIA's Kent School: Improving Training for New Analysts", *International Journal of Intelligence and Counterintelligence*, 16, 2003.

Stephen Marrin, "The CIA's Kent School: A Step in the Right Direction", *The Intelligencer: Journal of U. S. Intelligence Studies*, Vol. 11, No. 2, Winter 2000.

Stephen M. Walt, "International relations: one world, many theories", *Foreign Policy*, *Spring*, 1998.

Steven R. Ward, "Counterpoint to 'the coming revolution in intelligence analysis, evolution beat revolution in analysis ' ," *Studies in Intelligence*, Vol. 46, No. 3, 2002.

The 9/11 Commission Report, Final Report of the National Commission on Terrorist Attacks Upon theUnited States.

The AFCEA Intelligence Committee, "Making Analysis Relevant: More Than Connecting the Dots", *Defense Intelligence Journal*, 14 – I, 2005.

The National Intelligence Council, *Mapping the Global Future: Report of the National Intelligence Council's* 2020 *Project*, December 2004, www. foia. cia. gov/2020/2020. pdf.

The National Security Act of 1947, Section 102, 26 July 1947.

Thomas F. Troy, The "Correct" Definition of Intelligence, International Journal of Intelligence and Counterintelligence 5, no. 4, Winter, 1991 – 1992.

Thomas L. Hughes, "The Fate of Facts in a World of Men: Foreign Policy and Intelligence Making", *Headline Series*, No. 233, December 1976.

Thomas M. Franck and Edward Weisband, edited, *Secrecy and Foreign Policy*, Oxford University Press, 1974.

Thomas Omestad, "Psychology and the CIA: Leaders on the Couch", *Foreign Policy*, Summer, 1994.

Thomas Omestad, "Psychology and the CIA: Leaders on the Couch", *Foreign Policy*, Summer 1994.

Tracing the Dragon, *Selected National Intelligence Estimates onChina*, 1948—1976, *Introduction*, by Robert L. Suettinger, www. cia. gov/nic/foia_ china_ intro_ eng. html.

U. S. , Congress, Senate, 94th Congress, 2d Session, the SelectCommittee to Study Governmental Operations, Foreign and Military Intelligence, Final Report Book 1, U. S. Government Printing Office, 1976.

U. S. , Congress, Senate, 94th Congress, 2d Session, the Select Committee to Study Governmental Operations, *Foreign and Military Intelligence*, Final Report Book 1, U. S. Government Printing Office.

U. S. Commission on Organizaton of the Executive Branch of the Government (1953 – 1955), Intelligence Activities, *A Report to the Congress*, Washington: Government Printing Office; 84th Cong., 1st sess., House Doc. No. 201; June 1955.

Vernon Loeb, "CIA Goes Deep Into Analysis: Agency Opens School Elevates Analysis", *The Washington Post*, Thursday, May 4, 2000.

Vernon Walters, *Silent Missions*, Garden City, NY: Doubleday, 1987.

Victoria S. Price, *The DCI's Role in Producing Strategic Intelligence Estimates*, January 1980, the United States Naval War College.

Walter Laqueur, "The Question of Judgment: Intelligence and Medicine," *The Journal of Contemporary History*, Vol. 18, 1983.

Walter Laqueur, *A World of Secrets: The Uses and Limits of Intelligence*, New York, NY: Basic Books, 1985.

Walter Pincus, "Military Espionage Cuts Eyed: Duplication Cited Among Pentagon Agencies", *The Washington Post*, March 17, 1995.

Walter Pincus, "New Law to Spread the Use of CIA's Analysis Approach", *The Washington Post*, December 20, 2004.

Washington Platt, *Strategic Intelligence Production: Basic Principles*, New York, N. Y., Frederick A. Praeger, 1957.

William C. Burris, "The uses of History in Intelligence Analysis", *International Journal of Intelligence and Counterintelligence* 6, no. 3, Fall 1993.

William M. Nolte, "Intelligence Reform after the Intelligence Reform Act of 2004", *Defense Intelligence Journal*, Volume 14, No 1, 2005.

William M. Nolte, *Intelligence Reform after the Intelligence Reform Act of 2004*, Volume 14, No. 1, 2005.

William O. Studeman, "Welcome Control for the CIA", *The Washington Post*, March 17, 1995.

Willian R. Corson, *The Armies of Ignorance: The Rise of the American Intelligence Empire*, New York: Dial Press; 1977.

Willmoore Kendall, "The Function of Intelligence"; *World Politics*, Vol. 1, No. 4, July, 1949.

Winn L. Taplin, "Six General Principles of Intelligence", *International Journal of Intelligence and Counterintelligence* 3, no. 4, Winter 1989.

W. O. Studeman (Director of the National Security Agency), "The Philosophy of Intelligence", Seminar On Command, Control, Communications and Intelligence, Guest Presentations, Spring 1990.

Yale H. Ferguson and Richard W. Mansbach, "Between Celebration and Despair: Constructive Suggestion for Future International Theory", *International Studies Quarterly*, Vol. 35, No. 4, Dec 1991.

Ytzhak Katz and Ygal Vardi, "Strategies for Data Gathering and Evaluation in the Intelligence Community", *International Journal of Intelligence and Counterintelligence*, No 3, 1991.

图书在版编目（CIP）数据

战略情报分析：方法与实践/牛新春著．—北京：时事出版社，2016.7（2024.12 重印）
ISBN 978-7-80232-980-5

Ⅰ．①战…　Ⅱ．①牛…　Ⅲ．①情报工作—研究　Ⅳ．①G35

中国版本图书馆 CIP 数据核字（2016）第 126922 号

出版发行：时事出版社
地　　址：北京市海淀区彰化路 138 号西荣阁 B 座 G2 层
邮　　编：100097
发行热线：（010）88869831　88869832
传　　真：（010）88869875
电子邮箱：shishichubanshe@sina.com
印　　刷：北京良义印刷科技有限公司

开本：787×1092　1/16　印张：25　字数：372 千字
2016 年 7 月第 1 版　2024 年 12 月第 10 次印刷
定价：88.00 元
（如有印装质量问题，请与本社发行部联系调换）